FALKEN
VERLAG

Falken-Handbuch

Kakteen und andere Sukkulenten

von

Günter Andersohn

FALKEN VERLAG

Fotohinweise
Titelbild: Echinocereus gentryi
Seite 1: Rebutia calliantha
Seite 2: Kakteenschausammlung
(Palmengarten, Frankfurt am Main).

CIP-Kurztitelaufnahme der Deutschen Bibliothek

Andersohn, Günter:
Kakteen und andere Sukkulenten / Günter
Andersohn. - Niedernhausen/Ts.: Falken-Verlag,
1982.
(Falken-Handbuch)
ISBN 3-8068-4116-0

ISBN 3 8068 4116 0

Titelbild: Franz Schild
Illustrationen: Mathias Wosczyna

Satz: Main-Taunus-Satz, 6236 Eschborn
Druck: Mohndruck, Gütersloh

817 2635 4453 62

Inhalt

Greenovia aurea

Blick in das Kakteenhaus des Palmengartens in Frankfurt am Main.

Vorwort

Das vorliegende Buch soll in Wort und Bild Eindrücke vermitteln von der wunderbaren Vielfalt sukkulenter Gewächse. Zahlreiche Standortaufnahmen aus Mexiko, Peru, den Südstaaten der USA und Bolivien, ferner aus Süd- und Südwestafrika zeigen sukkulente Pflanzen in ihren natürlichen Lebensräumen. Andere Bilder offenbaren bezaubernde Details des Haar- und Dornenkleides oder des Blütenbaues. Sicherlich wird Sie, sehr verehrte Leserin und sehr verehrter Leser, diese formen- und farbenfrohe Pracht begeistern.

Der ausführliche Textteil gibt dem interessierten Pflanzenfreund nützliche Hinweise und praxisbezogene Anleitungen für den erfolgreichen Umgang mit den dicklichen und stacheligen Gesellen aus dem Reiche Floras.

Die Grundlage der Betrachtungen bildet ganz wesentlich der eigene Erfahrungsschatz aus jahrzehntelanger praktischer Tätigkeit auf dem Gebiet der Anzucht und Pflege sukkulenter Gewächse. Ergänzende Erkenntnisse vermittelten intensive Beobachtungen auf vier Überseereisen in Kakteengebiete Mexikos, Arizonas und Kaliforniens sowie eine ausgedehnte botanische Studienreise nach Süd- und Südwestafrika.

So sei es denn gewagt, trotz des vorhandenen, sehr reichhaltigen Angebots gleichartiger Literatur ein weiteres Werk anzubieten. Möge es zahlreichen Pflanzenfreunden zur Vertiefung eines schönen Hobbys dienen.

Bedeutenden Dank möchte ich an dieser Stelle meiner Familie widmen, denn nur aufgrund ihrer Bereitschaft zum Mittragen und Verzicht konnte neben den beruflichen Verpflichtungen das vorliegende Werk entstehen.

Einleitung

Könnten auch Sie sich für Kakteen und andere Sukkulenten begeistern? Ungezählte Pflanzenfreunde widmen diesen dicklichen, oft stacheligen Gesellen aus dem Reiche Floras ihre besondere Aufmerksamkeit, und wer sich erst einmal näher mit ihnen befaßt, bleibt ihnen in der Regel zeitlebens verbunden.

Das Interesse wird nicht selten durch ein einziges Exemplar geweckt, das man durch Kauf, als Geschenk oder Reiseandenken erworben hat. Der Anblick einer gepflegten Sukkulentensammlung – sei es bei einem privaten Pflanzenliebhaber, in einem öffentlichen Schaugarten (botanischen Garten) oder im Rahmen einer Gartenbauausstellung – vermag manchen Pflanzenfreund derart zu begeistern, daß seine besondere Zuneigung fortan diesen fremdartigen Gewächsen gilt.

Ist erst einmal die Aufmerksamkeit auf diese Sonderlinge gerichtet, wird man sich nicht mit der Pflege einer Einzelpflanze begnügen, sondern sehr bald den Bestand erweitern. Mit jedem neuerworbenen Stück gewinnt die Angelegenheit an Reiz. In Anbetracht des ungeheuren Formen- und Farbenreichtums, mit dem sich die Sukkulenten präsentieren, erwacht bei vielen Pflanzenfreunden ganz zwangsläufig die Sammelleidenschaft.

- Kakteen und andere Sukkulenten als Zierpflanzen
- Dekorative Pflanzenarrangements aus Kakteen und anderen Sukkulenten

Kakteen: Formen und Farben.

Ausstellung sukkulenter Pflanzen in Hanau.

Sukkulenten sind Zierpflanzen mit besonderem Liebhaberwert. Diese Gewächse bieten die einzigartige Möglichkeit, auch unter eingeschränkten Raumverhältnissen eine vielseitige Pflanzensammlung anzulegen. Sukkulenten eignen sich in hervorragender Weise zur abwechslungsreichen Gestaltung sonniger Zimmerfenster, Wintergärten, Balkone, Terrassen, Dachgärten und exotischer Gartenplätze. Ihre Bedürfnisse sind entsprechend der heimatlichen Standortbedingungen so unterschiedlich, daß sich für jeden angesprochenen Bereich eine geeignete Auswahl treffen läßt. Daß viele dieser Gewächse aus überwiegend sonnigheißen Klimazonen in Frühbeetkästen und Gewächshäusern besonders gut gedeihen, braucht nicht erwähnt zu werden.

Es ist empfehlenswert, mit der Pflege anspruchsloser Arten zu beginnen, um zunächst die Lebensgewohnheiten der eigenwilligen, in der Mehrheit jedoch recht bescheidenen Pflanzen kennenzulernen. Wohlfühlen sollen sich die Pfleglinge, und deshalb wird es das besondere Anliegen des Pflanzenliebhabers sein, ihnen möglichst günstige Lebensbedingungen zu verschaffen.

Zunächst sollte man sich über die unterschiedlichen Ansprüche und Wuchseigenschaften der sukkulenten Gewächse informieren und danach – entsprechend den vorhandenen räumlichen und sonstigen Gegebenheiten – die geeignete Auswahl treffen. Unter Beachtung gewisser Grundregeln werden die erwarteten Kulturerfolge nicht ausbleiben, und sehr bald können auch schwieriger zu haltende Arten in das erweiterte Sortiment aufgenommen werden. Jeder Pflanzenfreund wird im Laufe der Zeit wertvolle eigene Erfahrungen sammeln und diese an andere weitervermitteln.

Das Hobby der Sukkulentenpflege und -kunde bietet ein weites Feld der Betätigung und stillen Beobachtung. Erstaunlich ist, daß fast jeder stolze Besitzer einer ansehnlichen Sammlung seine Liebhaberei aus kleinsten Anfängen heraus entwickelt hat.

Unter den sukkulenten Gewächsen genießen die *Kakteen* noch immer das bevorzugte Interesse der Pflanzenfreunde. Wegen ihres faszinierenden Aussehens verdienen sie gewiß eine besondere Rangstufe. Die bizarren Formen, das Farbenspiel ihrer Bedornung, Behaarung und wachsartigen Bereifung sowie die nicht zu übertreffende Blütenpracht begeistern jeden aufmerksamen Betrachter.

Bedauerlicherweise genießen die sogenannten *anderen Sukkulenten* bisher noch nicht die ihnen gebührende Wertschätzung im Kreise kulturwürdiger Zierpflanzen. Erst seit wenigen Jahren gelangt ein zunehmend größeres Sortiment auf den Markt, so daß die Pflanzenliebhaberei eine begrüßenswerte

Kakteenschale, Schmuck für das sonnige Zimmer oder die Terrasse.

Bereicherung erfährt. Ganz sicher werden diese vielgestaltigen und dankbaren Gewächse in vermehrtem Maße Eingang finden in die Herzen und Kulturräume zahlreicher Pflanzenfreunde.
Kakteen und die anderen Sukkulenten ergänzen sich vielfach in der äußeren Erscheinungsform. Es lassen sich daher dekorative Arrangements zusammenstellen. Andererseits sind sie nur in begrenzter Auswahl unter völlig gleichen Bedingungen dauerhaft zu kultivieren. Die Möglichkeit unmittelbarer Gesellschaft beschränkt sich im wesentlichen auf Arten gemeinsamer natürlicher Verbreitungsgebiete.
Das vorliegende Buch soll einen Eindruck von den Lebensgewohnheiten und Ansprüchen sukkulenter Gewächse vermitteln und dem interessanten Hobby der Pflanzenliebhaberei neue Freunde zuführen.
Die intensive Beschäftigung mit Kakteen und anderen Sukkulenten bietet dem modernen Menschen eine gute Möglichkeit zu einem „Zurück zur Natur“, denn auf bewundernswürdige und liebenswerte Weise präsentieren diese Pflanzen dem aufmerksamen Beobachter die vielen kleinen Wunder ihres Daseins.

Teilansicht des Huntington Desert Garden in San Marino, Kalifornien.

Sukkulenten – was sie sind und wie sie leben

Die Bezeichnung Sukkulenten ist abgeleitet von dem lateinischen Wort *succulentus* (= saftig, fleischig) und stellt einen Sammelbegriff für mehr als 10000 verschiedene Pflanzenarten aus über 40 Pflanzenfamilien dar. Unter ihnen bilden die Kakteengewächse (Cactaceae) die artenreichste Familie. Kakteen werden daher in der Regel getrennt genannt, so daß es üblich ist, von Kakteen und anderen Sukkulenten zu sprechen.

Anpassung an extreme Standortverhältnisse

Ihnen allen gemeinsam ist die Fähigkeit, längere Trockenperioden – auch bei intensiver Sonneneinstrahlung – zu überleben. In bewundernswürdiger Anpassung an die extremen Klimaverhältnisse ihrer Heimatgebiete sind diese Gewächse in Gestalt und Funktion darauf eingerichtet, das lebensnotwendige Wasser in optimaler Weise aufzunehmen, es in besonderen Organen zu speichern und die Verdunstung auf ein Minimum zu reduzieren.

- Anpassung an extreme Klimaverhältnisse
- Stammsukkulenz, Blattsukkulenz
- Assimilation, Transpiration, Atmung
- Wasserspeicherung
- Wurzelsukkulenz
- Fensterblätter
- Blattrosetten

Naukluftberge (Südwestafrika): *Euphorbia avasmontana* (vorn), *Moringa ovalifoliolata* (Mitte).

Morphologische Umbildungen

Die Wasserspeichergewebe, bestehend aus großlumigen Zellen mit unverdickten Membranen, großer Vakuole und meist ohne Chloroplasten (= farbstofftragende, linsenförmige Zellorganellen), können im Sproß (Stammsukkulenten), in den Blättern (Blattsukkulenten) oder auch – jedoch seltener – in den Wurzeln ausgebildet werden. Die Speicherorgane sind stark verdickt, fleischig und safthaltig. So entstanden Wuchsformen, die erheblich von den bei uns heimischen Pflanzengebilden abweichen. Dem Schutz vor zu starker Wasserverdunstung (Transpiration) dient die verkleinerte Oberfläche der Pflanze. Am eindrucksvollsten ist dies bei den Kugel- und Säulenformen hochsukkulenter Pflanzen ausgeprägt. Zu ihnen zählen die meisten Kakteen und zahlreiche *Euphorbia*-Arten, aber auch viele

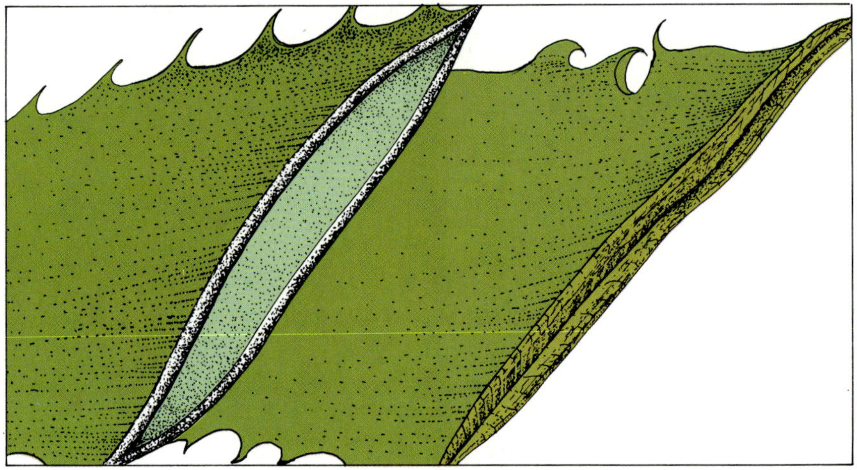

Aloeblatt (Querschnitt): gefülltes Wasserspeichergewebe (links), nach langer Trockenzeit geschrumpftes Gewebe (rechts).

Pachyphytum oviferum

Glottiphyllum linguiforme

Lithops, die „blühenden Steine", zeigen an den natürlichen Standorten eine bemerkenswerte Schutzanpassung (Mimikry) in bezug auf Körperform und -färbung.

Assimilation, Transpiration, Atmung

Blätter sind die Assimilations- und Transpirationsorgane der Pflanze. Bei den blattlosen Stammsukkulenten, wie Kakteen, zahlreichen Euphorbien, Stapelien und verwandten Gattungen, übernimmt der Sproß – sofern er grün ist, also Chlorophyll enthält – die Aufgabe der Blätter.

Cyphostemma juttae im Botanischen Garten Worcester, Südafrika.

Vertreter anderer Pflanzenfamilien, wie *Stapelia* und verschiedene Arten von *Ceropegia (Asclepiadaceae)*, mehrere *Senecio*-Arten *(Compositae)*, *Pachypodium (Apocynaceae)* und andere.

Stammsukkulenten entwickeln entweder gar keine Blätter – oftmals sind diese Organe zu Dornen umgewandelt –, oder sie erscheinen nur während der kurzen Regenzeit, um durch ihre Assimilationstätigkeit ein beschleunigtes Wachstum zu bewirken. Bleiben die Niederschläge aus, vergilben diese kurzlebigen Blätter sehr bald und fallen ab.

Die **Blattsukkulenten** legen Wasservorräte in den stark verdickten, oft walzen- oder kugelförmigen Blättern an. Blattsukkulenten aus extrem trockenen Gebieten zeigen hochsukkulenten, häufig kugelförmigen Zwergwuchs, wie beispielsweise viele Vertreter der Familien der *Mesembryanthemaceae* und *Crassulaceae*. Arten, die wegen günstigerer Standorte ihre Wasserbevorratung nicht so intensiv betreiben müssen, entwickeln größere, weniger safthaltige Blattflächen und insgesamt ein stärkeres Wachstum *(Echeveria-, Kalanchoe-*Arten und viele andere).

Eine ganze Anzahl Pflanzen zeigen gleichzeitig **Stamm- und Blattsukkulenz,** z. B. die strauchförmigen *Crassula arborescens, C. argentea, C. portulacea, Tylecodon paniculata, T. reticulata (Crassulaceae), Portulacaria afra (Portulacaceae), Oxalis succulentus, O. carnosa (Oxalidaceae), Peperomia columella, P. dolabriformis, P. nivalis (Piperaceae)* und viele andere.

Bei vielen blatttragenden Arten übt der zur Assimilation befähigte Sproß eine Zusatzfunktion aus. Von lebenserhaltender Bedeutung ist diese Funktion bei den Arten, die nur während kurzer Perioden Blätter tragen. Als Beispiele seien genannt: *Pachycormus discolor (Anacardiaceae)*, der Elefantenbaum aus Niederkalifornien, *Cyphostemma (Vitaceae)* aus Südwestafrika, *Sarcocaulon-* und verschiedene *Pelargonium-*Arten *(Geraniaceae)* aus Süd- und Südwestafrika.

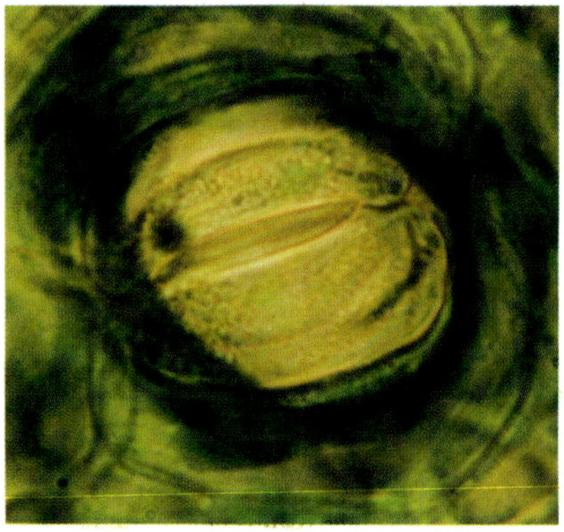

Spaltöffnung von Eriocereus jusbertii (250fache Vergrößerung).

Bei der Kohlensäureassimilation werden körperfremde Stoffe in körpereigene umgewandelt. Aus den Nährstoffen erfolgt der Aufbau der Kohlehydrate, Fette sowie der artspezifischen Eiweiße. Die Assimilation oder Photosynthese geschieht nur unter Einwirkung der Sonnenenergie (Licht und Wärme) in Chloroplasten führenden, also Chlorophyll enthaltenden, grünen Pflanzengeweben.

Die Sukkulenten verbrauchen ihre Wasserreserven für die Aufrechterhaltung des Stoffwechsels und der Atmung nur sehr sparsam. Die Spaltöffnungen (Stomata), durch welche die Pflanzen Wasser verdunsten, sind bei den wasserspeichernden Gewächsen versenkt, so daß schon von daher ihre Funktion stark eingeschränkt ist. Die Spaltöffnungen öffnen sich nur nachts, wenn die Transpiration (Wasserverdunstung) wegen der kühlen und feuchten Luft gering ist.

Auf diese Weise nehmen die Pflanzen während der Nacht Kohlendioxyd – CO_2 – der Luft auf und bilden dabei organische Säuren, wobei die Acidität des Zellsaftes stark ansteigt. Am Tage werden die Stomata geschlossen und unter dem Einfluß des Sonnenlichtes das nachts gebundene CO_2 assimiliert. Bei diesem Vorgang verringert sich der Säuregrad des Zellsaftes wieder.

Die Fähigkeit zur Wasserspeicherung

Die Fähigkeit, unter günstigen Voraussetzungen beachtliche Wasserreserven anzulegen, ermöglicht es den Sukkulenten, monate-, mitunter jahrelange Dürreperioden zu überleben. Während extremer Dürrezeiten schrumpfen diese Pflanzen zwar sehr stark ein, erholen sich nach dem ersten durchdringenden Regen jedoch bald wieder. Manche Kakteenarten überdauern einen Wasserverlust von 60-70% ohne Schaden. Die Wasserspeicherkapazität kann rund 95% des Pflanzenvolumens ausmachen.

Die Speicherungsfähigkeit ist artbedingt sehr unterschiedlich. Zwischen den sukkulenten Zwergformen, die im ausgewachsenen Zustand nur wenige Zentimeter Durchmesser aufweisen

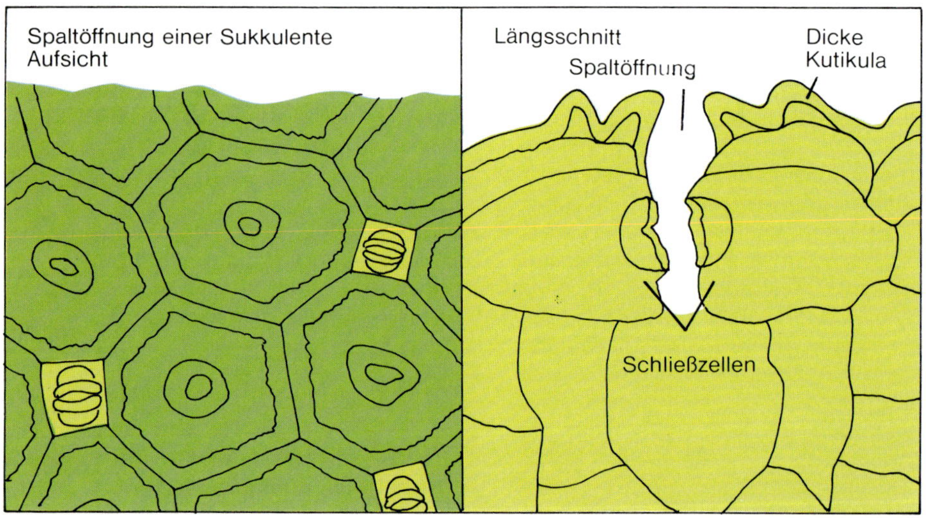

Die Spaltöffnungen der Sukkulenten (links: von oben; rechts: Längsschnitt) liegen versenkt in der Oberhaut.

Carnegiea gigantea

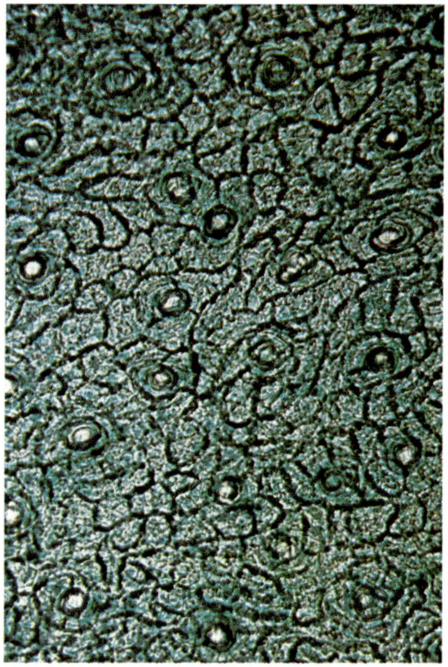

Epidermis von Eriocereus jusbertii (25fache Vergrößerung).

(*Lithops, Conophytum, Frailea* u. a.), bis zu den zentnerschweren mexikanischen Kugelkakteen (*Echinocactus visnaga, E. ingens, E. grusonii*) oder den baumförmigen Säulenkakteen *Carnegiea gigantea* in Arizona, Südostkalifornien (USA) und Sonora (Mexiko) sowie *Pachycereus pringlei* auf der mexikanischen Halbinsel Niederkalifornien gibt es alle Übergänge. Letztgenannte Arten können in ihren gewaltigen Körpern bis zu 3000 Liter Wasser speichern. Der Affenbrotbaum, *Adansonia digitata (Fam. Bombacaceae)*, Südafrika, speichert in Stämmen von 20 m Höhe und 20 m Umfang sogar bis zu 18000 Liter Wasser.

Blattsukkulenten reagieren wegen ihrer geringeren Möglichkeit der Wasserspeicherung in der Regel sensibler auf lange Dürreperioden als die Stammsukkulenten. Der Schrumpfungsprozeß kann ein Ausmaß erreichen, daß man in den völlig saftlos und infolge der intensiven Sonneneinstrahlung rötlich-braun verfärbten Pflanzenkörpern kaum noch Leben erwartet.

Ich sah in Südwestafrika baumförmige *Aloe dichotoma* und *Aloe littoralis*, die seit 4 Jahren keinen durchdringenden Regen mehr erhielten. Und trotzdem, es steckt in vielen dieser armseligen Gebilde noch immer eine Spur von Leben, das zu echter Lebendigkeit erwachen könnte, wenn es bald regnen würde.

Verdunstungs- und Sonnenschutz

Pflanzen, die unter den lebensfeindlichen Bedingungen arider Gebiete leben müssen, haben vielfältige Methoden der Anpassung entwickelt. Zum Zwecke eines wirksamen Verdunstungsschutzes umgeben die Sukkulenten ihre Körper mit einer stark verdickten, häufig auch mehrschichtigen *Epidermis*

Aloe dichotoma, Südwestafrika.

Echeveria spec.

Pachycereus pringlei und Pachycormus discolor (Mexiko).

(äußere Zellschicht), die mit einer festen *Kutikula* (einem der Epidermis aufliegenden Mantel) versehen ist. Die Kutikula ist bei vielen Arten außerdem von Wachsschichten überlagert, die unter Einwirkung hoher Lichtintensitäten sehr farbenprächtig sein können.

Die Warzen, Höcker und Rippen zahlreicher Stammsukkulenten (Kakteen, Euphorbien u. a.) haben wohl die Aufgabe, die Intensität der Sonnenstrahlung zu brechen, so daß Verbrennungen der Oberhaut verhindert werden.

Dem gleichen Zweck sowie dem Verdunstungsschutz dient die unterschiedlich stark ausgebildete Bedornung und Behaarung vieler wasserspeichernder Gewächse. Die Schutzvorrichtungen sind meist sehr lebhaft gefärbt und begründen die Bedeutung dieser Pflanzengruppe als dekorative Schmuckgewächse ganz wesentlich.

Die äußere Gestalt einer Pflanze läßt deutliche Rückschlüsse auf ihre Standortverhältnisse zu. Für die Xerophyten gilt: Je extremer der Standort von gleißenden Sonnenstrahlen durchflutet wird – verbunden mit Perioden akuten Wassermangels –, desto intensiver erfolgt die Ausbildung entsprechender Schutzvorrichtungen.

Wurzeln: Organe der Wasser- und Nährstoffaufnahme

In ebenso vollkommener Weise wie sich die Sukkulenten vor schädlichen Wasserverlusten schützen, sind sie in der Lage, das lebensnotwendige Naß auf die bestmögliche Weise aufzunehmen – selbst dann noch, wenn es nur in Form von Tau oder Nebel zur Verfügung steht.

Zu starker Taubildung kommt es in den ariden Gebieten infolge erheblicher nächtlicher Abkühlung. Sukkulenten und Xerophyten – Bewohner solcher Gebiete – entwickeln in der Mehrzahl ein stark verzweigtes, dicht unter der Bodenoberfläche dahinstreichendes Wurzelsystem. Das befähigt sie, Feuchtigkeit auch aus geringsten Niederschlagsmengen (Nachttau) aufzunehmen. In schotterigen und anderen, nicht verkrusteten Böden gelangt das Niederschlagswasser sehr schnell in den Wurzelbereich.

Für die eigentliche Wasserbevorratung in den Wasserspeichergeweben kommen jedoch nur die zeitweilig einsetzenden, ergiebigen Regenfälle in Frage. Je nach Höhenlage und Breitengrad bringen auch Schnee und Hagel die lebensspendende Feuchtigkeit.

Typische Flachwurzler mit weitläufigem Wurzelsystem sind unter den Kakteen *Echinocereus, Ferocactus, Echinocactus* und unter den anderen Sukkulenten *Aloe, Agave* und zahlreiche *Aizoaceae.* Die riesenhaften Säulenkakteen *Carnegiea gigantea* und *Pachycereus pringlei* benötigen kräftige Pfahlwurzeln zur Verankerung ihrer gewichtigen Körper. Daneben durchziehen sie mit einem dichten Seitenwurzelwerk viele Quadratmeter ihres natürlichen Standortes. Es werden Wurzellängen von rund 30 Metern erreicht!

Kakteen und andere Xerophyten – als Bewohner extremer Trockengebiete – entwickeln häufig ein weitläufiges, zum Teil flach unter der Bodenoberfläche dahinstreichendes Wurzelsystem, das sie befähigt, auch geringste Niederschlagsmengen (Nachttau) bestmöglich zu nutzen.

Verschiedene Strunksukkulenten.

Die Wurzelbildung läßt oftmals Rückschlüsse auf die Bodenbeschaffenheit des Biotopes (Wuchsortes) zu. In mineralischen Böden entwickeln die Pflanzen überwiegend derbe Wurzeln, in humosen dagegen vorwiegend feine Faserwurzeln. In Zeiten der Dürre sterben die zarten Saugwurzeln ab; bei einsetzender Bodenfeuchtigkeit werden sofort wieder neue ausgebildet.
Zahlreiche Kakteen und andere Sukkulenten legen in Form mächtiger Rübenwurzeln oder Wurzelknollen unterirdische Wasserspeicher an, oder sie dringen mittels langer Pfahlwurzeln zu tieferliegenden Feuchtigkeitsreserven des Bodens vor.

Wurzelsukkulenz

Wie vielfältig Wurzelsukkulenz angelegt wird, soll das Beispiel einiger Kakteen verdeutlichen. Sehr häufig ist die Haupt- oder Primärwurzel rübenartig verdickt. Sie entwickelt je nach Pflanzenart eine äußerst unterschiedliche Mächtigkeit und dient als Ergänzung der oberirdisch vorhandenen Sproßsukkulenz. Verschiedene Arten aus den Kakteengattungen, *Ariocarpus, Coryphantha, Dolichothele, Mammillaria, Lobivia, Oroya, Neoporteria, Pterocactus und Gymnocactus* besitzen diese Eigenart.
Rübenwurzeln riesenhafter Ausmaße in einem bemerkenswert ungleichen Größenverhältnis zu den oberirdischen Pflanzenkörpern bilden *Peniocereus greggii* und *P. johnstonii*, deren wuchtige Rüben 50 cm Durchmesser und ein Gewicht von 50 kg erreichen können. Aus ihnen entwickelt sich ein ziemlich unscheinbares, dünntriebiges und

Rübenwurzel von Lophophora.

Haworthia truncata

Beispiele für Wurzelsukkulenz.

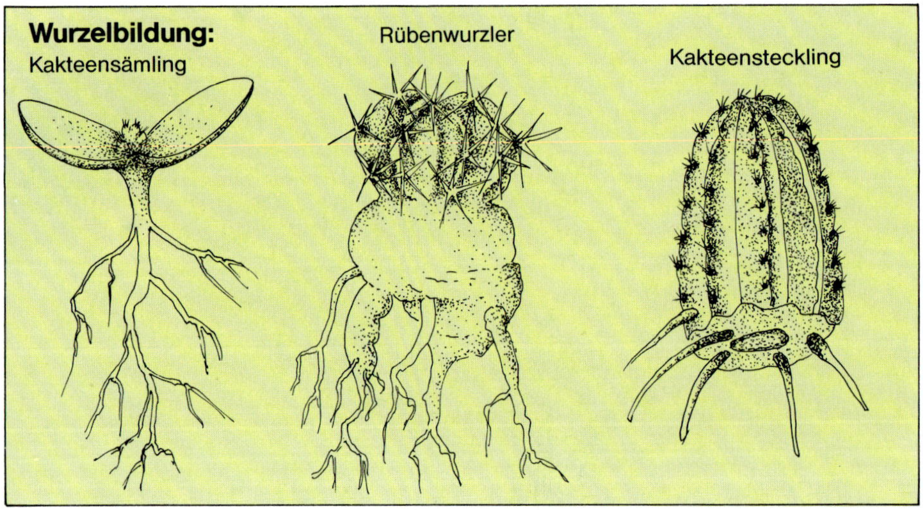

wenig verzweigtes Sproßsystem ohne die Fähigkeit der Wasserspeicherung.
Ähnlich verhält sich *Wilcoxia striata*, die Wasserreserven in gewaltigen Wurzelknollen anlegt, während ihre nur etwa bleistiftstarken, verholzenden, mehrere Meter Länge erreichenden Sprosse nicht die geringste Sukkulenz aufweisen. *Wilcoxia striata* bildet keine einzelne Rübenwurzel, sondern zahlreiche, zu Knollen umgeformte sproßbürtige Wurzeln. Diese können nicht – wie die mit Augen versehenen Sproßknollen der Kartoffelpflanze – zur Vermehrung benutzt werden. Es hat auch keinen Sinn, Wilcoxien am natürlichen Standort in Mexiko auszugraben, um sie wurzelecht weiterkultivieren zu wollen. Das mißlingt in jedem Falle. Wilcoxien werden in Kultur entweder aus Samen oder gepfropft herangezogen.
Erstaunlich ist das Wuchsverhalten von *Pereskia antoniana*, einem laubblatttragenden, kleinen Kakteenstrauch mit dünnen, nichtsukkulenten Trieben. Zum Zweck der Wasser- und Nahrungsbevorratung bildet diese Art außer einer stark verdickten Hauptwurzel mehrere Wurzelknollen.

Unterirdische Speicherorgane bei anderen Sukkulenten

Die Fähigkeit unterirdische Wasserspeicher anzulegen, besitzen neben den Kakteen zahlreiche Vertreter anderer Sukkulenten unterschiedlichster Familienzugehörigkeiten.
Zu Wasserspeicherorganen umgewandelte Wurzeln bzw. Wurzelknollen bilden unter anderen: *Haworthia maughanii, H. truncata (Liliaceae)*, verschiedene *Yucca*-Arten *(Agavaceae)*; *Seyrigia humbertii (Cucurbitaceae)*; *Ceropegia woodii, C. debilis, C. conrathii (Asclepiadaceae)*; mehrere Gattungen der *Aizoaceae*; *Oxalis carnosa, O. succulentus, (Oxalidaceae)*; *Euphorbia tuberculata, E. namibensis, E. namaquensis, E. schoenlandii, E. micracantha, E. squarrosa* und andere *(Euphorbiaceae)*. *Euphorbia namibensis* sendet bereits als faustgroße Pflanze ihre rübenartige, stark milchsaftführende Hauptwurzel etwa 45 cm tief in den Boden.

Sproßknollen und verdickte Sproßbasis als Speicherorgane

Neben der Erscheinung der unterirdisch ausgebildeten knollen- oder rübenartigen Speicherorgane besteht bei vielen Pflanzenarten das Phänomen, daß hier die Sproßknollen oder die knollenartig verdickte Sproßbasis als Speicherorgane dienen.
Aus dem Caudex (Speicherorgane) treiben während günstiger Wachstumsperioden nicht- oder schwachsukkulente, einjährige oder ausdauernde, blatttragende Sprosse. Zu ihnen zählen zahlreiche Vertreter der Gurken- oder Kürbisgewächse *(Cucurbitaceae)*, die mächtige unterirdische Speicherorgane bilden: z. B. *Ibervillea sonorae* aus Nordmexiko und *Cucurbita palmata*, die Coyote Melon aus Niederkalifornien (Mexiko).
Andere Gurkengewächse entwickeln oberirdische Sproßknollen, wie *Gerrardanthus macrorhizus* aus Ostafrika, deren Knolle bis zu 80 cm Durchmesser erreichen kann, ferner *Kedrostis africana* und *K. nana*. *Momordica rostrata*, ebenfalls ein afrikanisches Kürbisgewächs, zeigt eine stark verdickte, Chloroplasten führende Stammbasis, aus der sich schlanke Triebe entwickeln.
Unter den caudiciformen Pflanzen mit

Oberirdische Sproßknolle von Gerrardanthus macrorhizus.

ausdauernden Sprossen gibt es immergrüne und laubabwerfende Arten. Zu ersteren zählt *Fockea crispa (Asclepiadaceae)*, die aus einer mächtigen, mehr als 2 m Durchmesser erreichenden Knolle zahlreiche kriechende Triebe hervorbringt.

Verschiedenen *Adenia*-Arten *(Passifloraceae)* dient die stark verdickte, Chloroplasten führende Stammbasis als Speicherorgan. Die ausdauernden, zum Teil kletternden Triebe werfen ihre Blätter bei anhaltender Trockenheit ab.

Pachypodium succulentum (Apocynaceae) bildet eine basale Sproßknolle, die teilweise im Boden steckt und in eine kräftige, rübenartige Wurzel übergeht. *Pachypodium bispinosum* und *P. saundersii* sind interessante Erscheinungen mit stark verdickter, knollenartiger Stammbasis.

Neben den genannten, aus dem südlichen Afrika stammenden *Pachypodium*-Arten sind auch die auf Madagaskar beheimateten Arten unter Sukkulentenfreunden beliebt. Die baumförmigen, als „Madagaskarpalmen" in den Handel gebrachten Arten gehören zu einem anderen Wuchstypus. In der Aufzählung caudiciformer Arten verdienen *P. decaryi, P. baronii, P. baronii* var. *windsorii, P. rosulatum, P. brevicaule, P. densiflorum* und *P. horombense* Erwähnung. Alle diese Arten bilden eine kräftige, graurindige Sproßbasis von kugelförmiger, breitrunder oder unregelmäßiger Gestalt, aus der sich kurze, beblätterte Seitenäste entwickeln.

Jatropha berlandieri und *J. texensis* (Wolfsmilchgewächse) bilden eine kugelförmige Sproßknolle, aus der für die Dauer einer Vegetationsperiode alljährlich ziemlich großblättrige Sprosse entspringen, die während der Trockenzeit absterben.

Die Liste der caudiciformen Sukkulenten könnte um ein Mehrfaches erweitert werden. Derartige Wuchsformen bringen auch bestimmte Arten der Gattungen *Ipomoea (Convolvulaceae), Othonna (Compositae), Dorstenia (Moraceae) Sesamothamnus, Pterodiscus, (Pedaliaceae), Anacampseros alstonii (Portulacaceae), Pelargonium* und *Sarcocaulon (Geraniaceae)* hervor. Wegen ihres interessanten, vom üblichen Aufbau einer Pflanze abweichenden Habitus gelten sie als begehrte Raritäten für den Pflanzenliebhaber.

Schrumpfung und Versenkung

Verschiedene kleinbleibende Kugelkakteen der Gattungen *Frailea, Gymnocalycium, Thelocactus, Mammillaria* und *Werdermannia* zeigen während extrem langer Dürreperioden so starke Schrumpfungserscheinungen, daß sie im Boden versinken. Mit einsetzendem Regen füllen sie ihre Wasserspeichergewebe schwammartig auf und gelangen somit auch wieder über die Bodenfläche.

Fensterblätter und Einkapselung

Die Fensterpflanze *(Fenestraria)* sowie verschiedene lebende Steine (*Lithops*-Arten), beides Gattungen aus der Familie der *Mesembryanthemaceae*, lassen an ihren wüstenhaften Standorten zeitlebens nur die Scheitel ihrer Körperchen aus dem Boden ragen.

Fenestraria aurantiaca

Durch die „Fenster" ihrer Scheitelregion – hier reicht das Wassergewebe bis an das Zellgewebe der Oberhaut – dringt das Sonnenlicht in das Pflanzeninnere, wird dort an der Peripherie der Körperchen verteilt, um auf diesem Wege der Assimilation zu dienen.

Unter mitteleuropäischen Klimabedingungen – selbst in Gewächshäusern – fühlen sich *Fenestraria* und *Lithops* wegen geringer Lichtintensität nicht zu einem im Boden versenkten Dasein veranlaßt. Zahlreiche *Lithops*-Arten und die ihnen verwandten *Conophytum* kapseln sich in der Trockenheit mittels der papierartigen Häute ihrer alten Körper vollkommen ein. Mit Beginn der Wasserzufuhr wird die Umhüllung gesprengt.

Aus Blattrosetten werden Kugelkörper

Auf den Kanarischen Inseln sind die Gattungen *Aeonium* und *Greenovia (Crassulaceae)* beheimatet, deren Fähigkeit, Wasser in den Blättern zu

Greenovia aurea, Rosettenform.

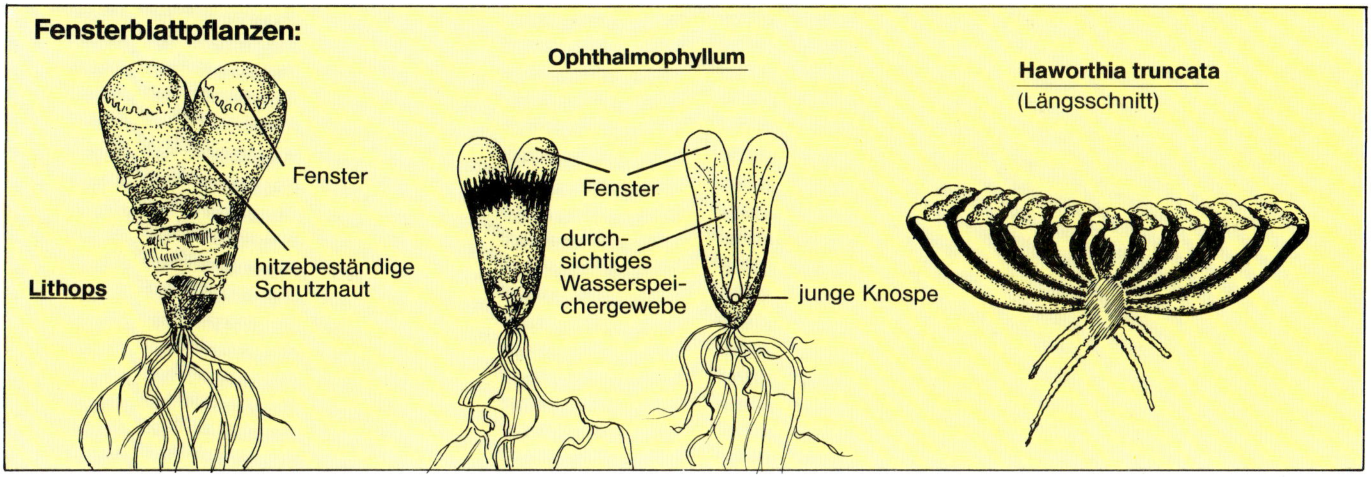

speichern, nur schwach ausgeprägt ist. Zum Überdauern der sommerlichen Trockenperiode falten sie ihre Blattrosetten halbkugel- oder vollkommen kugelförmig zusammen. In gleicher Weise, nur nicht so deutlich ausgeprägt, verhalten sich zahlreiche andere Blattsukkulenten, z. B. verschiedene *Haworthia-* und *Aloe*-Arten *(Liliaceae)*, kleinbleibende, rosettenartige Agaven *(Agavaceae)* und Echeverien *(Crassulaceae)*.

Die Lebensabläufe trockenheitsvertragender Gewächse unterliegen dem strengen Rhythmus zwischen Wachstums- und Ruhezeiten. Das entspricht den Klimaabläufen ihrer heimatlichen Standorte.

Sukkulente Pflanzen sind in wunderbarer Weise auf bescheidene Wasser- und Nährstoffversorgung, auf das Einwirken intensivster Sonneneinstrahlung und austrocknender Winde sowie anderer extremer Umweltfaktoren eingerichtet. Unter diesen Bedingungen entwickeln sie die für sie typischen Merkmale der äußeren Gestalt und angepaßten Lebensweise.

Greenovia aurea in Trockenruhe.

Eine der dekorativsten Agavenarten: Agave victoriae-reginae.

Die Verbreitungsgebiete sukkulenter Pflanzen

Rund 35 Prozent der Erdoberfläche bestehen aus Wüsten, Halbwüsten, Steppen, Prärien und Trockensavannen.
In breiten Bändern beiderseits der Wendekreise erfassen die ausgedehnten tropischen und subtropischen Trockenzonen das nördliche und südliche Afrika, das nördliche und südliche Amerika sowie weite Teile Asiens und Australiens.
Die hauptsächlichen Verbreitungsareale sukkulenter Pflanzen liegen in den Trockengebieten Afrikas, Amerikas und auf zahlreichen vorgelagerten Inseln.
Die meisten Kakteengewächse sind in Amerika beheimatet, während die anderen Sukkulenten überwiegend in den niederschlagsarmen Regionen des südlichen Afrika mit den vorgelagerten Inseln Madagaskar und Sokotra sowie den Kanarischen Inseln zu Hause sind. (Politisch gehört letztere bereits zu Europa.) Im nordafrikanischen Marokko und Tunesien sowie im Süden der Arabischen Wüste sind ebenfalls einige Sukkulenten vertreten *(Euphorbiceae, Asclepiadaceae)*.

- Trockenzonen
- Sukkulenten in gemäßigten Klimazonen
- Sukkulenten in europäischen und asiatischen Hochgebirgen
- Sukkulenten in den Tropen
- Merkmale arider Gebiete

Opuntia galapageia (links) und Dasylirion acotrichum (rechts) in Eze-Village (Côte d'Azur).

Im übrigen ist das größte zusammenhängende Wüstengebiet der Erde, die Arabische Wüste, ohne Sukkulenten. Auch die ausgedehnten Trockengebiete Australiens sind fast ohne Sukkulenten, jedoch reich an anderen trockenheitertragenden (= *xerophytischen*) Gewächsen.

In den gemäßigten Klimazonen Kleinasiens sowie Süd- und Mitteleuropas sind Sukkulenten (verschiedene *Sedum-* und *Sempervivum*-Arten) an exponierten Standorten zu Hause. Man findet sie auf Felsen, Weinbergmauern und sonnigen Hanglagen – Standorten also, die zeitweilig extrem trocken sein können und zudem intensiver Sonneneinstrahlung ausgesetzt sind. Die Vorkommen zahlreicher *Sedum-* und *Sempervivum*-Arten erstrecken sich weiterhin auf europäische und asiatische Hochgebirgsregionen von den Alpen bis zum Kaukasus und zum Himalaya. Die Niederschlagsmengen sind in den Hochgebirgszonen geringer als in niederen Bereichen, der Boden ist oft gefroren und daher für die Pflanzen physiologisch trocken. Die Sonneneinstrahlung ist besonders intensiv und die trocknenden Winde in der verdünnten Luft von bestimmendem Einfluß.

Die Standorte der Epiphyten

Günstige, lokal begrenzte Standorte finden epiphytische Sukkulenten auf Felskuppen und Bäumen niederschlagsreicher tropischer Waldgebiete. Auf dünnen Humusansammlungen läuft das Niederschlagswasser schnell wieder ab. Die Regenhäufigkeit ist für die Epiphyten entscheidender als die jeweils fallende Regenmenge.

Zu den ephytischen Sukkulenten zählen verschiedene Kakteen (*Aporocac-*

Epiphytenstämme

Hylocereus undatus

tus, Epiphyllum, Rhipsalis und verwandte Gattungen), ferner die mittels ihrer Luftwurzeln bis in die Kronen hoher Urwaldbäume kletternden *Hylocereus* und *Selenicereus*, verschiedene *Peperomia* in den peruanischen Trokkenwäldern, *Kalanchoe uniflora* auf Madagaskar, zahlreiche Orchideen mit sukkulenten Blättern und bulbigen Speicherorganen wie auch viele Bromeliengewächse.

Sukkulenten in den Tropen

Anpassungsfähige Vertreter sukkulenter Pflanzen haben ihre natürliche Verbreitung bis in tropische Gebiete ausgedehnt, z. B. *Cissus quadrangularis* (trop. Afrika), verschiedene *Aloe*-Arten (trop. Afrika), *Euphorbia* in mehreren Arten (Kongogebiet, Sri Lanka), viele *Kalanchoe*-Arten (Tropen Afrikas, Asiens und Amerikas) sowie *Jatropha podagrica* (Panama) und andere.

Kakteen und andere Sukkulenten im südlichen Europa

In klimatisch wärmeren Gegenden des südlichen Europa wurden Kakteen und andere Sukkulenten angesiedelt, wo sie sich aufgrund günstiger Lebensbedingungen stark ausbreiten. Vor allem Opuntien und Agaven prägen gebietsweise das Landschaftsbild Spaniens, Südfrankreichs, Italiens und der Balkanhalbinsel. An der französischen Côte d'Azur, an der italienischen Riviera und in Spanien wurden sehenswerte Sukkulentengärten angelegt. Die größte und berühmteste Sukkulentenschauanlage Europas ist der *Jardin Exotique* in Monaco, doch auch die Schaugärten in Eze-Village, Nizza, Antibes, Menton, Bordighera und San Remo begeistern jeden Sukkulentenfreund.

Eingeschleppte Sukkulenten als Charakterpflanzen

Die nach Nordafrika und in den Nahen Osten eingeführten Sukkulenten zählen heute zu den Charakterpflanzen dieser Region. In Südafrika, Südindien und Australien gefährdet die starke Verwilderung eingeschleppter Opuntien wertvolles Ackerland.

Merkmale arider Gebiete

Die Heimatgebiete sukkulenter Pflanzen und anderer trockenheitertragender Gewächse sind gekennzeichnet durch zeitweilige Dürreperioden unterschiedlicher Ausprägung. Je arider (= trockener) ein Gebiet, desto spärlicher ist der Pflanzenwuchs bezüglich der Anzahl wie auch des möglichen Größenwachstums der einzelnen Exemplare. Die ausdauernden Pflanzen machen sich mittels weitreichender Wurzelsysteme das im Boden verfügbare Wasser streitig.

Die Trockengebiete werden unterschieden in *semiaride* (= halbtrockene), *aride*

Cylindropuntia tunicata

und *extrem aride* Gebiete. Als Wüste oder extrem arides Gebiet bezeichnet man eine Landschaft mit einer jährlichen Niederschlagsmenge von 0–200 mm. Demnach sind nicht alle als Wüsten bezeichneten Gebiete auch echte Wüsten.
In den halbtrockenen Gebieten der Tropen und Subtropen mit über 200 mm Jahresniederschlagsmenge befinden sich die Hauptvorkommen sukkulenter Gewächse.
Die Niederschläge fallen zu verschiedenen Jahreszeiten in unterschiedlicher Ergiebigkeit. Die überwiegend periodisch einsetzenden Regenfälle unter- oder überschreiten nicht selten den normalen Jahresdurchschnitt oder können auch jahrelang gänzlich ausbleiben. Regenreiche Jahre bewirken üppiges Pflanzenwachstum und füllen die Grundwasserreserven für längere Zeitabschnitte, d. h. für mehrere Jahre auf. Die Heimatgebiete der Kakteen und anderen Sukkulenten erhalten Niederschläge

- *als Winterregen:* beispielsweise Kapregion Südafrikas, Kanarische Inseln, Mohave-Desert (Kalifornien), nördliche Baja California (Mexiko);
- *als Sommerregen:* innere Namibwüste (Südwestafrika), südliche Sahara, südliche Baja California, Zentralmexiko und andere Gebiete;
- *in zwei Regenperioden* (Frühjahr und Herbst): beispielsweise Sonorahalbwüste im westlichen Nordmexiko und südlichen Arizona, Teile der Karru in Südafrika;
- *ganzjährig* in geringer Ergiebigkeit: z. B. Zentral-Niederkalifornien;
- *durch häufige Nebel* in den nahezu regenlosen Gebieten der nordchilenisch-peruanischen Küstennebelwüste und der äußeren Namib in Südwestafrika. Die starken Nebel sind dort über längere Zeiträume die ausschließlichen atmosphärischen Feuchtigkeitsspender.

Palmenoase San Ignacio in der Vizcaino-Wüste (Baja California, Mexiko).

Pflanzliches Leben ist ganz wesentlich vom Wachstumsfaktor Wasser abhängig. Dabei ist gleichgültig, ob die Pflanzen an ihren Wuchsorten das notwendige Wasser unmittelbar durch Niederschläge oder aus unterirdischen Wasserreserven erhalten. Die Böden niederschlagsarmer Gebiete weisen oftmals beachtliche Wasservorräte in Form von Haft- und Grundwasser in tiefliegenden Schichten auf. Sand- und Felsböden besitzen hier die günstigsten Eigenschaften, sofern in ihnen genügend Feinteile vorhanden sind.
Teilweise dringt Bodenwasser durch die Bodenkapillaren (Haarröhrchen) in den Wurzelbereich der Pflanzen, oder die Pflanzen senden ihre Wurzeln bis in feuchtigkeitsführende Bodenschichten. *Tamarix articulata* und andere Gehölzarten entwickeln beispielsweise sehr tiefgehende Wurzeln.

Üppige Vegetation an Oasen und Flußläufen

Ergiebige Bodenwasserreserven bringen selbst inmitten extremer Trockengebiete eine üppige Tropenvegetation hervor, die ein für Pflanzen, Tiere und Menschen günstiges Kleinklima schafft und den Anbau vieler Nutzpflanzen ermöglicht. Die für aride Landschaften charakteristischen, tageszeitlich bedingten und sehr starken Temperaturschwankungen sind hier erheblich gemildert. Es mutet gewiß unwirklich an, inmitten einer dürren Landschaft plötzlich üppige Palmen- und Bananenhaine, Mango, Kaffee, Papaya, Bataten, Kampferbaum, Granatapfel, Citrus und viele andere Pflanzen mit hohem Wasserbedarf anzutreffen. Diese fruchtbaren Bereiche nehmen jedoch nur ver-

schwindend kleine Areale in den großräumigen Trockengebieten ein.
Die nur während der Regenzeit wasserführenden Flußläufe (in Afrika *Wadis*, in Mexiko *Arroyas* genannt) bilden häufig breite Trockentäler, die sich durch beachtliche Haft- und Grundwasserreserven auszeichnen. In den Randzonen existiert reichhaltiges Pflanzenleben.

Salzpfannen und Salzwüsten

Die abflußlosen Bodensenken sind wegen ihrer konzentrierten Salzanreicherung infolge starker Wasserverdunstung weitestgehend ohne Vegetation. In ariden Gebieten sind salzhaltige Böden häufig anzutreffen. Die Salze gelangen entweder mit dem Grundwasser an die Oberfläche, oder die in Gesteinen eingelagerten Salze werden bei der Verwitterung durch das Regenwasser gelöst und mit diesem in die Bodensenken transportiert. Schließlich sind durch das allmähliche Austrocknen von Seen und Meeresbecken große Salzpfannen und Salzwüsten entstanden. Dort, wo an den ariden Meeresküsten starke Brandung herrscht, wird Meersalz mit dem Wind ins Land getrieben und wegen geringer Regenfälle als Salzkruste auf der Bodenoberfläche abgelagert (z. B. äußere Namib-Küstenwüste in Südwestafrika).
Die salzhaltigen Bodenflächen arider Gebiete (Halobiome) werden je nach dem Grad der Verbrackung teilweise von *Halophyten* (= salzbodenbewohnende Pflanzen) – auch Pseudosukkulenten genannt – und einigen *Aizoaceae* besiedelt. Letztere gelten als Übergangsstufe zu den echten Sukkulenten oder werden zu ihnen gezählt. Diese anpassungsfähigen Pflanzen gedeihen auch auf nicht salzigen Böden. In ihrem Zellsaft sind – wie bei den echten Salzpflanzen, jedoch in geringerer Konzentration – stets Chloride enthalten.
Das Thema Wasserversorgung und Böden kann im Rahmen dieses Buches jedoch nicht erschöpfend behandelt werden.

Namibwüste; der Regen bringt durchschnittlich 20 mm, die mehr als 200 Nebeltage weitere 50 mm jährlichen Niederschlag.

Sonne und Wind – Merkmale der Trockengebiete

Zu den besonderen Merkmalen arider Gebiete zählt die hohe Ein- und Ausstrahlung der Sonnenwärme, die zu erheblichen tageszeitlichen Temperaturschwankungen führt. Am Tage können die Temperaturen in der Luft Werte über 40 °C und am Boden 50–65 °C erreichen, während sie nachts sehr weit – oft bis zum Taupunkt – absinken. Selbst Nachtfröste sind zu gewissen Jahreszeiten nichts Ungewöhnliches. Die Luft ist tagsüber – mit Ausnahme der Nebeltage in Nebelgebieten und während der Regenzeit – sehr trocken. Die für uns Mitteleuropäer unvorstellbar niedrigen Werte von 10–15% relativer Luftfeuchte machen die Hitze allerdings recht erträglich.
Typisch für die Trockengebiete ist der fast ständig wehende Wind mit seiner trocknenden Wirkung auf Boden und Vegetation. Die Pflanzen haben deshalb besondere Schutzvorrichtungen gegen zu starke Wasserverdunstung entwikkelt. Gewächse mit strauch- oder baumförmigem Wuchs bilden sehr stabile Holz- oder Fasergewebe aus, z. B. Säulenkakteen, *Kalanchoe beharensis*, baumförmige *Aloe*, *Yucca* und viele andere.

Die Wüste lebt

Während monate-, nicht selten jahrelanger Dürreperioden liegt über der sonnenverbrannten Landschaft arider Gebiete eine eigenartige Melancholie, in der alles Leben erstarrt scheint.

Zweifellos vermitteln die nackten oder von vertrockneten Gräsern, Stauden, blattlosen Halbsträuchern, Gehölzen und mehr oder weniger geschrumpften Sukkulenten besiedelten Sand-, Lehm- oder Geröllflächen und Gebirge den Eindruck lebloser Einöden. Dennoch spielt sich in diesen lebensfeindlichen Gebieten vieltausendfältiges pflanzliches und tierisches Leben ab.

Allein in den amerikanischen Wüsten und Halbwüsten sind mehr als 5 000 Tierarten zu Hause. Unter ihnen nehmen die Insekten den ersten Platz ein. Hinzu kommen viele Nager, Vögel und Reptilien. Sie alle leben von den Blättern, Sprossen, Blüten, Früchten, Samen und Wurzeln der Pflanzen.

Als Fleischfresser sind verschiedene Raubkatzen und Wüstenhunde vertreten.

Tagsüber verharren die meisten Tiere im Zustand der Ruhe, um dann mit hereinbrechender Abend- und Nachtkühle ihr lebhaftes Treiben zu beginnen. Das nächtliche Summen, Zirpen, Nagen, Zwitschern, Rascheln und Heulen beweist die Existenz vielfältigen tierischen Lebens.

- Vielfalt pflanzlichen und tierischen Lebens
- Wasser – lebensnotwendiges Element
- Lebensformen der Pflanzen in Trockengebieten
- Savannen
- Süd- und Südwestafrika – Schaufenster der anderen Sukkulenten

Landschaftsformation auf der Halbinsel Niederkalifornien (Baja California, Mexico).

Die in der Wildnis der Baja California (Mexiko) verbrachten Nächte zählen zu den eindrucksvollsten Erlebnissen des Autors. Die besondere Faszination dieser Erfahrung wurde noch gesteigert durch den Anblick farbenprächtiger Sonnenauf- und -untergänge hinter den Silhouetten umliegender Berge, der baumförmigen Palmlilien *(Yucca)*, der mächtigen Säulenkakteen oder den bis zu 20 m hohen Telegrafenpflanzen *(Idria)*.

Tierisches Leben vollzieht sich in Abhängigkeit vom Vorhandensein ausreichenden Pflanzenbestandes. Pflanzen bilden die Nahrungsgrundlage für die pflanzenfressenden Tiere und diese wiederum die Nahrung für die Fleischfresser. Letztlich entscheidet aber die Menge des verfügbaren Wassers – im Zusammenwirken mit den Wachstumsfaktoren Licht, Wärme und Nährstoffe – über die Entwicklung organischen Lebens.

Jedes Vegetationsgebiet der Erde hat ganz bestimmte Lebensformen seiner Bewohner entwickelt. So läßt das Aussehen (Habitus) einer Pflanze Rückschlüsse auf ihre Standortverhältnisse zu.

Trockenzeit in der Sierra de la Giganta.

Echinocereus pectinatus, Sonorahalbwüste (Mexiko).

Die feuchtwarmen Tropengebiete warten mit einer verschwenderischen Fülle und Vielfalt pflanzlichen Lebens auf. Die hier heimischen Gewächse sind raschwüchsig, entwickeln viel Blattmasse und erreichen große Ausmaße. Ihr Wasserhaushalt ist sehr rege, und damit verbunden findet eine starke Nährstoffaufnahme mit gleichbleibendem Stoffwechsel und stetiger Verdunstungstätigkeit statt.

Diesem Extrem des immerwährenden Wachsens und Blühens stehen weite Gebiete dieser Erde gegenüber, denen das lebensnotwendige Wasser nur zu gewissen Zeiten – dazu noch in weitaus geringerer Ergiebigkeit – in Form von Niederschlägen zugeführt wird. Demzu-

folge entwickelt sich aktives Pflanzenwachstum hier nur während günstiger Jahreszeiten, wenn Wasser ausreichend zur Verfügung steht.
Trotz der eingeschränkten Existenzmöglichkeiten bringen die Trockengebiete der Erde eine große Anzahl der interessantesten und seltsamsten Pflanzenarten hervor.

Boophane disticha (Südafrika) besitzt eine mächtige unterirdische Zwiebel.

Die trockenheitsertragenden Gewächse, *Xerophyten* genannt, haben unterschiedliche Möglichkeiten der Anpassung an extreme Standortverhältnisse entwickelt. Die einen – zahlreiche Einjahrspflanzen – überstehen lange Dürrezeiten in der Samentrokkenruhe, andere unterirdisch als Zwiebeln oder Knollen, wieder andere in einem latenten Zustand, der verschiedenen Farnen und *Selaginella*-Arten, Algen, Flechten und selbst einigen Blütenpflanzen eigen ist.
Eine andere Gruppe bilden die Gewächse, die die Trockenzeiten in einem reduziert-aktiven Zustand verbringen, wie zahlreiche Stauden, Halbsträucher, Gehölze und vor allem die Vielzahl sukkulenter Pflanzen.
So besitzen Lippenblütler (Labiaten), Körbchenblütler (Compositen) und

Sierra columbia – „Des Teufels Steingarten".

Nachtschattengewächse (Solanaceen) auf Baja California (Mexiko) weiche, oftmals behaarte Blätter, die bei Trockenheit welken. Bei länger andauernder Dürre werden die Blätter abgeworfen. Die Ausbildung der Blattgröße und des Neuaustriebes ist jeweils abhängig von der zur Verfügung stehenden Wassermenge innerhalb einer Vegetationsperiode.

Viele Dauerpflanzen niederschlagsarmer Gebiete zeigen die Erscheinung der *Sklerophyllie*. Die sklerophyllen Gewächse entwickeln harte Blätter mit stabilem mechanischen Gewebe und besonders starker Kutikula. Sie können ihre Transpiration auf ein Minimum reduzieren. Zu ihnen zählt der von Kalifornien und Arizona (USA) bis Mexiko und Mittelamerika weiträumig, oft landschaftsprägend verbreitete Kreosotbusch *(Larrea divaricata)*. Zum zusätzlichen Verdunstungsschutz sind die Blätter dieser Pflanzen von einer glänzenden Lackschicht überzogen.

Fouquieria splendens, der „Ocotillestrauch", liefert das Ocotillewachs.

Vegetationsbild der Catavina-Mesa, Niederkalifornien, nach ergiebigen Regenfällen.

Ein weiteres Merkmal der Anpassung an Wassermangel ist die Kleinblättrigkeit *(Mikrophyllie)*. Die Ausbildung großer Blattflächen – sieht man von den großformatigen Blattsukkulenten ab – bleibt den Gewächsen feucht-warmer Klimate vorbehalten. Kleine, teilweise schuppen- oder fiederförmige Blätter dienen der Reduktion der wasserverdunstenden Fläche. Die Blätter können auch zu Dornen umgewandelt sein.

Zur Verringerung beziehungsweise zeitweiligen Unterbrechung der Wasserdampfabgabe dient der Blattfall zahlreicher, in ariden Gebieten heimischer Halbsträucher und Gehölze. Mit einsetzenden Niederschlägen bilden diese Pflanzen sehr bald Blätter in großer Anzahl, um sie mit Beginn der folgenden Dürreperiode wieder abzuwerfen. Neuaustrieb kann ein- oder mehrmals im Jahr erfolgen *(Fouquieria, Idria, Acacia* und viele andere).

Typisch für die mexikanischen laubwer-

fenden Gehölzformationen ist das massenhafte Auftreten des sogenannten Mesquitebuschs mit *Prosopis juliflora* und anderen *Mimosaceae.* In der Dornbuschsavanne in zentralen und südlichen Bereichen des Landes bilden *Acacia*-Arten landschaftsprägende Bestände. Die Ausbreitung der Dornbuschsavanne bedeutet in Mexiko – wie auch in anderen Trockengebieten der Erde – eine ernste Gefahr. Sie gibt ein Beispiel für die Zerstörung des natürlichen Ökosystems durch den Einfluß des Menschen infolge maßloser Überweidung vegetationsarmer Trockengebiete durch Rinder, Esel, Schafe und Ziegen.
In der Savanne besteht normalerweise ein Wettbewerbsgleichgewicht zwischen ausdauernden Horstgräsern sowie kleineren und größeren Holzpflanzen. Die ausdauernden Horstgräser produzieren bei günstiger Wasserversorgung in kurzer Zeit viel organische Masse und zeichnen sich durch rege Verdunstungstätigkeit aus. Nach der Regenperiode vertrocknen die Halme, es überdauern das Wurzelsystem und die Vegetationskegel.
Bei mehr als 300 mm Jahresniederschlag können sich kleinere Holzpflanzen entwickeln; es entsteht eine Strauchsavanne. Holzpflanzen benötigen einen ausgeglichenen Wasserhaushalt des Bodens. Je höher die jährlichen Niederschläge, desto mehr Wasser überlassen die Gräser den Holzpflanzen, die dann immer größere Ausmaße annehmen. Es entstehen Baumsavannen. Baumwurzeln dringen allmählich zu den tiefliegenden Bodenwasserreserven vor; sie sollen in bis zu 20 m Tiefe gelangen können!
In den Savannenwäldern oder regengrünen tropischen Trockengehölzen wendet sich der Wettbewerbsvorteil zugunsten der Holzpflanzen, wobei sich die Gräser den Lichtverhältnissen am Boden anpassen müssen.

Savannen

Im Falle der Überweidung von Grassavannen werden die Gräser bei Neuaustrieb frühzeitig abgefressen und somit ihre Verdunstungstätigkeit unterbunden. Im Boden können sich dadurch große Wasservorräte ansammeln, die den Holzpflanzen zugute kommen. Während sich diese – es sind überwiegend *Acacia*-Arten – stark ausbreiten, wird der Graswuchs zunehmend zurückgedrängt.
Die Ausbreitung des Dornbusches wird dann weiterhin dadurch begünstigt, daß das Weidevieh die harten Samen der gefressenen Hülsenfrüchte mit dem Kot wieder ausscheidet. Der Tierkot bietet den Samen gute Keimungsbedingungen sowie kräftiges Nährsubstrat für die Jungpflanzenentwicklung.
Der Bestand zahlreicher Pflanzenarten – wie Kakteen und anderer Sukkulenten – wird durch das Weidevieh ernsthaft bedroht. Sicher ist, daß Ziegen ganz erhebliche Artenvernichtung verursachen. Wo eine Ziegenherde in der kargen Landschaft weidet, braucht man gar nicht erst nach interessanten Pflanzen Ausschau zu halten. Ziegen finden nicht nur jeden grünenden Grashalm, sondern auch jeden Keimling der Kakteen in Amerika oder von *Lithops* im südlichen Afrika.

Anpassung

In semiariden Gebieten heimische, blattwerfende Holzpflanzen besitzen häufig eine Chloroplasten führende Rinde, die ihnen eine Assimilationstätigkeit auch während blattloser Dürreperioden ermöglicht. Grünrindigkeit zeigen beispielsweise die in Mexiko und den südlichen USA weitverbreiteten Mesquitesträucher *Prosopis-*, ferner *Cercidium-* und *Fouquieria*-Arten sowie die auf Baja California vorkommenden *Cassia emarginata* und *Idria (Fouquieria) columnaris.*
Mit zunehmender Aridität verringern die Pflanzen ihre transpirierende Oberfläche.
Am eindrucksvollsten ist dies in den Kugel- und Säulenformen hochsukkulenter Pflanzen ausgeprägt. Sie teilen häufig gemeinsame Standorte und bilden Lebensgemeinschaften (Biozonösen) mit den übrigen Bewohnern arider Gebiete.

Süd- und Südwestafrika – Schaufenster der anderen Sukkulenten

Die ausgedehnten Trockengebiete der Republik Südafrika und Südwestafrikas (Namibia) werden als das „Schaufenster" der sukkulenten Pflanzen bezeichnet.
Unter den rund 18000 allein in Südafrika heimischen Blütenpflanzen sind etwa 3000 sukkulent. Das Kapgebiet gilt als das kleinste, aber artenreichste unter den sechs Florenreichen der Erde.
Die Sukkulenten treten hier jedoch noch ziemlich unbedeutend in Erscheinung.
In ihrem vielfältigen Formen- und Farbenspiel faszinieren vor allem viele der in Südafrika heimischen 400 Arten *Protea*-Gewächse und etwa 600 *Erica*-Arten sowie eine Fülle anderer Vertreter aus den verschiedensten Pflanzenfamilien. Allein der berühmte Tafelberg bei Kapstadt beherbergt etwa 1400 wildwachsende Pflanzenarten.
Die bedeutendsten Sukkulentenvorkommen des südlichen Afrika liegen in der westlichen Kapprovinz, in der Kleinen und Großen Karru, im karruiden

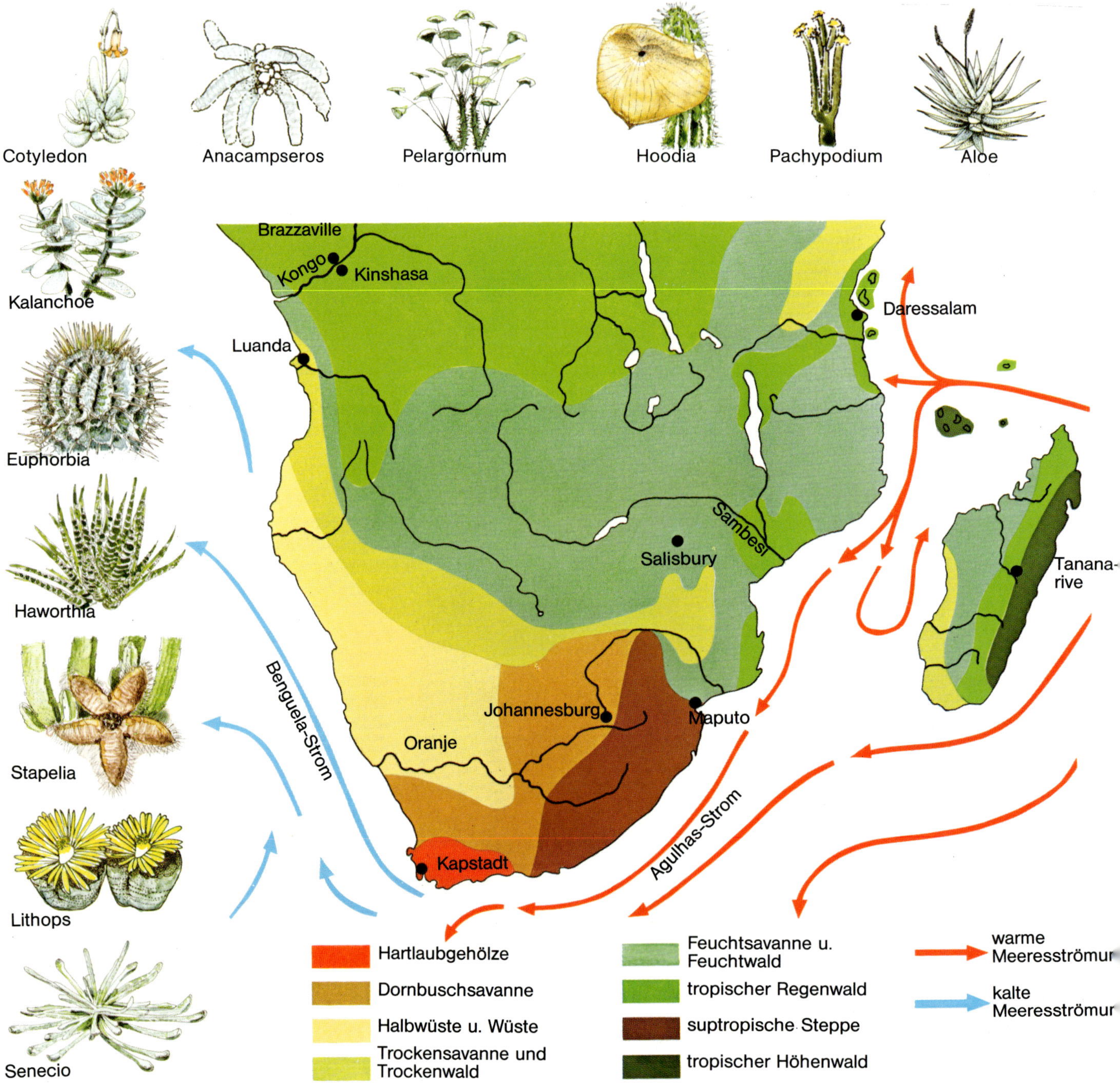

Das südliche Afrika und Madagaskar sind die Hauptverbreitungsgebiete der „anderen Sukkulenten".

Gewaltige Sanddünen in der Namib.

Hochland, Buschmannland, Klein-Namaland, Richtersveld, der Kalahariwüste in Südafrika sowie im Großen Namaqualand und der Namibwüste in Südwestafrika.

Diese Trockengebiete erstrecken sich etwa vom 18.–30.° südlicher Breite. Sie sind getrennt in Winterregengebiete (Juli-September) im Süden und Sommerregengebiete (November-März) weiter nördlich, ungefähr ab dem 28. Breitengrad. Teile der Karru in Südafrika haben auch zwei Regenperioden. Der nordwestlich verlaufende, von Gebirgsketten begrenzte Küstenstreifen, die Skelettküste, erhält kaum Regen. Der kalte, parallel zur Küste fließende Benguelastrom (12–16°C Wassertemperatur) verursacht feuchtigkeitsspendende Nebel. Etwa 50 km tief treiben die Nebel in die allmählich ansteigende Rumpfebene der äußeren Namibwüste in Südwestafrika.

Die Luftfeuchtigkeit ist an vielen Tagen sehr hoch (rund 200 Nebeltage im Jahr), die durchschnittliche jährliche Regenmenge beträgt jedoch nur 15–25 mm. In jahrzehntelangen Abständen fallen auch einmal über 100 mm Regen im Jahr. Das versickernde Wasser wird im Sandboden gespeichert und kommt den wenigen ausdauernden Gewächsen zugute.

In breiten, sehr flachen Erosionsrinnen der Namib-Küstennebelwüste ist *Welwitschia mirabilis* zu Hause. Dieses eigenartige Gewächs kann mehrere hundert Jahre alt werden; es zählt zu den eigentümlichsten und seltensten Erscheinungen im Pflanzenreich. *Welwitschia* entwickelt nur zwei Blätter, die bis zu 4 m Länge erreichen können. Ihre Wurzeln reichen bis in eine Tiefe von 3 m und damit zu den im Boden vorhandenen Wasserreserven. Eine sehr lange Pfahlwurzel wird ausgebildet.

Die in den Sandflächen der Namib eingebetteten niedrigen Quarzhügel bringen eine bemerkenswerte Sukkulentenflora hervor: z. B. *Trichocaulon dinteri, Sarcocaulon-marlothii, Hoodia currori, Lithops-gracilidelineata, Aloe asperifolia, Zygophyllum* u. a.

An den Namib-Küstenwüstenstreifen schließt sich ostwärts die von mächtigen Gebirgszügen überragte Steppe des zentralen Hochlandes an. In südlicher Richtung sind die Hochebenen durch steile Schluchten und gewaltige Erosionstäler gekennzeichnet. Ein phantastisches Land!

Die zuweilen endlos scheinenden Weiten extrem arider Gebiete Südwestafrikas (100–300 mm Jahresniederschlag) sind in ihren wechselnden Landschaftsbildern von unbeschreiblichem Reiz. Die Niederschläge fallen – wenn überhaupt – während des südlichen Sommers in den Monaten November bis März. Zur Zeit der größten Dürre, im September, scheinen die meisten Pflanzenarten ohne Leben.

Wir sahen mehrere Meter hohe *Aloe pillansii* und *Aloe dichotoma,* deren verdörrte Körper sich skelettartig aus der grauen Umgebung abhoben: Die ehemals sukkulenten Blätter waren schmal, saftlos und infolge der andauernden intensiven Sonneneinstrahlung gelbbraun verfärbt. Scheinbar tot – und doch steckt in ihnen noch eine Spur

Welwitschia mirabilis, das „lebende Fossil".

Vogelnester auf Aloe pillansii.

Frühling (September) im Namaqualand, Südafrika.

Pelargonium crispum, Südafrika.

Nach Regenfällen in der Karru.

Namaqualand in Blüte.

Frühling im Gebiet von Springbok (Südafrika). Strauchförmige Mesems sowie zahlreiche Körbchenblüter veranstalten einen Blütenreigen. Im Hintergrund: Aloe dichotoma.

von Leben, das zu echter Lebendigkeit erwachen könnte, wenn es bald regnen würde.

So extrem geschwächt präsentieren sich die Pflanzen dort, wo seit 4–5 Jahren kein ergiebiger Regen mehr gefallen ist.

Sobald jedoch durchdringender Regen fällt, verwandelt sich das Landschaftsbild binnen weniger Tage. In kaum vorstellbarer Üppigkeit und Farbenpracht beginnt ein allgemeines Grünen und Blühen. Die in der Samentrockenruhe ausharrenden Einjahrspflanzen benötigen zu ihrer vollen Entfaltung nur wenige Tage bis Wochen, ebenso die zahlreichen Zwiebel- und Knollengewächse und strauchförmigen Mittagsblumengewächse.

Die südlich des Oranjeflusses gelegenen Winterregengebiete (südlicher Winter) – das Namaqualand, das Richtersveld und die Karru – präsentierten zur Zeit unseres Besuches – Mitte September 1980 – die ganze Palette pflanzlicher Vielfalt, oft unübersehbare Blütenmeere bildend.

Eine auffallende Erscheinung in den Trockengebieten Süd- und Südwestafrikas stellen die zahlreichen Quarzfelder dar, die in unterschiedlicher Ausdehnung in die Landschaft eingestreut sind, mitunter auch bandartig die Berghänge erfassend. Die Bodenoberfläche ist dicht mit weißen Quarzbrocken durchsetzt.

Hier macht der Sukkulentenfreund die interessantesten Entdeckungen. Auf einem Quadratmeter präsentieren sich dem aufmerksamen Betrachter nicht selten mehr als ein halbes Dutzend verschiedener hochsukkulenter Pflanzenarten der Gattungen *Crassula, Argyroderma, Conophytum, Dactylopsis, Gibbaeum, Lithops, Caralluma, Hoodia, Stapelia, Trichocaulon, Haworthia, Sarcocaulon* u. a. Viele dieser Gewächse passen sich in Gestalt und Färbung dem umgebenden Gestein beziehungsweise Boden an (Mimikry).

Die natürlichen Verbreitungsgebiete der Kakteen

Kakteengewächse sind überwiegend auf dem amerikanischen Kontinent beheimatet. Einige Arten der epiphytischen Binsenkakteen *(Rhipsalis)* leben auf Madagaskar, in Ost-, Süd- und Westafrika sowie auf den Maskarenen; wahrscheinlich wurden sie eingeschleppt oder existierten dort bereits vor der vor Jahrmillionen erfolgten Kontinentaldrift. Auch auf den Galapagosinseln und den Westindischen Inseln sind Kakteen zu Hause. Im übrigen jedoch erstreckt sich das Verbreitungsgebiet der mehrere tausend Arten umfassenden Kakteenfamilie von Kanada bei 57° nördlicher Breite bis Südchile bei 49° südlicher Breite.

Diese riesige Landstrecke von 12 000 Kilometern erfaßt die unterschiedlichsten Klimate.

In den nördlichen Rocky Mountains herrschen eisige Winter mit Frostgraden von 30–40 °C und tiefem Schnee. Hier halten es noch einige kriechend wachsende *Opuntia*-Arten und *Coryphantha vivipara* aus.

In den US-Staaten Nevada, Utah und Arizona ertragen Kakteen nicht nur Hitze und Trockenheit, sondern auch Eis und Schnee. In den Wüsten, Halbwüsten und Steppen Südkaliforniens, Texas und New Mexicos sind langandauernde Trockenperioden bei großer Hitze charakteristisch.

- Kakteen in Hochgebirgen Südamerikas
- Mexiko und südliche USA – klassische Kakteengebiete

Tehuacán (Mexiko): Stenocereus (= Marginatocereus) marginatus (links) und Yucca elephantipes.

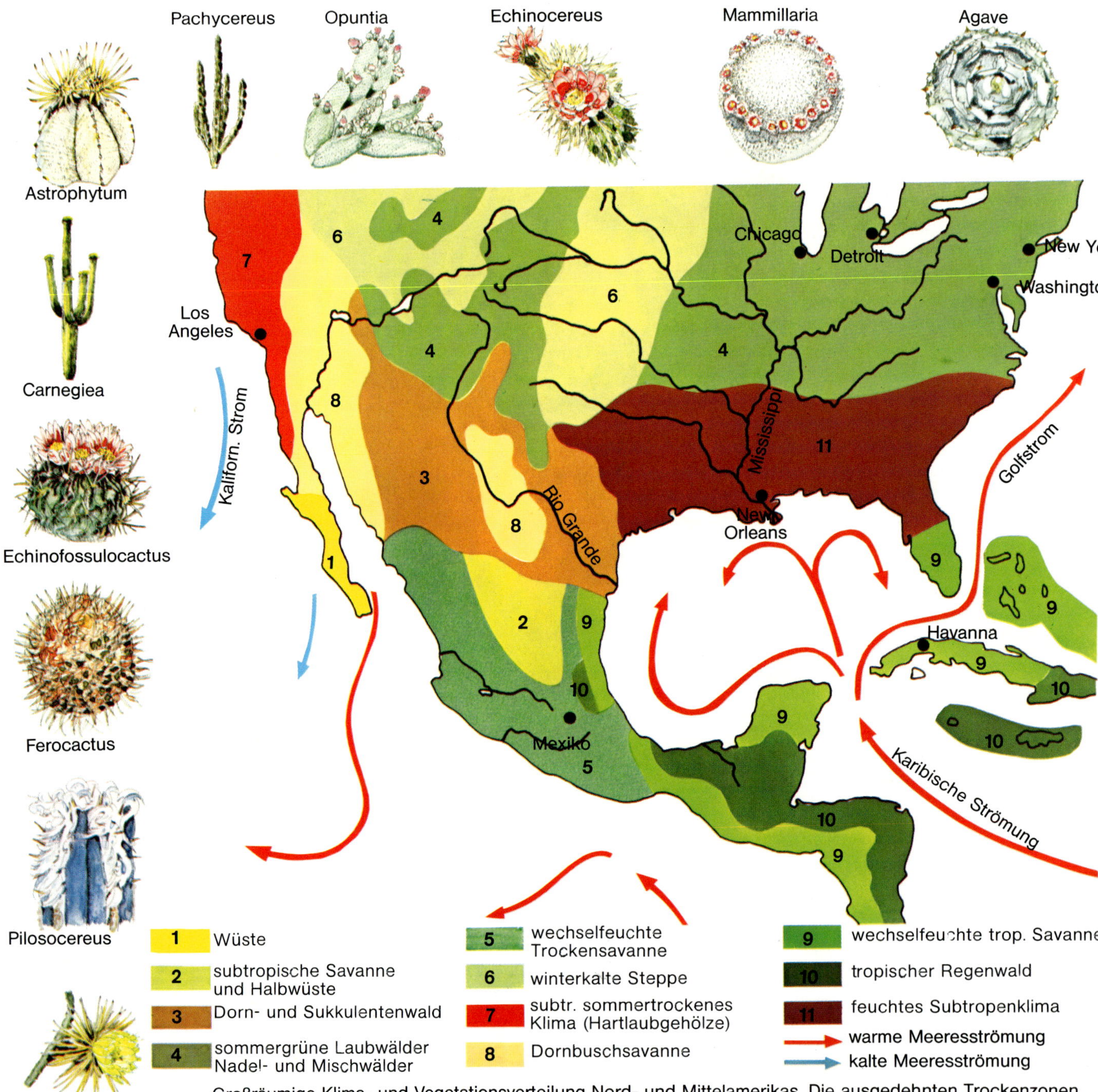

Großräumige Klima- und Vegetationsverteilung Nord- und Mittelamerikas. Die ausgedehnten Trockenzonen der US-Bundesstaaten Kalifornien, Arizona und Texas sowie Mexiko gelten als die klassischen Kakteengebiete

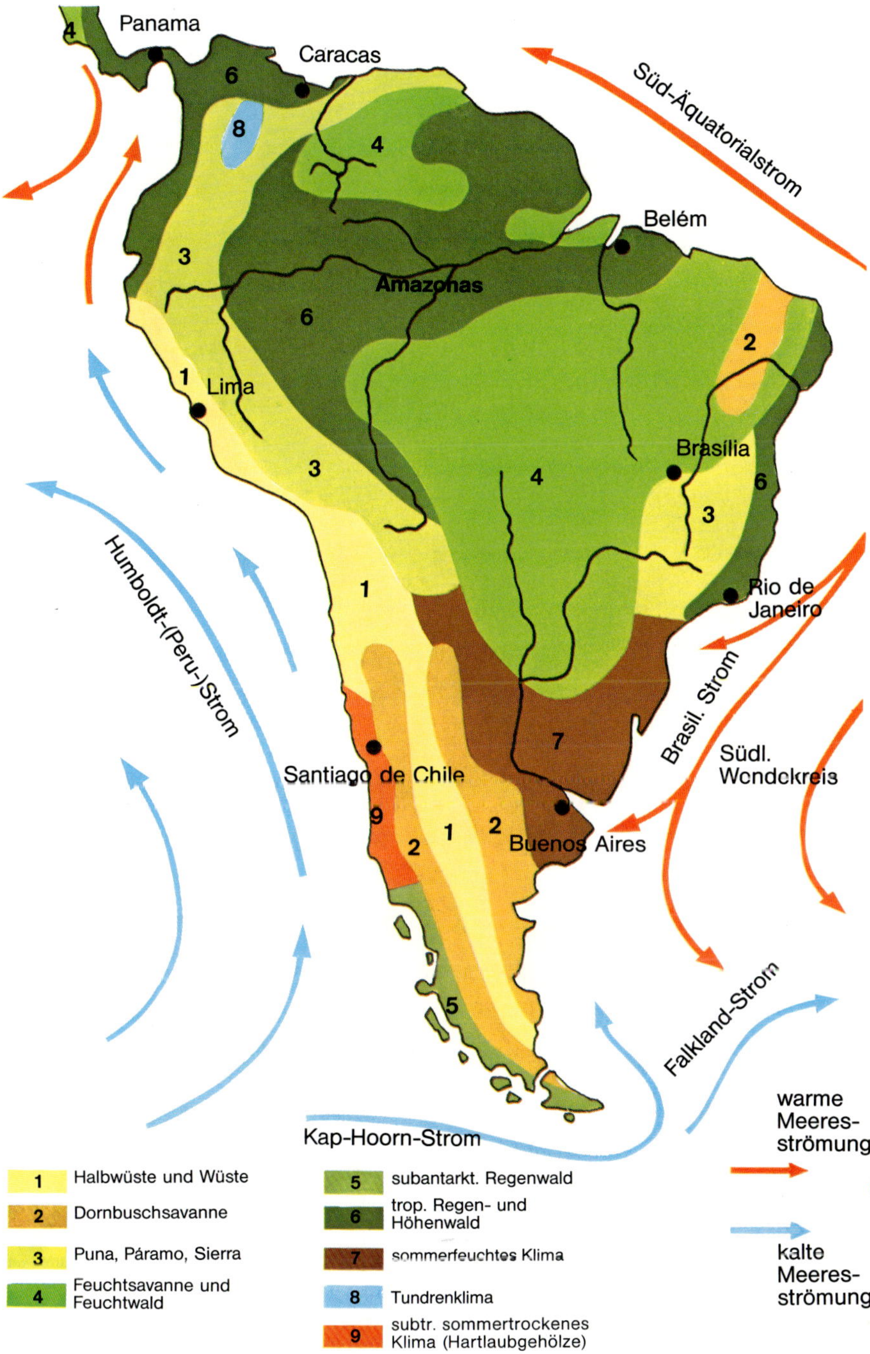

Großräumige Klima- und Vegetationsverteilung in Südamerika. Unberücksichtigt sind zahlreiche kleinere Klimazonen.

Ähnliche Klimaverhältnisse herrschen in Mexiko, dem klassischen Land der Kakteen. In den mehr feucht-warmen tropischen und subtropischen Gebieten von Südmexiko über ganz Mittelamerika bis Südbrasilien, Peru, Bolivien, Paraguay und Argentinien sind die wärmebedürftigen Kakteenarten zu Hause. Die meisten epiphytisch wachsenden gehören hierher, wie auch *Melocactus.*

Kakteen in den Hochgebirgen Südamerikas

In den Anden von Peru, Bolivien, Argentinien und Chile wachsen Kakteen noch in Höhen bis über 4500 m über dem Meeresspiegel. In den Hochlagen der südamerikanischen Gebirge sind außerordentlich krasse tageszeitliche Temperaturschwankungen die Regel; sie können mehr als 40 °C betragen.

Haageocereus pseudomelanostele

In den fast regenlosen nordchilenisch-peruanischen Küstennebelwüsten wachsen *Haageocereus, Copiapoa* sowie verschiedene *Neoporteria, Pygmaeocereus, Islaya, Eulychnia.* Weiterhin prägen Flechten, Algen und mehrere *Tillandsia*-Arten die spärliche Vegetation. Die hier existierenden Pflanzen erhalten das lebensnotwendige Naß nahezu ausschließlich aus den dichten Nebeln, die von April bis November über dem durchschnittlich 50 km breiten Wüstenstreifen lagern. Diese Nebel erzeugt der kalte Humboldtstrom, der von der Antarktis kommend parallel zur Küste den Pazifik durchfließt.
Die Nebelzone wird durch die Bergketten der Küstenkordillere begrenzt. An den steilen Felswänden der Küstenkordillere lösen sich die Garuanebel vollständig auf. Die aufsteigenden Meereswinde bilden dann unter dem Einfluß intensiver Sonneneinstrahlung oberhalb 500–800 Meter über dem Meeresspiegel trocken-warme Luftströmungen. Hier besteht wegen gänzlich fehlender Niederschläge – also weder Nebel noch Regen – ein Streifen vegetationsloser Felswüste.
Erst in höheren Lagen, jedoch ebenfalls in einer extremen Trockenzone sind die mächtigen Säulenkakteen *Neoraimondia* und *Browningia candelaris* anzutreffen.
Die südamerikanischen Hochgebirge und deren Täler und Hochplateaus zeigen sehr unterschiedliche Klimate mit wechselnden Temperatur- und Feuchtigkeitsverhältnissen.
Zahlreiche Kakteengattungen haben in den innerandinen Trockentälern in Höhen zwischen 800 und 1200 m über dem Meeresspiegel ihre natürlichen Standorte.
Besonders extreme Temperaturbedingungen kennzeichnen die als *Puna* bezeichnete peruanisch-bolivianisch innerandine Hochfläche zwischen der West- und Ostkordillere. Man unterteilt

Opuntia (= Tephrocactus) floccosa

die in 3900 bis 4500 m über dem Meeresspiegel gelegene Hochfläche in die Feucht- und die in Richtung Bolivien und Chile gelegenen Trockenpuna.
In der Feuchtpuna fallen – bei geringen Temperaturschwankungen – jährlich während 10–11 Monaten Niederschläge. Hier sind interessante Bromeliengewächse, insbesondere die sehr selten gewordene *Puya raimondii,* heimisch.
Die wüstenhafte Trockenpuna weitet sich bis tief nach Bolivien aus. Sie ist geprägt von langen Dürreperioden, denn die mittlere jährliche Niederschlagsmenge von weniger als 300 mm fällt in der Regel nur während drei Monaten. Die Temperaturverhältnisse unterliegen sehr starken tages-und jahreszeitlichen Schwankungen: Eis, Schnee, Rauhreif und Tageshitze wechseln innerhalb weniger Stunden. Auf eiskalte Nächte – Temperaturen bis –20 °C sind möglich – folgen sonnige, warme Tage mit geringer Luftfeuchte. Ganz extreme Verhältnisse werden aus der Cordellera Negra (Mittelperu) berichtet. In etwa 4200m Höhe ist hier *Oroya borchersii* weit verbreitet.
Unter gleichen oder ganz ähnlichen Bedingungen existieren *Matucana* und viele *Lobivia*-Arten, ferner die in dichten Polstern wachsenden weiß-, gelb- und

Browningia (= Azureocereus) hertlingiana

Opuntia (= Tephrocactus) rauhii in der Trockenpuna (Südperu).

braunwolligen *Tephrocactus*-Arten *T. rauhii, T. floccosus, T. malyanus.* Sie erscheinen gebietsweise in dichten Massenbeständen und prägen das Landschaftsbild sehr deutlich. Die majestätisch wirkenden Säulenkakteen *Oreocereus* und *Trichocereus* bevorzugen ebenfalls extreme Höhenlagen.
Die Informationen über die klimatischen Gegebenheiten an den natürlichen Standorten zahlreicher Kakteenarten zerstören die verbreitete Meinung, Kakteen seien ausschließlich Bewohner trocken-heißer Klimazonen.

Frostbeständig und doch nicht winterhart

Trotzdem ist es falsch, zu glauben, Kakteen müßten infolgedessen auch die bedeutend milderen Winter Mitteleuropas ungeschützt im Freien überleben können. Die in unseren Breiten ständig hohe Luft- und Bodenfeuchtigkeit während der Herbst-, Winter- und Frühjahrsmonate und die langandauernden, ziemlich gleichbleibenden niedrigen Temperaturen bringen die Pflanzen um.
Eine Reihe kälteresistenter Arten verträgt unsere Wintertemperaturen jedoch unter der Voraussetzung, daß sie ab Ende September/Anfang Oktober absolut trocken gehalten werden. Bis zum Frosteintritt sollten die Pflanzen etwas geschrumpft sein.
Die als winterhart bezeichneten niedrigen Opuntienarten sind da nicht ganz so empfindlich, sicherer ist aber in jedem Fall die absolut trockene Überwinterung.
Einen sehr wichtigen Hinweis für erfolgreiche Kulturmaßnahmen vermittelt die Kenntnis der besonderen klimatischen Standortverhältnisse der südamerikanischen Hochgebirgsarten. Diese Pflanzen wünschen zu ihrer kräftigen Entwicklung – insbesondere der

Espostoa laticornua am natürlichen Standort.

Oroya neoperuviana

Puya raimondii, ein seltenes Bromeliengewächs.

Ausbildung von Blütenanlagen – kühle Ruheperioden. Wir können ihnen diese nur während unseres Winters, also entgegen ihrem heimatlichen Rhythmus einräumen. Glücklicherweise stellen sich die meisten Arten der südlichen Hemisphäre auf den Vegetationszyklus unserer Klimazone um: Sie akklimatisieren sich.

Mexiko und südliche USA – klassische Kakteengebiete

Für den Kakteenfreund dürften auch die Standortbedingungen der in Mexiko und den USA heimischen Kakteengewächse von besonderem Interesse sein. Aus dieser Region stammt eine Vielzahl für die Kakteenliebhaberei hervorragend geeigneter Arten.

Insgesamt problemloser ist die Pflege der nördlich des Äquators heimischen Kakteenarten. Während unseres Winters haben die meisten von ihnen ihre natürliche Wachstumsruhe. Wir brauchen sie also nur trocken und meistens auch kühl zu halten. Im Frühjahr zeigen sie von selbst den Beginn neuen Wachstums an.

Mexiko und Kakteen sind untrennbare Begriffe. Dieses Land weist eine unübertroffene Artenvielfalt unter den Kakteengewächsen auf. Bestimmte Kakteenarten prägen in ihrer Häufigkeit nicht selten das Landschaftsbild. Das schließt jedoch nicht aus, daß andere Arten selten und in ihrer Existenz ernsthaft bedroht sind.

Sämtliche Erscheinungsformen der Kakteengewächse, ob kugel-, polster-, säulen- oder baumförmig, mit Zwerg- oder Riesenwuchs, sind in Mexiko vertreten. Diese Vielgestaltigkeit ist zurückzuführen auf die unterschiedlichen Klima- und Bodenverhältnisse dieses großen Landes. Mexiko ist mit seinen 1972000 km² nahezu 8mal so groß wie die Bundesrepublik Deutschland. Das Land erstreckt sich von 14,5°–32,5° nördlicher Breite. Damit befindet sich Mexiko direkt in dem berühmten Trokkengürtel, der in etwa 30° nördlicher Breite die Erdteile umspannt.

Die niedrig liegenden Küstenregionen an der östlichen Golfseite und der Süden des Landes haben tropisches Klima. Dort sind verschiedene epiphytische Kakteen heimisch, die noch eine Ergänzung zu den oben genannten Wuchsformen darstellen.

Das mexikanische zentrale Hochland erstreckt sich über mehrere Bundesstaaten und erfaßt die Hauptstadt Mexico-City. Die Bundesstaaten Hidalgo, Querétaro, San Luis Potosí, Oaxaca und Puebla weisen bedeutende Kakteenstandorte auf. Die Niederschläge fallen hier hauptsächlich in den Monaten April bis Oktober. Die Begleitflora gestaltet sich recht vielfältig. Man findet überwiegend Dornbuschformationen unterschiedlicher Mächtigkeit.

Opuntien, Hechtia stenopetala und Yucca aloifolia (Mexiko).

Tillandsia auf Yucca.

Idria (Fouquieria) columnaris, die „Telegrafenstangenpflanze".

Das Land ist in weiten Teilen überweidet, das heißt, es wird mehr Weidevieh gehalten als im Interesse der Erhaltung der Weideflächen zulässig wäre. Infolgedessen wird das Grasland zunehmend vernichtet, während sich die Dornbuschsteppe ausweitet. Die Verdunstungstätigkeit der Gräser wird durch radikales Abfressen unterbunden, so daß nach der Regenzeit mehr Wasser im Boden verbleibt und nun den Holzpflanzen zugute kommt. Es sind überwiegend *Acacia*-Arten, die sich – je nach dem Maß der nach der sommerlichen Regenperiode im Boden verbleibenden Wassermengen – strauch- oder baumartig entwickeln und den Grasbestand verdrängen.

Als in höchstem Maße schädlich muß die regellose Ziegenhaltung betrachtet werden. Ziegenherden lassen im Hochland Mexikos gebietsweise im sprichwörtlichen Sinne keinen grünen Halm aufkommen. Sie überziehen das Land – selbst karge Gebirgslandschaften –, um bei der wenig ergiebigen Nahrungs-

Pachycereus weberi

suche jede Spur neuaufkommenden Pflanzenwuchses zu vernichten. Auch der Kakteenbestand ist betroffen, denn wo Ziegen weiden, gibt es keinen Kakteennachwuchs.

Im mexikanischen zentralen Hochland fallen die Niederschläge im allgemeinen ergiebiger als im Norden des Landes. So finden sich hier neben vielen kleinbleibenden Kakteenarten starkwüchsige Säulen- und Baumkakteen der Cereen und Opuntien sowie die tonnen- und walzenförmigen Echinokakteen: *Echinocactus ingens* und *E. grandis*.

Tillandsia recurvata

Die Cereen treten artspezifisch in lockeren oder dichten, mitunter waldartigen Beständen auf. Imponierend ist der Anblick der gewaltigen, mehr einzeln stehenden *Lemaireocereus weberi.* Die Krone, bestehend aus zahlreichen, senkrecht in die Höhe strebenden und an der Basis sich immer wieder verzweigenden Sprosse, kann eine Höhe von 12 m und einen Durchmesser von 9 m erreichen. Während der blattlosen Zeit – Trockenruhezeit der umgebenden Vegetation – heben sich diese bläulichgrünen Kakteenriesen besonders wirkungsvoll vom Dornbusch und dem rötlichen Boden ab.

Bemerkenswert sind die reichen Bestände der bis zu 10 m hohen Einzelsäulen von *Cephalocereus hoppenstedtii* in einer hügeligen Kalksteinlandschaft im Staate Puebla. Die älteren, blühfähigen Exemplare haben ihre Sproßenden sämtlich in eine Richtung (nach Süden) gekrümmt und bieten dadurch einen eigenartigen Anblick. Eine weitere Besonderheit ist, daß nur jüngere Pflanzen eine lange, borstenartige Bedornung aufweisen.

In den Areolen senkrechter Stämme siedeln sich die epiphytischen (Aufsitzer, nicht Schmarotzer) *Tillandsia makoyana* und *T. califani an.* Diese und andere *Tillandsia*-Arten findet man sehr häufig auf Säulenkakteen, baumförmigen *Yuccas* und auch Holzgewächsen. Einen phantastischen Anblick bieten die Schieferberghänge in den Staaten Hidalgo und Guanajuato, die mit Tausenden der silbrigweißen, im Alter ergrauenden, bis zu 15 m hohen Einzelsäulen des *Cephalocereus senilis,* dem Greisenhaupt, bewachsen sind. Vielen Mexikoreisenden ist der Standort im Valle de los Venados in der Nähe der alten Silberminenstadt Pachuca (Staat Hidalgo) bekannt.

Dieses Gebiet wird als das Senilistal bezeichnet. Es fällt auf, daß am Standort keine Jungpflanzen zu finden sind. Das

Cephalocereus hoppenstedtii

mag zum Teil auf die Sammelleidenschaft der zweibeinigen Kakteenliebhaber der Spezies Homo sapiens aus Europa, den USA und anderswo zurückzuführen sein. Überwiegend sind jedoch sicher die Liebhaber saftiger Früchte, nahrhafter Samen und zarter Sämlingspflanzen – in erster Linie Vögel und Nagetiere – schuld an dieser Besonderheit.

Im Gebiet von Los Venados besteht eine reichhaltige Begleitflora, z. B. *Echinocactus grandis, Astrophytum ornatum, Mammillaria geminispina, Agave*

Cephalocereus senilis

stricta, Fouquieria splendens. Am Boden ist das Bärlappgewächs *Selaginella lepidophylla,* die sogenannte Auferstehungspflanze, sehr zahlreich vertreten. Diese Wunderpflanze wurzelt nur flach im Boden und zeigt bei Wasserzufuhr offene, kräftig grüne Rosetten. Bei Dürre reduziert das Gewächs die Transpirationsfläche durch kugelförmiges Einrollen und läßt sich in diesem Ruhezustand von stärkeren Winden weitertreiben, um an anderer Stelle wieder Fuß zu fassen.

Ein unvergeßliches Erlebnis bietet der Anblick der geheimnisvollen Vegetation auf der Hochfläche bei Tehuacán im Staate Puebla. Die natürliche Pflanzengesellschaft ist in ihrer Vielfalt und den sich ergänzenden Gruppierungen so einmalig, daß es von einem Gartengestalter nicht effektvoller hätte angelegt werden können.

Sehr kontrastreich heben sich die ausgewaschenen, freien Kalksteinflächen von den Pflanzenbeständen ab. Die deutlichen Konturen der dunkelgrünen Säulen des *Stenocereus marginatus* überragen den übrigen Pflanzenbestand in dominierender Weise. Dieser besteht unter anderem aus verschiedenen blattwerfenden Gehölzen, in vielköpfigen, bis etwa 4 m Durchmesser erreichenden Polstern des *Ferocactus robustus,* verschiedenen *Opuntia*-Arten und *Hechtia stenopetala.*

Hechtia stenopetala ist eine terrestrisch (bodenständig) wachsende *Bromeliaceae,* die auf der Hochfläche und den Berghängen bei Tehuacán undurchdringliche Dickichte kindeltreibender Rosetten bildet. Auffallend ist die leuchtend gelbrote Querbänderung der Blätter.

Diese prächtige Färbung ist offensichtlich eine standortbedingte Eigenschaft, beeinflußt durch die intensive Sonneneinstrahlung in rund 2000 m Höhe über dem Meeresspiegel und die speziellen Bodenverhältnisse. Ein Exemplar, das

Cephalocereus hoppenstedtii im Staate Oaxaca, Mexiko.

Ferocactus stainesii (San Luis Potosí, Mexiko).

Hechtia stenopetala (Puebla, Mexiko) bildet dort Dickichte.

im Palmengarten in Frankfurt am Main in Kultur genommen wurde, verlor diese Färbung bereits nach wenigen Wochen. Acht Jahre später, nunmehr dicht unter Glas und damit intensiver dem – wenn auch dunstgefilterten – Sonnenlicht einer Großstadt ausgesetzt, treten die ursprünglichen Farbbänder andeutungsweise wieder auf.

Dichte, waldartige Bestände bildet gebietsweise der baumförmige, bis zu 4 m Höhe erreichende *Myrtillocactus geometrizans.*

Die verschiedenartigsten Gesteins- und Bodenarten des mexikanischen Hochlandes geben der Landschaft oftmals ihren typischen Farbschimmer. Mitunter sind helle Kalk- und Gipsformationen oder gelber bis rötlicher Sandstein, Lehm, Schiefer und auch die rotbraune Lava tonangebend.

Weite Gebiete des mexikanischen Hochlandes bestehen aus poröser Lava. Überall dort, wo das lebensnotwendige Wasser zur Verfügung steht, entwickelt sich auf dem verwitterten Lavagestein und selbst in den Felsspalten ein üppiges Pflanzenwachstum vielfältiger Art. Sogar stark zehrende Gehölze und Säulenkakteen finden in diesem Substrat genügend Nährstoffe. Der Botanische Garten in Mexico-City ist auf reinem Lavagrund angelegt. Fast sämtliche hier vorhandenen Pflanzen wurzeln und leben auf Lava.

Die in Mexiko gesammelten Erfahrungen waren der Anlaß, in der Kakteenabteilung des Frankfurter Palmengartens die Verwendung porösen Lavagesteins einzuführen. Heute wird dieses Substrat mit bestem Erfolg eingesetzt: in gekörnter Form als Zusatz zu vielen Kulturerden und in großen Felsbrocken zur Gestaltung wirkungsvoller Pflanzenschauanlagen in den Pflanzenschauhäusern, im Freigelände und auf auswärtigen Ausstellungen.

Man braucht die Lava jedoch nicht aus Mexiko zu importieren, denn Gestein gleicher Beschaffenheit wird beispielsweise in der Eifel des Koblenzer Raumes abgebaut.

Mexiko ist nicht nur das klassische Land der Kakteen, sondern auch das der Agavengewächse. Agaven und Yucca gedeihen unter gleichen Bedingungen wie Kakteen. Häufig prägen sie durch massenhaftes Auftreten das Bild einer Landschaft. Bei Saltillo in der Chihuahuawüste Nordmexikos beispielsweise stehen weitflächig dichte Bestände von *Agave strictum.*

Weit verbreitet ist auch *Agave lecheguilla.* Sie bildet mit ihren ausläufertreibenden Rosetten nicht selten undurchdringliche Dickichte. Sicherlich verdanken zahlreiche Kakteen dem schützenden Einfluß von *Agave lecheguilla* ihren Verbleib am heimatlichen Standort. Die derben, sägeblattartig bedornten und mit einer nadelartigen Spitze versehenen Blätter haben schon manchem Kakteenjäger Einhalt geboten.

Die niederschlagsarme Chihuahuawüste hat teilweise den Charakter einer Grassteppe, die hier im dünn bevölkerten Norden Mexikos weniger intensiv beweidet wird als es im zentralen Hochland größtenteils üblich ist. Überwiegend besteht sie jedoch aus extrem ariden Wüstenregionen mit lockerem Pflanzenbewuchs. Gras- und Gehölzvegetation treten stark zurück. Überleben können niedrige Dornsträucher, niedrige Agaven und eine große Anzahl kleiner bis mittelgroßer Kakteenarten. Die stark zehrenden Säulen- und Baumkakteen findet man hier nicht. Ausnahmen stellen die unverwüstlichen Cylindropuntien, auch halbhohe Platyopuntien sowie einige Echinocereen dar: *Echinocereus conglomeratus* und *E. enneacanthus* bilden mit ihren bis zu 8 cm dicken Trieben Horste von einigen Quadratmetern Größe.

Die weiträumigen, freien Flächen sowie die Gebirgszüge sind die Standorte zahlreicher Kakteen. Der Typstandort einer Art ist nicht selten auf ein kleines

Areal, unter Umständen nur einen unscheinbaren Hügel begrenzt, der offenbar ganz bestimmte Bedingungen des Bodens und des Mikroklimas erfüllt.

Vor unüberlegter Anschaffung gewisser nordmexikanischer Kakteenarten muß jedoch gewarnt werden. Es hat keinen Sinn, Pflanzen so extremer Klimaverhältnisse einfach daheim auf dem Fensterbrett kultivieren zu wollen. Für manche Arten ist zumindest ein helles Gewächshaus erforderlich. Wer einmal, um ein besonders eindrückliches Beispiel zu nennen, *Epithelantha* an ihrem natürlichen Standort gesehen hat, wird diesen Pflanzen mit allergrößter Zurückhaltung begegnen. Sie wachsen teilweise in Spalten eines dunkelbraunen Basaltgesteins, das sich in der Sonne derart aufheizt, daß man es nicht fest anfassen kann. Am wichtigsten ist der Faktor Licht für die Wüstengewächse, denn gerade die für mitteleuropäische Verhältnisse kaum vorstellbar intensive Licht- und Wärmestrahlung der Sonne bewirkt die kompakten Wuchseigenschaften dieser Pflanzen.

Die wenigen, bei weitem nicht vollständigen Beschreibungen südamerikanischer und mexikanischer Kakteenstandorte mögen genügen, um einen Eindruck von deren klimatischer und geologischer Vielfalt zu vermitteln.

Opuntia (= Cylindropuntia) spinosior am Rand einer Salzwüste.

Opuntia macrocentra in Nordmexiko (Chihuahua).

Kleine Namenkunde

Manchem Pflanzenfreund mag es zunächst genügen, daß er Lebende Steine, Ordenssterne, Madagaskarpalmen, Säulen-, Warzen-, Igel-, Feigenkakteen, Bischofsmützen, Greisenhäupter, eine Königin der Nacht oder andere Pflanzen mit volkstümlichen Bezeichnungen betreut. Fast jede Nutz- und Gartenpflanze sowie die meisten „normalen" Zimmerpflanzen haben eine volkstümliche Benennung oder Vulgärnamen.

Die Namen erhielten die Pflanzen aufgrund ihres Aussehens beziehungsweise sie besonders auszeichnender Eigenschaften. Da die volkstümliche Namensgebung keinen einheitlichen Regeln unterliegt, ist sie ungenau, führt häufig zu Verwechslungen und erfaßt nur verhältnismäßig wenige Pflanzenarten. Wir wollen uns einige Beispiele vor Augen führen:

Die Bezeichnung „Fleißiges Lieschen" kann die Pflanze mit dem wissenschaftlichen Namen *Impatiens wallerana,* andernorts *Begonia semperflorens* meinen. Beide Pflanzengattungen und -arten zeichnen sich zwar durch unermüdliche Blühwilligkeit aus und zählen zu den beliebtesten Sommerblumen, sie besitzen aber keinerlei verwandtschaftliche Beziehungen. Sie gehören vielmehr unterschiedlichen Pflanzenfamilien an: Balsaminengewächse *(Balsaminaceae)* und Begoniengewächse *(Begoniaceae).*

- Volkstümliche und wissenschaftliche Benennungen
- Kakteen und ihre Benennungen
- Feldforscher und Fachbotaniker
- Internationale Organisation für Sukkulentenforschung (IOS)

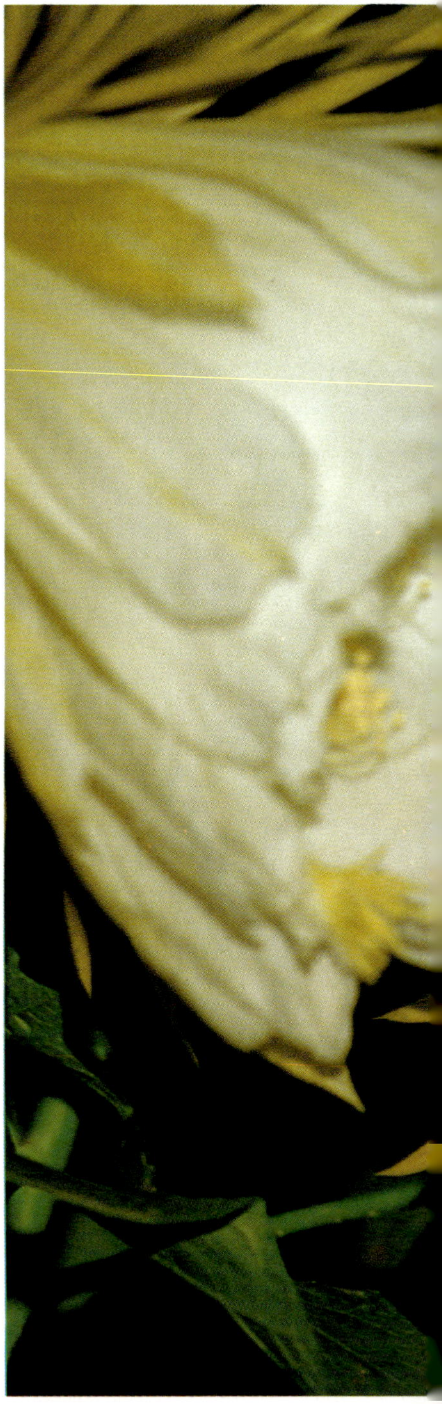

Selenicereus grandiflorus, die „Königin der Nacht".

Nicht ganz so fremd, weil immerhin der gleichen Pflanzenfamilie angehörend, sind sich die Kakteenarten, denen man den Namen „Königin der Nacht" zugedacht hat. Es gibt Pflanzenfreunde, die ihren nahezu unsterblichen, auf mehrere Generationen vererbbaren, kugeligen oder kurzsäuligen Kaktus mit dem wissenschaftlichen Gattungsnamen *Echinopsis* als „Königin der Nacht" bezeichnen. Andere meinen den schlanktriebigen Kletterkaktus mit dem botanischen Namen *Selenicereus grandiflorus.*

Beide Kakteen sind nachtblütig, wobei zu bemerken wäre, daß der *Selenicereus grandiflorus* wirklich nur nachts, nämlich von der Abend- bis zur Morgendämmerung, die etwa 25 cm großen Blüten geöffnet hält, während *Echinopsis* noch bis zum Mittag seine Schönheit zeigt beziehungsweise schon am Nachmittag mit dem Blühen beginnt. Vergleicht man die äußere Gestalt, die Lebensweise und die natürliche Verbreitung dieser Kakteen, wird klar, daß eine Untergliederung innerhalb der **Familie** der Kakteen unerläßlich ist.

Die nächste nach unten ausgerichtete Rangordnung ist die Einteilung in **Gattungen.** Unser Beispiel nennt *Echinopsis* und *Selenicereus.* Der Gattungsname steht bei jedem wissenschaftlichen Pflanzennamen an erster Stelle. Er wird mit großen Anfangsbuchstaben geschrieben, bildet das Hauptwort und trägt ein bestimmtes Geschlecht.

Fast jede Pflanzengattung entwickelt Individuen mit ganz speziellen, mehr oder weniger deutlichen Unterscheidungsmerkmalen. Bei *Echinopsis* äußern sich diese in der unterschiedlichen Anzahl ausgebildeter Rippen, der Wuchsform, der Bedornung, der Blütengröße und -farbe ... Entsprechend diesen Merkmalen erfolgt die Feineinteilung in **Arten** *(Species).*

So gehören zu einer vollständigen Pflanzenbenennung mindestens zwei Namen: der Gattungs- und der Artname. Der Artname beginnt in der Regel mit kleinen Anfangsbuchstaben. Nun erst – das Beispiel mit *Selenicereus grandiflorus* beweist es – weiß man genau, welche Pflanze gemeint ist. Die wissenschaftlichen, in der Pflanzenkunde botanischen Namen sind international gültig. Diese Namen sind eindeutig; demgegenüber werden aber auch andere Pflanzen als „Königin der Nacht" bezeichnet, z. B. die nächtlich blühende tropische Seerose *Victoria amazonica (V. regia).*

Der Pflanzenfreund, der sich eine größere Pflanzensammlung anlegen möchte, kommt nicht umhin, sich der wissenschaftlichen Namen zu bedienen. Der Gebrauch der botanischen Namen ermöglicht ihm eine gezielte Auswahl gewünschter Arten. Das Hobby der Pflanzenliebhaberei gewinnt durch die Namenkenntnis zudem an Reiz. Dem Anfänger mag die Namenkunde zunächst unbegreiflich, mitunter verwirrend erscheinen, doch wird er sich bald darin zurechtfinden.

Die hunderttausendfache Vielfalt der Pflanzenwelt kann nur im Rahmen der wissenschaftlichen Systematik (Taxonomie) und einer nach international festgelegten Regeln erfolgenden Namensgebung (Nomenklatur) sinnvoll geordnet werden.

Die botanische Systematik (Taxonomie) beschäftigt sich mit der Beschreibung, Benennung und Einordnung in das Pflanzensystem. Der berühmte schwedische Botaniker Prof. Dr. Carl von Linné (1707–1778) stellte das erste und nach ihm benannte Pflanzensystem auf. Er führte auch die binäre Nomenklatur ein, die die wissenschaftliche Benennung jeder Pflanze in Gattungs- und Artnamen festlegt. Bei wildwachsenden Pflanzenarten treten zuweilen besondere Merkmale auf, die man dann entsprechend der weiteren Rangfolge in Varietäten (Unterarten), Subvarietäten und Formen benennt. So kann es durchaus sein, daß ein Pflanzenname eine Namenkombination aus 3–5 Worten aufweist.

Die wissenschaftliche Benennung erfolgt nach international gültigen Regeln, wie sie im Internationalen Code der Botanischen Nomenklatur für die Wildpflanzen und im Internationalen Code der Nomenklatur für Kulturpflanzen genau festgelegt sind. Ziel der Nomenklaturregeln ist es, eine Beständigkeit der Namen anzustreben und Namen zu vermeiden, die zu Irrtümern und falschen Deutungen Anlaß geben. Die Namen sollen, gleich welchen Ursprungs, nach lateinischen Sprachregeln behandelt werden. Ein ganzes Bündel von Regeln und Empfehlungen wurden auf dem 7. Botanikerkongreß im Jahr 1950 in Stockholm bestätigt. Dieser Code wird regelmäßig von einer internationalen Botanikerkommission überarbeitet. Jeder Name hat seine besonderen Bedeutungen, oft ermöglicht er Rückschlüsse auf typische Merkmale des Aussehens, der Herkunft, der Ähnlichkeit mit einer anderen Pflanze oder der Verwendung der Pflanze.

Nicht selten wird in der Namensgebung ein Forscher, Sammler, Heiliger, Züchter oder eine andere Persönlichkeit geehrt. So findet sich in der Benennung sukkulenter Gewächse eine große Anzahl bestimmter, häufig wiederkehrender Personennamen.

Hinter jedem wissenschaftlichen Namen erscheint der Autor, der die Bezeichnung aufgestellt hat. Bei notwendiger Umbenennung wird der Autor der Erstbeschreibung zuerst und in Klammern gesetzt, dann folgt der zweite Autor. Der Autorenname ist für die Forschung unentbehrlich; in der gärtnerischen und übrigen Literatur kann aber auf ihn verzichtet werden.

Ein Beispiel: *Haageocereus versicolor (Werdem. et Backb.) Backbg.*

Der Gattungsname entstand zu Ehren

von Friedrich Adolph HAAGE jr. (1796–1866), Erfurt, dem Gründer (1822) der bedeutenden gleichnamigen Erfurter Kakteengärtnerei mit der umfangreichsten Kakteensammlung der damaligen Zeit.
Der Artname *versicolor* bedeutet verschiedenfarbig und betrifft die in Zonen wechselnde Färbung der Dornen von gelblich bis fuchsrot.
Werderm. = Erich WERDERMANN (1892–1959), deutscher Botaniker und Kakteenspezialist, Direktor des Botanischen Gartens Berlin. Nach ihm wurden die Kakteengattungen *Werdermannia* und *Neowerdermannia* benannt.
Backbg. = Curt BACKEBERG (1894–1966), deutscher Kakteenspezialist, langjähriger Feldforscher an den Wildstandorten der Kakteen und Autor zahlreicher Veröffentlichungen.
Bei gärtnerischen Züchtungen, die aus künstlich vorgenommenen Kreuzungen (Hybridisation) und durch Auslese (Selektion) entstanden sind, kommt noch der Sortenname hinzu. Seit dem 1. Januar 1959 tragen Sortennamen ausschließlich volkstümliche Bezeichnung in einer lebenden Sprache, werden groß geschrieben und in Anführungsstriche gesetzt. Die vor dem 1. Januar 1959 veröffentlichten latinisierten Sortennamen behalten jedoch weiterhin ihre Gültigkeit.

Kakteen und ihre Benennungen

Die Kakteen *(Cactaceae)* bilden innerhalb der wasserspeichernden Gewächse die artenreichste Familie. Insgesamt wurden im Verlauf der letzten 230 Jahre rund 14000 Kakteennamen aufgestellt, die sich jedoch zum größten Teil als unberechtigt erwiesen haben.
Nach dem neuesten Stand der Forschung werden nur noch etwa 2100 Kakteenarten in rund 120 Gattungen anerkannt.
Die große Zahl der etwa 14000 Artnamen unter den Kakteen ist ein Beweis für die enorme Beachtung, die dieser Pflanzenfamilie seitens zahlreicher Pflanzensammler, Botaniker und Liebhaber geschenkt wurde. Die moderne Wissenschaft hat die Aufgabe, eine abschließende systematische Ordnung zu erbringen.
Die Familie der *Cactaceae* weist wohl das größte nur denkbare Durcheinander in der Klassifizierung und Benennung auf. Als feststehend läßt sich bisher lediglich die Gliederung in die drei Unterfamilien *Pereskioideae, Opuntioideae* und *Cactoideae (Cereoideae)* ansehen. Die weitere Einteilung in Gattungen, Untergattungen, Arten und Unterarten (Varietäten) erfordert noch eine gründliche Überarbeitung durch Fachbotaniker. Den früheren Forschern und Autoren standen nicht das theoretische Wissen und die labortechnischen Hilfsmittel zur Verfügung, deren sich die modernen Wissenschaftler heute bedienen. Ganz sicher sind bis auf unabsehbare Zeit ständig neue wissenschaftliche Erkenntnisse und Publikationen zu erwarten, zumal auch immer wieder Pflanzen entdeckt werden – vor allem in Mexiko und Brasilien.
Carl von LINNÉ befaßte sich schon zu seiner Zeit mit den Kakteengewächsen und legte für die seiner Forschung zugänglichen Kakteen im Jahr 1753 immerhin 22 Artnamen fest. In der Folgezeit unternahmen in zunehmendem Maße mutige Männer strapaziöse und gefahrvolle Expeditionen in die Ursprungsgebiete der Kakteen.
Mit der Entwicklung der internationalen Seefahrt gelangten zahlreiche Kakteenpflanzen auch nach Europa. Das Ergebnis der bis um die letzte Jahrhundertwende entdeckten und beschriebenen Kakteen gab der Berliner Professor Karl SCHUMANN in seiner 1898–1903 veröffentlichten Gesamtbeschreibung der Kakteen mit 672 Arten in 21 Gattungen an. Grundlagen für die umfangreiche Arbeit SCHUMANNS schufen die Männer des 18. und 19. Jahrhunderts, deren Namen als Kakteensammler und Forscher in der wissenschaftlichen Literatur festgehalten sind.
Es fanden sich auch amerikanische Wissenschaftler, die den Kakteen – den ureigensten Pflanzen ihres Erdteils – ernsthafte Beachtung schenkten. BRITTON und ROSE sind wohl die bekanntesten unter ihnen. Ihre umfangreichen Forschungsarbeiten erschienen 1919–1923 in dem vierbändigen Werk: *The Cactaceae.* Nach ihrer Erkenntnis gab es seinerzeit 1235 gültig beschriebene Arten in 124 Gattungen.
Die Erforschung der verschiedensten Kakteenstandorte zwischen den Rocky Mountains Kanadas im Norden und Feuerlands am Südzipfel des amerikanischen Kontinents sowie weiterer Verbreitungsgebiete auf vorgelagerten Inseln benötigte viel Zeit und ist auch heute noch nicht abgeschlossen. Die meisten Areale waren – und sind es heute noch – nur unter sehr erschwerten Bedingungen erreichbar. Wer selbst einmal die wegelosen Weiten dieser Regionen mit ihren extremen Klimabedingungen erlebt hat, wird die Schwierigkeiten ermessen können, denen die frühen Forschungsreisenden ausgesetzt waren. Zu diesen Unternehmungen gehörten Idealismus, Mut, Entbehrungsbereitschaft und eine gute Portion Abenteuerlust. Wen wundert es da, daß manch ein Feldforscher seine vermeintliche Neuentdeckung irgendwie benannt und in Umlauf gebracht hat. Der Glaube oder gar die Überzeugung, etwas Neues entdeckt zu haben, ist sicherlich eine berauschende Angelegenheit. So geschah es oft, daß die gleiche Pflanzenart von unterschiedlichen Leuten verschiedene Namen erhielt.

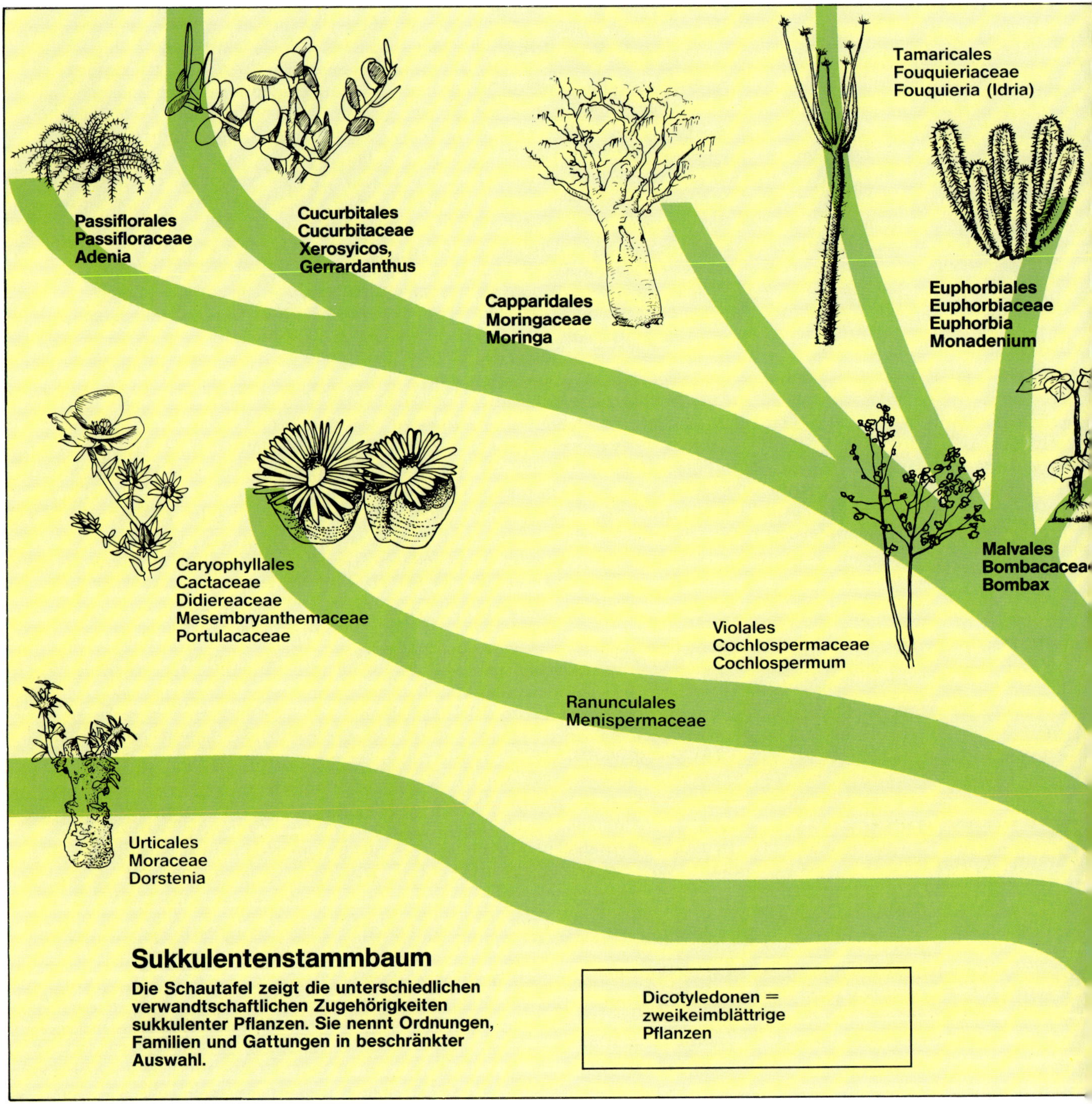

Sukkulentenstammbaum

Die Schautafel zeigt die unterschiedlichen verwandtschaftlichen Zugehörigkeiten sukkulenter Pflanzen. Sie nennt Ordnungen, Familien und Gattungen in beschränkter Auswahl.

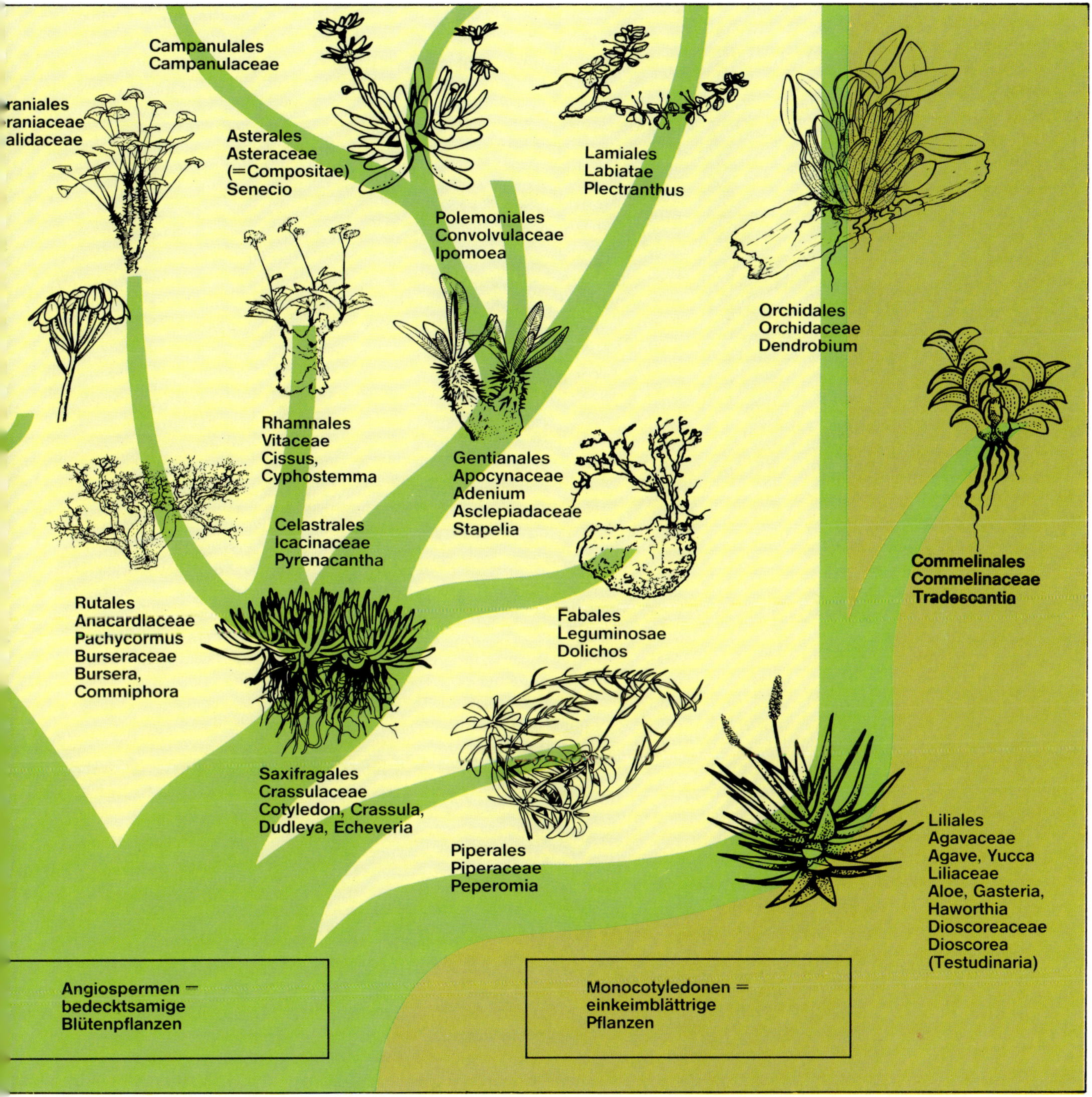
Campanulales
Campanulaceae
raniales
raniaceae
alidaceae
Asterales
Asteraceae
(=Compositae)
Senecio
Lamiales
Labiatae
Plectranthus
Polemoniales
Convolvulaceae
Ipomoea
Orchidales
Orchidaceae
Dendrobium
Rhamnales
Vitaceae
Cissus,
Cyphostemma
Gentianales
Apocynaceae
Adenium
Asclepiadaceae
Stapelia
Celastrales
Icacinaceae
Pyrenacantha
Commelinales
Commelinaceae
Tradescantia
Rutales
Anacardiaceae
Pachycormus
Burseraceae
Bursera,
Commiphora
Fabales
Leguminosae
Dolichos
Saxifragales
Crassulaceae
Cotyledon, Crassula,
Dudleya, Echeveria
Piperales
Piperaceae
Peperomia
Liliales
Agavaceae
Agave, Yucca
Liliaceae
Aloe, Gasteria,
Haworthia
Dioscoreaceae
Dioscorea
(Testudinaria)
Angiospermen = bedecktsamige Blütenpflanzen
Monocotyledonen = einkeimblättrige Pflanzen

Rebutia leucanthema

Doppelbenennungen ergaben sich sehr häufig dadurch, daß standortbedingte Formen einer Art mitunter schon bei geringen morphologischen Abweichungen von Typus – Kakteen reagieren in ihrem äußeren Erscheinungsbild sehr sensibel auf veränderte Umweltbedingungen – als eigene Art beschrieben wurden. Das widersprach den internationalen Nomenklaturregeln.

Als echte Art sind Pflanzen nur zu bezeichnen, wenn alle ihre Merkmale auf die Nachkommen vererbt werden, so daß keine oder nur geringe Abweichungen entstehen können.

Anlaß zu Fehldeutungen konnte auch bei Importpflanzen gegeben sein, die infolge veränderter Umweltbedingungen während der langen Schiffsreise und dem weiteren Verbleib in Europa bald ihren natürlichen Habitus (Aussehen) verloren. Oder es war kein ausreichendes Vergleichsmaterial für die zuverlässige Bestimmung vorhanden.

Neben den zahlreichen unbeabsichtigten Irrtümern wurden viele Namen in großzügiger Weise auch aus kommerziellem Interesse aufgestellt. An dem Vorhandensein einer möglichst großen Artenzahl sind aus naheliegenden Gründen Firmen interessiert, die sich auf Pflanzen- und Samenverkauf spezialisiert haben. Eine umfangreiche Angebotsliste verfehlt nie ihren Eindruck auf jene Pflanzenliebhaber, deren Ehrgeiz darin besteht, eine reichhaltige Sammlung aufzubauen.

Die zahlreichen Mehrfachbenennungen unter den Kakteenarten kann jeder Betreuer einer größeren Sammlung bestätigen. Viele Arten haben zwei, drei, mitunter auch fünf oder noch mehr Artnamen. Den Gipfel unter den Mahrfachbenennungen stellt *Melocactus macrocanthos* dar, dem man rund 80 verschiedene Namen gab.

Gültig ist jedoch nur der zuerst veröffentlichte Name, dem eine Erstbeschreibung in lateinischer Sprache zugrunde liegt. Alle weiteren Bezeichnungen haben lediglich die Bedeutung von Synonymen (Nebennamen). Trotzdem werden zahlreiche Synonyme noch immer als selbständige Arten offeriert.

Mit der Aufstellung einer hohen Artenzahl war auch die Aufsplitterung in zahlreiche kleinere verwandschaftliche Einheiten, in Gattungen, verbunden. Der unermüdliche Kakteenforscher Curt BACKEBERG führt in seinem berühmten Lexikon *Die Cactaceae* in der Ausgabe von 1973 rund 3100 Arten sowie 660 Unterarten (Varietäten) auf, die in 236 Gattungen gegliedert sind.

Das Kakteenlexikon von C. BACKEBERG, das in einer erweiterten Auflage im Jahr 1976 erschien, sowie seine 6bändige, mehr als 4000 Seiten umfassende Monographie *Die Cactaceae* (1958–1962) zählen noch heute zur gebräuchlichsten Bestimmungsliteratur. BACKEBERG gründete seine Theorie weitestgehend auf eigene Beobachtungen und Erkenntnisse, die ihm die jahrelangen, gefahrvollen und entbehrungsreichen Exkursionen zu den natürlichen Standorten vermittelten. Er führt in seinem 6bändigen Werk die anfangs erwähnten 14000 Kakteennamen auf. Prof. Franz BUXBAUM und andere Wissenschaftler zweifelten das System BACKEBERGS in vielen Punkten an. BUXBAUM stellte im Jahr 1958 ein anderes, nach seiner Überzeugung endgültiges System auf.

Während in der *Nomenklatur* nunmehr eindeutige Entscheidungen fallen und das Namensdurcheinander allmählich bereinigt wird, besteht in der *Taxonomie* (sie beschäftigt sich mit der Beschreibung, Benennung und Klassifikation der Pflanzen) ein größerer Meinungsspielraum, in dem sich heute Systematiker zweier gegensätzlicher Auffassungen gegenüberstehen: die „Splitter", die ein sehr differenziertes, in zahlreiche kleinere Gattungen und Arten gegliedertes System befürworten, und die „Lumper", die eine radikale Reduzierung der bisher bestehenden Gruppierungen zu größeren verwandtschaftlichen Einheiten betreiben.

Zweifellos zählen die Kakteen zu den besonders schwierig zu klassifizierenden Gewächsen, so daß man durchaus zu unterschiedlichen Auffassungen gelangen kann.

Zu den „Lumpern" zählt der englische Botaniker David HUNT, der mit der Veröffentlichung seines Systems (1967) große Überraschung ausgelöst hat. HUNT erkennt nur noch rund 2000 Arten in 84 Gattungen an.

Dem praxisbezogenen Kakteenfreund werden die Entscheidungen der „Lumper" nicht in jedem Falle einsichtig erscheinen. Als Beispiel sei nur die Großgattung *Rebutia* erwähnt. Hierzu sind neuerdings die Gattungen *Rebutia, Aylostera, Mediolobivia, Sulcorebutia, Cylindrorebutia* und *Digitorebutia* gestellt. Jede dieser jahrelang selbständigen und geläufigen Gattungen hat

ihre eigenen äußerlichen Merkmale aufzuweisen, die dem Kakteenfreund ein differenziertes Zurechtfinden und Unterscheiden ermöglichen.
In letzter Zeit befaßt sich Walter RAUSCH aufgrund eigener Standortforschungen sehr eingehend mit der Neugliederung der Gattung *Lobivia*. Er gelangt dabei zu interessanten Resultaten. Gerade auch unter den Lobivien wurden in der Vergangenheit zahlreiche Standortformen zu eigenen Arten erhoben, so daß eine Überprüfung geboten erscheint. RAUSCH hat seine Ergebnisse in drei vorzüglich bebilderten Schriften veröffentlicht: *Lobivia,* herausgegeben 1975, Wien, Herzig-Verlag.
Unter den Männern, die sich in diesem Jahrhundert in besonderem Maße um die Kakteenforschung verdient gemacht haben, darf Friedrich RITTER nicht fehlen. Auch er untersuchte über mehrere Jahrzehnte hinweg die ausgedehnten Kakteengebiete in den Einöden Mexikos und Südamerikas. Die Fachwelt verdankt seinem Einsatz viele Neuentdeckungen. RITTER faßte seine an den südamerikanischen Kakteenstandorten gewonnenen Forschungsergebnisse in einem 4bändigen Werk zusammen: *Ritter: Kakteen I–IV,* Selbstverlag Friedrich Ritter, Spangenberg.
Die Liste der mit der Kakteenforschung verbundenen Namen müßte um ein Vielfaches erweitert werden, wollte man sie alle erfassen. Nicht unerwähnt darf Walter HAAGE (Erfurt) bleiben. Er ist durch seine Fachbücher international bekannt.
Mit der Erforschung der Kakteen und anderer Sukkulenten befaßt sich seit 30 Jahren auch die im Jahr 1950 in Zürich gegründete Internationale Organisation für Sukkulentenforschung (IOS). Ihr gehören zahlreiche Wissenschaftler und Institutionen an.
Besonders erwähnenswert ist in diesem Zusammenhang die Städtische Sukkulentensammlung Zürich. Neben einer vorbildlich bestückten und gepflegten Pflanzensammlung wird hier umfangreiches Herbarmaterial sukkulenter Gewächse betreut. Das Herbarium enthält konservierte Typpflanzen und Samen, nach denen Artenerstbeschreibungen vorgenommen wurden.
Die Städtische Sukkulentensammlung Zürich – unter dem derzeitigen Leiter D. SUPTHUT (Nachfolger des bekannten Sukkulentenfachmannes H. KRAINZ) – dient der Sukkulentenkunde auf verschiedenen Ebenen. So bestehen weltweite Verbindungen zu Wissenschaftlern, Instituten und Behörden. Die IOS widmet sich ferner dem Schutz der an den natürlichen Standorten bedrohten sukkulenten Gewächse.

Normanbokea valdeziana

Ein weiteres Sukkulentenzentrum ist das Institut für systematische Botanik und Pflanzengeographie des Botanischen Gartens der Ruprecht-Karls-Universität in Heidelberg. Prof. W. RAUH, langjähriger Leiter dieser Einrichtung, und sein wissenschaftlicher Mitarbeiter Dr. W. BARTHLOTT erbringen auf dem Gebiet der Sukkulentenforschung wichtige Beiträge. Prof. RAUH hat an den Kakteenstandorten in Amerika und in den natürlichen Verbreitungsgebieten der anderen Sukkulenten im südlichen Afrika, auf Madagaskar und in Amerika intensive Studien betrieben. Dr. BARTHLOTT befaßte sich außerdem sehr eingehend mit den epiphytischen Kakteen.
Damit wollen wir die Betrachtungen um Systematik und Nomenklatur beschließen. Das Schwergewicht lag aus gegebenem Anlaß bei den Kakteen. Die anderen Sukkulenten aus rund 40 verschiedenen Pflanzenfamilien in über 600 Gattungen bieten den Systematikern unter den Fachbotanikern ebenfalls noch viel Arbeit. Allgemein darf jedoch behauptet werden, daß unter diesen Gewächsen in der Nomenklatur und Systematik schon weitgehend geordnete Verhältnisse bestehen. Die Familien der anderen Sukkulenten sind weniger artenreich als die Kakteenfamilie und schon von daher überschaubarer.
Als wesentlicher Faktor für die fortgeschrittene systematische Ordnung unter den anderen Sukkulenten kann auch die Tatsache gelten, daß diese Gewächse überwiegend in Gebieten der Alten Welt heimisch sind, die von den Engländern durchforscht wurden. Das von jeher besondere Interesse der Briten am Pflanzenreich wirkt sich eben auch auf diese Weise aus.

Kakteen und andere Sukkulenten als Kult- und Nutzpflanzen

Kakteen können zwar nicht in die Reihe der weltweit bedeutungsvollen Nutzpflanzen eingegliedert werden, sie sind jedoch für die Menschen, mit denen sie ihre natürlichen Lebensräume teilen, seit jeher von großer Wichtigkeit.
Die frühen indianischen Naturvölker lebten mit und von den Kakteen. Kakteen sind Symbole für die Zähigkeit und Ausdauer des Überlebens in einer harten, vom Mangel geprägten Umwelt. Kakteen dienten schon damals zum Bau menschlicher Behausungen, zur Errichtung von Schutzzäunen und zur Ernährung; man erlebte nach dem Genuß bestimmter Kakteenarten sogar eigenartige Rauschzustände und maß ihnen demzufolge göttlichen Rang zu.

- Kakteen im Götterkult
- Kakteen auf indianischen Hexenmärkten
- Kakteen als Flüssigkeitsspender
- Kakteenfrüchte und -samen als Nahrungsmittel
- Kakteen als Bau- und Brennmaterial
- Agaven als Getränkelieferanten
- Aloe in der Medizin

Echinocactus ingens. Den Azteken dienten diese Kugelkakteen als Opferaltäre.

Kakteen im Götterkult

Die Azteken Mexikos hatten viele Götter, von denen sie sich abhängig fühlten und denen sie alle erdenklichen Opfer brachten. Allein dem Kriegsgott Huitzilopochtli wurden im großen Tempel zu Tenochtitlán, dem Gründungsort der späteren Hauptstadt Mexico-City, wahrscheinlich 20000 Menschen geopfert. Die spanischen Eroberer fanden in einer anderen, dem Kriegsgott geweihten Tempelanlage 136000 Menschenschädel.

In Tlaxcala dienten die dickwalzigen, 1,5–2 m Höhe und mehr als 1 m Durchmesser erreichenden Kugelkakteen *Echinocactus ingens* und *Echinocactus grandis* als Opfertische. Die aztekische Religion forderte, daß Priester dem rücklings auf der Pflanze liegenden Opfer das Herz mit einem Steinmesser herausschneiden mußten, um es dem Kriegsgott Huitzilopochtli darzureichen.

Götter waren in der Vorstellung der altmexikanischen Indios allgegenwärtig und erfaßten sämtliche Bereiche des menschlichen Daseins. Wenn beispielsweise der Genuß von Pflanzen nicht nur Durst und Hunger zu stillen, sondern den Menschen für Stunden und Tage aus der Wirklichkeit zu entrücken vermochte, konnte das nur göttliche Offenbarung sein. So glaubten es die Indios und verehrten demzufolge auch viele Götter der Trunkenheit und des Rausches. Den Trunkenheitsgöttern zu Ehren tanzte man um Agaven wie um einen Maibaum, und mit dem Genuß des „Peyotl" verband sich oft eine feierliche Kulthandlung.

Lophophora williamsii

Den Indios war damals nichts über den Alkohol im gegorenen Agavensaft = „Pulque" und die Alkaloide des „Peyotl" oder „Peyote" = *Lophophora williamsii,* des „Mulato" = *Epithelantha micromeris* und des „Sunami" = *Ariocarpus retusus* bekannt.

Unter den drei genannten Kakteenarten besitzt der „Peyote" oder „Peyotl" – wie ihn die Azteken und Chichimeken seit jeher nennen – die stärkste Rauschwirkung. Er ist ein recht unscheinbarer, völlig stachelloser Kugelkaktus von graugrüner Farbe, dessen weichfleischige, häufig starksprossende Körper sehr tief im Boden sitzen und unterirdisch eine dicke Rübe entwickeln.

Bis um die letzte Jahrhundertwende wurde das Peyotefest alljährlich mit großem Zeremoniell begangen. Im Herbst zogen die „Peyotleros" (Sammler des Peyotl) an die Standorte der *Lophophora.* Zur Sicherung einer ergiebigen Ernte auch für das folgende Jahr wurden nur die Köpfe des Peyotlkaktus entfernt. (Aus der im Boden verbliebenen Rübe treten bald wieder neue Köpfe hervor.) Nur Männer sammelten den göttlich verehrten Kaktus, Frauen durften ihn nicht berühren.

Bei der Rückkehr in die Dörfer wurden die Sammler mit Musik und Tanz empfangen und das große Peyotlfest eingeleitet. Zunächst berichteten die Peyotleros von den – sicherlich spannenden – Erlebnissen ihrer mitunter wochenlangen, entbehrungsreichen Fußmärsche. Die nächtliche Runde saß um ein Feuer, und alle Anwesenden gaben sich unter Begleitung von Gesang und Tanz dem Genuß des Peyotl hin. Der Rauschkaktus wurde roh, in Stücken oder zerquetscht und mit Pulque angesetzt, genossen. Das Fest dauerte bis zum Morgen.

Über die Folgen des Peyotlgenusses gibt es zahlreiche Berichte. Schon bald nach der Einnahme erzeugen die rund 15 in ihm enthaltenen Alkaloide ihre unterschiedlichen Wirkungen. Zunächst stellen sich schmerzhafter Kopfdruck, fliegende Hitze, Gesichtsrötung, ferner Müdigkeit, Übelkeit und Schwindelgefühl ein. Verkleinerung der Pupillen sowie Sehstörungen sind weitere Begleiterscheinungen.

Später führt der Meskalinanteil des Peyotl zu dem eigentlich erwünschten Rauschzustand, der 2–3 Tage andauern kann und sich unter anderem wie folgt äußert: Das Empfinden für Hunger und Durst sowie der Zeitsinn schwinden, man hat farbige Visionen und Musikhalluzinationen. Farben und Töne treiben ein buntes, wechselvolles Spiel.

Außer diesen lebendigen Visionen können auch sehr beängstigende, niederdrückende auftreten, wobei selbst die Begegnung mit dem eigenen Tod eine mögliche Erscheinung ist.

Der Peyotlgenuß war nicht nur von jeher bei den Indios Brauch, sondern fand auch in den USA viele Anhänger. Im Jahr 1911 wurde in Oklahoma von einer merkwürdigen, sich „christlich" nennenden Sekte die Peyotlkirche gegründet. Diese Sekte fand bevorzugt unter der indianischen Bevölkerung zahlreiche Anhänger. Bei den Abendmahlsfeiern wurden den Gläubigen getrocknete Lophophoren gereicht.

Die in Nordmexiko lebenden Tarahumara-Indianer benutzten häufig auch die in ihrem Gebiet vorkommenden, geringer wirksamen *Epilantha micromeris* und *Ariocarpus fissuratus.*

Heute ist das Sammeln, Handeln und Verzehren von *Lophophora* sowohl in den USA als auch in Mexiko unter hohe Strafen gestellt. Das Verbot gilt gleichermaßen für Einheimische und für Touristen. Es wäre allerdings interessant zu erfahren, ob und in welchem Umfang der Gebrauch der Rauschkakteen trotzdem noch erfolgt.
Der Peyotlgenuß ist für die menschliche Gesundheit keineswegs so harmlos, wie es Liebhaber dieser Droge darzustellen versuchen. Das Meskalin ist chemisch und in seiner Wirkung dem LSD (Lysergsäure-Diäthylamid), das aus dem Mutterkornpilz gewonnen wird, sehr ähnlich.

Diebstahl von Rauschkakteen – eine besondere Form der Kakteenliebhaberei

Der „Schnapskopfkaktus" – wie man die *Lophophora* zu nennen pflegt – ist in den Pflanzensammlungen der botanischen Gärten in großer Gefahr, von speziellen „Kakteenliebhabern" gestohlen zu werden.
Allein der Palmengarten der Stadt Frankfurt am Main verzeichnete in den letzten Jahren mehrere *Lophophora*-Diebstähle. Nachdem sich herausstellte, daß die Kakteensammlung regelmäßig nach dem Rauschgiftkaktus abgesucht wurde und diese Pflanzenart immer wieder kurzfristig verschwand, kann *Lophophora* nicht mehr ausgestellt werden.
Es sei noch hinzugefügt, daß das Stehlen und Verzehren der in Gewächshäusern kultivierten Rauschgiftkakteen völlig sinnlos ist, denn die Ausbildung des Meskalins ist an die heimatlichen Standortbedingungen gebunden.

Straßenapotheke oder „Hexenmarkt" in Lima, Peru.

Sollten sich trotzdem bestimmte, ausschließlich unangenehme Wirkungen zeigen, kann dies möglicherweise an den hochwirksamen Insektiziden (Insektengiften) liegen, mit denen die Pflanzensammlungen botanischer Gärten regelmäßig behandelt werden.

Kakteen auf indianischen Hexenmärkten

Der strauchförmige, bis zu 6 m hohe *Trichocereus pachanoi* aus den Anden Südamerikas enthält ebenfalls Meskalin. Die Wirkung ist den südamerikanischen Indios bekannt. Triebspitzen dieses Säulenkaktus werden auf den „Hexenmärkten" in Peru und Bolivien gehandelt.
Stetsonia coryne, ein bis zu 8 m Höhe erreichender Baumkaktus aus Argentinien und Bolivien enthält Gifte mit curaeartiger Wirkung.

Die Blüten der Königin der Nacht als Herzstimulans

Einen uneingeschränkt positiven Nutzen für den Menschen haben die Alkaloide, die die 20–30cm langen, sich nur

Selenicereus und Opuntia.

während einer Nacht öffnenden Blüten der dünntriebigen, kletternden „Königin der Nacht", *Selenicereus grandiflorus,* enthalten.
Aus ihnen wird ein homöopathisches Präparat zur Behandlung nervöser Herzstörungen, der Angina pectoris, und klimakterisch bedingter Kreislaufstörungen hergestellt. Der Saft junger Triebe wird bei Blasenleiden, Wassersucht, Würmern und zur äußerlichen Anwendung bei Rheumatismus empfohlen.
Zur Deckung des hohen Bedarfs an *Selenicereus grandiflorus*-Blüten unterhalten einige homöopathisch-pharmazeutische Werke größere Bestände dieser üppig wuchernden Kakteenart.

Kakteen als Flüssigkeitsspender

Bis auf wenige Ausnahmen, z. B. *Pachycereus pecten-aborigium,* der ein Starrkrampf erzeugendes Alkaloid enthält, sind Kakteen ungiftig. In der Einöde dünnbesiedelter Gebiete hat das saftreiche Fleisch großer Kugelkakteen schon vielen Menschen Durst und Hunger gestillt. Das Innere solcher Kakteen, ist mit saftigen Äpfeln vergleichbar, jedoch ohne Wohlgeschmack.

Konfekt der Wüste

In den USA war die Verarbeitung großer Kugelkakteen zur Herstellung von sogenanntem „Konfekt der Wüste" oder „Candy Cactus" lange Zeit Brauch. Heute stehen Kakteen in den meisten Gebieten der Vereinigten Staaten von Amerika unter Naturschutz.
In Mexiko dagegen werden noch heute kandierte Kakteenschnitten auf den Märkten angeboten. Diese in Rohrzukker gekochte und als „Acitron" bezeichnete Süßware ist eine begehrte Spezialität.

Opuntia ficus-indica wird in vielen warmen und niederschlagsarmen Gebieten zur Obst- und Viehfuttergewinnung angebaut.

Nützliche Opuntien

Einige *Opuntia*-Arten sind für die Bewohner von Trockengebieten von hohem Nutzwert. Aus baumförmigen Opuntien lassen sich undurchdringliche Hecken anlegen, die zudem noch Obst liefern.
Die im Aussehen feigenähnlichen Früchte – daher die deutsche Bezeichnung Feigenkaktus – werden roh verzehrt oder zur Herstellung von Getränken und Brotaufstrichen verwendet.
Genuß ohne Reue empfindet jedoch nur derjenige, dem es gelingt, die den Früchten anhaftenden und mit Widerhaken versehenen winzigen Stacheln (Glochidien) gründlich zu entfernen. Das ist eine Frage der Geschicklichkeit, die den Eingeborenen geläufig ist. Die Opuntienfrüchte werden als „Tunas" und „Nopales" bezeichnet.

In Deutschland sind im Angebot exotischer Obstarten neuerdings auch die 5–8 cm großen, gelblich-roten Früchte von *Opuntia ficus-indica* vertreten.
Opuntia ficus-indica wächst baumförmig, erreicht eine Höhe von 5 m und entwickelt bis zu 50 cm lange und bis zu 30 cm breite, schwach bedornte Sprosse. Diese Art wird in Mexiko sowie in vielen anderen tropischen und subtropischen Gebieten der Erde als wichtiger Obst-, Gemüse- und Fruchtlieferant angebaut. Insgesamt gelten rund 30 *Opuntia*-Arten als wichtige Nutzpflanzen, die entweder an ihren Wildstandorten belassen oder auch angebaut werden. Dabei finden neben den baum- und strauchförmigen Arten auch solche mit kriechendem Wuchs Beachtung.
Begehrte Produkte aus Opuntienfrüchten sind: „Melcocha" = Opuntienmarmelade; „Queso de tuna" = Opuntienkäse, Fruchtpaste; „Miel de tunas" =

Opuntienhonig; „Coloncho“ = schwach alkoholisches Getränk; „Vino de tuna“ = Opuntienwein.
Frische Opuntientriebe („Nopalitos“) werden auf allen mexikanischen Märkten in entstachelter, teilweise auch geschnitzelter Form gehandelt. Sie finden als Salat, „Ensalada de Tunas“, und Suppeneinlage reichlich Verwendung.
Für die Futterversorgung des in den Dürregebieten oft notleidenden Viehs spielen Opuntien eine wichtige Rolle. Vor dem Verfüttern werden die Dornen der sehr safthaltigen Sprosse durch Abbrennen entfernt. Trotz dieser Maßnahme dürfte der Opuntienschmaus den Tieren noch einige Schmerzen bereiten – doch auch Hunger tut weh.

Cochenillelaus auf Opuntia ficus-indica.

Opuntienläuse als Farbstofflieferanten

Einen Nutzwert einmaliger Art beweisen bis in die neuere Zeit *Opuntia ficus-indica* und *Opuntia (Nopalea) coccinellifera* als Wirtspflanzen der Cochenillelaus *(Dactylopius cacti)*.
Die Scharlachschildlaus liefert den hochwertigen Farbstoff *Cochenille*, der unter anderem für die Herstellung von Lippenstiften sehr maßgeblich war. Die Bedeutung des Läusefarbstoffes kannten schon die Ureinwohner Mexikos. Die spanischen Eroberer entdeckten bald die Qualität dieses Produktes und brachten es bereits Anfang des 16. Jahrhunderts in größeren Mengen nach Europa.
Der Farbstoff war so begehrt, daß man in vielen Ländern Opuntienplantagen zum Zweck der Cochenillezucht anlegte. Cochenille entwickelte sich zu einem wichtigen Exportartikel. Etwa 3–4mal jährlich wurden die sehr safthaltigen, sich massenhaft vermehrenden Läuse durch Abbürsten „geerntet“ und getrocknet.

Opuntia ficus-indica und Agave americana.

Heute, im Zeitalter der synthetischen Farben, hat Cochenille kaum noch Bedeutung, allerdings wird es für die Herstellung von Lippenstiften noch verwendet. Wenn das die Damen wüßten!
Die einmal angepflanzten Opuntienbestände leben weiter (mit ihnen auch die Läuse!) und breiten sich teilweise so stark aus, daß die ursprüngliche Vegetation zurückgedrängt wird. Sehr anschaulich ist dies beispielsweise auf den Kanarischen Inseln zu beobachten.
Die Verwilderung eingeschleppter Opuntien hat in Australien, Südindien und Südafrika ein solches Ausmaß angenommen, daß weite Flächen landwirtschaftlich genutzten Landes verseucht wurden und auch künftig bedroht sind.
Die Regierungen wenden dort alljährlich hohe Geldsummen auf, um die Opuntienplage einzudämmen. Sehr

wirksam hat sich dabei der Einsatz eines aus Mexiko importierten Kakteenschädlings, *Cactoblastis cactorum* (eine Mottenart), erwiesen. Die gefräßigen Raupen dieser Motte dezimierten die Opuntienbestände ganz beachtlich, doch mittlerweile tauchten Schädlinge auf, die den nützlichen Raupen der *Cactoblastis* nachstellen. So entsteht anscheinend auch hier ein Gleichgewicht im Naturhaushalt, so daß der Bestand an Pflanzen und Schädlingen sowie deren Feinde sich die Waage halten.

Begehrte Kakteenfrüchte und -samen

Ähnlich den Opuntienfrüchten sind auch die Früchte zahlreicher Säulenkakteen sehr ergiebig und begehrt – sei es des saftigen Fruchtfleisches oder der nahrhaften Samen wegen. Für die Bewohner der Baja California (Niederkalifornien) sind die als „Pitaya agria" bezeichneten Früchte von *Machaerocereus gummosus* das wichtigste Obst. *Machaerocereus gummosus* ist dort sehr weit verbreitet, wächst oft in fast undurchdringlichen, strauchartigen Dickichten und erreicht etwa 2 m Höhe. Die süßlichen Früchte des *Lemaireocereus thurberi* werden von den Eingeborenen als „Pitaya dulce" bezeichnet. Das Verbreitungsgebiet des strauchartigen, 3–8m hohen *Cereus* erstreckt sich auf Niederkalifornien, übergreifend auch auf das Festland in die Sonorawüste und bis nach Südarizona.

Der riesenhafte *Pachycereus pringlei*, der „Cardon" der Mexikaner auf der Baja California, sowie die großen mexikanischen Kugelkakteen der Gattungen *Ferocactus* und *Echinocactus* – „Viznagas" genannt – erzeugen massenhaft

Die eßbaren Früchte von Hylocereus undatus werden 8-10 cm groß.

Carnegiea gigantea, Arizona.

Ferocactus wislizenii mit reifen Früchten.

Samen, die von den Einheimischen geröstet verzehrt werden.
Die safthaltigen Stämme des *Pachycereus pringlei* werden gern von Weidevieh sowie von verwilderten Eseln, Pferden und Rindern angefressen. Die Altersform der Stämme dieser Kakteenart ist fast stachellos. Glücklicherweise überstehen die Pflanzen die oft sehr erheblichen Verletzungen, sofern der Holzteil und das zentrale Leitungsbahnensystem nicht zu arg angegriffen werden.
Die Früchte der in der Sonorahalbwüste in Nordmexiko und Arizona landschaftsprägenden Riesenkakteen *Carnegiea gigantea* sind ebenso geschätzt wie die Früchte der im südlicheren Mexiko heimischen *Lemaireocereus weberi* und *Escontria chiotilla.*

Myrtillocactus geometrizans.

Der Heidelbeerkaktus

Die heidelbeerähnlichen Früchte des Heidelbeerkaktus *Myrtillocactus geometrizans* sind zwar klein, erscheinen jedoch entlang den 5–6 Rippenkanten in großer Anzahl. Diese sehr ertragreiche Art wächst baumförmig und ist hauptsächlich in Zentralmexico verbreitet. Sie erreicht eine Höhe von etwa 4 m und tritt teilweise in waldartigen Massenbeständen auf. *Myrtillocactus cochal,* eine ebenfalls baumförmige Art auf Niederkalifornien, trägt rote Früchte.

Erdbeerkakteen

„Strawberry-cactus" nennt man in den USA einige *Echinocereus*-Arten wegen des erdbeerähnlichen Aussehens ihrer Früchte. Aus diesen wird eine wohlschmeckende Marmelade zubereitet.
In der Auswahl obstliefernder Kakteenarten sollen die Mammillarien nicht unerwähnt bleiben. Mehr als 100 Arten mit beerenartigen Früchten dienen in allen Verbreitungsgebieten der menschlichen Ernährung.

Die Beeren vieler Mammillarien sind als Obst geschätzt.

Kandelaberkakteen als Strohspeicher

In manchen Gegenden Mexikos werden baumartige Kandelaberkakteen zur Speicherung von Maisstroh benutzt. *Lemaireocereus weberi, Pachycereus gigas und P. grandis* entwickeln in 1–2 m Stammhöhe eine breite Krone aus zahlreichen, kräftigen, parallel oder schräg aufsteigenden Stämmen. Durch Entfernen der Mitteltriebe entsteht Raum zur Lagerung beachtlicher Strohmengen, die dann nach Bedarf verfüttert werden. Fäulnis durch Witterungseinflüsse ist in den Gebieten monatelanger Dürrezeiten – für die ja die Futterreserven bestimmt sind – nicht zu befürchten.

Holztransport im Trockenbusch der Sierra Madre del Sur (Oaxaca, Südmexiko).

Kakteen als Bau- und Brennmaterial

Unentbehrliches Baumaterial liefern die verholzten Stämme ausgewachsener Säulenkakteen. Das Holz abgestorbener Säulenkakteen und Cylindropuntien findet als Brennmaterial Verwendung. Es besitzt hohen Heizwert.

Kakteenzäune

Der Einfriedigung von Gehöften und Viehpferchen dienen neben den schon genannten Opuntien auch Säulenkakteen. Unbewurzelte Sprosse starkwüchsiger Arten werden in dichten Abständen einfach in den Boden gesteckt, wo sie bald Wurzeln treiben und dichte, undurchdringliche Hecken bilden.

Pachycereus pecten-aboriginum bildet hier eine Hecke.

Haarbürsten

Die stachelborstigen Fruchthüllen von *Pachycereus pecten-aboriginum* wurden trotz ihres furchterregenden Aussehens von den Indios als Haarbürsten benutzt – daher auch der Name „Kamm der Eingeborenen“.

Kakteen ermöglichen leichten Fischfang

Machaerocereus gummosus, M. eruca und *Lophocereus schottii* dienten dem Fischfang. Zerquetschte Triebe dieser Pflanzen wurden in Fischgewässer geworfen; der austretende Saft betäubte die Fische und ermöglichte einen leichten Fang.

Die stacheligen Früchte von Pachycereus pecten-aboriginum dienten den Eingeborenen als Haarbürsten.

Lophocereus und Idria.

Machaerocereus eruca

Yucca schidigera. In Mexiko gelten die Herzen der Pflanzen und die knospigen Blütenstände als Delikatesse.

Nutzpflanzen unter den anderen Sukkulenten

Neben den Kakteen haben auch verschiedene andere sukkulente Pflanzen eine gewisse Bedeutung als Nahrungs- und Getränkelieferanten, zur Viehfütterung, als Genuß- und Heilmittel, ferner zur Fasergewinnung und als Baustoff für die Errichtung von Eingeborenenbehausungen.

So dienen den Mexikanern seit langem einige *Yucca*-Arten als Delikatesse. Das zarte Herz der Pflanze wird zwischen heißen Steinen geröstet. Der knospige Blütenstand und die Früchte sind als Nahrung gleichfalls sehr begehrt.

Ebenso geschätzt sind die honighaltigen Blütenstände verschiedener Agaven, die in knospigem Zustand gekocht werden. In den kargen, nahrungsarmen Gebieten Niederkaliforniens führte der übermäßige Verbrauch der Yuccas und Agaven fast zu deren Ausrottung. Nach dem Aussterben der Indios auf Baja California zu Beginn des 19. Jahrhunderts, breiteten sich die Agaven und Yuccas im zentralen Teil der Halbinsel wieder aus.

Agaven als Getränkelieferanten

Zahlreiche der mehr als 300 bekannten Agavenarten sind in ihren natürlichen Verbreitungsgebieten im südlichen Nordamerika, Mittelamerika, im nördlichen Südamerika und in Westindien als wichtige Nutzpflanzen sehr geschätzt. Häufig werden Agaven auch in tropischen und subtropischen Gebieten angebaut.

Die Mescalagave oder *Agave goldman-*

niana gilt als wertvoller Getränkelieferant. Der Saft wird frisch als Agumial (Honigwasser) oder in vergorenem Zustand als Pulque (alkoholisches Nationalgetränk der Mexikaner) getrunken. Der Saft von *A. goldmanniana* dient auch der Herstellung des Agavenschnapses Tequila oder Mescal. Außerdem besitzen die Blätter dieser Art sehr haltbare Fasern.

Sisalagaven

Außer den genannten haben noch andere Agavenarten Bedeutung für die Saftgewinnung. Einige Arten, vor allem *A. sisalana,* sind geschätzte Faserpflanzen. Die im südöstlichen Mexiko (Yucatán) heimische Sisalagave wird plantagenmäßig angebaut; sie liefert den berühmten Sisalhanf. Bei 5jährigen Pflanzen beginnt die Ernte, die 2–4 Schnitte im Jahr ergibt und über einen Zeitraum von 15–25 Jahren durchgeführt wird. Jede Pflanze liefert insgesamt 180–200 Blätter. Es werden jeweils die unteren Blätter entfernt, die in einem Winkel von 45° zum Stamm stehen. *A. sisalana* bildet etwa 1 m hohe Stämme und schwertförmige, ganzrandige Blätter (110–180 cm lang) mit spitzem Endstachel.
Geerntete Blätter werden maschinell ausgepreßt, die Rohfasern gewaschen, getrocknet und maschinell gereinigt. Sisalhanf wird unter anderem zur Herstellung von Seilen, Schiffstauen, Netzen, Hängematten, Bürsten und Pinseln verwendet. *Agave cantala* (Heimat unbekannt), Lieferant der Kantalafaser, ist in den Tropen der Alten Welt, in Indien, Vietnam, auf Java, den Philippinen sowie in Ostafrika mittlerweile verwildert.
Die Hanffaser von *Agave fourcroydes,* Heimat tropisches Mexiko (Yucatán), wird als Hennequen bezeichnet. Die starkwüchsige, ertragreiche Art wird in Mexiko, Kuba und Jamaika angebaut.

Absaugen des Agavensaftes zur Pulquegewinnung.

Anbau von Sisalagaven bei Ciudad Victoria, Mexiko.

Für die Hanfgewinnung bereitliegende Blätter der Sisalagaven.

Ein ergiebiger Saftspender ist die starkwüchsige und große Ausmaße (Rosette bis zu 3,50 m, Blütenstand 5–8 m hoch) erreichende *A. americana.* Der sich entwickelnde Blütensproß wird frühzeitig entfernt, so daß in der Herzmitte eine muldenartige Vertiefung entsteht. In dieser Vertiefung sammelt sich reichlich austretender Pflanzensaft, der über einen Zeitraum von mehreren Wochen täglich abgesaugt wird. Starke Pflanzen an einem guten Standort liefern bei einer täglichen Ausbeute von 3–5 l bis zu 800 l Saft. Agavensaft enthält 12–15% Zucker.

Bogenhanf

Dem Sisalhanf in der Festigkeit ähnlich ist der *Sansevieria*-Hanf oder Bogenhanf. Verschiedene *Sansevieria*-Arten haben als Faserpflanzen Bedeutung, z. B. *S. guinensis, S. longiflora, S. ehrenbergii, S. kirkii* aus Afrika und *S. hyacinthoides* aus Sri Lanka.

Aloe in der Medizin

Mehrere *Aloe*-Arten haben vielseitige medizinische Bedeutung: z. B. *A. abyssinica, A. arborescens, A. bainesii, A. plicatilis, A. purpurascens, A. vera, A. vera* var. *chinensis, A. vera* var. *officinalis.*
Aloesaft enthält unter anderem Aloine (Glykosidverbindungen) und Harz. Verwendet wird der eingedickte, sehr bittere Saft der Blätter bei Verstopfung, Verdauungsschwäche, Gallen- und Hämorrhoidalleiden, ferner als Anregungsmittel für Leberleiden.
Aloe hat außerdem antibiotische und tuberkulostatische (von Tuberkulostatikum: Chemotherapeutikum, das wegen seiner bakteriostatischen Wirkung auf Tuberkelbakterien in der Tuberkulosetherapie Verwendung findet) Wirkung. Aloesaft wird äußerlich bei schlecht heilenden Wunden, Geschwüren und Brandwunden angewendet. *A. arborescens* hat daher die volkstümliche Bezeichnung Brandaloe.

Hormone – Cortison – Stärke

Dioscorea marcrostachya aus Mexiko (Yamwurzgewächse = *Dioscoreaceae)* wird aufgrund der medizinischen Bedeutung in den USA und Puerto Rico angebaut. Die Pflanze dient der Herstellung von Cortison und anderen Hormonpräparaten. Sie liefert auch die Grundsubstanz eines Empfängnisverhütungsmittels.
Testudinaria elephantipes (Dioscoreaceae) aus Südafrika, mit den volkstümlichen Bezeichnungen Schildkrötenpflanze, Elefantenfuß, Hottentottenbrot, dient der menschlichen Ernährung. Die bis zu 1 Meter Durchmesser erreichende Stammknolle enthält etwa 80% Stärke.

Aloe plicatilis aus dem Kapgebiet hat medizinische Bedeutung.

Giftdroge Euphorbium

Unter den giftigen sukkulenten Wolfsmilchgewächsen hat *Euphorbia resinifera* aus Marokko schon seit dem Altertum eine heilpflanzliche Bedeutung. Diese Art dient zur Herstellung von Salben und Pflastern gegen Hautleiden sowie Präparaten gegen Durchfälle und Katarrhe. Euphorbium ist eine Giftdroge.

Besondere Vorsicht ist beim Umgang mit fast allen *Euphorbia*-Arten geboten. Der milchige Saft (Latex) wirkt ätzend auf der Haut, den Augen und den Schleimhäuten. Gelangen nur geringste Spuren des Saftes ins Auge, führt dies unter sehr starken Schmerzen zu vorübergehendem Verlust des Sehvermögens.

Die wenigen ungiftigen *Euphorbia*-Arten werden während langer Dürreperioden in Südafrika als Viehfutter verwendet.

Pedilanthus macrocarpus (Euphorbiaceae) aus Mexiko enthält 18 20% brennbares Harz, das zur Kerzenherstellung genützt wird.

Drachenblut

Der Drachenbaum, *Dracaena draco* (Liliaceae), von den Kanarischen und Kapverdischen Inseln sowie Ostindien liefert das aus dem Harz der Rinde gewonnene Liliaceendrachenblut. Es findet Verwendung in der Kosmetikindustrie, ferner zur Herstellung roter Beizen, Lacke und Möbelpolituren.

Dracaena draco

Räuchermittel und Duftstoff

Das Gummiharz von *Commiphora (Burseraceae)* findet zur Herstellung von Räuchermitteln und in der Parfümindustrie Verwendung.

Buschmannskerzen

Sarcocaulon rigidum und andere Arten *(Geraniaceae)* aus Südwestafrika – mit dem volkstümlichen Namen Buschmannskerzen – umgeben ihre Stämmchen und Äste mit einem dicken Harzmantel. Sie finden, wie ihr Name sagt, als Kerzen der Eingeborenen Verwendung.

Verschiedene Arten von *Carpobrotus*, sukkulente Halbsträucher aus der Familie der *Mesembryanthemaceae* (Mittagsblumengewächse), dienen in trocken-warmen Gebieten zur Begrünung und Befestigung von Böschungen (Straßenbau, Uferpromenaden usw.). Die eßbaren Früchte von *C. edulis* aus Südafrika werden als „Hottentottenfeigen" bezeichnet.

Blütenzauber der Kakteen

Zu den prächtigsten Erscheinungen im Pflanzenreich zählen die Kakteenblüten in ihrer Vielfalt an Formen, Farben und Größen.
Zahlreiche Kakteenarten gelangen auch in unseren Breiten bei sachgemäßer Pflege ohne Schwierigkeiten zur Blüte. Die Blütenbildung ist abhängig von dem notwendigen Lebensrhythmus zwischen Wachstums- und Ruhezeiten, der Lichteinwirkung, Temperaturen und zweckmäßiger Nährstoffversorgung. Blühende Kakteen sind dem Pflanzenliebhaber Beweis und Lohn für richtige Behandlung seiner Pfleglinge.
Die Hauptblütezeit der meisten Liebhaberarten fällt bei uns in die Monate April bis Juni. Das ist vor allem die Zeit der kleinblumigen Massenblüher unter den kugel- und polsterförmigen Kakteen, wie Sulcorebutien, Rebutien mit Untergattungen und den Mammillarien.
Besonders prächtige Blüten entfalten die *Lobivia*-Arten. Das lebhafte Farbenspiel ihrer Blüten mutet wie ein wohlmeinender Ausgleich der Natur gegenüber den recht schmucklosen Körpern dieser Gattung an.

- Farbenpracht und Blütezeiten
- Riesen und Zwerge unter den Kakteenblüten
- Tag- und Nachtblüher
- Bestäubung
- Hybridisation
- Cephalienbildung – ein Zeichen der Blühbereitschaft
- Erscheinungsformen sukkulenter Gewächse
- Stacheln oder Dornen
- Konvergenzen
- Mimikry
- Morphosen

Lobivia wrightiana

Die großblumigen *Epiphyllum-Hybriden* (Phyllokakteen) blühen ebenfalls im Frühsommer. Die Zeit der Kakteenblüte – wenn auch weniger konzentriert – erstreckt sich bis in den Hochsommer. Auffallende Blüten bringen unter anderem *Echinocereus, Notocactus, Gymnocalycium, Echinopsis* und die riesenblumigen Nachtblüher, wie *Selenicereus* und *Hylocereus* hervor. Zahlreiche *Cereus*-Arten blühen in den Herbst hinein.

In den Spätherbst- und Wintermonaten begeistern die Weihnachtskakteen (*Schlumbergera* und *Zygocactus* in vielen Zuchtsorten), die Binsenkakteen *(Rhipsalis)* und viele andere epiphytische Kakteenarten.

Ausgesprochene Herbst- und Winterblüher sind die chilenischen Kugelkakteen *Chilenia* und *Neoporteria.* Auch einige mexikanische Arten unter den *Mammillarien (M. plumosa, M. schiedeana)* blühen im Winter.

Im zeitigen Frühjahr eröffnen die Osterkakteen (*Rhipsalidopsis gaertneri, Rh. rosea x Rh. graeseri)* die neue Saison. Unter den Kakteen gibt es blühwillige sowie blühfaule Arten und auch solche, die als Kulturpflanzen in Mitteleuropa nie zur Blüte gelangen. Manche Arten entwickeln bereits ein bis drei Jahre nach der Aussat oder nach der wachstumsbeschleunigenden Pfropfung ihre Blüten. Dies sind meist kleinbleibende Kugelkakteen; die großen Kugel- und Säulenkakteen hingegen benötigen bis zur Blühreife viele Jahre. Nach Erlangen der Blühfähigkeit bringen Kakteen in der Regel mit steter Rhythmik alljährlich ihre Blüten hervor. Diese können artbedingt in großer Anzahl oder auch vereinzelt erscheinen.

Das Farbenspiel erfaßt alle Nuancen zwischen dem reinsten Weiß über sämtliche Gelbtöne, Rosa, Violett und dem dunkelsten Rot. Viele Blumen sind mehrfarbig gestreift oder verändern ihre Farben oder zeigen verschiedene,

Cereusblüten

Heliocereus speciosus, ein prächtiger Blüher aus Zentralamerika.

ineinander verlaufende Tönungen wie gelb/orange, rot/violett, weiß/rosa und andere Kombinationen. Mitunter sind die äußeren Blumenblätter (Perigonblätter) anders gefärbt als die inneren, z. B. *Selenicereus, Cryptocereus anthonianus, Hylocereus.*

Wieder andere Blüten haben einen auffallend gefärbten Schlund, beispielsweise verschiedene *Astrophytum-, Notocactus-* und *Lobivia*-Arten. Kontrastvolle Blütenorgane zeigen einige *Echinocereus* mit grünen sowie *Notocactus* mit kräftig roten Narben.

Den unterschiedlichsten Wuchsgrößen der Kakteenarten vergleichbar, weisen ihre Blüten alle Übergänge auf zwischen den wenige Millimeter Durchmesser erreichenden Winzlingen *(Blossfeldia)* bis zu den Riesenblumen, 20–40 cm Durchmesser, der nachtblütigen Kletterkakteen (*Selenicereus* und *Hylocereus*).

Manche Arten der Gattungen *Frailea, Melocactus* und *Rhipsalis* haben kleistogame und selbstfertile Blüten, die – ohne sich zu öffnen – sich selbst befruchten und keimfähige Samen erzeugen. Andere öffnen ihre Blüten nur bei intensiver Sonneneinwirkung.

Lobivia saltensis

Mammillaria blossfeldiana aus Mexiko.

Andere Arten reagieren sehr empfindlich auf unterschiedliche Lichtintensität, indem sie ihre Blüten kurzfristig öffnen und schließen, wie es bei wechselhafter Witterung mit sonnigen und trüben Abschnitten der Fall sein kann.

Umgekehrt verlangen typische Nachtblüher zur vollen Entfaltung ihrer Blumen Dunkelheit. Der Pflanzenfreund, der die vollkommene Blütenpracht seiner „Königin der Nacht" sehen möchte, darf die Pflanze während der Blüte bestenfalls im Halbdunkel betrachten; bei starker Beleuchtung schließen sich die Blumen.

Man unterscheidet bei den Kakteen Tag, Nacht- und Dauerblüher. In den

Mammillaria (= Krainzia) guelzowiana

Das Innere der Blüte eines Echinocereus triglochidiatus.

Die Bestäubung

Die meisten Kakteen sind bei der Frucht- und Samenbildung auf Fremdbestäubung angewiesen. Viele Arten neigen sehr zur Bastardierung, andere schützen sich durch unterschiedliche Blütezeiten davor, so zum Beispiel *Pachycereus pringlei* und *P. pecten-aboriginum* im südlichen Niederkalifornien. Es gibt aber auch zahlreiche Naturhybriden.

Die Neigung der Kakteen zur Bastardierung erschließt andererseits die Möglichkeit zu gezielten Kreuzungen innerhalb beziehungsweise zwischen verschiedenen Gattungen und Arten. Bekannt und berühmt sind die phantastisch blühenden *Lobivia-*, *Chamaecereus-*, *Epiphyllum-*, *Schlumbergera-* und *Rhipsalidopsis-*Hybriden.

An den Naturstandorten werden Kakteen ausschließlich von Tieren bestäubt, die durch die Farbwirkung und

Blumen der nachtblütigen Kakteen dominieren die hellen Farben, wenn auch die äußeren Blumenblätter dunkler gefärbt sein können (*Cryptocereus anthonianus, Cerreus forbesii* u. a.). Oftmals sind sie von angenehmem, selten von unangenehmem Duft begleitet.

Die Tagblüher sind meist duftlos. Die Blühdauer der einzelnen Blüte erstreckt sich je nach Art über wenige Stunden des Tages oder der Nacht, wie auch über einen bis mehrere Tage. Der jährliche Blütenflor kann sich in einer bis zahlreichen, gleichzeitig erscheinenden Einzelblüten offenbaren, oder er dehnt sich über einen wochenlangen Zeitraum mit immer neuen, in unregelmäßigen Abständen erscheinenden Blüten aus. Die Reichhaltigkeit des Blütenflors wird dabei von den vorangegangenen Wachstumsbedingungen bestimmt.

Lobivia Hybride

Cleistocactus buchtienii

in geringerem Maße auch durch den Duft der Blüten angelockt werden. Kakteenblüten enthalten reichlich Nektar, der den bestäubenden Tieren als Nahrung dient.
Dem unterschiedlichen Blütenaufbau entsprechend, übernehmen verschiedene Insekten, Kolibris oder auch Fledermäuse die Bestäubung. Die langen Röhrenblüten von *Cleistocactus* wie auch die stark zygomorphen (= in zwei spiegelbildliche Hälften teilbar) Blüten von *Zygocactus* werden von Kolibris besucht.

Beispiele der Tierbestäubung:
1) Fledermausblüten – breittrichterig, verbreiten bestimmte Düfte;
2) vogelblütige Pflanzen werden in Afrika von Nektarvögeln, in Amerika von Kolibris bestäubt;
3) Insektenblüten – locken durch prächtigen Schauapparat, Düfte oder speziellen Blütenaufbau;
4) den Nektar aus Blüten mit langer Röhre naschen langrüßlige Schwärmer.

Morawetzia doelziana

ab dem Zeitpunkt ihrer Blühfähigkeit reichlich weiße Axillenwolle aus. Oftmals wird diese Erscheinung für Wolllausbefall gehalten.

Auffallender verhalten sich die sogenannten Cephalienträger, die an ihren Körpern deutlich abgesetzte Blühzonen in Form von Wollschöpfen bilden. Man unterscheidet zwischen echten Cephalien, Pseudocephalien, Lateralcephalien und Vorstufen zu Lateralcephalien.

Echte Cephalien finden sich ausschließlich bei *Melocactus* und *Discocactus*. Zum Abschluß ihres vegetativen Wachstums bilden sie einen lebhaft rötlich bis schwarz gefärbten oder schmutzigweißen, haubenartigen Wollschopf, der mehr oder weniger stark von Borstenstacheln durchsetzt ist.

Die Cephalien von *Discocactus* bleiben flach, die von *Melocactus* wachsen teilweise ziemlich in die Länge. Das Cephalium von *Melocactus communis* kann im Verlauf vieler Jahre eine Länge von etwa 1 Meter erreichen.

Die nächtlichen Fledermausblüten sind weit geöffnet, von mittlerer Größe und derb gebaut, z. B. *Carnegiea gigantea, Cephalocereus, Espostoa, Pilosocereus*. Die riesenblumigen Nachtblüher mit langer Blütenröhre (*Epiphyllum phyllanthus* u. a.) sind wie geschaffen für die langrüßligen Nachtschwärmer.

Cephalienbildung als Zeichen der Blühbereitschaft

Die Bereitschaft zur Blüte zeigen zahlreiche Kakteen durch bestimmte morphologische Veränderungen an. Auf einige Beispiele soll hier näher eingegangen werden.

Viele *Mammillaria*-Arten und die verwandte *Cochemiea poselgeri* bilden

Cephalocereus lehmannianus

Lophocereus schottii, Triebspitze

Discocatus tricornis HU 105

Die auffallende Färbung der *Melocactus*-Cephalien dient der Anlockung von Bestäubungsinsekten für die verhältnismäßig kleinen Blüten. Die keilförmigen, sehr glatten Früchte werden bei der Reife aus dem Cephalium herausgedrückt. Es sind auffallend gefärbte Beeren, die gerne von Vögeln gefressen werden.

Ähnlichkeit zu echten Cephalien zeigen *Lophocereus*, besonders *L. schottii* (der Alte-Mann-Kaktus), *Mitrocereus* und *Backebergia militaris* (Bärenfellmützenkaktus). Diese säulenförmigen Arten entwickeln an den blühfähigen Triebenden gleichmäßig um die Sproßachse angeordnete (radiäre), borstenförmige Schöpfe.

Stark ausgebildete Wollknäuel unterschiedlicher Dichte und Haarlänge an den Blühareolen im oberen Sproßabschnitt bringen *Pilosocereus*-Arten hervor.

Melocactus guaricensis

Arrojadoa penicillata

Cephalocereus palmeri

Backebergia militaris

Die Gattungen *Morawetzia* und *Arrojadoa* bilden bei der Blühreife an den Triebenden Schöpfe mit langen, pinselartigen Borstenhaaren. Weil sich aus den schopfigen Triebenden das vegetative Sproßwachstum fortsetzt, spricht man hier von **Pseudocephalien.**

Eine andere Erscheinung bei einigen säulenartigen Kakteen ist die Ausbildung von **Lateralcephalien.** Dabei kann sich die blühreife Altersform der Pflanzen erheblich von der vegetativen Jugendform unterscheiden. Beispielsweise unterbleiben bei *Cephalocereus senilis* (Greisenhaupt) und *C. hoppenstedtii* = *Haseltonia columna-trajani* die in den ersten Lebensjahren charakteristischen starken Bedornungen der Sprosse.

Die Lateralcephalien erfassen nur einen mehr oder weniger schmalen senkrecht verlaufenden Streifen des Stammes, also nicht die gesamte Sproßachse. Das Lateralcephalium nimmt entsprechend dem vegetativen Sproßwachstum an Länge zu und kann bei manchen Arten sogar mehrere Meter Länge erreichen. Lateralcephalien entwickeln sich gewöhnlich innerhalb eines Pflanzenbestandes immer in einer Himmelsrichtung.

Folgende Kakteengattungen bilden Lateralcephalien:

Austrocephalocereus, Buiningia, Cephalocereus, Coleocephalocereus, Espostoa, Thrixanthocereus.

Die Borstenschöpfe von *Vatricania guentheri* und *Seticereus icosagonus* ähneln den typischen Lateralcephalien, können jedoch nur als **Vorstufe** zu diesen betrachtet werden.

Cephalientragende, ausgewachsene Kopfstücke von Säulenkakteen lassen sich als Kopfstecklinge verwenden. Sie wurzeln ohne Schwierigkeiten und setzen nach einiger Zeit das vegetative Sproßwachstum fort. Eine Weiterentwicklung des Cephaliums unterbleibt.

Unter den mangelhaften mitteleuropäischen Lichtverhältnissen erreicht der Neuzuwachs nicht die ursprüngliche Stärke, so daß leider mitunter recht unansehnliche Gebilde entstehen.

Stacheln oder Dornen?

Die weithin gebräuchliche Bezeichnung Kakteenstacheln ist botanisch unrichtig. Stacheln sind Gebilde der Epidermis, deren Entstehung nicht mit einem Grundorgan der Pflanze vergleichbar ist. Stacheln lassen sich leicht durch Abbrechen entfernen (Rosen).

Kakteen besitzen als morphologische Umwandlung eines Grundorgans zum Zwecke der Oberflächenreduktion (Anpassung an extrem wasserarme Standorte) zu Dornen umgewandelte Blätter (Blattdornen). Sie entspringen tieferliegenden Gewebeschichten.

Die winzigen *Glochidien* bei Opuntien sind einzellige Haare mit Widerhaken, Angelborsten genannt.

Konvergenz

Sukkulente Pflanzen zeigen als Ergebnis der ökologischen Anpassung an gleichartige Standortverhältnisse häufig die Erscheinung der Konvergenz (= Gestaltähnlichkeit). Die Bewohner arider Gebiete in der Alten und Neuen Welt haben unabhängig von ihrer systematischen Zugehörigkeit zum Zweck der Verdunstungsminderung oberflächenreduzierte Wuchsformen hervorgebracht.

Bezeichnend ist die kakteenähnliche Gestalt zahlreicher Stammsukkulenten. Jedoch: Bei weitem nicht jede Pflanze mit kakteenähnlichem Aussehen ist ein Kaktus! Verblüffende Übereinstimmung in der Körperform besteht zwischen vielen kugel- und säulenförmigen sowie den vielköpfige Polster bildenden Arten aus der Familie der neuweltlichen Kakteengewächse *(Cactaceae)* und den altweltlichen sukkulenten Wolfsmilchgewächsen *(Euphorbiaceae).*

Im übrigen sind diese Pflanzen unterschiedlicher Herkunft und verwandtschaftlicher Zugehörigkeiten durch

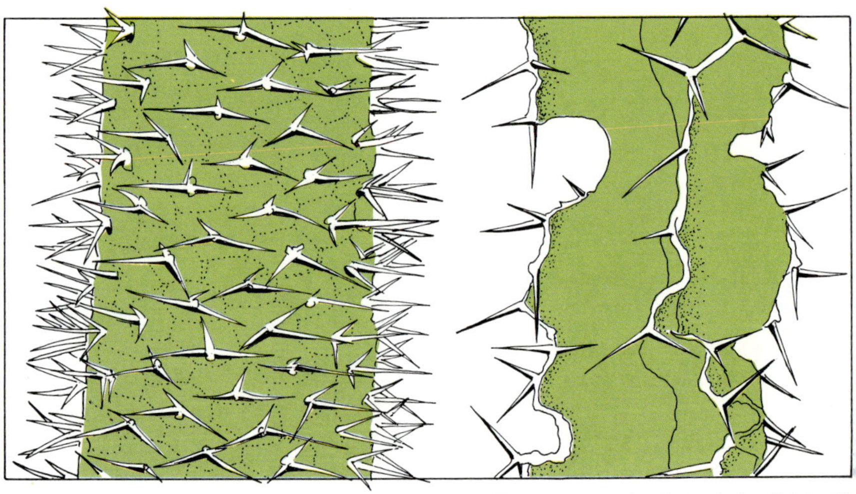

Konvergenz (= Gestaltähnlichkeit); links: Pachypodium, rechts: Euphorbia grandicornis.

ganz wesentliche Unterscheidungsmerkmale gekennzeichnet, die sich in erster Linie an den Kriterien der Blüten-, Frucht- und Samenbildung orientieren. Der Nichtbotaniker, aber gründlich beobachtende Pflanzenfreund wird einen Kaktus von einem Wolfsmilchgewächs unterscheiden können:

Typisch für die *Euphorbia*-Arten ist der milchige Pflanzensaft, der schon bei der geringsten Verletzung kräftig herausfließt. Der Saft fast aller Euphorbien ist giftig und wirkt ätzend auf empfindliche Hautpartien (z. B. Unterarm, Handrükken) und auf die Schleimhäute, besonders die der Augen. Beim Hantieren mit diesen Pflanzen muß daher größte Vorsicht walten.

Der Saft der Kakteen ist bis auf wenige Ausnahmen (einige Mammillarien) farbblos und meist ungiftig. Die sukkulenten Kakteen besitzen zwar ein stark safthaltiges Wasserspeichergewebe, lassen jedoch bei Verletzungen keine Flüssigkeit herausfließen. Der Saft ist mehr oder weniger schleimig.

Konvergenz; links oben: Lophophora, rechts oben: Astrophytum asterias, unten: Euphorbia obesa.

Säulenkakteen und Säuleneuphorbien sind weiterhin zu unterscheiden an der Anordnung ihrer Dornen. Bei den genannten Euphorbien stehen die Dornen paarweise auf Hornschildchen, die sich mit zunehmendem Alter der Pflanze zu einer Hornleiste oder Hornkante auswachsen können.

Die Dornen der Säulenkakteen befinden sich zu mehreren im Wollfilz der Areolen. Die Areolen sind stets voneinander getrennt und in bestimmten Abständen auf den Rippenkanten angeordnet. Die Anzahl der jeweils auf

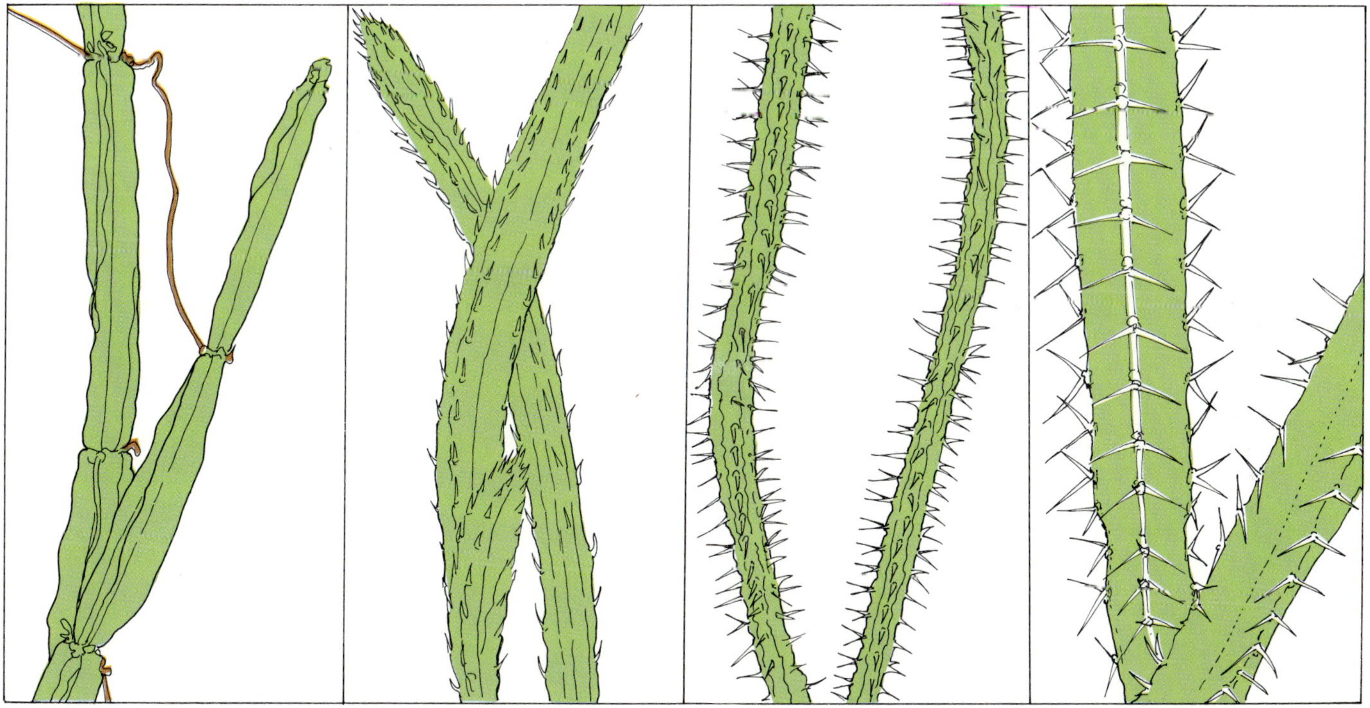

Konvergenz; von links: Cissus quadrangularis, Senecio stapeliiformis, Alluaudia procera, Euphorbia lydenburgensis.

Konvergenz; links: *Aloe marlothii*, rechts: *Agave univittata.*

einer Areole sitzenden Haupt-und Nebendornen ist artverschieden und daher ein wichtiges Bestimmungsmerkmal.

Kakteenähnliche Gestalt zeigen zahlreiche blattlose Vertreter aus der Familie der Seidenpflanzen- oder Schwalbenschwanzgewächse *(Asclepiadaceae)*, vor allem die der Gattungen *Trichocaulon, Hoodia, Stapelia, Orbea, Caralluma* sowie nahe Verwandte aus dem südlichen Afrika.

Die kräftigen, meist stark bedornten Stämme aufrechtwachsender *Pachypodium*-Arten, Familie der Hundsgiftgewächse *(Apocynaceae)*, sehen zumindest während ihrer fast blattlosen Trokkenruhezeit bestimmten Säulenkakteen ähnlich.

Stammsukkulenten mit konvergenten, wenn auch nicht in jedem Falle kakteenähnlichen Wuchsformen finden sich in zahlreichen Pflanzengattungen der unterschiedlichsten Familienzugehörigkeiten. Viele Arten entwickeln während kurzer Niederschlagsperioden kleine Blätter, die mit Einsetzen der Trockenheit vergilben und abgeworfen werden.

Zu diesen einander sehr ähnelnden Gewächsen zählen: verschiedene *Didierea* der madagassischen Familie der *Didiereaceae, Euphorbia milii* mit einigen Varietäten, ebenfalls aus Madagaskar, *Fouquieria* aus Mexiko und den südlichen USA, *Idria (= Fouquieria) columnaris* von der Baja California; aus dem südlichen Afrika die stammsukkulenten *Pelargonium* und *Sarcocaulon* = *(Geraniaceae)* und einige *Senecio* = Familie der Körbchenblütler *(Copositae)*, ferner die auf den Kanarischen Inseln heimischen *Ceropegia* = Familie der Seidenpflanzengewächse *(Asclepiadaceae)* und die aus dem tropischen Afrika stammenden *Cissus cactiforme* und *Cissus quadrangularis* aus der Familie der Weinrebengewächse *(Vitaceae)*.

Erwähnung verdienen auch die hochsukkulenten Zwergformen unter den Mittagsblumengewächsen *(Mesembryanthemaceae)* in den Gattungen *Lithops, Ophthalmophyllum, Conophytum, Argyroderma* u. a., die sich den extremen Bedingungen ihrer Standorte durch die Kugelform hervorragend angepaßt haben.

Deutliche Konvergenzen bestehen zwischen den überwiegend altweltlichen Aloen aus der Familie der Liliengewächse *(Liliaceae)* und den neuweltlichen Agaven, Familie der Agavengewächse *(Agavaceae)*.

Die mehr oder weniger sukkulenten Blätter beider Gattungen erscheinen meist in rosettenartiger Anordnung. Es gibt stammlose und stammbildende Arten, auch Arten mit zwergigem Wuchs und andere mit riesenhaften, baumförmigen Ausmaßen.

Äußere Unterscheidungsmerkmale bilden die Vegetationspunkte: Die Herzmitte der Aloen ist rosettig, seltener auch zweizeilig angelegt *(Aloe plicatilis)*. Der Vegetationspunkt der Agaven zeigt fast immer einen deutlichen Spieß, aus dem sich die Blätter einzeln entfalten. Aloen können nach Erreichen des blühfähigen Alters alljährlich zur Blüte gelangen. Die Blütenstände erscheinen seitenständig, also aus den Blattachseln.

Agaven dagegen blühen nur ein einziges Mal zum Abschluß des vegetativen Wachstums und sterben nach der Frucht- und Samenreife allmählich ab. Die Blütenstände der Agaven entstehen endständig aus der spießförmigen Herzmitte.

Mimikry

Mimikry: *Anacampseros alstonii* kommt in Quarzfeldern vor.

Die Erscheinung, daß ein Organismus – Tier oder Pflanze – in Gestalt und Färbung der Umgebung täuschend ähnlich ist, nennt man Mimikry.
Beispiele aus dem Tierreich sind das Chamäleon, bestimmte Raupen, Stabheuschrecken und viele andere kleine und große Tierarten.
Ein Beispiel perfekter Tarnung entdeckte ich zufällig in einem Quarzfeld im südlichen Afrika. Bei einer silbrigweißen Heuschreckenart bestand in der Färbung und der kompakten Körperform völlige Übereinstimmung mit der von unterschiedlich großen Quarzbrokken übersäten Landschaft.
Im selben Feld gedeihen in gleichfalls vollkommener farblicher Anpassung die weißglänzenden *Anacampseros albissima* und *A. papyracea*. In einem anderen, von rötlichgelbem Boden und reichlich mit Quarzbrocken durchsetzten Areal wachsen *Argyroderma* sowie die zwergige *Crassula cornuta* in guter Tarnung.
Die sogenannten „lebenden Steine", *(Lithops)* sind größtenteils zumindest annähernd farbidentisch mit dem sie umgebenden Boden beziehungsweise Gestein. *Pleiospilos* wird aufgrund seines Standortes und seines Aussehens als lebender Granit bezeichnet. Im Kalkmergel kommt *Titanopsis calcarea* vor, dem es mit seiner rauhen, weißlichen Oberfläche zum Verwechseln gleicht.
Gut getarnte Standorte vor oder zwischen Felsen wählen bevorzugt *Hoodia*- und *Trichocaulon*-Arten. Allein aus den Trockengebieten Süd- und Südwestafrikas ließen sich noch viele Beispiele gut abgestimmter Mimikry aufführen.

Titanopsis calcarea

Lithops gracilidelineata var. g.

Trichocaulon (farbliche Anpassung).

Astrophytum coahuilense

Auch anderswo, zum Beispiel in Nordmexiko, sind derartige Anpassungserscheinungen nicht selten. Kakteen, wie *Ariocarpus, Mammillaria denudata, M. pennispinosa* und andere sind bezeichnende Beispiele.

Über die ökologische Bedeutung der pflanzlichen Mimikry besteht keine einheitliche Meinung. Es scheint zwar naheliegend, daß diese Tarnung vor Tierfraß schützen soll. Andererseits muß doch angenommen werden, daß die in Frage kommenden Tiere bei ihrer intensiven Nahrungssuche auch jedes noch so kleine Pflänzchen in den vegetationsarmen Trockengebieten finden. Völlig ohne Schutzwirkung ist Mimikry dort, wo der Mensch seine Ziegen weiden läßt. Ziegen vernichten jede Spur pflanzlichen Neuaustriebs – ausgenommen die wenigen Pflanzen, die ihnen nicht schmecken.

Für den erfahrenen Pflanzenfreund stellen die kleinbleibenden Mimikry-Arten begehrenswerte Kostbarkeiten dar. Wer diese Gewächse erfolgreich kultivieren möchte, muß besonders die unterschiedlichen Wachstums- und Ruhezeiten beachten. Wegen des geringen Platzbedarfs kann man sogar auf kleinstem Raum eine umfangreiche Pflanzensammlung anlegen.

Anacampseros papyracea am natürlichen Standort (Südafrika).

Morphosen

Morphosen sind Entwicklungsabänderungen, hervorgerufen durch Überangebot oder Mangel eines Wachstumsfaktors. Entsprechend dem auslösenden Faktor werden unter anderem unterschieden: Photomorphose, Thermomorphose, Hygromorphose, Chemomorphose. Diese durch Veränderungen der Umweltfaktoren verursachten Umwandlungen der Grundorgane sind nicht vererbbar.

Lichtmangel, ungünstige Temperaturverhältnisse, falsche Wassergaben und falsche Ernährung rufen jeweils für sich, meist jedoch im Zusammenwirken mehrerer, unerwünschte Entwicklungen hervor.

Sukkulenten reagieren gewöhnlich sehr sensibel auf ein Ungleichgewicht der wachstumsbestimmenden Einflüsse. Beispielsweise ist Lichtmangel nicht durch erhöhte Wärme- und Wassermengen zu ersetzen. Ganz im Gegenteil: Das Wachstum der Pflanze richtet sich nach dem Faktor, der in ungünstiger Weise vorhanden ist.

Sukkulenten haben, entsprechend ihrer heimatlichen Standortverhältnisse, ein sehr starkes Lichtbedürfnis. Mangel an Licht bei gleichzeitigem Überangebot an Wärme und Wasser und dem damit in der Regel verbundenen hohen Angebot gelöster Bodennährsalze führt zwar zu beschleunigtem Sproß- und Blattwachstum, jedoch auf Kosten der Pflanzenqualität. Der Verlust des arttypischen Aussehens sowie mangelnde Blühbereitschaft sind die Folge. Die Pflanzen verlieren ihre kompakte Gestalt, sie „vergeilen".

Die Blattsukkulenten reagieren schneller als die Stammsukkulenten. Aus dichten Rosettenpflanzen entstehen unschöne, flatterige Gebilde, denn das untypische Streckungswachstum erzeugt große Abstände zwischen den

Blattansätzen. Die Blätter entwickeln sich unförmig und ebenfalls gestreckt. Buntblättrige Arten, wie wir sie unter den Echeverien und Kalanchoen finden, büßen die prächtige Färbung ihrer wachsigen Bereifung beziehungsweise ihrer Behaarung ein.
Kugel- und säulenförmige Stammsukkulenten wachsen aus. Kugeln entwikkeln sich zu spitzen Kegeln. Der Neuaustrieb ursprünglich kräftiger Säulenkakteen erreicht nicht selten nur 1/5–1/3 der normalen Wuchsstärke. Die Neubildung von Dornen, Haaren und Haarfilz erfolgt nur noch spärlich, weil infolge der veränderten Umweltverhältnisse die Notwendigkeit zur Ausbildung dieser Schutzeinrichtungen entfällt.
Importierte Kakteen sind in besonderem Maße von den geschilderten Entwicklungsabänderungen infolge Lichtmangels betroffen.
Gleichermaßen verhängnisvoll für die Existenz einer Pflanze wirken sich auch der Mangel oder das Überangebot der anderen Wachstumsfaktoren aus. Die Ursache einer unerwünschten Wachstumsabänderung ist gewöhnlich begründet im Mangel eines Wachstumsfaktors bei gleichzeitigem Überschuß eines anderen.

Graptopetalum paraguayense unter verschiedenen Wachstumsbedingungen (links: volle Sonne, wenig Wasser, nährstoffarmes Substrat; rechts: wenig Licht, reichlich Wasser und Nährstoffe).

Glottiphyllum, das „Zungenblatt".

Unter ungünstigen Bedingungen nur unvollkommen ausgebildete Pflanzengewebe zeigen schließlich eine erhöhte Anfälligkeit gegenüber Krankheiten und Schädlingen.
Jeder Pflanzenfreund sollte sich mit den Ansprüchen und Lebensgewohnheiten seiner Pfleglinge vertraut machen, denn nur kräftige, gesund entwickelte Pflanzen bieten einen erfreulichen Anblick.
In diesem Zusammenhang soll nicht unerwähnt bleiben, daß die Pflanzen auch an ihren Heimatstandorten nicht immer die günstigsten Bedingungen für optimales Wachstum und zur Ausbildung ihrer vollen Schönheit vorfinden. Mitunter vegetieren selbst Sukkulenten am Rande des Existenzminimums, wenn zum Beispiel die lebensnotwendigen Regenfälle jahrelang ausbleiben, die Sonne jedoch Tag für Tag mit hoher Licht- und Wärmeintensität erbarmungslos herniederbrennt und die austrocknenden Winde ein übriges tun.
So betrachtet, besteht für den erfolgreichen, mit „Köpfchen" arbeitenden Gärtner durchaus die Chance, daß mittels geeigneter Kulturmaßnahmen bestimmte Pflanzenarten hierzulande ein schöneres Aussehen entwickeln als an ihren natürlichen Standorten.
Der Betreuer einer größeren Pflanzensammlung wird sich einiger, heute verfügbarer Hilfsmittel bedienen, die eine ausreichende Beleuchtung, thermostatische Temperaturregulierung, richtige Wasser- und Nährstoffversorgung sowie wirksame Schädlingsbekämpfung ermöglichen.

Ansprüche sukkulenter Pflanzen an Wachstums-faktoren

Kakteen und andere Sukkulenten zählen zu den autotrophen Pflanzen, Gewächsen also, die sämtliche zu ihrem Aufbau erforderlichen Stoffe aus anorganischen und organischen Verbindungen selbst erzeugen.
Für die Funktion des Stoffwechsels benötigt die Pflanze Nährsalze, Wasser, Sauerstoff, Kohlendioxid der Luft, Wärme und Licht. Für die Assimilation oder Photosynthese sind nebem dem Kohlendioxid (CO_2) die Zusammensetzung des Lichts und die Beleuchtungsstärke entscheidend, die auf die grüne Pflanze einwirken. Die Produktivität der Photosynthese und damit des Wachstums erfolgt in Abhängigkeit von dem Vorhandensein der übrigen Faktoren.

- Lichtansprüche
- Photosynthese
- Photoperiodismus
- Luft
- Temperatur
- Bodenwärme
- Wasser und Wasserversorgung
- Nährstoffversorgung an den natürlichen Standorten
- Wirkung der verschiedenen Nährstoffe
- Düngung
- Erden und andere Pflanzsubstrate
- Pflanzgefäße
- Hydrokultur

Conophytum – eine empfehlenswerte Gattung für den aufmerksamen Pflanzenfreund.

Lichtansprüche

Sukkulenten haben als Bewohner sonniger Standorte besonders hohe Lichtansprüche. Licht gilt somit als Hauptwachstumsfaktor. Während der Vegetationsperioden muß deshalb unbedingt für ausreichende Lichtzufuhr gesorgt werden. Nur im Verlauf streng einzuhaltender Trockenruhezeiten mit entsprechender Temperaturabsenkung kommen diese Gewächse mit geringeren Lichtmengen aus.

Die Ruheperioden sind möglichst in unsere lichtarme Jahreszeit zu legen. Das gelingt in der Regel ziemlich problemlos bei Pflanzen, die in der nördlichen Hemisphäre, zum Beispiel in Mexiko und den USA, beheimatet sind. Der Vegetationsrhythmus dieser Gewächse entspricht weitgehend dem mitteleuropäischen Klimaablauf einer sommerlichen Wachstums- und winterlichen Ruhezeit. Ausnahmen bilden unter anderen die auf den Kanarischen Inseln endemischen (das Vorkommen einer Gattung beziehungsweise Art ist nur auf ein natürlich begrenztes Gebiet beschränkt) *Aeonium*- und *Ceropegia*-Arten. Sie wachsen überwiegend im Herbst und Winter.

Südlich des Äquators liegen die Jahreszeiten entgegengesetzt. Zahlreiche Sukkulenten aus Südamerika und dem südlichen Afrika bestehen auf ihrem angestammten Lebensrhythmus, das heißt, sie wachsen während unserer lichtarmen Jahreszeit im Herbst und Winter, um in den Sommermonaten zu ruhen.

Verständlicherweise bedürfen sie einer besonders aufmerksamen Betreuung, zumal es unter ihnen wertvolle und seltene Raritäten gibt. Allgemein lassen sich die südamerikanischen Kakteen noch eher umgewöhnen als viele südafrikanische Vertreter der „anderen Sukkulenten“. Zu letzteren zählen die sukkulenten Pelargonien, verschiedene Aloen, viele *Crassula*-Arten, Haworthien, Euphorbien, einige *Gibbaeum*- und *Conophytum*-Arten.

Wenn möglich, sollten die Pflanzen im Herbst zur Wachstumsruhe veranlaßt werden. Wenn das nicht gelingt, ist für die Kultur anspruchsvoller Arten künstliche Zusatzbeleuchtung anzuraten.

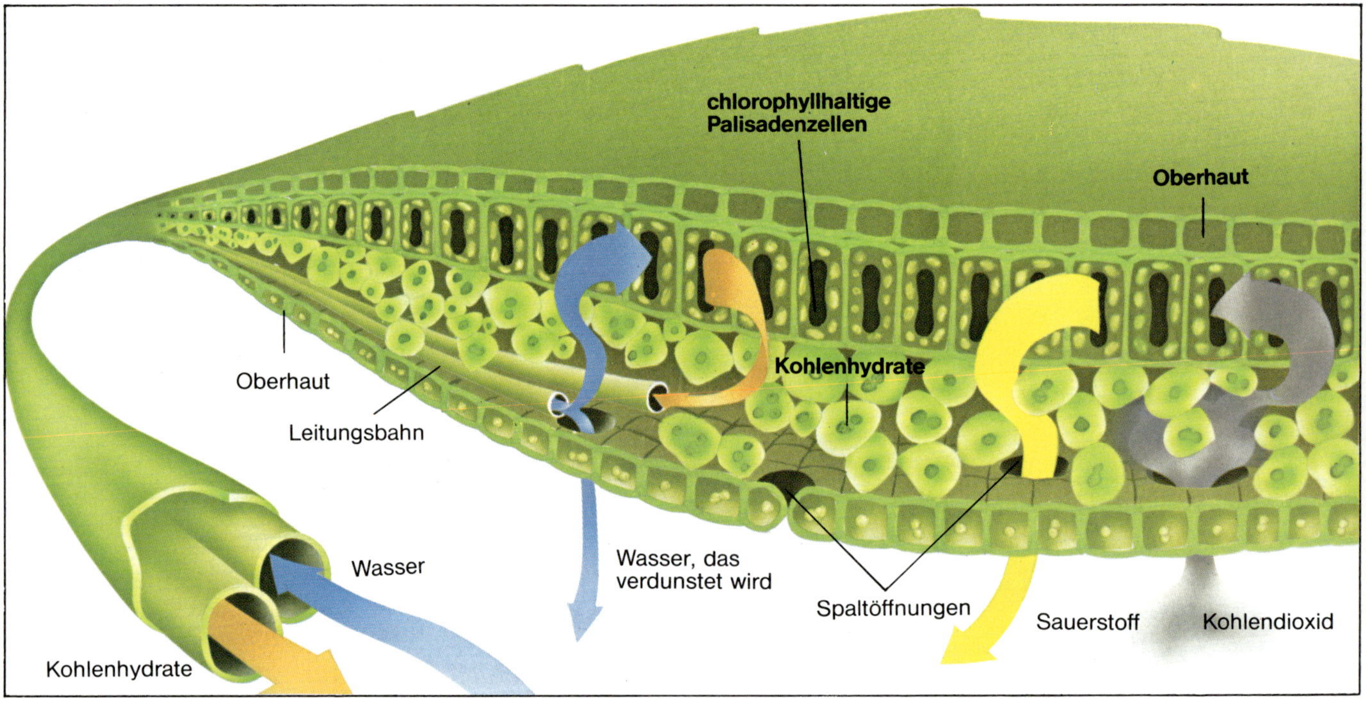

Schematische Darstellung der Photosynthese: Die Pflanzen entnehmen der Luft Kohlendioxid (CO_2) und dem Boden Wasser (H_2O). Zusammen mit dem in den Blättern enthaltenen Clorophyll sowie mit Hilfe des Sonnenlichts bilden sie daraus Kohlenhydrate. Dabei wird der Sauerstoff frei.

Die Auswahl kulturwürdiger Arten sollte auch unter Berücksichtigung der vorhandenen Lichtverhältnisse erfolgen. Der Besitzer eines Gewächshauses wird sich naturgemäß, infolge günstigerer Bedingungen, grundsätzlich anspruchsvolleren Arten widmen können. Der Pflanzenfreund, dem nur das einseitig belichtete Zimmerfenster zur Verfügung steht, sollte sich auf ein kleineres Sortiment geeigneter Arten beschränken. Die Auswahl erfolgt unter Berücksichtigung der Fenstergröße, der Himmelsrichtung sowie anderer, den Lichteinfall und die Raumtemperatur bestimmender Gegebenheiten.

Zu den Sukkulenten, die unter geringeren Lichtintensitäten an einem Ost-oder Westfenster noch gute Wachstumsergebnisse erbringen, zählen beispielsweise kleinbleibende Aloen, Haworthien, Stapelien mit verwandten Gattungen, verschiedene *Crassula-* und *Euphorbia*-Arten, Sansevierien, epiphytische Kakteen, Echinopsen, *Gymnocalycium-* und grüne *Mammillaria-*Arten.

Hohe Beleuchtungsstärken verlangen alle behaarten, stark bedornten und die mit einer Wachsschicht versehenen sukkulenten Gewächse.

Während der winterlichen Wachstumsruhe können anspruchslose Arten in schwach belichteten, kühlen Räumen aufgestellt werden. Die Pflanzen sind trocken zu halten, denn für die Dauer der Unterbelichtung muß man jede Regung vegetativen Wachstums verhindern. Jeder Neuaustrieb würde den Pflanzenkörper deformieren.

Erstaunlich geringe Lichtmengen ertragen vorübergehend ohne Schaden: grüne Cereen, *Echinopsis-*, *Lobivia-*, *Gymnocalycium-* und *Mammillaria-*Arten unter den Kakteen sowie Stapelien, Haworthien, Agaven unter den anderen Sukkulenten.

Der Empfehlung, robuste Kakteen und auch Stapelien im Herbst aus der Erde zu nehmen, um sie zwecks Überwinterung in Zeitungspapier einzuwickeln und bis zum Frühjahr in einem kühlen, trockenen Raum zu lagern, kann ich mich nicht anschließen. Der Entschluß zu dieser Methode erfordert sicherlich gute Nerven. Es muß unbedingt sichergestellt sein, daß die Pflanzen während der Dunkelheit nicht austreiben. Das Herausnehmen aus der Erde dient neben der möglichen Raumersparnis auch dem völligen Austrocknen des Wurzelbereichs.

Lichtentwöhnte Pflanzen sind gegen die grellen Strahlen der Frühjahrssonne empfindlich; es kommt leicht zu Verbrennungen der Epidermis. Einen Standortwechsel ins Freie nimmt man deshalb am besten an einem trüben Tag vor oder stellt die Pflanzen zunächst an einem halbschattigen Platz auf. Trotzdem muß in den ersten 8–14 Tagen nach dem Hinüberwechseln in der Mittagszeit Schutz vor direkter Sonneneinstrahlung gewährt werden.

Kakteenaussaaten und Jungpflanzen sind gegen direkte Sonneneinstrahlung im Frühjahr und Sommer empfindlich. Sie wünschen gedämpftes Licht – das entspricht den Gegebenheiten der natürlichen Verbreitungsgebiete. Mit Beginn der Regenzeit setzt dort ein allgemeines starkes Wachstum der Begleitflora ein. Unter dem sich entwikkelnden Blattwerk der Gräser, Einjahrespflanzen, Stauden und Gehölze finden die keimenden Samen und Jungpflanzen Schutz vor den sengenden Sonnenstrahlen. Die ausgeglichenere Bodenfeuchtigkeit und das gebrochene Licht begünstigen das Längenwachstum.

Aussaaten und Jungpflanzen sollten daher an sonnigen Tagen während der Mittagszeit leicht beschattet werden. Dauerschatten ist nicht anzuraten. Die Morgensonne, das Licht des Spätnachmittags sowie das volle Licht der trüben Tage sollten den Pflänzchen zugute kommen. Bei Lichtmangel nimmt das Längenwachstum unerwünschte Ausmaße an – es entsteht ein untypisches äußeres Erscheinungsbild, das Pflanzengewebe festigt sich nicht und ist somit krankheitsanfällig.

In den lichtarmen Herbst- und Wintermonaten wünschen Jungpflanzen den hellsten Standort im Gewächshaus oder Zimmerfenster. Die Samen zahlreicher Sukkulenten aus dem südlichen Afrika keimen am besten bei Herbstaussaat. Zur Erzielung befriedigender Wachstumsergebnisse ist künstliche Zusatzbelichtung unerläßlich. Die Beleuchtungsstärke sollte bei mindestens 2500 Lux (= Einheit der Beleuchtungsstärke) liegen.

Die tägliche Dauer einer derartigen Belichtung sollte bei sukkulenten Gewächsen 12–14 Stunden betragen. In den Hauptverbreitungsgebieten dieser Pflanzen herrschen ganzjährig ziemlich ausgeglichene Tageslängen. Für den Ablauf innerer Lebensvorgänge benötigen die Pflanzen den Wechsel zwischen Helligkeit und Dunkelheit.

Die bisher geschilderten Einflüsse des Lichts beeinflussen die Photosynthese (Kohlensäureassimilation) und das äußere Erscheinungsbild der Pflanze.

Photoperiodismus

Der Licht-Dunkel-Rhythmus im 24-Stunden-Ablauf ist bei den sogenannten Kurztag- und Langtagpflanzen noch in besonderer Weise für die Einleitung der Blütenbildung von Bedeutung. Die Tageslänge, das ist die Dauer des einwirkenden Lichtes, kann je nach Pflanzenart blühauslösende oder blühhemmende Wirkung haben. Man spricht hier von *Photoperiodismus.*

Kurztagpflanzen entwickeln den üppigsten Blütenansatz bei einer Tageslänge von weniger als 12 Stunden. Im Er-

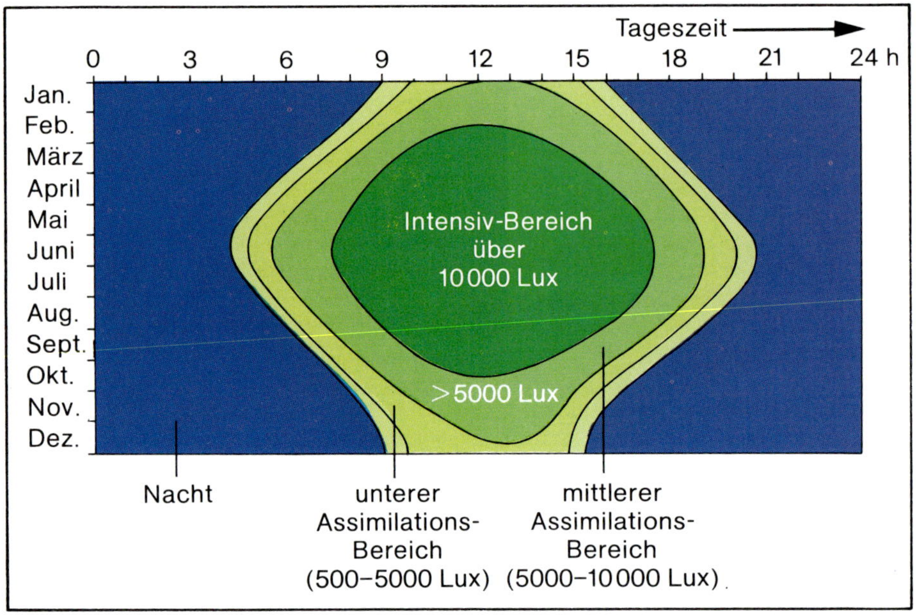

Jahreszeitlicher Verlauf der Horizontalbeleuchtungsstärke des Tageslichts (Hamburg). ______ Die Assimilation beginnt im unteren Bereich und ist im Intensivbereich optimal.

werbsgartenbau wird der Blühbeginn zahlreicher, vom Photoperiodismus abhängiger Arten durch entsprechende Verdunkelungsmaßnahmen gesteuert, so daß die tägliche Lichteinwirkung (Belichtungsdauer) nur 8–9 Stunden beträgt. Je nach Pflanzenart beziehungsweise -sorte und in Abhängigkeit von den Temperaturen, braucht diese künstliche Kurztagbehandlung nur 3–4 Wochen zu dauern, um das vegetative Wachstum (Sproß, Blätter) abzuschließen und die generative Entwicklungsphase (Blüten) einzuleiten.

Das „Flammende Kätchen" *(Kalanchoe blossfeldiana)* ist eine typische Kurztagpflanze. Wird auf Verdunkelung verzichtet, wächst *Kalanchoe blossfeldiana* von Frühjahr bis Spätherbst vegetativ, wobei die Pflanzen beachtliche Ausmaße erreichen können, um dann mit Einsetzen der natürlichen Kurztage im Herbst die reproduktive Phase zu beginnen. Die Blütezeit fällt somit ins zeitige Frühjahr.

Die Blütenbildung der bekannten Weihnachtskakteen *(Schlumbergera* und *Zygocactus)* sowie der Osterkakteen *(Rhipsalidopsis gaertneri, R. rosea* und *R. x graeseri)* erfolgt ebenfalls in Abhängigkeit von Tageslänge und Temperatur.

Bei Langtagpflanzen ist sinngemäß eine tägliche Belichtungsdauer von mehr als 12 Stunden zur Festlegung des Blühimpulses notwendig. Zu dieser Pflanzengruppe zählen alle bei uns heimischen Gräser und Sommerblumen.

Weiterhin gibt es die Lang-Kurztagpflanzen, die nur blühen, wenn zunächst mehr als 12 Stunden, dann weniger als 12 Stunden Tageslicht einwirken. Hierzu gehören *Kalanchoe (Bryophyllum) crenatum* und *K. mocambicana.*

Der Impuls bei den Kurz-Langtagpflanzen liegt umgekehrt, und schließlich gibt es noch die tagneutralen Pflanzen, die photoperiodisch nicht beeinflußt werden. Zu ihnen zählen kosmopolitisch, also weltweit verbreitete Gewächse wie *Poa annua* (einjähriges Weidelgras), *Stellaria* (Sternmiere), *Senecio vulgaris* (Kreuzkraut).

Die Blütenbildung einer Kurztagpflanze kann bei Verlängerung des Tageslichts über die kritische Tageslänge hinaus beeinträchtigt werden. Dazu genügen sehr geringe Beleuchtungsstärken von 50–200 lx.

Die äußere Erscheinungsform wie auch die gesamten Lebensvorgänge einer Pflanze sind vom Licht beeinflußt. Eine optimale Entwicklung ist nur unter Einwirkung günstiger Lichtintensitäten und Belichtungsdauer möglich. Auch die Lichtzusammensetzung ist wichtig: Die Photosynthese wird hauptsächlich von violett-blauem und orange-rotem Licht ausgelöst. Überwiegt der Anteil der blau-violetten Strahlung, wird das Längenwachstum verzögert, überwiegt die rote oder infrarote Strahlung, wird das Längenwachstum beschleunigt.

Die künstliche Beleuchtung

Das Wissen um die Beeinflussung des Pflanzenwachstums durch Licht hat zur Entwicklung technischer Beleuchtungseinrichtungen geführt, die bei gezieltem Einsatz großen Nutzen bringen. In Gewächshäusern und jedem anderen der Pflanzenhaltung gewidmeten Raum können geeignete Lichtquellen zum Zweck der Zusatzbeleuchtung oder ausschließlichen Lichtversorgung angebracht werden.

Pflanzenwachstum ist unter Kunstlichtbedingungen in Kellerräumen oder anderen, vom natürlichen Tageslicht abgeschirmten beziehungsweise unge-

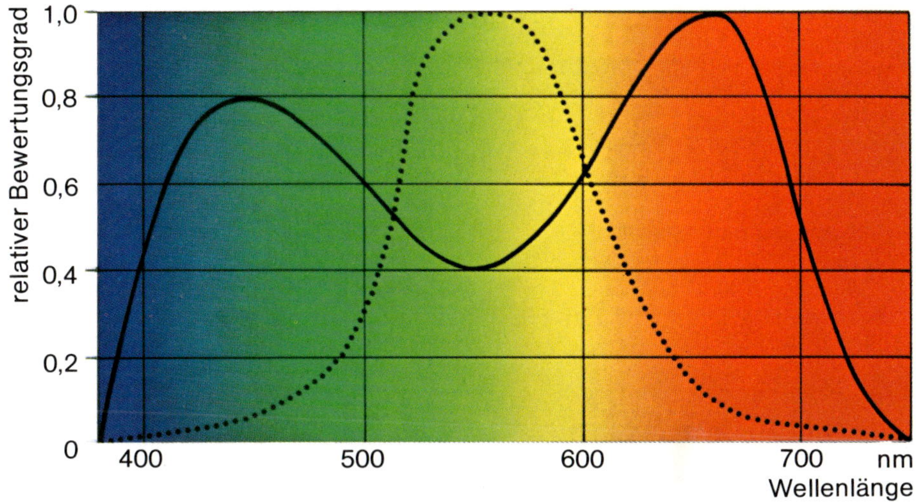

Die Photosynthese wird hauptsächlich von violett-blauem und orange-rotem Licht ausgelöst (–). Dagegen hat das Auge seine größte Empfindlichkeit im Grün-Gelben (. . .). Dies bedeutet auch, daß Luxangaben und -messungen, die auf das Auge bezogen sind, nur ein ungefähres Maß für die Wirksamkeit einer Strahlung auf Pflanzen abgeben können.

nügend durchleuchteten Räumlichkeiten möglich. Das Hauptproblem für das Wohlbefinden der in hohem Maße lichtbedürftigen Kakteen und anderen Sukkulenten läßt sich so auf einfache Weise lösen. Die lichtarmen und dadurch für die Existenz der Sukkulenten kritischen Wintermonate verlieren ihren Schrecken dort, wo künstliche Zusatzbeleuchtung angewendet wird.

Für die Pflanzenbeleuchtung wurden verschiedene Speziallampen entwikkelt, deren Strahlungsbereich auf die besonderen Ansprüche der Pflanzen abgestimmt ist. Es gibt heute Leuchtstofflampen, die das vollständige Spektrum des Tageslichtes mit den ultravioletten Strahlen des Sonnenlichts wirksam ausstrahlen. Die True-Lite-Leuchtröhre ist eine solche Vollspektrum-Leuchtstofflampe. Sie ist in verschiedenen Wattstärken (15–40 W) und Abmessungen (360–1200 mm) im Handel und schon von daher für den Pflanzenfreund mit beschränkten Platzverhältnissen besonders empfehlenswert.

Die Lampenhersteller Osram, Philips und Sylvania haben mindestens 20 verschiedene, für die Pflanzenbeleuchtung besonders geeignete Leuchtstofflampen entwickelt. Verbreitet sind die Fluora-Leuchte (Osram) und die Gro-Lux-Leuchte (Sylvania). Sollte der Einsatz des Fluora-Strahlers wegen der rötlich-purpurnen Lichtfarbe nicht erwünscht sein, wird die Verwendung der Ausführung Lumilux Tageslicht (Lichtfarbe 11) und Lumilux Warmton (Lichtfarbe 31) empfohlen. Diese Mischung liefert hohe Anteile im blauen und roten Spektralbereich. Lumilux-Leuchststofflampen haben eine besonders hohe Lichtausbeute von über 95lm/W bei 10% niedrigerem Stromverbrauch gegenüber herkömmlichen Leuchtstofflampen.

Die Vorzüge der Leuchtstoffröhren liegen in der durch ihre Länge bedingten, verhältnismäßig großflächigen Ausleuchtung besonders auf kleineren Beetflächen, in Vitrinen und Blumenfenstern. Ein weiterer Vorteil ist die verminderte Wärmestrahlung, die es erlaubt, sie in geringer Höhe über den Pflanzen anzubringen. Der Mindestabstand zu den Pflanzen sollte etwa 50 cm betragen.

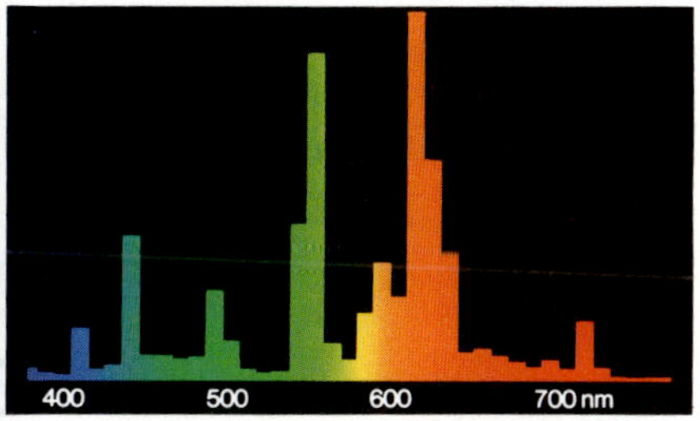

Lichtfarbe 31 LUMILUX® Warmton

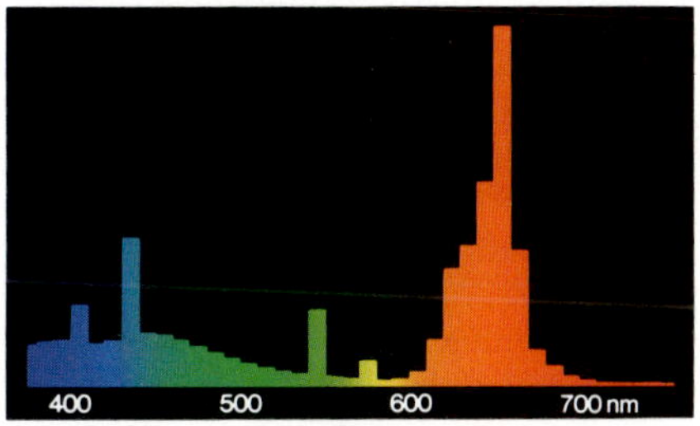

Lichtfarbe 77 FLUORA®

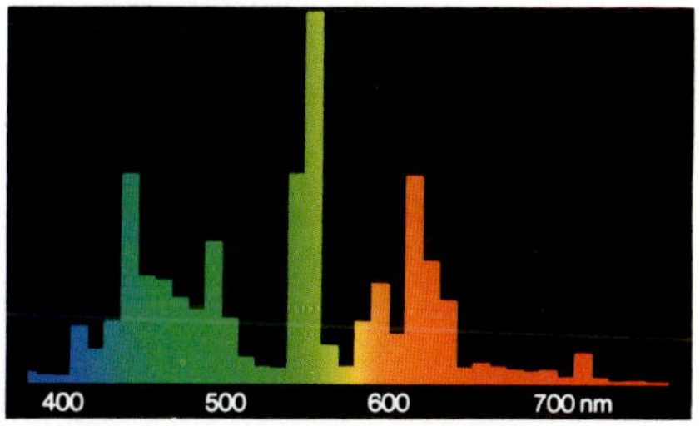

Lichtfarbe 11 LUMILUX® Tageslicht

Leuchtstofflampenlicht

Daten der Lumilux L-Lampen:

Nenn-leistung	18 W	36 W	58 W
Länge	590 mm	1200 mm	1500 mm

Daten der Fluora-Strahler:

Nenn-leistung	8 W	15 W	16 W	20 W	30 W	40 W	65 W
Länge	288 mm	438 mm	590 mm	720 mm	895 mm	1200 mm	1500 mm

Nennleistung von Lampen bzw. Strahlern im Verhältnis zu deren Länge.

Beetflächen werden günstig beleuchtet durch parallel verlaufende Lichtbänder, deren Abstand zueinander etwa bei 60 cm liegen sollte. In jeweils separat beleuchteten Etagen, selbst in Kellerräumen, kann man kleinbleibende Kakteen und andere Sukkulenten raumsparend durch den Winter bringen.
Für Kakteen liegt die Mindestbeleuchtungsstärke zur Erhaltung der Photosynthese bei 2500 Lux. Der optimale Assimilationsbereich liegt jedoch weit höher: bei/über 10000 Lux. Unter Kunstlichtverhältnissen sind Beleuchtungsstärken von 5000–15000 Lux einer tageslichtähnlichen Lichtart erforderlich.
Empfehlenswert ist die Verwendung von Leuchten mit Innenreflektor, so daß separate, über den Lampen anzubringende Reflektoren unnötig sind.
In Gewächshäusern, Pflanzenvitrinen und ähnlichen Feuchträumen dürfen aus Sicherheitsgründen nur spezielle Feuchtraumlampen in strahlwassergeschütztem, glasfaserverstärktem Polyestergehäuse verwendet werden.
Zur Anstrahlung von Pflanzen und Pflanzengruppen dient der Osram-Flora-Set, eine anschlußfertige Pendelleuchte mit der Entladungslampe HQL-R 80 W de Luxe: Leistungsaufnahme mit Vorschaltgerät 89 W, Lichtstrom 3000 Lumen (= Hohlmaß einer Röhre; Lichtstrommaß), Ausstrahlwinkel 96°. Diese Lampe erzeugt gleichviel Licht wie 2 Reflektor-Glühlampen mit je 150 W beziehungsweise 1 Mischlicht-Reflektorlampe mit 160 W.
Glühlampen sind wegen der geringen Lichtausbeute von nur 5% der zugeführten Energie für den Dauerbetrieb nicht empfehlenswert; 95% der Energie wandeln sich in Wärme. Der Hauptanteil der Strahlung liegt im langwelligen Spektralbereich, das heißt, im Gelben, Roten und Infraroten. Unter dem Einfluß dieser Strahlung vergeilen die Pflanzen innerhalb kurzer Zeit.
Die sogenannten Mischlichtlampen sind für dauernde Pflanzenbeleuchtung gleichfalls nicht empfehlenswert. Das ausgestrahlte Spektrum – es ähnelt dem der Glühbirnen – verursacht leichtes Vergeilen der Pflanzen.
Für die Pflanzenbeleuchtung in größeren Gewächshäusern haben sich die leistungsstarken HQL-R = Quecksilberdampf-Hochdrucklampen mit eingebautem Reflektor bewährt. Sie zeichnen sich durch eine lange Nutzbrenndauer und günstige Strahlungseigenschaften aus. Der Lichtstrom dieser Lampen wird in eine bevorzugte Richtung ausgestrahlt. Das künstliche Licht sollte so auf die Pflanzen treffen, wie es bei dem natürlichen Tageslichteinfall erfolgt. Andernfalls müssen sich die Pflanzen durch zusätzlichen Energieaufwand auf den wechselnden Lichteinfall einrichten. Die meisten Pflanzen stellen ihre Blattflächen so zum Lichteinfall, daß die größtmögliche Auffangfläche für die Lichtenergie gebildet wird (Phototropismus).
Ein annähernd tageslichtähnliches Spektrum, daher für die Pflanzenbeleuchtung optimal, ergibt sich bei den Power Stars HQI-Halogen-Metalldampflampen. Sie besitzen zudem gegenüber den Quecksilberdampf-Hochdrucklampen eine wesentlich höhere Lichtausbeute (bis zu 95 lm/W gegenüber etwa 50 lm/W). Bei den letztgenannten Lampen muß der Mindestabstand zu den Pflanzen 130 cm (bei 250 W Nennleistung) und 200–300 cm (ab 400 W Nennleistung) betragen.
Zum Betrieb der Entladungslampen ist ein Vorschaltgerät (Drosselspule) erforderlich, das üblicherweise in den Beleuchtungskörper eingebaut ist.
Das vorstehend aufgeführte Programm für die Pflanzenbeleuchtung erhebt nicht den Anspruch auf Vollständigkeit, sollte aber sicherlich genügen, um dem Pflanzenfreund die gebotenen Möglichkeiten aufzuzeigen. Für jeden Zweck und Ort sind passende Beleuchtungseinrichtungen im Handel erhältlich.
Das automatische Ein- und Ausschalten einer Beleuchtungseinrichtung erledigt auf einfache und zuverlässige Weise eine Schaltuhr.

Luft – Luftzufuhr – Luftbewegung

Kakteen und andere sukkulente Gewächse sind entsprechend ihrer natürlichen Verbreitung in Gebirgen, Steppen, Wüsten und Halbwüsten an frische Luft

und viel Wind gewöhnt. Selbst die epiphytisch wachsenden Arten haben sich in Ästen und Wipfeln großer Urwaldbäume luftige Standorte gewählt. Unter Berücksichtigung dieser natürlichen Gegebenheiten erweist sich reichliche Frischluftzufuhr und Luftbewegung als notwendig für gesunde Entwicklung unserer Kulturpflanzen. Luft und Licht beeinflussen in günstiger Weise die Festigung des Pflanzengewebes.
Feuchtwarme, gespannte Luft ist auf Dauer nichts für diese Gewächse. Nur im Frühjahr, wenn nach der langen Winterruhe das Wachstum angeregt werden soll, darf man Kakteen einem derartigen Einfluß für wenige Wochen aussetzen. Sehr bald muß aber reichlich gelüftet werden, und die Luft sollte immer zirkulieren. Auch im Herbst und an milden Wintertagen ist für Frischluftzufuhr zu sorgen. Stickige Luft macht die Pflanzen krankheitsanfällig.
Der Versuchung, durch feucht-tropische Kulturbedingungen üppiges Wachstum zu verursachen, um somit schnell zu verkaufsfertigen Pflanzen zu gelangen, können einige Erwerbsgärtnereien bedauerlicherweise nicht widerstehen. Es werden mitunter stark verweichlichte und gemästete Kakteen und andere Sukkulenten *(Lithops)* in den Handel gebracht, die den Käufer sicherlich nur für kurze Zeit – wenn überhaupt – erfreuen können. Die Lebenserwartung solcher Mißgestalten ist gering.
Gegen trockene Zimmerluft erweisen sich Sukkulenten weniger empfindlich als andere Zimmerpflanzen. An den natürlichen Standorten sind die meisten Arten tagsüber starker Lufttrokkenheit – relative Luftfeuchtigkeit nicht selten unter 10 Prozent! – ausgesetzt, nachts jedoch erhalten sie oft Tau infolge der sehr beträchtlichen Abkühlung. Darum ist nebelartiges Besprühen der Kakteen frühmorgens oder abends von Vorteil.

Temperatur

Der Wachstums- und Gestaltungsprozeß der Pflanzen wird entscheidend von den Licht- und Temperaturverhältnissen bestimmt. Die Beeinflussung ist dann optimal, wenn beide Faktoren in einem aufeinander abgestimmten Verhältnis auf die Pflanzen einwirken. Das Vorhandensein günstiger Licht- und Wärmewerte, verbunden mit ausreichenden Wasser- und Nährstoffgaben, ermöglicht ein gesundes Wachstum und führt zur Ausbildung des arttypischen Pflanzenbildes.
Das Temperaturoptimum orientiert sich an der Lichtintensität. Hohe Lichtintensität gestattet beziehungsweise erfordert zum Zweck der bestmöglichen Photosyntheseleistung entsprechend hohe Wärmewerte. Bei geringer Lichtintensität liegt das Temperaturoptimum weitaus niedriger. Unausgewogenheit dieser Wachstumsfaktoren, zum Beispiel zu hohe Wärmewerte bei zu geringen Lichtmengen, führt zu unerwünschtem Streckungswachstum.
Die Temperaturansprüche jeder Pflanzenart sind begründet in den klimatischen Verhältnissen ihrer natürlichen Verbreitungsgebiete. Die natürlichen Standorte sukkulenter Gewächse sind zum großen Teil gekennzeichnet durch erhebliche Temperaturschwankungen zwischen Tag und Nacht sowie im jahreszeitlichen Zyklus. In einem anderen Kapitel dieses Buches wurden die Standortverhältnisse eingehend beschrieben.
Die besten Kulturerfolge erreicht man bei den Arten, die sich dem mitteleuropäischen Klimaablauf angepaßt haben. Sie wachsen in der Regel vom Frühjahr bis zum Spätsommer und ruhen während unseres Winters. Den Pflanzenarten (überwiegend aus Südafrika), die sich nicht umstellen, billigen wir eine sommerliche Trockenruhezeit zu und sorgen während unserer lichtarmen, kalten Jahreszeit für genügend Licht und Wärme. Die notwendigen Wassergaben werden mit besonderer Sorgfalt verabreicht.
Sukkulenten sind – zumindest während der Vegetationsperiode – sehr wärmeliebend, wünschen jedoch auch dann eine starke nächtliche Abkühlung auf 18–10 °C. Gute Be- und Entlüftung der Gewächshäuser, Frühbeete und anderer glasbedeckter Kulturräume ist daher unerläßlich. Die Luftzirkulation verhindert am Tag gefährliche Stauhitze und bringt Abkühlung in der Nacht.
Robusten, regenunempfindlichen Arten bekommt ein Sommeraufenthalt im Freien besonders gut. Die unmittelbaren Witterungseinflüsse, wie Sonne, Wind, Temperaturschwankungen, Nachttau und Regen, begünstigen kräftiges, gesundes Wachstum. Von Mitte Mai bis Mitte/Ende September können die Pflanzen draußen sein. Sonnenscheinreiche, warme Jahre bringen beachtlich bessere Entwicklungsergebnisse als kühle, verregnete Sommermonate.
Mit dem Kürzerwerden der Tage und dem Absinken der Außentemperaturen im Herbst stellen die Kakteen und die meisten anderen Sukkulenten allmählich ihr Wachstum ein. Die notwendige Vorbereitung auf die Winterruhe ist durch Verringerung der Wassergaben zu erreichen.
Die günstigsten Temperaturen für die winterliche Trockenruheperiode liegen für die Mehrzahl der Kakteen bei 6–10 °C. Einige haben höhere Wärmeansprüche und benötigen 12–18 °C. Eine ganze Anzahl der Gattungen *Echinocereus, Echinopsis, Lobivia, Opuntia* und *Rebutia* bevorzugen noch kühlere Temperaturen und danken dies durch besonders reichen Blütenflor im Frühjahr.

Einige Frostgrade werden von den aus höheren Lagen Nordamerikas und den südamerikanischen Hochgebirgen stammenden Kakteenarten ohne Schaden ertragen, sofern die Pflanzen rechtzeitig, d. h. viele Wochen vor der Frosteinwirkung absolut trocken gehalten wurden. Sehr unempfindlich zeigen sich die kleinbleibenden sogenannten Freilandopuntien, die an regengeschützten, sonnigen Gartenplätzen auch die strengsten Winter überdauern.
Ein Problem ergibt sich in unseren Breiten vor allem durch die hohe Luftfeuchtigkeit, die zusammen mit niedrigen Temperaturen den Pflanzen schädlich ist. Sicherer ist darum die zwar kühle, jedoch frostfreie Überwinterung unserer stacheligen Gesellen.
Auch zur Auslösung des Blühimpulses benötigen zahlreiche Kakteen eine Periode recht niedriger Temperaturen. Die Werte sind jedoch artbedingt unterschiedlich. Diese alte Erfahrung erklärt, weshalb die in warmen Wohnräumen überwinterten Kakteen kaum zur Blüte gelangen. Nach einer rund 2–3monatigen Kühlperiode begünstigen höhere Temperaturen und Lichtintensitäten die Blütenentwicklung. Diese Tatsache ist für den Erwerbsgartenbau zwecks Steuerung und Staffelung der Blütezeit von besonderer Bedeutung.
Die epiphytischen Kakteen erfordern eine in vieler Hinsicht abweichende Behandlungsweise. Mit ihnen beschäftigen wir uns in einem anderen Abschnitt.
Die Mehrzahl der Kakteen läßt sich unter annähernd gleichen Bedingungen durch den Winter bringen, weil sie – bis auf wenige Ausnahmen – zur völligen Wachstumsruhe veranlaßt werden können.
Die große Gruppe der anderen Sukkulenten muß wesentlich differenzierter behandelt werden. Viele dieser Pflanzen wünschen ebenfalls einen kühlen und trockenen Winterstand; andere sind wärmeliebend oder wachsen während der Herbst- und Wintermonate. Sie bedürfen einer besonders umsichtigen Behandlungsweise.

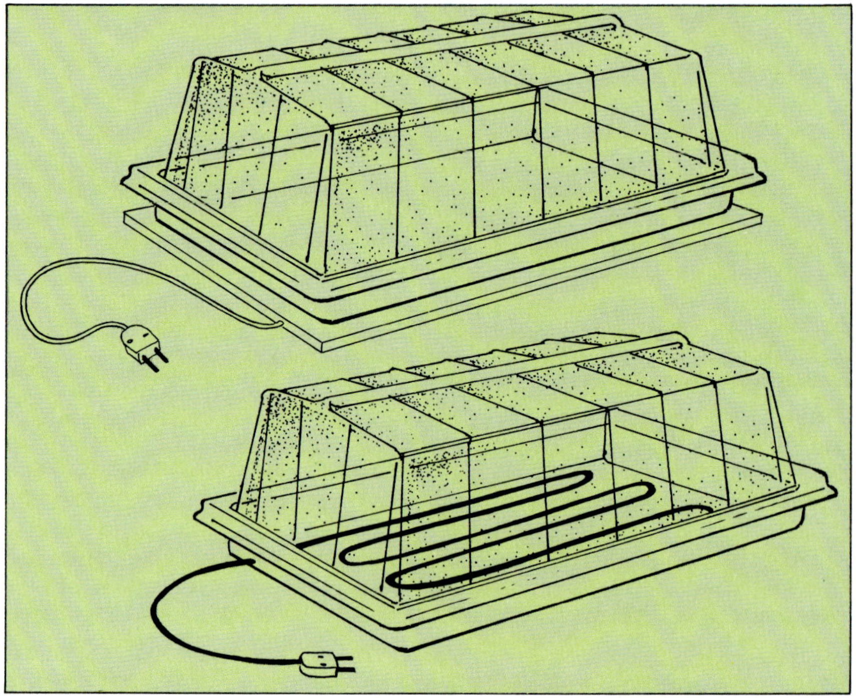

Kleingewächshäuser oder Vermehrungskästen aus stabilem Kunststoff mit durchsichtiger Abdeckhaube gibt es in verschiedenen Größen. Sie sind bis 35 °C beheizbar (Bodenheizplatte oder -kabel) und thermostatisch regelbar.

Bodenwärme

Die Bodenwärme wirkt sich sehr günstig auf das Pflanzenwachstum aus. Das entspricht auch den Gegebenheiten an den natürlichen Standorten sukkulenter Gewächse. Die Bodenoberfläche kann sich dort infolge direkter Sonneneinstrahlung bei fehlender Pflanzendecke stark erhitzen – 50–60 °C sind nicht ungewöhnlich. Die Wärme dringt unter Abschwächung 30–50 cm tief in den Boden ein und kommt nachts dem Wurzelbereich der Pflanzen zugute. Gleichzeitig kühlen die Luft und die Bodenoberfläche aufgrund starker Ausstrahlung erheblich ab.
Die Bodenwärme ist außerdem von entscheidendem Einfluß bei der Aussaat und Stecklingsvermehrung sowie bei der Wiederbewurzelung und Eingewöhnung von Importpflanzen. Aber auch in jedem anderen Stadium wirkt Bodenwärme wachstumsfördernd. In der Gärtnersprache bedeutet Bodenwärme „Warmer Fuß“; 25 °C sind ein günstiger Durchschnittswert. Während der Ruhezeit liegt dieser jedoch bedeutend niedriger.

Temperatur – technische Hilfsmittel

Für die Beheizung von Gewächshäusern, Frühbeeten und anderen Kulturräumen kommen verschiedene Heizsysteme in Betracht. In jedem Falle ist eine sinnvolle und möglichst sparsame Energienutzung anzustreben.

Die Temperaturregulierung sollte daher thermostatisch gesteuert werden. Eine Zeitschaltuhr sorgt für die erwünschte Nachtabsenkung. Das verringert die Kosten und vermittelt den Pflanzen die für ihr Wohlbefinden günstigsten Wärmewerte. Es gibt Temperaturregler mit und ohne eingebaute Zeitschaltuhr.

In den Boden verlegte elektrische Heizkabel sind ohne Temperaturregler von vornherein undenkbar.

Für den sicheren Erhalt einer wertvollen Pflanzensammlung empfiehlt sich der Einsatz einer Frostwarnanlage für den Fall, daß die eingestellte Temperatur einmal unterschritten werden sollte. Bei Stromausfall schaltet das Relais auf Batterie um.

Wasser und Wasserversorgung

Wasser ist ein Grundelement pflanzlichen Lebens. Die Ernährung der Pflanzen ist ursächlich von dem Vorhandensein ausreichender Bodenwassermengen abhängig. Wasser löst die im Boden vorhandenen Nährsalze und verwandelt sie in eine für die Pflanzen verwertbare Form. Zusammen mit dem Wasser werden diese als Nährsalzlösung von den Wurzeln aufgenommen und im Saftstrom der Leitbündel zu den Organen des Verbrauchs geleitet. Der Zellenaufbau, das ist Wachstum, erfolgt nur mit Hilfe des Wassers.

Andererseits wird Wasser durch die Spaltöffnungen der Blätter, mitunter auch der Sprosse, verdunstet. Bei den Stammsukkulenten übernimmt der Sproß auch diese Aufgabe. Die Wasserverdunstung dient der Durchspülung des Pflanzenkörpers und sorgt damit gleichzeitig für den Nachtransport von Nährstoffen. Die Verdunstungstätigkeit ist nach Pflanzenart und Standort unterschiedlich. Die Gewächse feuchtwarmer Standorte haben einen sehr regen Wasser- und Nährstoffhaushalt. Arten, die so reichlich mit den lebenspendenden Faktoren Wasser, Nahrung und Wärme versorgt werden, sind schnelllebig und entwickeln üppige Ausmaße. Ihre Blattflächen verdunsten sehr viel Wasser.

Durch die kühlende Wirkung der ständigen Wasserdampfabgabe ihrer Blätter schützen sich Pflanzen vor Verbrennungen bei starker Sonneneinstrahlung und hoher Wärmeeinwirkung.

Kakteen und andere Sukkulenten besiedeln Standorte, die während unterschiedlich langer Zeiträume durch akuten Wassermangel gekennzeichnet sind. Um wochen- oder monatelange, in Extremfällen auch jahrelange Dürreperioden überleben zu können, speichern sie das nur kurzfristig vorhandene Wasser im Wasserspeichergewebe ihrer Körper und geben es nur sehr zögernd durch stark eingeschränkte Verdunstungstätigkeit wieder ab.

Kakteen und andere Sukkulenten reagieren auf Sonne und Hitze nicht wie andere Pflanzen durch Steigerung der Transpiration, sondern verringern diese, indem sie ihre versenkten Spaltöffnungen nur nachts öffnen. Dem Sonnenschutz dienen weitere Schutzvorrichtungen.

Langanhaltende Dürreperioden verursachen erhebliche Wasserverluste; jedoch ertragen manche Arten Schrumpfungserscheinungen bis zu 60% des normalen Volumens ohne Schaden. Andererseits kann ein Kakteenkörper zu 90% aus Wasser bestehen.

Diese Durst- und Hungerkünstler nutzen in günstigen Zeiten die Möglichkeit zu reichlicher Wasser- und Nahrungsaufnahme sehr intensiv. Es werden nicht nur die Wasserspeicherorgane wieder aufgefüllt, sondern Zuwächse erzielt, die in Abhängigkeit von der Menge verfügbaren Wassers und der darin gelösten Nährsalze erfolgen. Kakteen und andere Sukkulenten sind dann gar nicht so bescheiden, wie sie oft eingestuft werden.

Tau und Nebel spielen im Leben der Sukkulenten ebenfalls eine wichtige Rolle. Manche Arten vermögen diese Feuchtigkeit durch Dornen oder Haare aufzunehmen.

„Am richtigen Gießen erkennt man den guten Gärtner", sagt ein aus Erfahrung entstandenes Sprichwort.

Von der **Wasserversorgung** hängt weitgehend die Existenz einer Pflanze ab. In der freien Natur besteht ein Zusammenspiel lebenbestimmender Faktoren. Jedes Vegetationsgebiet und jeder begrenzte natürliche Pflanzenstandort hat seine besonderen, den jeweiligen Bedingungen angepaßten Bewohner hervorgebracht.

Pflanzen, die in der Gefangenschaft in für sie fremdartigen Umweltverhältnissen gehalten werden, bedürfen der interessierten Aufmerksamkeit ihrer Betreuer. Die Kenntnis ihrer natürlichen Verbreitung und Lebensweise vermittelt nützliche Hinweise für erfolgversprechende Pflegemaßnahmen.

Kakteen und andere Sukkulenten unterliegen naturgemäß einem strengen Lebensrhythmus zwischen Wachstums- und Trockenruhezeiten. Das gilt es grundsätzlich zu beachten. Im Wachstum befindliche Pflanzen benötigen zu ihrer gesunden Entwicklung ausreichende Wassermengen, viel Licht, Luft und richtige Ernährung.

Die meisten Kakteen haben ihre Vegetationsruhe während unserer lichtarmen, kalten Jahreszeit. Ausnahmen bilden einige südamerikanische Kugelkakteen und verschiedene Epiphyten, die zum Teil sogar im Winter zur Blüte gelangen (*Zygocactus, Schlumbergera,* verschiedene *Rhipsalis* und verwandte Gattungen). Die ruhenden Arten hält man kühl und trocken. Ab Ende Oktober/Anfang November wird – bis auf wenige Ausnahmen – nicht mehr gegossen. Pflanzen, die in warmen Wohn- oder Büroräumen überwintern müssen, erhalten etwa alle 8–10 Tage etwas Wasser. Sie dürfen trotzdem nicht wachsen, denn Wintertriebe sind unnatürlich gestreckt und daher wertlos. Mit Blüten darf man bei derart überwinterten Kakteen nicht rechnen. Ausnahme: die Epiphyten.
Die anderen Sukkulenten sollten ebenfalls mit Beginn der dunklen Jahreszeit zur Vegetationsruhe gelangen. Viele passen sich an, so daß man sie ziemlich trocken halten kann. Andere, vor allem die „Südafrikaner", tun es nur sehr zögernd oder überhaupt nicht. Sie müssen weiterhin mit einem Mindestmaß an Wasser, ausreichend Licht und Wärme versorgt werden.
Die aus mehr als 40 Pflanzenfamilien stammenden und in unterschiedlichen Verbreitungsgebieten heimischen sukkulenten Gewächse haben differenzierte Ansprüche, auf die im späteren Porträtteil hingewiesen wird.

Einige allgemeingültige Grundregeln für die Wasserversorgung bestehen dennoch:

- Die Pflanzen erst dann gießen, wenn die Erde oder ein verwendetes mineralisches Substrat im Wurzelbereich beginnt, trocken zu werden.
- Zur Verhütung von Wachstumsstokkungen sollte das Substrat während der Vegetationsperiode nie für längere Zeit vollkommen austrocknen.

Ein Rezept, in welchen zeitlichen Abständen gegossen werden sollte, läßt sich nicht aufstellen. Den richtigen Gießzeitpunkt und das günstigste Maß zu ermitteln, bleibt der Beobachtungsgabe und dem Geschick des Betreuers überlassen. Befinden sich die Pflanzen im Wuchs, sollten sie stets durchdringend gegossen werden. Es ist besser, in mehrtägigen Abständen gründlich zu gießen als oft und oberflächlich.
Staunässe ist unbedingt zu vermeiden! Ernstzunehmende Wurzelschädigungen wären die unausbleibliche Folge. Staunässe entsteht durch überreichliche Wassergaben bei ungenügender oder fehlender Dränage. Überschüssiges Wasser muß aus jedem Pflanzgefäß und jedem Pflanzbeet nach unten entweichen können. Die Verwendung abgestandenen und temperierten Wassers sollte angestrebt werden.

Zu welcher Tageszeit wird gegossen?

Sofern die Pflanzen von oben bewässert werden, gießt man zwecks Vermeidung möglicher Kälteschocks und Verbrennungen keinesfalls in der sommerlichen Mittagshitze. Auf den Pflanzen haftende Wassertropfen können bei starker Sonneneinstrahlung wie Brenngläser wirken.
Während der warmen Jahreszeit gießt man am vorteilhaftesten am Spätnachmittag oder Abend. Das Wasser verbleibt dann länger im Erdreich, weil es nicht so rasch verdunstet und bringt den Pflanzen somit den größten Nutzen.
Dieses Verfahren entspricht den Gegebenheiten in den natürlichen Verbreitungsgebieten dieser Gewächse. In der Regel fallen dort ergiebige Niederschläge nach dem höchsten Stand der Sonne und nachts. Die Pflanzen haben einige Stunden Zeit zum Auftanken, bevor der neue Tag mit den austrocknenden Einflüssen von Sonne und Wind wirksam wird.
In gut belüfteten Gewächshäusern herrschen ähnliche Klimaverhältnisse. An kühlen, regnerischen Tagen vermeidet man das Gießen jedoch gänzlich. Kakteen und andere Sukkulenten stellen dann sowieso weitestgehend ihr Wachstum ein.
Müssen sie in der kühlen Jahreszeit gelegentlich gegossen werden, geschieht dies morgens oder am Tage, so daß die Pflanzen bis zum Abend wieder abgetrocknet sind. Das gleiche gilt für das Frühjahr.
In beheizten, lufttrockenen Wohn- und Büroräumen können die erforderlichen Wassergaben jederzeit verabreicht werden.

Gießen durch Anstauen

Das Gießen von unten hat verschiedene Vorteile. Bei diesem Verfahren dringt das Wasser in den Bereich der Saugwurzeln, wo es gebraucht wird. Beim Gießen über den Topfrand gelangt es oft gar nicht tief genug, besonders wenn die Topfballen stark ausgetrocknet sind. Die gleichmäßige und gründliche Durchfeuchtung der Topfballen oder Beete bedingt größere Gießabstände.
Viele Arten sind am Wurzelhals nässeempfindlich. Andere, die stark behaarten wie auch die polsterförmigen, vielköpfigen, sollten nicht mit Wasser übergossen werden. Für sie alle ist das Wässern von unten ideal.
Topfpflanzen erhalten einzeln einen Untersetzer aus Ton oder Plastik, oder sie werden gruppenweise, nach Topfgrößen und Bedürftigkeit geordnet, in größere Plastikkästen gestellt. Zinkbehälter sind wegen pflanzenschädlicher Ausstrahlungen auf Dauer ungeeignet.

Auf Gewächshaustischen und Hängestellagen kann man kleine Parzellen durch Folie abteilen. Keinesfalls dürfen kleine und große Töpfe oder unterschiedlich stark zehrende Pflanzenarten zusammen aufgestellt werden. Die Stellflächen sollten waagerecht angelegt sein.
Bepflanzte Tisch- und Grundbeete können ebenfalls auf vorteilhafte Weise im Anstau- und Flutungsverfahren bewässert werden, nur dürfen die Flächen keine modellierten Höhenunterschiede aufweisen. Hier muß eine Dränage aus grobkörnigem Kies, Lavalit, Ziegelsplit, Bimskies oder ähnlichem Material eingebracht werden, die die schnelle und gleichmäßige Verteilung des Gießwassers oder der Nährlösung garantiert. Das Wasser gelangt dann allmählich in den Wurzelbereich.
Es kann auch gänzlich auf die Verwendung der herkömmlichen Erde verzichtet und die Pflanzen direkt in die genannten mineralischen Substrate ausgepflanzt werden. Die Nährstoff-und Wasserversorgung erfolgt dann – wie bei der Hydrokultur – durch geeignete Nährlösungen.
Für Aussaaten und Jungpflanzenanzucht, deren Gelingen wesentlich von dem Vorhandensein gleichmäßiger Bodenfeuchtigkeit abhängt, ist das Flutungsverfahren eine sichere Methode. Am besten verwendet man ausschließlich mineralisches, nicht zu grobkörniges Substrat. Es sollte durch Auswaschen von schlämmenden Feinteilen befreit und durch Kochen oder Dämpfen desinfiziert werden.
Die Gefahr der Entstehung von Staunässe ist im Anstauverfahren nicht zu unterschätzen. Alles Wasser, das von den Topfballen oder bepflanzten Beetflächen nicht innerhalb von 30 Minuten aufgenommen wurde, ist überflüssig. Es sollte entfernt, d. h. abgeleitet werden.
Bei anhaltender Staunässe unterkühlen oder ersticken die Wurzeln und faulen; die Erde würde versumpfen und versauern. Es muß demzufolge das richtige Maß der zu verabreichenden Wassergaben gefunden werden. Die Flutungsabstände liegen bei 1–2 Wochen während der Hauptwachstumszeit. Das Wasser sollte temperiert sein.

Nebelartiges Besprühen als Ersatz für Nachttau

Das nebelartige Besprühen als geringen Ersatz für den heimatlichen Nachttau lieben die meisten Kakteenarten wie auch viele andere Sukkulenten (z. B. *Lithops* und *Stapelia)* während der sommerlichen Jahreszeit. Das feine Benetzen – nicht Waschen – der Pflanzen erfolgt nur an warmen Tagen, frühmorgens und abends. An kühlen, regnerischen Tagen und im kühlen Winterstand unterbleibt jegliches Befeuchten der Pflanzen, um Pilzerkrankungen und anderen Schädigungen vorzubeugen. Pflanzen, die in der Sommerfrische stehen, werden nicht übersprüht, denn sie sind dem natürlichen Einfluß erhöhter nächtlicher Luftfeuchtigkeit ausgesetzt.
Einige Kakteen sind in der Lage, mittels ihrer Dornen oder Haare Feuchtigkeit aus Tau und Nebel aufzunehmen. Auf Bedingungen gewitterschwüler Sommertage, die durch sehr hohe Luftfeuchtigkeit, Wärme und Licht gekennzeichnet sind, reagieren auch sukkulente

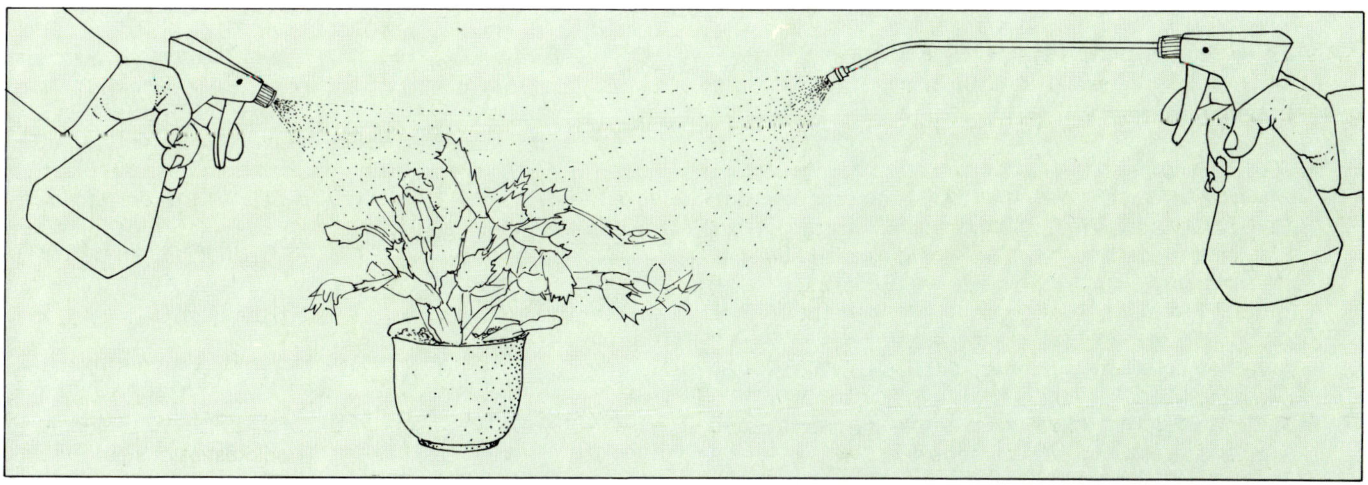

Die Düsen der Sprühgeräte müssen feinste, nebelartige Wasserverteilung ermöglichen.

Gewächse durch Aktivierung ihrer Lebensvorgänge.
Dieser Erkenntnis folgend erreicht man durch häufiges Übersprühen der Pflanzen und Befeuchten der Gewächshauswege ein ähnliches Kleinklima. Zu Beginn jeder Wachstumsperiode (März–April) ist das Übersprühen der Kakteen mit angewärmten Wasser (30–50 °C) sehr förderlich.
Mit dem eigentlichen Gießen ist man zunächst sehr sparsam, denn die feinen Saugwurzeln sind durch den monatelangen trockenen Winterstand weitgehend abgestorben. Sie müssen unter dem zunehmenden Einfluß von Licht, Wärme und Feuchtigkeit neu gebildet werden. Die Wurzelneubildung erfolgt unter günstigen Voraussetzungen binnen weniger Tage.
Stark bereifte Kakteen, wie *Stenocereus (Hertrichocereus) beneckei*, deren Wachsbelag durch Wassertröpfchen zerstört wird, dürfen nicht benetzt werden.

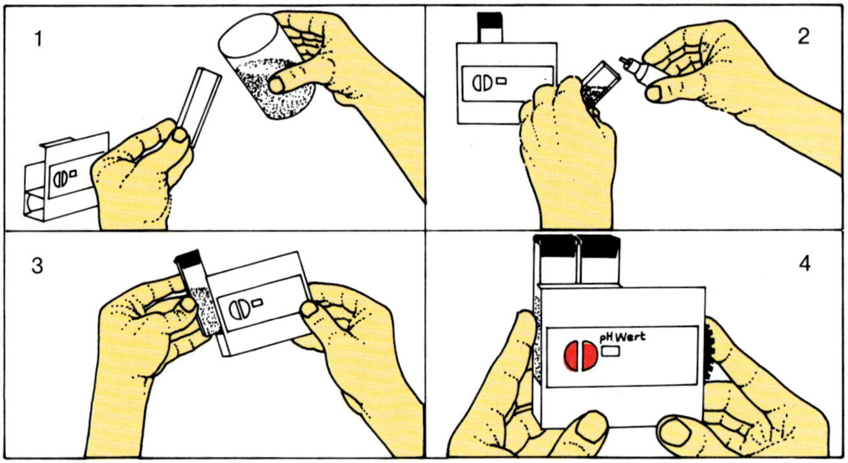

Testgerät zur Bestimmung des Säuregehalts im Wasser. Eine Indikatorlösung verfärbt das Wasser; der pH-Wert wird auf einer Farbscheibe abgelesen.

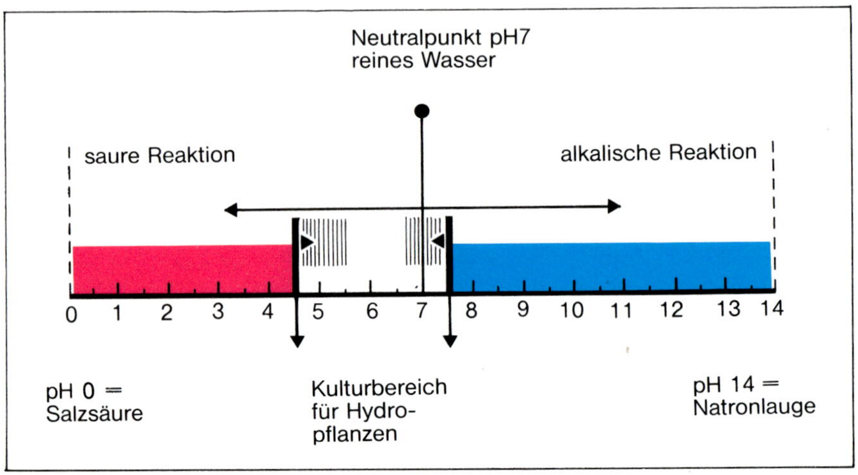

pH-Wertmessung mit Indikatorlösung: Die Farbpalette reicht – je nach pH-Wert des Wassers bzw. Bodens – von Rot (stark sauer) über Orange, Gelb und Grün bis Blau (alkalisch)

Welches Gießwasser?

An die Qualität des Gießwassers stellen unsere Kulturpflanzen bestimmte Ansprüche: Es sollte frei von pflanzenschädigenden Stoffen, weich bis mittelhart (4–12°d = deutsche Härte) und von schwach saurer Reaktion (pH 5,4–6,3) sein.
Am besten geeignet wäre reines Regenwasser, weil es sehr weich ist (pH 5,8–6) und Sauerstoff enthält – doch es steht nicht überall und immer zur Verfügung. In manchen Städten und Industriegebieten ist es zudem derart verschmutzt, daß die Verwendung als Gießwasser fragwürdig erscheint. Der Regen nimmt die Schmutzpartikel der Luft auf und spült außerdem die auf den Dächern lagernde Schmutzschicht in die Auffangbecken. Der heute sehr gefürchtete saure Regen, der ganze Koniferenwälder allmählich zum Absterben bringt, enthält zahlreiche Kondensationskerne durch chemische Schadstoffe.
Die Wässer aus Flüssen und Bächen sind nicht selten durch Haushalts- und Industrieabwässer verdorben und schon deshalb für Gießzwecke ungeeignet.

Das Gießwasser

Fluß-, Grund- und Leitungswasser weisen bestimmte Härtegrade und pH-Werte auf, die vor der Verwendung festgestellt werden sollten. Die örtlichen Wasserversorgungsunternehmen erteilen Auskunft über das gelieferte Wasser.

Härtegrade (in ° d) in Städten der Bundesrepublik Deutschland

Aachen	15
Ahlhorn	7
Ansbach	12
Aschaffenburg	10
Augsburg	15
Baden-Baden	14
Bamberg	16
Bayreuth	2–18
Berlin-West	11–18
Bielefeld	5–10
Bochum	9
Bonn	5
Bonn-Bad Godesberg	11
Bottrop	11
Braunschweig	25–29
Bremen	6–16
Bremerhaven	9
Brühl	18
Buxtehude	9
Celle	6
Cloppenburg	10
Cuxhaven	7
Darmstadt	11
Detmold	11
Dortmund	7
Duisburg	11–16
Düren	4
Düsseldorf	16–27
Eckernförde	13
Elmshorn	14–19
Erlangen	10
Essen	10
Esslingen/Neckar	21
Flensburg	11
Frankfurt am Main	2–29
Freiburg im Breisgau	2
Fürth	13
Fulda	10
Garmisch-Partenkirchen	6–12
Gelsenkirchen	4–27
Gießen	9
Göttingen	26
Gütersloh	11–18
Hamburg	9–17
Hameln	29
Hannover	13–27
Heidelberg	13–17
Heilbronn	24–35
Herford	26
Herne	9
Hildesheim	1–8
Husum	12
Ingolstadt	25
Iserlohn	12
Itzehoe	13
Kaiserslautern	1
Karlsruhe	14–20
Kassel	7–25
Kiel	14–17
Koblenz	14–20
Köln	25
Konstanz	8
Krefeld	20
Landau in der Pfalz	18
Landshut	19
Leer	9
Leverkusen	15
Lörrach	5
Lübeck	11–18
Lüneburg	7
Lüdenscheid	3
Ludwigshafen am Rhein	25
Ludwigsburg	34
Mainz	15–32
Mannheim	21
Memmingen	19
Minden	27
Moers	22
Mönchengladbach	12–20
Mülheim an der Ruhr	4–20
München	14
Münster (Westfalen)	15–28
Neumünster	13
Neuss	20
Neuwied	6
Niebüll	8
Norden	6
Nordhorn	11
Nürnberg	12
Offenbach am Main	5–10
Offenburg	5
Oldenburg (Oldenburg)	3–13
Osnabrück	22
Paderborn	14
Passau	9
Pforzheim	17
Pinneberg	15
Pirmasens	4
Ravensburg	17
Recklinghausen	11
Regensburg	14
Remscheid	3
Reutlingen	18
Rheinhausen	23
Rheydt	12
Rosenheim	13
Schleswig	13
Schwäbisch-Gmünd	18
Schweinfurt	21
Schwenningen am Neckar	27
Siegen	2–7
Soest	8
Solingen	5
Soltau	10
Speyer	23
Stade	11
Straubing	16
Stuttgart	10–34
Trier	23
Tübingen	38
Uelzen	9
Ulm	16
Verden (Aller)	6
Viersen	7
Walsum	15
Wangerooge	18
Wattenscheid	16
Weiden in der Oberpfalz	6
Weinheim	25–33
Westerstede	5–15
Wetzlar	16
Wiesbaden	4–24
Wilhelmshaven	4–6
Witten	7
Wolfenbüttel	23
Wolfsburg	5–21
Worms	15
Wuppertal	12
Würzburg	23–37

Härtegrade (in ° d) in Städten Österreichs und der Schweiz

Österreich	
Badgastein	0,8
Bad Ischl	6,8–11,2
Feldkirch	7,3–12,3
Graz	11–15,5
Gmünd	0,5
Gmunden	7,1
Innsbruck	5,2
Kitzbühel	9
Klagenfurt	13,5–15,2
Kufstein	6,2
Linz	10,6–19
Salzburg	4,5–10,5
Steyr	20,3
St. Pölten	11,9
Villach	4,5–17,6
Wien	6,7–13,5
Schweiz	
Basel	6–8,2
Bern	10–13,6
Genf	4,4–14,8
Lausanne	4,2–12,8
Luzern	6,2–13,4
Zürich	7–10–11,2

In Gebieten mit Kalkgestein, Gips und Dolomit kommen sehr harte Wasser vor. Wasser in Gebieten der Urgesteine, des Basalts, in Granit, Porphyr, Gneis, Quarz und kalkfreiem Sandstein ist dagegen weich. Oberflächenwasser hat meist niedrigere Härtegrade als Grundwasser.
Die Härte des Wassers wird bestimmt durch den Gehalt an Calcium- (Ca) und Magnesium-(Mg)-salzen. Man bezeichnet Wasser mit hohem Calcium- und Magnesiumgehalt als hart.

Die Einteilung erfolgt nach Härtegraden:
1 Härtegrad bedeutet eine Konzentration von 1 Teil CaO in 100 000 Teilen Wasser. 1° deutscher Härte entspricht 10 mg Calciumoxid (CaO) = 7,19 mg Magnesiumoxid (MgO) je 1 Liter Wasser.
Es wird unterschieden zwischen:

- *Gesamthärte* = GH, das ist der Gesamtgehalt der an Kohlen-, Schwefel-, Salz- und Phosphorsäure gebundenen Erdalkalien, ausgedrückt in Milligramm CaO je Liter Wasser (10 mg CaO/l = 1° d);
- *Karbonathärte* = KH, auch Kohlensäurehärte oder vorübergehende, transistorische oder temporäre Härte genannt. Sie wird hervorgerufen durch Calcium- und Magnesiumanteile, die an Kohlensäure gebunden sind. Diese lassen sich fast vollständig durch längeres Kochen des Wassers beseitigen, sie fallen als unlösliche Karbonate aus;
- *Nichtkarbonathärte* = NKH, auch als Sulfat-, Mineralsäurehärte oder permanente, bleibende Härte bezeichnet. Sie wird bestimmt durch die als Sulfat, Chlorid und Nitrat (Phosphat und Silikat) nach dem Kochen in der Lösung verbleibenden Teile des Calciums und Magnesiums. Man bezeichnet Wasser mit einer Gesamthärte

von 0–4° d als *sehr weich,*
von 4–8° d als *weich,*
von 8–12° d als *mittelhart,*
von 12–18° d als *ziemlich hart,*
von 18–30° d als *hart,*
von 30° d und darüber als *sehr hart.*

Kalkhaltiges, hartes Wasser ist ungeeignet, weil es den Säuregrad des Bodens verändert, was allmählich zu folgenschweren Pflanzenschädigungen führt. Zunächst verursachen Kalkrückstände des Gieß- oder Spritzwassers auf den Pflanzen häßliche Ablagerungen, so daß diese mit der Zeit grau und unansehnlich werden.

Reaktionstests sind auf sehr einfache Weise mit Indikatorfilterpapier durchzuführen. Ein Streifchen Filterpapier wird ins Wasser getaucht oder in eine durch destilliertes Wasser angefeuchtete Bodenprobe gedrückt. Eine Verfärbung des Teststreifens zeigt den pH-Wert an, der aus einer dazugehörenden Farbenskala leicht ablesbar ist.

Gießwasseransäuerung

Die eventuell erforderliche Gießwasseransäuerung kann auf verschiedene Weise erfolgen.
Am natürlichsten ist die Torfmethode: Torf ist mit dem Säuregrad pH 4 sehr sauer. Zwei Hände voll Torf genügen meist, um 10 l Wasser innerhalb von 24 Stunden durch den Einfluß der Humussäure von 15°d auf einen günstigen Weichheitsgrad (10°d) zu bringen. Zweckmäßigerweise hängt man mit Torf gefüllte Säckchen in die Gießwasserbehälter.
Sehr einfach ist die Ansäuerung des Gießwassers durch Salpetersäure, Oxalsäure, Zitronensäure, Schwefelsäure und Salzsäure. Schwefel- und Salzsäure sind für Dauereinsatz ungeeignet, weil sie pflanzenschädliche chemische Vorgänge im Boden auslösen. Salzsäure ist auf Dauer für die Gießwasseransäuerung ungeeignet, weil sie zu unerwünschter Chloranreicherung führt.
Am gebräuchlichsten ist die Wasserenthärtung mit Salpetersäure und Oxalsäure. Für die Enthärtung des Gießwassers um 1° d (deutsche Härte) sind 22,5 g Oxalsäure je 1 m^3 Wasser erforderlich. **Vorsicht im Umgang mit Oxalsäure! Sie ist sehr giftig!**
Superphosphat, ein mineralischer Phosphorsäuredünger, kann zeitlich begrenzt dem Zweck der Gießwasserenthärtung dienen.
Gechlortes Leitungswasser kann durch

Filtration über Aktivkohle und chemisch entchlort werden. Es empfiehlt sich grundsätzlich, abgestandenes und nicht zu kaltes Leitungswasser zu verwenden. Für die Gießwasseraufbereitung stehen heute leistungsfähige Wasserenthärtungs- und Entsalzungsgeräte zur Verfügung, die im Durchflußverfahren arbeiten. Die Enthärtungsgeräte bestehen aus zylindrischen Behältern und Filtereinsätzen, die die Fällungschemikalien (sie überführen die Härtebildner des Wassers in unlösbare Form) oder Austauscher enthalten. Ionenaustauscher der Natriumform sind für Gießwasser ungeeignet, weil sie Calcium gegen Natrium austauschen, wodurch das Wasser zwar enthärtet, als Gießwasser aber unbrauchbar wird. Alle Aufbereitungsarten erfordern einen großen Wasserbehälter, der mindestens den doppelten Tagesbedarf aufnehmen sollte.

Der technische Aufbau der Geräte zum Entfernen unerwünschten Salzgehaltes ist ähnlich. Die Entsalzung erfolgt durch Ionenaustausch, wobei die Salze durch Wasserstoffaustauscher in ihre Säuren überführt und dann in einem weiteren Filter gebunden werden.

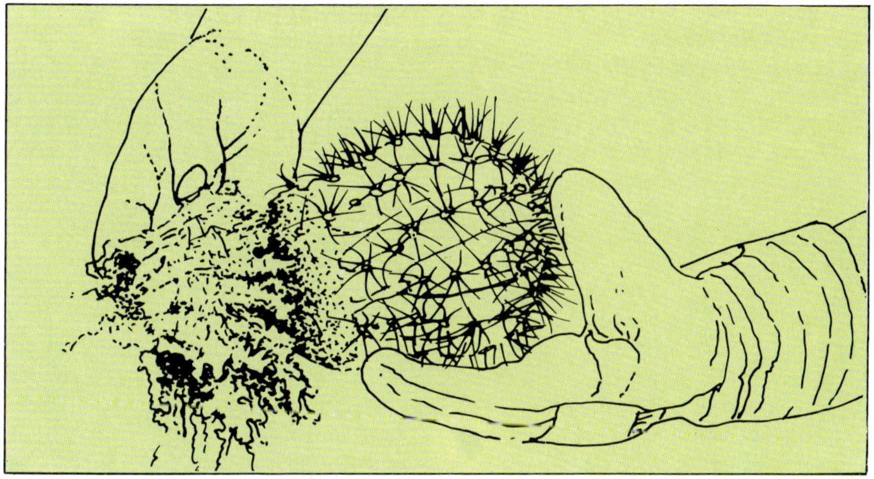

Verfilztes Wurzelwerk muß beim Umtopfen gelockert werden, damit die Pflanze die Nährstoffe optimal aufnehmen kann.

Nährstoffversorgung

Das Nährstoffbedürfnis sukkulenter Gewächse wurde lange Zeit unterschätzt, und so verzichtete man gänzlich auf das Düngen. Die Ernährung wurde weitgehend dem Zufall überlassen, wie er sich aus dem Nährstoffgehalt der jeweils verwendeten Erde ergab. Das führte nicht selten zu Mangel- oder Überschußerscheinungen, die sich in unnormalen Wachstumsabänderungen (Morphosen) äußerten. Die gesunde Entwicklung einer Pflanze ist abhängig von dem Vorhandensein aller ihrem Aufbau dienenden Nährstoffe, die in ausreichender Menge in aufnehmbarer Form und in einem abgestimmten Verhältnis zueinander vorhanden sein müssen.

Die Sukkulenten haben, wie jede andere Pflanzenart auch, ihr ganz spezielles Nährstoffbedürfnis, das in Abhängigkeit von den heimatlichen Witterungs- und Bodenbedingungen entwickelt wurde.

Die Böden der natürlichen Verbreitungsgebiete der Kakteen und anderen Sukkulenten sind meist Verwitterungsböden, die sämtliche für das Wachstum ihrer pflanzlichen Bewohner notwendigen mineralischen Nährstoffe in ausreichender Menge enthalten.

In bevorzugten semiariden Gebieten können bei Vorhandensein einer aus Gräsern und anderen Gewächsen gebildeten Pflanzendecke Ansammlungen organischer Verwitterungsprodukte geringer Mächtigkeit entstehen. Mit zunehmender Aridität eines Gebietes wird die Vegetation reduziert. Die geringer anfallenden organischen Substanzen werden durch Verwehungen und Abschwemmungen vorwiegend in Gesteinsspalten abgelagert, wo sie allmählich verwittern und verrotten. Verwitterung geschieht unter atmosphärischem Einfluß von Temperatur, Wind und Trockenheit; dabei entstehen mineralische Substanzen. Verrottung oder Verwesung ist aber nur möglich mit Hilfe von Feuchtigkeit, Wärme und Mikroorganismen, kann also in den klassischen Verbreitungsgebieten der Sukkulenten nur stellenweise und in sehr begrenztem Umfang stattfinden.

Der hohe Nährstoffgehalt der Böden arider Gebiete ist wesentlich darauf zurückzuführen, daß Tiefennährsalze mit dem Grund- und Sickerwasser durch die Bodenkapillaren in den Wurzelbereich der Pflanzen gelangen. Die sehr starke Bodenwasserverdunstung im Trockenklima führt häufig sogar zum Auskristallisieren der Salze an der Bodenoberfläche.

Auf diese Weise – wie auch durch die Verwitterung des Oberflächengesteins und der organischen Substanz – erfolgt im Verlauf monatelanger Dürreperioden eine erhebliche Nährstoffanreicherung. Mit einsetzendem Regen werden diese Nährstoffe in eine für die Pflanzen

aufnehmbare Form gebracht – es entstehen Nährsalzlösungen.
Das weitverzweigte Wurzelsystem der meisten Sukkulenten ermöglicht eine intensive Wasser- und Nährstoffaufnahme. Zu Beginn einer niederschlagsreichen Vegetationsperiode stehen den Pflanzen besonders hohe Nährstoffmengen zur Verfügung. Je nach Dauer und Ergiebigkeit einer Niederschlagsperiode werden die Nährsalzkonzentrationen der Bodenoberfläche durch die Saugfähigkeit der Pflanzenwurzeln und Auswaschung abgebaut. In den Untergrund versickerte Salze gelangen in der folgenden Dürreperiode wieder in die oberen Bodenschichten.
Die naturgemäßen Gegebenheiten vermitteln sehr wichtige Hinweise für die richtige Ernährung unserer Kulturpflanzen, die ja meist ein sehr eingeengtes Dasein fristen müssen.
Das verfilzte Wurzelwerk eines Topfballens ist der beste Beweis für die unnatürliche Einengung. Das, was da in einem undurchsichtigen Durcheinander auf Wasser- und Nahrungssuche ist, würde in der freien Natur ein weitflächiges Netzwerk bilden, das sich die Wasser- und Nährstoffvorkommen einer größeren Geländefläche – nicht selten mehrere Quadratmeter umfassend – nutzbar macht. Frei in Beete ausgepflanzte Pflanzen danken die ihnen eingeräumte Erweiterung des Lebensraumes folglich mit besserem Wachstum.
Kakteen haben – bei ausreichendem Vorhandensein der übrigen wachstumsbestimmenden Faktoren – einen hohen Nährstoffbedarf, der durch überlegte Düngemaßnahmen erfüllt werden kann. Dabei kommt es ganz wesentlich auf die richtige Zusammensetzung der Düngemittel an, denn jeder Pflanzennährstoff verursacht im Ernährungshaushalt der Pflanzen eine ganz bestimmte Wirkung. Entscheidende Bedeutung haben auch der Zeitpunkt und die Menge der Nährstoffgaben.
Die Verwendung handelsüblicher Kakteenspezialdünger, die für sämtliche Sukkulenten geeignet sind, hilft Ernährungsfehler zu vermeiden. Die Volldünger sind das Ergebnis wissenschaftlicher Forschung und entsprechen in ihrem Gehalt an Kernnährstoffen sowie Spurenelementen den besonderen Ansprüchen der Sukkulenten.
Der erfahrene Pflanzenfreund kann selbstverständlich mit bestem Erfolg auch andere Düngemittel anwenden, sofern er die speziellen Bedürfnisse seiner Pfleglinge und die Wirkungsweise der Nährstoffträger richtig einschätzt.
Die pflanzliche Ernährung ist abhängig von 10 Kern-, Haupt- oder Makronährstoffen und den Spurenelementen.
Die *Kernnährstoffe* sind:
Kohlenstoff (C), Wasserstoff (H), Sauerstoff (O), Stickstoff (N), Phosphor (P), Schwefel (S), Kalium (K), Magnesium (Mg), Calcium (Ca) und Eisen (Fe).
Spurenelemente von unterschiedlicher Wichtigkeit sind:
Bor (B), Mangan (Ma), Kupfer (Cu), Zink (Zn) und wahrscheinlich Molybdän (Mo), Natrium (Na), Aluminium (Al), Silicium (Si) und Chlor (Cl). (Die in Klammern gesetzten Buchstaben geben die Abkürzungen der wissenschaftlichen Bezeichnungen der aufgeführten Elemente an.)
Mit Ausnahme des Sauerstoffs werden die Nährstoffe nicht in ihrer ursprünglichen Form, sondern stets in chemischen Verbindungen aufgenommen.
Aufgrund komplizierter chemischer Prozesse ist die Nährsalzaufnahme durch die Wurzeln abhängig von einer guten Durchlüftung des Bodens. Sauerstoffmangel im Boden bewirkt Nährsalzmangel, unabhängig von der tatsächlich vorhandenen Nährsalzkonzentration. Eine sehr wichtige Maßnahme ist daher die ständige Lockerhaltung des Bodens und die Verhinderung von luftabschließender Algenbildung auf der Erdoberfläche.

Die Wirkung einzelner Nährstoffe

Stickstoff ist zum Aufbau aller Eiweißstoffe notwendig. Er ist Träger der lebenswichtigsten Stoffe und somit unentbehrlich: Stickstoff fördert das Sproß- und Blattwachstum und ist verantwortlich für die Bildung organischer Masse.
Ein Zuviel an Stickstoff führt jedoch bei Kakteen und anderen Sukkulenten zu unerwünschten Entwicklungen: schwammiger Zellaufbau mit schwachen Zellwänden, dadurch erhöhte Krankheitsanfälligkeit, Verlust der natürlichen, kompakten Wuchseigenschaften, Nachlassen der Blühwilligkeit.
Mäßige Stickstoffgaben zu Beginn einer Wachstumsperiode sind naturgemäß notwendig. Die heimatlichen Trokkengebiete der Sukkulenten sind zwar verhältnismäßig stickstoffarm, zu Beginn einer Regen- und damit Wachstumsperiode stehen in der Regel dennoch beachtliche Stickstoffmengen zur Verfügung. Einen Beweis liefern unter anderem die Bodenanalysen von 8 Kakteenstandorten in Mexiko, die gegen Ende der Trockenperiode entnommen wurden. Sie ergaben Stickstoffwerte von 0,17–0,48%. Der Humusgehalt lag zwischen 3,2–14,4% (W. Polka, in: *Kakteen und andere Sukkulenten,* 1972, Heft 9).
Stickstoff wird leicht ausgewaschen und ist schon von daher nicht über die ganze Vegetationsperiode in gleicher Konzentration vorhanden. Diesen natürlichen Gegebenheiten entsprechend verabreicht man den Kulturpflanzen zu Beginn einer Wachstumsperiode auch Stickstoff, jedoch in Maßen: Stickstoff bleibt unter den Nährstoffen in der Minderheit. Gegen Mitte und Ende einer Vegetationsperiode tritt der Stickstoffanteil zugunsten erhöhter

Wirkung der Nährstoffe: Kalium – Festigkeit des Pflanzengewebes, Widerstandskraft gegen Krankheiten; Phosphor – Blüten-, Frucht-, Samenbildung; Stickstoff – Sproß- und Blattwachstum.

Phosphor- und Kaligaben fast gänzlich zurück. Die epiphytischen Kakteen, die ja im Humus wachsen, haben ein höheres Stickstoffbedürfnis.

Phosphor wird in Form von Phosphaten aufgenommen. Phosphor ist für die Gesunderhaltung der Pflanzen und für Blüten-, Frucht- und Samenbildung von großer Bedeutung; er fördert auch die Wurzelentwicklung bei Stecklingen.

Kalium sorgt für Festigkeit des Pflanzengewebes und beeinflußt die Widerstandskraft gegen Krankheiten und Wassermangel. Kalium und Phosphorsäure haben für die kräftige Entwicklung der Sukkulenten hervorragende Bedeutung. Ihr Anteil bei der Nährstoffversorgung der Sukkulenten ist weitaus höher als der des Stickstoffs.

Calcium (Kalk) ist zur Regulierung der Bodenstruktur und als Nährstoff bedeutsam. Sein Anteil im Boden darf einen bestimmten Grad aber nicht übersteigen: Kalküberschuß macht den Boden basisch, bindet damit seinen Eisengehalt und verursacht Chlorose. Calcium erhöht den pH-Wert des Bodens. Hohe pH-Werte schaden den meisten Kakteen und anderen Sukkulenten (die Wurzeln sterben ab, die Pflanzen kümmern; gespaltene Kakteendornen zeugen von Kalküberschuß). Im Bedarfsfalle empfiehlt sich die Verwendung von Gips.

Magnesium ist im Blattgrün enthalten und begünstigt die Aufnahme des Phosphors.

Eisen ist bei der Blattgrünbildung beteiligt und für die Funktion der übrigen Lebensvorgänge bedeutsam. Eisenmangel führt zur Gelbsucht (Chlorose). Es wird nur in kleinen Mengen benötigt.

Schwefel wird in Sulfatform aufgenommen und ist so in vielen Düngemitteln enthalten, z. B. im Superphosphat, das als Phosphorsäuredünger und zum Ansäuern von Gießwasser verwendet wird. Viele Kakteen gedeihen auf sulfatreichen Böden (Gips).

Spurenelemente oder *Mikronährstoffe* werden – wie ihre Bezeichnungen aussagen – nur in sehr geringen Mengen benötigt und sind meist ausreichend in den Böden enthalten.

Natrium und *Chlor* haben offenbar für salzbodenbewohnende Pflanzen, die an Meeresküsten und in Salzwüsten zu Hause sind, eine besondere Bedeutung. Verschiedene Kakteen, *Sarcocaulon, Sedum acre* und andere Sukkulenten sind dort verbreitet, jedoch nicht auf salzhaltige Standorte angewiesen.

In den neuzeitlichen Misch- oder Volldüngern sind gewöhnlich auch Spurenelemente enthalten.

Wie und wann wird gedüngt?

In der gärtnerischen Praxis ist es üblich, bei der Zubereitung der Kulturerden eine Grund- oder Vorratsdüngung vorzunehmen. Auch die im Handel befindlichen Fertigerden sind mit bestimmten Düngerbeimischungen versehen. Je nach Beschaffenheit der Pflanzensubstrate kommen hierfür organische und anorganische Präparate zur Anwendung.

Der Einsatz von organischen Düngern ist nur in humushaltigen Erden sinnvoll, denn die im Humus lebenden Bakterien müssen die organischen Stoffe erst in anorganische, mineralische und damit pflanzenaufnehmbare Form umwandeln.

Frischer Torf ist als Rohhumus ziemlich steril. Durch Vermischen mit lebendigen Humuserden und organischen Düngern wird das Bakterienleben allerdings angeregt. Empfehlenswert sind die mild und nachhaltig wirkenden, stickstoffbetonten Hornspäne und Hornmehl (12–14% N, 5% P_2O_5) sowie das phosphorbetonte Knochenmehl (etwa 5% N, 20-22% P_2O_5).

Ein sehr wirksamer und nur in vorsichtigen Dosierungen anzuwendender Naturdünger ist der Peru-Guano (3–7% N, 14% P_2O_5). In der echten Form ist dieser Vogeldünger kaum noch erhältlich. Die Ersatzpräparate mit anderen, auch mineralischen Beimengungen sind ebenfalls gut.

Neben den genannten Naturdüngern haben sich unter anderem folgende anorganische Düngererzeugnisse bewährt:

das schwefelsaue Ammoniak (21% N) zur Stickstoffanreicherung, es reagiert sauer;

das Superphosphat enthält 18% wasserlösliche Phosphorsäure und rund 40% Gips;

die schwefelsaure Kalimagnesia oder Patentkali (26–30% K, 10% Mg, nur 4–6% Chloride);

das Nährstoffverhältnis zwischen Stickstoff–Phosphorsäure–Kali sollte etwa 1:3:5 betragen. Insgesamt können 4–5 kg Mineraldünger oder 4–5 g/l Erde eingebracht werden – für Jungpflanzen und Epiphyten etwa die Hälfte.

Mineralische Substrate erhalten nur bedingt eine Vorratsdüngung. Die notwendige Nährstoffversorgung der Pflanzen erfolgt hier während der Vegetationsperiode als sogenannte Kopfdüngung und ausschließlich mit anorganischen Misch- oder Volldüngern. Die ballastfreien, voll wasserlöslichen Präparate sind als Salze oder in flüssiger Form und in unterschiedlichen Zusammensetzungen erhältlich. Ihre Anwendung erfolgt in verdünnten Nährstofflösungen im Gieß- oder Anstauverfahren.

Zur Kopfdüngung in humushaltigen Erden können Hornspäne, Knochenmehl, Guano und Rinderdung in Wasser aufgelöst und in stark verdünnter Form verabreicht werden. Die Brühe wird einige Tage vor der Verwendung angesetzt, wobei eine starke Geruchsbelästigung entsteht.

Die Flüssigdüngung erfolgt nach folgenden Regeln:

1. Gedüngt wird grundsätzlich nur während der Wachstumsperiode.

2. Verwendung finden nur Präparate, die in Gehalt und Wirkungsweise den speziellen Bedürfnissen der zu düngenden Pflanzen entsprechen.

3. Stets nur gesunde Pflanzen düngen. Kränkelnde Pflanzen lieber in nährstoffarmes Substrat umpflanzen, um die Wurzelneubildung anzuregen.

4. Das unterschiedliche Wasser- und Nährstoffbedürfnis zwischen schwach- und starkzehrenden Arten ist zu berücksichtigen.

5. Zur Vermeidung von Wurzelverbrennungen muß die Erde zuvor angefeuchtet werden.

6. Düngerlösung nur in der vorgeschriebenen Konzentration verabreichen. Sie schwankt zwischen 0,5‰–2‰, das sind 0,5–2 g/l Wasser. Vorteilhaft ist das Düngen mit sehr schwachen Konzentrationen in kürzeren Zeitabständen.

7. Düngerlösungen nicht über die Pflanzen gießen; die nach dem Verdunsten des Wassers verbleibenden Salzablagerungen könnten auf den Pflanzen Verbrennungen verursachen. Erforderlichenfalls mit klarem Wasser nachspülen. Unschädlich sind die nicht auskristallisierenden, flüssigen Blattdünger, die auf diesem Wege von dem grünen Pflanzengewebe aufgenommen werden. Sie haben für sukkulente Gewächse keine Bedeutung.

8. Nie während der sommerlichen Mittagshitze düngen! Günstig ist ein trüber, nicht zu kühler und feuchter Tag. Die vorteilhafte Flüssigdüngung im Anstauverfahren ist unabhängig von der Tageszeit durchführbar.

9. Ein fester Zeitplan, in welchen Abständen gedüngt werden sollte, läßt sich nicht aufstellen. Die Düngemaßnahmen werden bestimmt von der Pflanzenart, von der Jahreszeit, dem Zustand der Pflanzen, der Witterung und von den verwendeten Nährsalzkonzentrationen. Bei Beharren auf festgelegten Abständen könnte man mehr schaden als nutzen. So wird man beispielsweise an naßkalten Sommertagen grundsätzlich auf das Flüssigdüngen verzichten.

10. Nach dem Umpflanzen erst wieder düngen, wenn die Pflanze mit neu entwickelten Wurzeln das Substrat des Topfballens beziehungsweise des Kastens oder des Beetes durchdringt.

Kräftige Wurzelneubildung ist eine Folge der Nahrungssuche. Ist erst einmal das Wurzelsystem gut ausgebildet, kann die Pflanze größere Wasser- und Nährstoffmengen aufnehmen und das Wachstum beschleunigen.

Kakteen sind in der Mehrzahl stark zehrende Gewächse, sie können in der Hauptwachstumszeit unter günstigen klimatischen Voraussetzungen alle 8-10 Tage gedüngt werden. Zum Ende der Vegetationsperiode werden die Zeitabstände größer.
Die epiphytischen Kakteen erhalten zeitweilig andere Nährstoffzusammensetzungen (höhere Stickstoffanteile) als die hochsukkulenten Arten.
Die anderen Sukkulenten haben auch in Bezug auf die Ernährung sehr differenzierte Ansprüche. Verständlicherweise ist das Nährstoffbedürfnis eines *Lithops* (will man nicht unliebsame, an

Lithops fulleri

anderer Stelle beschriebene Morphosen verursachen) ein anderes, als das von *Kalanchoe beharensis* oder anderen starkwüchsigen Arten.
Nicht jeder Pflanzenfreund ist an schnellem Wachstum seiner Pfleglinge interessiert, sondern zieht es vor, auf dem verfügbaren Platz eine umfangreiche Sammlung kleinerer Exemplare unterzubringen. Demzufolge wird er mit dem Gießen und Düngen nur sehr sparsam verfahren.
Auch in der Frage der Wasser- und Nährstoffversorgung sind das Wissen und Können des Pflanzenfreundes von großer Wichtigkeit. Wer hier das rechte Maß zum rechten Zeitpunkt findet, wird sich auf Dauer an gesunden, normal entwickelten und blühwilligen Pflanzen erfreuen können.

Erden und andere Pflanzsubstrate

Das Substrat, in das eine Pflanze gesetzt wird, dient ihr als Standort. Hier findet sie sowohl Halt als auch die Möglichkeit zur Wasser- und Nährstoffaufnahme. Jedes Substrat, das bestimmte physikalische Eigenschaften aufweist, kann diesen Zweck erfüllen. Das beste Beispiel liefert die seit einigen Jahren weitverbreitete erdelose Pflanzenhaltung in Nährlösungen (siehe Hydrokultur).
Kakteen und andere Sukkulenten sind in der überwiegenden Mehrzahl Bewohner humusarmer oder humusfreier, mineralischer Verwitterungsböden, die sich durch einen hohen Nährsalzgehalt auszeichnen. Was liegt also näher, als diese Erkenntnis zu nutzen und mit Hilfe neuzeitlicher Vollnährsalze (siehe Düngung) von der herkömmlichen Pflanzenhaltung teilweise auf einfache, problemlosere Methoden umzusteigen?
Zahlreiche Kakteenfreunde kultivieren ihre Pflanzen mit bestem Erfolg in völlig humusfreien, mineralischen Substraten, wie Granitkies (Bessunger Kies), Bimskies, Lavaschlacke, Ziegelbrocken oder ähnlichen Materialien. Entscheidend ist, daß das verwendete Substrat den günstigsten pH-Wert aufweist und keine schädlichen chemischen Vorgänge verursacht. Eine eventuell erforderliche pH-Wert-Absenkung bei Bims, Lavaschlacke und Ziegelsplitt kann auf einfache Weise mit dem Phosphatdünger Superphosphat sowie den für die Gießwasseransäuerung geeigneten Säurepräparaten erfolgen.
Die Substrate werden in gekörnter Form, am besten in den Größen 2–16 mm Durchmesser, verwendet. Schlämmende Feinteile sind durch Aussieben zu entfernen. Die grobkörnige Struktur garantiert eine optimale Bodendurchlüftung, die für die Einwicklung und Funktion der Pflanzenwurzeln (Nährstoffaufnahme) im allgemeinen und die der Sukkulenten im besonderen, von nicht zu unterschätzendem Nutzen ist. In ihren natürlichen Verbreitungsgebieten gedeihen die Sukkulenten ebenfalls in gut durchlüfteten Böden.
Mit dem Einsatz der Mineralsubstrate verbindet sich ein weiterer Vorteil:
Die gefürchteten Wurzelläuse und andere Bodenschädlinge fühlen sich darin überhaupt nicht wohl, dagegen steigert sich das Wohlbefinden der von diesen Plagegeistern verschonten Pflanzen.
Trotz der geschilderten Vorzüge der Pflanzenhaltung in reinen Mineralsubstraten ist die herkömmliche Kulturmethode in gärtnerischen Erden weiterhin gebräuchlich.
Die Kulturerden bestehen meist aus Mischungen verschiedener Grundsubstanzen, die den Bedürfnissen der Pflanzen entsprechend zusammengestellt wurden. Die natürlichen Standorte der Sukkulenten in der Alten und der Neuen Welt weisen sehr unterschiedliche Bodenarten auf. Sukkulentenvorkommen bestehen auf sandigen, tonig-lehmigen, granitischen, auch humushaltigen Böden, im Kalkgestein, auf Kiesflächen, in Quarzfeldern, im Basalt, in Gipswüsten, Salzwüsten und sehr häufig auf porösem Lavagrund. Die Böden können sauere, neutrale oder alkalische Reaktion zeigen.

Auf den richtigen pH-Wert kommt es an

Die Bodenreaktion oder Bodenazidität ist für das Pflanzenwachstum von entscheidendem Einfluß. Die Azidität wird von der Menge der Wasserstoffionen in der Bodenlösung bestimmt und in pH-Werten von 1–14 angegeben. pH bedeutet *pondus hydrogenii* (= Gewicht des ionisierten Wasserstoffs).
Für die gärtnerische Praxis haben nur die Werte von pH 3,5–8,5 Bedeutung: pH 3,5–4,0 = sehr stark sauer; pH 4,1–4,5 = stark sauer; pH 4,6–5,3 = sauer; pH 5,4–6,3 = schwach sauer; 6,4–7,3 = neutral; 7,4–8,0 = schwach alkalisch; 8,1–8,5 = alkalisch.
Die günstigsten Reaktionswerte für die meisten Kakteen und anderen Sukkulenten liegen im schwach sauren bis unteren Neutralbereich, etwa pH 5,5–6,9. Diese Niedrigwerte sind für die humusliebenden (z. B. Epiphyten) und

Zusatzstoffe für die Herstellung von Kultursubstraten: 1) Lavalit, 2) Vermiculit, 3) Perlite, 4) Lavasand, 5) Bimskies, 6) Quarzsand, 7) Styropor, 8) basaltisches Lockergestein, Lavaschlacke.

3
4
2
5
8
1
6
7

die auf sauren Mineralböden beheimateten Arten (z. B. Rebutien, Lobivien und viele andere) lebenswichtig. Andere sukkulente Gewächse ertragen oder wünschen eine neutrale bis schwach alkalische Bodenreaktion.

Pflanzenschädigungen treten nachweislich häufiger durch zu hohe als zu niedrige pH-Werte auf. Für Epiphyten liegt der obere Todespunkt bereits bei pH 7,2. Rebutien, Lobivien, Gymnocalycien, die meisten Cereen und viele andere Kakteen beginnen ebenfalls bald zu kümmern und werden von Chlorose (= Bleichsucht, Gelbsucht bei Pflanzen) befallen. Cereen verdorren vom Scheitel her, die Wurzeln verrotten vollkommen – die Pflanzen sterben ab. Auf vergleichbare Weise reagieren auch die kalkfliehenden anderen Sukkulenten. Die Reaktionsansprüche sind artbedingt unterschiedlich. In hohem Maße anfällig gegen Kalkanreicherung des Bodens reagieren Sämlinge und Jungpflanzen. Sie sollten daher nur mit Regenwasser, angesäuertem Leitungswasser oder gereinigtem Wasser versorgt werden. Pflanzen, die jahrelang in Pikierschalen oder kleinen Töpfen standen, beginnen unter Umständen trotz ausreichender Nährstoff- und Wassergaben zu kränkeln. Sie nehmen eine blaßgelbe Färbung an und stellen schließlich das Wachstum ein. Gleichzeitig verkrustet und veralgt die Erdoberfläche. Geht man der Angelegenheit auf den Grund und schaut nach den Wurzeln solcher Pflanzen, so sind kaum noch welche vorhanden. Sie sind weitgehend abgestorben und zerfallen. Das ist eindeutig die Folge zu hoher pH-Werte des Bodens.

Das verdunstende Gießwasser hinterläßt im Laufe der Zeit sowohl an der Erdoberfläche als auch an den Wandungen von Tongefäßen eine starke Kalk- und Salzanreicherung. Das führt zu „Ausblühungen" und Verkrustungen mit starker Algenbildung. Die Alkalisierung erfaßt zunehmend auch die tieferen Bereiche der Pflanzgefäße. Weil die Vergiftung des Pflanzsubstrates von oben nach unten fortschreitet, werden kleinere Pflanzen mit flachem Wurzelwerk eher geschädigt als größere Exemplare.

Die Pflanzenschädigung erfolgt in mehrfacher Weise. Zunächst führt die Verkrustung und Veralgung der Erdoberfläche zum Luftverschluß, so daß der für die Nahrungsaufnahme erforderliche Sauerstoff nicht mehr in den Wurzelbereich eindringen kann. Zum anderen bindet der Kalküberschuß das wichtige, zur Chlorophyllbildung notwendige Eisen. Es kommt zu Eisenmangel und damit zur Chlorose oder Gelbsucht der Pflanzen. Die häufig als „Versauerung" des Bodens bezeichnete Erscheinung ist also in Wirklichkeit ein akuter Kalküberschuß.

Ein Zustand, wie der oben beschriebene, sollte unbedingt vermieden werden. Der pH-Wert der Kulturerden und des Gießwassers ist beizeiten zu prüfen und zu regulieren. Wo dies versäumt wurde, ist so lange mit stärker angesäuertem Wasser (pH 4–5) zu gießen, bis die günstigste Bodenazidität (meist bei pH 6 liegend) erreicht ist.

Bei bereits eingetretenen Pflanzenschädigungen muß baldigst in ein geeignetes Substrat umgepflanzt werden. Wurzelgeschädigte Exemplare erhalten ein nährstoffarmes Substrat, damit zunächst die Wurzelneubildung angeregt wird. Wo Kalk benötigt wird, sollte er nicht in der Karbonatform als kohlensaurer Kalk, sondern in der für unsere Zwecke vorteilhafteren Sulfatform als schwefelsaurer Kalk oder Gips verabreicht werden.

So mancher Mißerfolg der Vergangenheit ist dem früher häufig empfohlenen und praktizierten Untermischen von kohlensaurem Kalk in die Pflanzerden zuzuschreiben. Sehr oft wurde übertrieben und das Gegenteil vom erhofften Zweck erreicht. Was für Acker- und Gartenflächen gut ist, in denen ganz andere chemische Vorgänge erfolgen, ist noch längst nicht von Nutzen in den nach unten abgegrenzten Blumentöpfen, Pflanzkisten und Gewächshausbeeten. Das früher für zahlreiche Kakteen als unerläßlich bezeichnete Pfropfen erübrigt sich bei Einhaltung der günstigsten

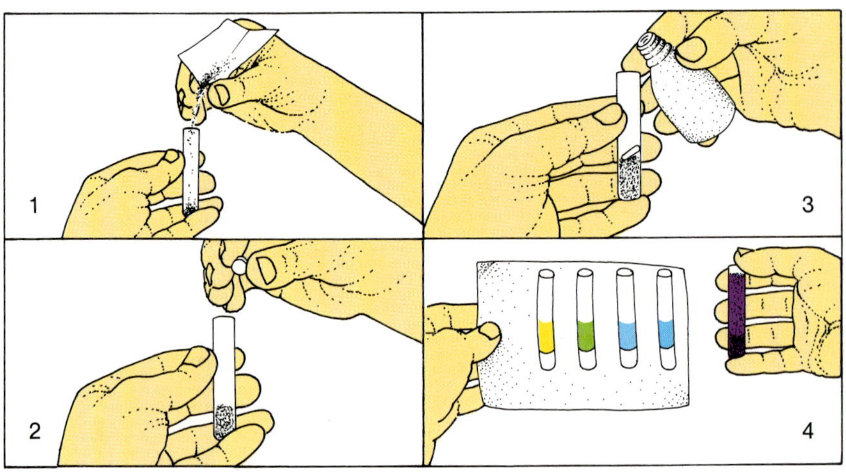

pH-Wertmessung des Bodens mit Indikator und Farbskala.

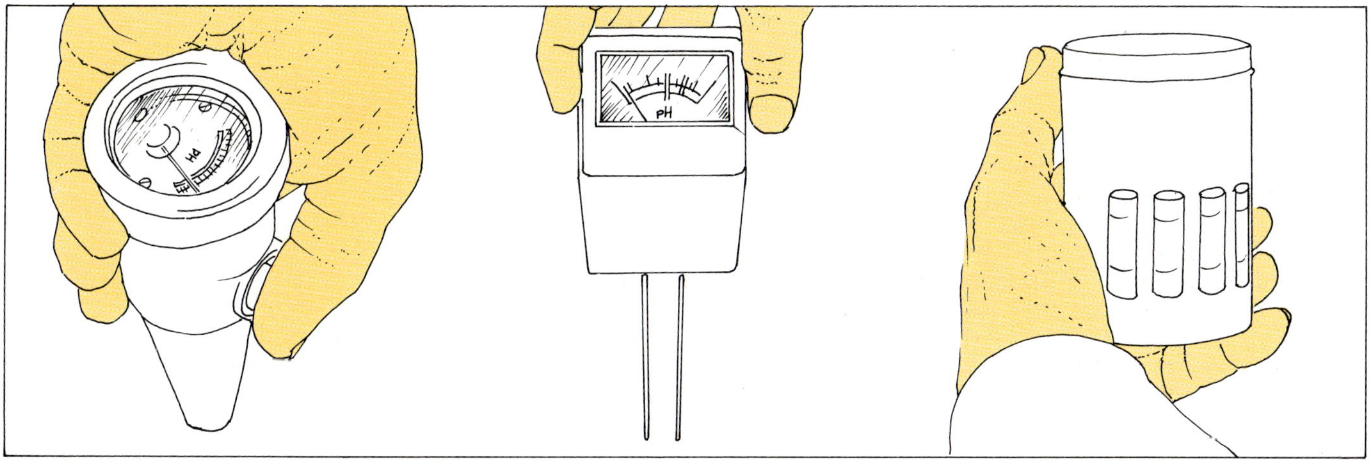

Verschiedene Geräte zum Messen des Säuregehaltes im Erdboden; geeignet für Annäherungswerte.

Aziditätswerte des Kultursubstrates weitestgehend. Die als Pfropfunterlagen dienenden Arten erwiesen sich unempfindlicher gegenüber höheren pH-Werten als die Pfröpflinge. Nicht selten konnten sich jedoch weder die Unterlage noch der auf ihm sitzende Pfröpfling richtig entwickeln.

Deutlich unterschiedliche Reaktionsansprüche zwischen Pfropfunterlage und Pfröpfling bestehen zum Beispiel bei *Pereskia* (günstigster Wert bei pH 7) und den Weihnachts- und Osterkakteen (günstigster Säurewert pH 5–6).

Die Reaktionswerte der Pflanzsubstrate müssen bei deren Zubereitung und während des gesamten Kulturablaufs ständig beobachtet und erforderlichenfalls durch geeignete Maßnahmen reguliert werden.

Die Prüfung der Bodenreaktion erfolgt auf billigste Art mit dem Hellige-Pehameter. Hierbei verleiht die zu untersuchende Bodenprobe einer Indikatorflüssigkeit eine bestimmte Färbung, mit deren Hilfe dann auf einer beigefügten Farbenskala der pH-Wert abgelesen werden kann.

Für den Berufs- und Hobbygärtner wurden verschiedene, einfach zu bedienende Geräte für die pH-Wertmessung sowie zur Feststellung der im Boden vorhandenen Grundnährstoffe entwickelt. Elektrisch arbeitende Salzkonzentrationsmeßinstrumente ermitteln den Salzgehalt des Bodens, des Gießwassers und der Düngerlösungen. Die Gefahr einer pflanzenschädlichen Salzanreicherung ist ein ernstzunehmender Faktor.

Ein allgemeingültiges Rezept, welche Erdmischung die beste sei, läßt sich nicht aufstellen. Das liegt zum einen an den unterschiedlichen Ansprüchen der Kakteen und anderen Sukkulenten, und zum anderen kann die Beschaffenheit der in Frage kommenden Substanzen erheblich variieren. Es ist deshalb ratsam, ständig ein bis zwei Standardmischungen auf Vorrat zu halten, die nach Bedarf durch bestimmte Zusätze verändert werden können.

Jungpflanzen erhalten in der Regel ein leichtes, nährstoffarmes Substrat. Für Aussaat wird von vornherein eine besondere Mischung zubereitet. Bestimmte Arten bekommen einen höheren Humusanteil, andere mehr Lehm und wieder andere Minaralsubstrate. Epiphytische Kakteen bilden – auch das Pflanzensubstrat betreffend – eine Ausnahme. Mineralische Materialien sind für die humusliebenden Epiphyten nicht geeignet; in Hydrokultur gedeihen sie dagegen ausgezeichnet.

Die Standardmischungen sollten bereits im Herbst zubereitet und in nicht zu hohen Aufschüttungen (etwa 0,80 m) im Freien, jedoch vor Nässe geschützt, gelagert werden. Die sprengende Wirkung des Frostes macht das Substrat mürbe und locker; die monatelange Lagerung garantiert eine gute Vermischung der Bestandteile, insbesondere der Düngerzusätze, und der Nässeschutz verhindert Nährstoffauswaschungen.

Andererseits darf die Erdmischung, sofern sie Humus enthält, nicht stark austrocknen. Mehrmaliges Umsetzen der Erdhaufen begünstigt die gleichmäßige Vermischung und die Durchlüftung.

Die Erdentseuchung mit Hilfe chemi-

scher Präparate oder durch Erhitzen ist sehr vorteilhaft. Bodenpilze, Schadinsekten sowie Samen und Rhizome von Unkräutern werden dadurch abgetötet. Nach der Behandlung muß die Erde mehrere Wochen lagern, um sich zu regenerieren beziehungsweise die Giftstoffe abzubauen.
Als Grundsubstanz einer vielseitig verwendbaren Kulturerde kann gute Gartenerde dienen. In bearbeiteten Kulturböden herrscht ein reges Bakterienleben. Der Humusanteil und die regelmäßige Bearbeitung schufen eine gute Krümelstruktur. Humus- und Lehmböden besitzen ein gutes Pufferungsvermögen, das heißt, sie haben wasserhaltende Kraft, Nährstoffe werden kaum ausgewaschen und der pH-Wert läßt sich durch Gießen und Düngen nicht so bald verändern.
Sandböden sind nur schwach gepuffert, Nährstoffe werden wegen der geringen Wasserhaltekraft leicht ausgewaschen, und ihr Reaktionswert unterliegt den Einflüssen von Basen und Säuren.
Für unseren Zweck sind alle Kulturböden geeignet. Je nach Beschaffenheit werden andere Substrate hinzugemischt. Die Fertigerde sollte eine gute Krümelstruktur aufweisen. In den Händen zusammengedrückte, mäßig feuchte Erde darf nicht als Klumpen verbleiben, sondern muß locker auseinanderfallen.
Auf Sandanteile in der Fertigerde kann nur selten verzichtet werden. Am besten ist grobkörniger, gewaschener Quarzsand. Sande mit einem hohen Gehalt an schlämmenden Feinteilen sind ungeeignet. Sie verdichten das Pflanzsubstrat, bewirken also das Gegenteil vom erstrebten Ziel. Schlämmende Feinteile lassen sich durch Auswaschen entfernen. Grundsätzlich sollte man nur Sande mit saurer Reaktion verwenden!
Lauberde und Torf dienen ebenfalls der Lockerung, ferner der pH-Wert-Absenkung und der Lieferung von Humusanteilen. Kompost- und Misterden sind wegen ihres hohen Stickstoffgehaltes für Sukkulenten nur sehr begrenzt brauchbar.
Lauberden müssen gut abgelagert, also wirklich erdig sein. Am besten ist Buchenlauberde, pH-Wert 4,0–5,5; ihr Nährstoffgehalt ist gering. Vor der Verwendung sollte Lauberde gegen Bodenpilze und Bodenschädlinge behandelt werden.
Torfmull ist wegen seiner vielseitigen Verwendbarkeit nahezu unentbehrlich. Torfmull dient als Zusatzstoff zu gärtnerischen Erden, als Kultursubstrat, zur Wasserenthärtung und als Einfütterungsmaterial für Tontöpfe. Gebräuchlich ist Hochmoortorf, entstanden aus dem Sumpfmoos (Sphagnum) und einigen anderen Hochmoorpflanzen. Sphagnum dient in frischem, unzersetztem Zustand als Pflanzstoff für verschiedene epiphytische Kakteen, für Bromelien und Orchideen.
Torf ist sehr sauer, pH 3,5–4,7, nährstoffarm und besitzt eine Wasserkapazität von 700–800%. Das ist die Wassermenge, die nach der Sättigung festgehalten wird; somit kann Torf bis zum 15fachen seines Trockengewichtes an Wasser aufnehmen.
In Erdmischungen für hochsukkulente Pflanzen, die ihre natürliche Verbreitung auf Mineralstandorten haben, ist Torf nur in bescheidenem Maße zu verwenden. Im Handel befindliche, sogenannte Kakteenerden sind häufig viel zu torfhaltig.
Torfkultursubstrate sind industriell gefertigte, mit Nährstoffen angereicherte Torfprodukte, die heute in der gärtnerischen Praxis vielseitige Verwendung finden. Es gibt Mischungen für schwachzehrende (Aussaaten, Jungpflanzen, Farne u. a.) und für starkzehrende Pflanzen. Epiphytische Kakteen gedeihen hervorragend in diesen Substraten.
Für die Kultur humusliebender Sukkulenten, z. B. verschiedene Pachypodien, Crassulaceen, Aloen, Haworthien und viele andere, ist Torfkultursubstrat empfehlenswert. Zusätze von Sand, Bimskies, Lavasand, Perlite oder dergleichen sind vorteilhaft.
Rasenerde, sofern sie auf Lehmboden gewonnen wurde, besitzt eine gute Krümelstruktur und ist daher ein besonders hochwertiges Substrat zur Herstellung von Verbrauchserden.
Bimskies, zu kiesiger Größe zerkleinerter Bimssteintuff, hat sich in erster Linie in der Hydrokultur sowie im Mineralkulturverfahren mit Anstaubewässerung gut bewährt. Kakteenkultur ist in reinem Bimskies möglich, besonders für Arten, die eine neutrale bis schwach alkalische Bodenreaktion wünschen. Für andere Arten sollte Bimskies angesäuert werden.
Bimskies besitzt eine gleichmäßige Porösität, ist daher sehr luftdurchlässig und wasseraufnahmefähig. 1 m^3 dieses vulkanischen Materials kann 500 l Wasser speichern. Aufgrund dieser Eigenschaften dient Bimskies sowohl als Zusatz zu humushaltigen als auch mineralischen Erdsubstraten.

Lava-Naturschlacke

Dieses basaltige Lockergestein ist das gleiche braune bis rötlichbraune, sehr poröse Material, das beispielsweise weite Gebiete des mexikanischen Hochlandes und der Kanarischen Inseln prägt. Die reichlich darin enthaltenen Mineralien bringen bei ausreichender Bodenfeuchtigkeit sehr üppiges Pflanzenwachstum hervor.
In der Bundesrepublik Deutschland wird diese Lavaschlacke, wie auch der Bimskies, im Eifelgebiet abgebaut. Ursprünglich diente sie fast ausschließlich dem Wege-, Straßen- und Sportstät-

tenbau. Heute hat dieses vulkanische Lockergestein in der Aquaristik, zur Rettung großstadtgefährdeter Straßenbäume, als dekoratives Gestaltungselement für Schaugewächshausanlagen in botanischen Gärten, in gekörnter Form (Lavalit) als stabilisierender Zusatz zu gärtnerischen Erden, im patentierten Intergreenverfahren für strapazierfähigen Sportplatzrasen und letztlich als ausschließliches Kultursubstrat im Hydrokultur- und Anstauverfahren große Bedeutung.
Untersuchungen, die der Botanische Garten Tübingen bei der Staatsschule für Gartenbau in Stuttgart-Hohenheim durchführen ließ, ergaben folgende Analysen:

100 g gekörnte Lava enthielten:

	1973	1979
N	14 mg	19 mg
P2 05	8 mg	10 mg
K2 0	19 mg	54 mg
Mg	7 mg	9 mg
Salz	unter 0,1%	unter 0,1%

pH-Werte zwischen 7,0 und 7,6.

Dieser neutrale bis schwach alkalische Reaktionswert läßt sich durch Superphosphat absenken, indem etwa 600 g des Phosphatdüngers in Wasser aufgelöst und damit 1 m³ Lavaschlacke durchtränkt werden. Lavalit kann, je nach Herkunft, auch niedrigere pH-Werte (6–6,5) aufweisen. Das Vulkangestein speichert 15–20 Vol.% Wasser. Lavaschlacke ist strukturbeständiger als Bimskies.
Lavalit (eine Handelsbezeichnung für die Produkte einer Herstellerfirma in Ochtendung bei Mayen/Koblenz) und vergleichbare Lavaschlacke werden als Pflanzsubstrat in den Größen 0–16 mm Durchmesser verwendet; eine sehr günstige Körnung ergeben 4–8 mm Durchmesser. Lava kann in jeder beliebigen Menge der Kakteenerde zugesetzt werden.

Perlite ist ein poröses, feinkörniges, unverrottbares Aluminiumsilikat mit hoher Wasserspeicherkapazität. In reiner Form hat es sich zur Stecklingsbewurzelung bestens bewährt. Perlite ist auch als Zusatz zu humosen und mineralischen Pflanzsubstraten empfehlenswert.
Gesteinsverwitterungen von sauer wirkenden Urgesteinen, vor allem Granit, aber auch Basalt, Gneis und Schiefer, sind hochwertige Materialien für Sukkulenten von mineralischen Standorten. Schlämmende Feinteile unter 1 mm Größe sind auszusieben. Gesteinsverwitterungen können pur oder mit anderen Substanzen vermischt verwendet werden.
Hygromull, ein Kunstharzschaumerzeugnis mit hoher Wasserhaltekraft (70 Vol.%), dient der Bodenlockerung. In der Struktur ist es schwammartig wiederbenetzbar. Es enthält Stickstoff und ist daher für epiphytische Kakteen geeignet. Der Anteil kann rund 20% einer Erdmischung betragen.
Styromull, ein Polystrolschaumstoff, wird in Form von kleinen Kügelchen, Flöckchen oder streifenartigen Schnitzeln zur Lockerung von Freilandböden (vor allem bei Gartenneuanlagen) und in Kulturerden verwendet. Orchideen können in reinem Polystrolschaumstoff kultiviert werden. Pflanzen erhalten regelmäßig Flüssigdünger.
Das Material enthält rund 98 Vol.% Luft in abgeschlossenen, wasserundurchlässigen Kammern. Es ist nahezu unvergänglich und wirkt optisch wegen seiner weißen Färbung unnatürlich bis störend. Je höher der Anteil in einem Kultursubstrat (25% sind nicht ungewöhnlich), desto mehr muß gegossen und gedüngt werden.
Vermiculit, ein Glimmererzeugnis, hat sich ebenfalls als Zusatz zur Lockerung von Freilandböden und gärtnerischen Erden bewährt. Es hält die Feuchtigkeit.

Pflanzgefäße

Dem Pflanzenfreund stehen heute eine ganze Reihe geeigneter Gefäße aus verschiedenen Materialien, in vielen praktischen Abmessungen und geschmackvollen Designs zur Verfügung. Die modernen Kunststoffe haben die früher häufig gebräuchlichen Holzkästen fast völlig, Eternit- und Tongefäße weitestgehend verdrängt.
Holz kann auch heute noch im Dienste der Pflanzenhaltung eine Rolle spielen, z. B. zur Herstellung maßgerechter Pflanzkästen für die Fensterbank. Die Höhe der Seitenwände sollte etwa 12 cm betragen. Das wirkt nicht zu plump und gibt den Pflanzen andererseits genügend Tiefe für die Wurzelentwicklung.
Holz ist recht anfällig gegen Fäulnis und bietet Algen, Pflanzenschädlingen und -krankheiten günstige Ansatzpunkte. Es muß daher mit pflanzenunschädlichen Imprägnierungsmitteln behandelt oder mit Kunststoffolie vor Nässeeinwirkung geschützt werden.
Die Aussaaten werden heute in der Regel in Töpfchen oder Schalen aus Hartplastik oder Styropor vorgenommen.
Für den Kleingebrauch, also für den Hobby-Pflanzenfreund, sind Anzuchtboxen sowie Mini- und Kleingewächshäuser aus schlagfestem PVC-Unterteil und glasklarer PVC-Abdeckhaube ideal. Folgende Abmessungen sind zur Zeit im Handel: 30x23 cm, 36x22 cm, 50x32 cm.
Eine Weiterentwicklung bietet ein dreiteiliges Kleingewächshausset in den Abmessungen 68x21,5x15 cm oder 68x21,5x25 cm.
Für die notwendige Bodenwärme sorgt der Platz auf der warmen Fensterbank oder – sicherer und gleichmäßiger – ein elektrisches, thermostatisch gesteuertes Heizkabel, das in jedes Unterteil der

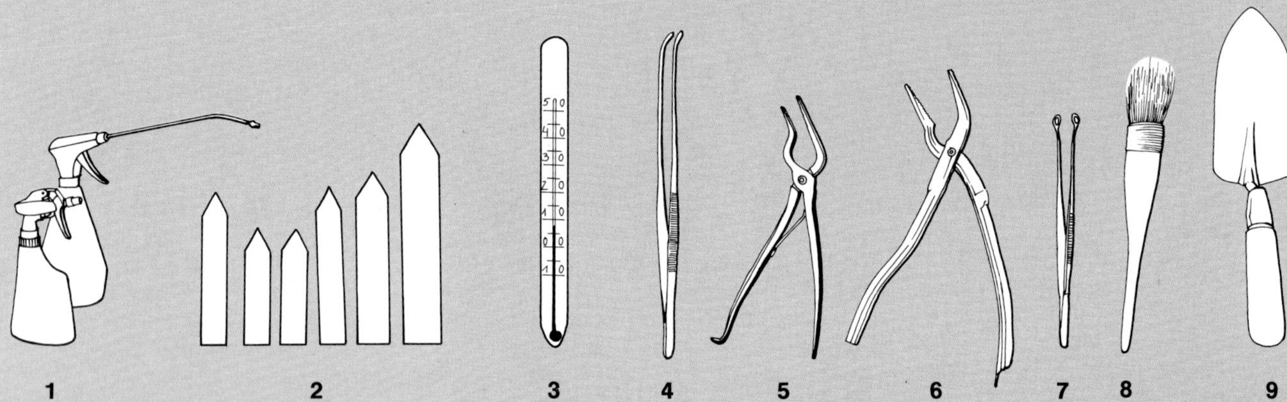

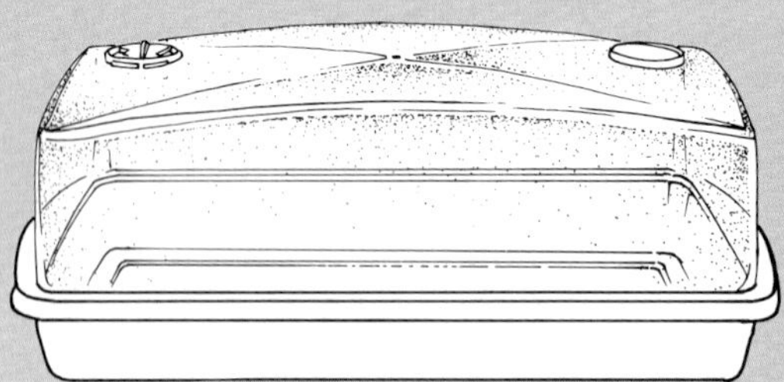

Kleingewächshaus für Aussaaten und Stecklingsvermehrung

Tontöpfe und -schalen

Orchideenkörbe für Epiphyten und Ampelpflanzen

Kunststoffgittertöpfe für Hydrokultur

Töpfe und Untersetzer aus Hartplastik

größeren Ausführungen eingelegt werden kann.
Die Weiterkultur der Pfleglinge erfolgt vorteilhafterweise ebenfalls in Kunststoffgefäßen. Styroporkästen erfordern wegen ihrer Zerbrechlichkeit dabei eine sehr vorsichtige Handhabung.
Am gebräuchlichsten sind Schalen, Töpfe und Pflanzkübel aus schlagfestem Polystyrol, aus Hart-PVC und Polyäthylen. Für unsere Zwecke besonders empfehlenswert sind die platzsparenden Vierecktöpfe aus Hartplastik. Es gibt sie in normaler Topfhöhe in den Größen von 5x5x4,5 cm bis 11,5x11,5x10,5 cm und in der tieferen Ausführung für Rübenwurzeln in den Abmessungen zwischen 7x7x6,5 cm und 18x18x18 cm. Rundtöpfe aus Hartplastik sind von 4–14 cm Durchmesser in vielen Zwischengrößen erhältlich. Es folgen die Pflanzkübel aus besonders dickwandigem Polyäthylen. Sie sind von enormer Dauerhaftigkeit, aber schwarz und häßlich. Wo es auf Schönheit des Pflanzgefäßes ankommt, was ja bei dekorativen Einzelpflanzen durchaus nicht ungewöhnlich ist, weicht man auf die guten, jedoch sehr teuren Eichenholzkübel oder die nicht minder wertvollen Keramikgefäße aus.
Für Agaven und andere in die Breite wachsende sowie polsterbildende Pflanzen und typische Flachwurzler bieten sich die flachen Ausführungen der Baumschulcontainer an. Da sie aus weichem Polyäthylen gefertigt sind, können sie im Bedarfsfall oben abgeschnitten und somit noch flacher gestaltet werden.
Wenn Pflanzgefäße ausschließlich der Pflanzenhaltung im engeren Sinne zu dienen haben und dabei auf einen ästhetischen Anblick verzichtet werden kann, erfüllen auch Blecheimer und andere Behältnisse diesen Zweck. Wichtig ist jedoch, daß die Gefäßwandungen keine pflanzenschädigenden Stoffe absondern.
So sind beispielsweise Zinkgefäße unbrauchbar. Die Verzinkungsgefahr, in deren Verlauf die Pflanzen kümmern, ist nicht zu unterschätzen. Eternit und Beton sind für unsere Pflanzen ebenfalls nicht die geeignetsten Werkstoffe. Sie können den pH-Wert des Pflanzsubstrates durch Kalkausscheidungen verändern. Gefäße aus diesem Material sollten vor Gebrauch 10 Tage lang gewässert werden, wobei das Wasser wiederholt zu wechseln ist. Zweckmäßig ist das Bestreichen der Gefäßinnenflächen mit einem pflanzenunschädlichen Kunststoffpräparat.

Tontöpfe oder Kunststofftöpfe?

Die altbekannten Tontöpfe sind auch im Zeitalter der Kunststoffe noch zu haben, allerdings zu einem bedeutend höheren Einkaufspreis. Lange Zeit galten sie als die günstigsten Gefäße für die Pflanzenhaltung. Ihre Wandungen sind luft- und wasserdurchlässig, somit erhalten die Wurzeln in reichlichem Maße funktionsnotwendigen Sauerstoff, und die Gefahr des Vergießens ist gering.
Im feuchtwarmen Gewächshausklima der Erwerbsgärtner und überall dort, wo Tontöpfe tief in feuchtigkeithaltendes und -ausgleichendes Substrat (z. B. Torf) eingefüttert werden, haben sie zweifellos beachtliche Vorzüge aufzuweisen. Nässeempfindliche Pflanzen werden in Gärtnereien weiterhin hauptsächlich in Tontöpfen kultiviert.
Sobald Tontöpfe eine **freie Aufstellung** ohne eine feuchtigkeitshaltende und -ausgleichende Umfütterung erhalten, sind für sie nur noch Nachteile erkennbar:

- Tontöpfe verdunsten erhebliche Wassermengen durch die porösen Wandungen. Die Wasserverluste erfordern häufiges Gießen, was bei Verwendung ungeeigneten Wassers zu schädlichen Kalk- und Salzanreicherungen führen kann. Mit dem Verdunstungsstrom gelangen diese Stoffe, auch Nährsalze, an die Topfwand, wo sie nicht selten an der Außenseite auskristallisieren. Die Wurzeln folgen auf der Nahrungssuche und haften sich mit einem dichten Netz feiner Faserwurzeln an den porösen Topfwänden fest. Dort sind sie bedrohlichen Einflüssen ausgesetzt: Die Verdunstungskälte, übermäßig hohe Erwärmung durch starke Sonneneinstrahlung und die damit verbundene Austrocknung bringen nicht selten die für die Wasser- und Nährstoffaufnahme zuständigen feinen Wurzelhärchen der Saugwurzeln zum Absterben, und es müssen immer wieder neue ausgebildet werden.

- Während der Hauptwachstumszeit benötigen die Pflanzen eine gleichmäßige Bodenfeuchtigkeit. Doch gerade während dieser Periode, die gewöhnlich in unserer warmen Jahreszeit liegt, sind die in Tontöpfen stehenden Pflanzen in erhöhtem Maße durch häufiges Austrocknen gefährdet. Dabei ist auch zu beachten, daß kleinere Töpfe stärker als größere betroffen sind. Es kommt also immer wieder zu Wachstumsunterbrechungen. Beim Umtopfen werden zudem nicht selten die wichtigsten Wurzeln stark beschädigt beziehungsweise zerstört.

1) Handzerstäuber zum Nebeln und zur Schädlingsbekämpfung;
2) Stecketiketten;
3) Bodensteckthermometer;
4 + 7) Spezialpinzetten zum Pikieren kleiner Sämlinge;
5 + 6) Topfzangen;
8) Reinigungspinsel;
9) Handspaten.

Tontöpfe sollten deshalb nur dort verwendet werden, wo ihre Porösität Nutzen verspricht. Sie sind zu empfehlen bei der Kultur nässeempfindlicher, kleinbleibender Sukkulenten, die eine milde, indirekte Bewässerung bevorzugen, z. B. hochsukkulente *Crassula*- und *Mesembryanthemum*-Arten, *Sarcocaulon* und andere Raritäten, auch verschiedene Kakteen. Stets müssen die Töpfchen in Torf, Sand, Torf/Sandgemisch, Bimskies, Lavalit oder ähnliches tief eingesenkt werden. Gegossen wird nur zwischen die Töpfe.

Herkömmliche Tontöpfe sind auch zu bevorzugen, wenn in Töpfen stehende Einzelpflanzen zu wirkungsvollen Arrangements gruppiert werden, beispielsweise in Gartenbeeten, in Fensterkästen und dergleichen. Die Töpfe sollten, weil ihr Anblick störend wirkt, bis zum oberen Rand versenkt werden. Die porösen Topfwandungen bewirken einen umfassenden Feuchtigkeitsausgleich, so daß weder die Gefahr der Vernässung noch der Austrocknung gegeben ist. Für gute Dränage ist selbstverständlich in jedem Falle zu sorgen.

Von diesen wenigen Beispielen abgesehen, bringt der Einsatz von Kunststofftöpfen umfassendere Vorteile. In besonderem Maße gilt das für die Kultur von Kakteen und anderen Sukkulenten, die in der Mehrzahl einen stets sonnigen, im Sommer zudem sehr warmen und tagsüber lufttrockenen Standort lieben.

Diese Vorzüge seien in Stichworten genannt:

1. keine Wasserverdunstung durch die Topfwände, dadurch weitaus geringere Wasserverluste;
2. gleichmäßige Wasser- und Nährstoffverteilung im Topfballen;
3. bessere, den gesamten Topfballen durchziehende Wurzelbildung;
4. größere Gießabstände bedeuten weniger Arbeitsaufwand, geringeren Wasserverbrauch, Verminderung der Gefahr nachteiliger Kalk- und Salzanreicherung;
5. leichte Handhabung wegen des geringen Gewichtes;
6. optimale Platzausnutzung mit Vierkanttöpfen.

Das Gießen der in Kunststofftöpfen kultivierten Pflanzen erfordert eine erhöhte Sorgfalt, denn schnell kann man des Guten zuviel tun. Werden Pflanzen in Plastik- und Tontöpfen gehalten, sollte man sie getrennt placieren. In der Regel benötigen Kunststofftöpfe nur etwa 1/3 der Wassermenge, die für Tontöpfe aufgewendet werden muß. Dies erfordert eine nicht zu unterschätzende Umstellung in den Gießgewohnheiten. Jedem, mit Interesse und Einfühlungsvermögen arbeitenden Pflanzenfreund, sollte dies jedoch nicht schwerfallen.

Für epiphytische Kakteen und Ampelpflanzen eignen sich die sogenannten Orchideenkörbe, die in verschiedenen Größen in Holz- und Kunststoffausführung im Handel erhältlich sind. Man kann auch Blumentöpfe an den Seiten anbohren und in die Löcher Stecklinge von *Sedum* oder anderen kriechend wachsenden Pflanzen stecken. Der Phantasie sind keine Grenzen gesetzt.

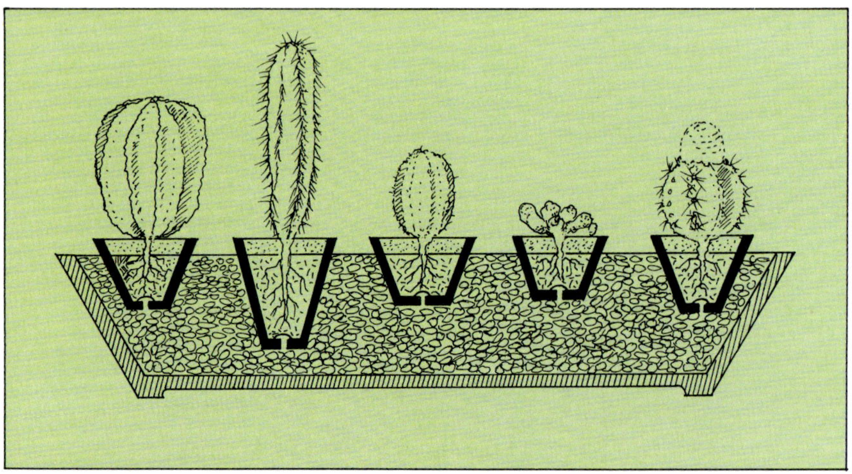

Zur Vermeidung schädlichen Austrocknens sollte man kleinere Tontöpfe in feuchtigkeitshaltendes Substrat einsenken.

Hydrokultur

Die Hydrokultur ist seit einigen Jahren eine beliebte und bewährte Methode vereinfachter Pflanzenhaltung in Wohn- und Büroräumen, Empfangshallen und in der Gastronomie. Diese Art der Pflanzenpflege ist ziemlich problemlos, da das bei der Erdkultur notwendige regelmäßige Gießen, Düngen und Verpflanzen mit allen Risiken einer unsachgemäßen Handhabung entfällt.

Das Wohlbefinden der Pflanzen ist allerdings auch bei Hydrokultur von dem Vorhandensein der Wachstumsfaktoren Licht, Luft und Wärme abhängig. Auch hier ist Zugluft zu vermeiden. Um Unterkühlung vorzubeugen, sollte die Raumtemperatur mindestens 18 °C betragen, nachts darf sie etwas niedriger liegen. Nur während der winterlichen Trockenruheperiode bestimmter Pflanzenarten sind niedrigere Temperaturen zulässig.

Hydrokultur ist geeignet für langlebige Blatt- und Blütenpflanzen, Orchideen, Kakteen und eine Auswahl anderer sukkulenter Pflanzenarten.
Unter Hydrokultur versteht man die erdelose Pflanzenhaltung in sterilem mineralischen Füllsubstrat und verdünnten Nährlösungen. Dieser Kulturmethode liegt die Erkenntnis zugrunde, daß Pflanzen nicht von der Erde ihres Standortes leben, somdern von den gelösten Nährstoffen, die die Wurzeln zusammen mit dem Wasser aufnehmen.
Die Wasser- und Nährstoffversorgung ist bei Hydrokultur auf denkbar einfache Weise zu regeln. Neuzeitliche Präparate mit Langzeitwirkung versorgen die Pflanzen über einen Zeitraum von 6 Monaten mit allen für das Wachstum notwendigen Nähr- und Wirkstoffen. Die Dosis pflanzenverfügbarer Nährstoffe wird auf der Basis des Austausches der Nährstoffionen und den von den Pflanzenwurzeln ausgeschiedenen Wasserstoff- und Kohlendioxidionen selbsttätig geregelt. Die Gefahr des Überdüngens ist damit ausgeschlossen.
Zusätzlich wird chlor- und kalkhaltiges Leitungswasser neutralisiert und pflanzenverträglich gemacht. Es ist nur kalkhaltiges Wasser zu verwenden.
Lewatit HD5 ist ein bewährtes Langzeitpräparat, das nur alle 6 Monate einmal ergänzt werden muß. In der übrigen Zeit wird nach Bedarf das von den Pflanzen aufgenommene sowie das an der Gefäßoberfläche verdunstende Wasser nachgefüllt. Meist reicht der Wasservorrat mehrere Wochen, so daß man ohne Sorge verreisen kann. Durch Wasserstandsanzeiger im Gefäß ist der Bedarf leicht abzulesen.
Einmal jährlich sollte das Wasser völlig ausgetauscht werden, um einer Anreicherung wachstumshemmender Wurzelausscheidungen vorzubeugen. Bei Kakteen und anderen Sukkulenten kann das Ablassen der verbrauchten Nährlösung gleichzeitig die Trockenruhezeit einleiten.
Bei Benutzung von Volldüngern ohne Ionenaustausch sollte die Nährlösung schon nach jeweils 4-8 Wochen unter Verwendung kalkfreien Wassers völlig erneuert werden. Hier besteht vorrangig und ziemlich kurzfristig die Gefahr der pflanzenschädlichen Salzanreicherung im Hydrogefäß.

Füllsubstrate

Als Füllmaterial in den Hydrogefäßen hat sich das für die Baustoffindustrie entwickelte Tongranulat Blähton oder Lecaton bestens bewährt. Der kugelförmige Blähton ist gebrannter Ton, dem während des Brennprozesses bei 1000 °C mit hohem Druck Preßluft zugeführt wurde. Er ist porös, daher leicht, ferner staubfrei, beständig und auch wegen der hellbraunen Färbung ein sympathisches Substrat. Für unsere Zwecke wird Blähton in den Größen von 5–20 mm Durchmesser verwendet.
Wo Blähton nicht zur Verfügung steht, kann auch Bimskies, Ziegelsplitt, Basaltkies oder ein anderes mineralisches Substrat verwendet werden. Das Füllmaterial sollte vor Gebrauch durch Auswaschen von allen schlämmenden Feinteilen befreit werden.

Hydrogefäße

Spezialgefäße für Hydrokultur werden in vielen formschönen Modellen aus verschiedenen Kunststoffen und Keramik angeboten. Es gibt Gefäße unterschiedlicher Größen für Einzelpflanzen, wie auch größere Pflanzkästen oder Tröge für die Gestaltung dekorativer Arrangements. Für größere Pflanzgefäße sind Stab- oder Asthalter mit Bodenplatte erhältlich.

Plastikgittertopf für die Hydrokultur.

Hydrotöpfe bestehen meist aus einem Gittertopfeinsatz und einem Übertopf. In jedes Hydrogefäß gehört – unabhängig von der Größe desselben – ein Wasserstandsanzeiger. Hydrotöpfe haben meist ein Sichtfenster mit Skala.

Die Vorbereitung der Pflanzen für die Hydrokultur

Am vorteilhaftesten kultiviert man die für Hydrokultur bestimmten Pflanzen von Anfang an auf erdelosen Substraten. Stecklinge und Jungpflanzen lassen sich erfolgreich auf Bimskies, Perlite, Hygromull-/Styromull-Gemisch oder im Hydroverfahren (z. B. Stecklinge von epiphytischen Kakteen) heranziehen. Aussaaten erfolgen in kleinkörnigem, gewaschenem Bimskies oder Lavalit in flachen Schalen.
Aber auch größere, noch nicht ausgewachsene Pflanzen lassen sich von Erd- auf Hydrokultur umgewöhnen. Dies erfolgt während der Wachstumsperiode.

Dazu müssen als wichtigste Maßnahme die Wurzeln durch sorgfältiges Auswaschen in lauwarmem Wasser von allen anhaftenden Erdteilchen befreit werden. Die Wurzeln sind gründlich gereinigt, wenn keine Wassertrübung mehr erfolgt. Eventuell verletzte Wurzeln müssen mit einem scharfen Messer entfernt werden. Es dürfen keine Humusteile ins Füllsubstrat gelangen, diese wären Fäulniserreger!

Das Bepflanzen der Hydrogefäße

Das Einpflanzen erfolgt wie bei der Erdkultur in der Weise, daß die Wurzeln möglichst tief und gleichmäßig verteilt, dabei aber keinesfalls geknickt in den Topf beziehungsweise den Kasten gebracht werden. Das Auffüllen mit dem Tongranulat oder einem anderen geeigneten Füllsubstrat geschieht vorsichtig von allen Seiten. Der Pflanzenkörper darf dabei nicht zu tief in das Füllmaterial gelangen, sondern soll mit dem Wurzelhals an der Oberfläche abschließen. Bei größerwerdenden Pflanzen wird gleich ein bis zum Boden reichender Haltestab beigegeben.

In kleinen Gittereinsatztöpfen oder Anzuchtcontainern vorkultivierte Hydropflanzen werden mitsamt diesen in größere Gefäße umgesetzt. Oft sind die Wurzeln aus den Seitenschlitzen herausgewachsen und könnten durch Austopfen unnötig beschädigt werden.

Erfolgt die Nährstoffversorgung mit dem Langzeitnährstoff Lewatit HD5, so wird dieses Präparat gleich bei der Bepflanzung ins Gefäß gegeben. Die Menge richtet sich nach der Grundfläche: für 1 m^2 sollen 500–600 cm^3 verwendet werden. Bei einer Gefäßgröße von 0,5 m x 0,5 m = 0,25 m^2 ergibt sich ein Bedarf von 125–150 cm^3.

Wegen der Eigenschaft, pflanzenschädliche Stoffe des Wassers zu neutralisieren, wird bei Wasser mit besonders hohem Kalk- und Chlorgehalt eine Steigerung der Spezialnährstoffgabe bis 50% empfohlen.

Werden andere wasserlösliche Vollnährsalze verwendet, gibt man diese erst 1–2 Wochen nach dem Umpflanzen ins Wasser.

Verwendet wird leicht temperiertes Leitungswasser. Die richtige Menge gibt der Pegelanzeiger an. Ein zu hoher Wasserstand ist schädlich; die Stammbasis darf niemals im Wasser stehen.

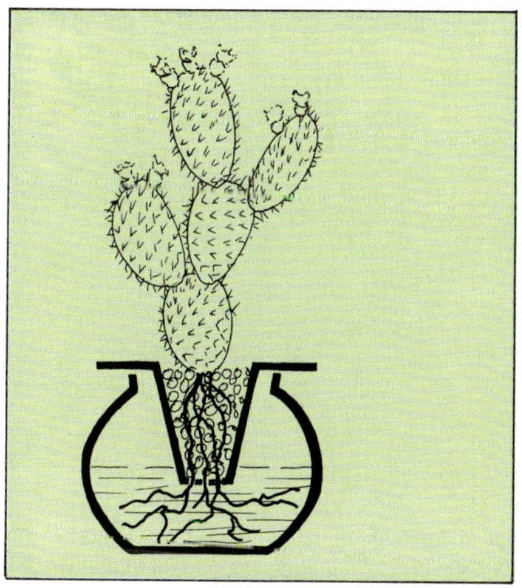

Spezialgefäß für Hydrokultur.

Kakteen und Agave in Hydrokultur – ein reizvolles Arrangement.

Welche Pflanzen sind geeignet?

Die epiphytischen Kakteengattungen lassen sich uneingeschränkt mit bestem Erfolg in Hydrokultur nehmen. Ihnen ist die gleichmäßige Wasser- und Nährstoffversorgung in besonderem Maße zuträglich. Das schädliche Austrocknen des Wurzelballens entfällt.

Hochsukkulente Kakteenarten, wie Kugel- und Säulenkakteen sowie Opuntien gedeihen ohne Erde ebenfalls prächtig. Unter den anderen Sukkulenten sind es die robusten, stark zehrenden Arten.

Neben der reichlichen Wasser- und Nährstoffversorgung müssen die übrigen wachstumsbestimmenden Faktoren Licht, Wärme und Luft in angemessener Weise zur Verfügung stehen. Auf künstliche Zusatzbeleuchtung kann häufig nicht verzichtet werden.

Die für alle sukkulenten Gewächse wichtige Ruhezeit wird durch Reduzierung des Wasserstandes auf ein Minimum von wenigen Zentimetern oder gänzliches Ablassen bei gleichzeitigem Absenken der Temperaturen erreicht. Die Trockenruhe beginnt, wie auch in der Erdkultur üblich, bei den meisten Arten Ende Oktober und dauert bis Mitte März.

Verschiedene südafrikanische Sukkulenten und die epiphytischen Kakteen haben zum Teil andere Lebensgewohnheiten, die es zu berücksichtigen gilt.

Kakteen und andere Sukkulenten erfolgreich in Hydrokultur zu halten, setzt die Berücksichtigung ihrer speziellen Ansprüche und Lebensweise voraus. Der mit Überlegung arbeitende Pflanzenfreund wird sich auf Dauer an gut entwickelten Pflanzen erfreuen können.

Vermehrungs-arten

Die Vermehrung der Kakteen und anderen Sukkulenten erfolgt auf *generativem* (= geschlechtlichem) Wege durch Samen und bei zahlreichen Arten auch auf *vegetativem* (= ungeschlechtlichem) Wege durch Kindel, Ausläufer, Brutpflanzen, Stecklinge und Propfung.

Die Verbreitung der Samen

An den natürlichen Standorten vermehren sich die Sukkulenten in erster Linie durch Samen. Deren Verbreitung erfolgt teilweise durch den Wind, der die feinkörnigen oder mit Flugvorrichtungen versehenen Arten verweht. Die Samen zahlreicher Dickblattgewächse *(Crassulaceae)* sind staubfein; 1 g Samen von *Kalanchoe blossfeldiana* enthält etwa 80 000 Korn.
Flugvorrichtungen bilden die Seidenpflanzengewächse *(Asclepiadaceae)* aus. Auch die Samen der Liliengewächse *(Liliaceae)* und vieler anderer Arten treibt der Wind fort. Nicht selten werden Samen durch heftige Regenfälle fortgeschwemmt.

- Verbreitung der Samen
- Anzucht aus Samen
- Kreuzungen, Hybriden
- Aussaat
- Vermehrung an den natürlichen Standorten
- Aussaatzeit
- Keimverhalten
- Keimtemperaturen
- Pikieren, Eintopfen, Umtopfen
- Vermehrung durch Stecklinge
- Pfropfen

Die Flugvorrichtung der Samen dient der Verbreitung durch den Wind.

Häufig sorgen Tiere für die Verbreitung, indem sie die mit den Früchten gefressenen hartschaligen Samen wieder ausscheiden. Zahlreiche Kakteenarten haben beerenartige, safthaltige Früchte, die mit Vorliebe von Vögeln, Nagetieren sowie anderen Säugetieren und Insekten gefressen werden. Ameisen verschleppen die Samen in ihre Schlupfwinkel. In Felsritzen, im Geröll, im Schutze größerer Steine, ausdauernder Pflanzen und zwischen Pflanzenablagerungen finden Samen in den Trockengebieten die günstigsten Voraussetzungen für die Keimung: länger anhaltende Feuchtigkeit und Schutz vor der prallen Sonne.

Die Anzucht aus Samen

In der Pflanzenliebhaberei bedeutet die Anzucht aus Samen eine echte Bereicherung des Hobbys. Es entsteht eine Beziehung zu den Pflanzen, deren Entstehung und Entwicklung man selbst veranlaßt und beeinflußt hat. Zarte, junge Lebewesen bedürfen der besonderen Aufmerksamkeit und intensiven Pflege.

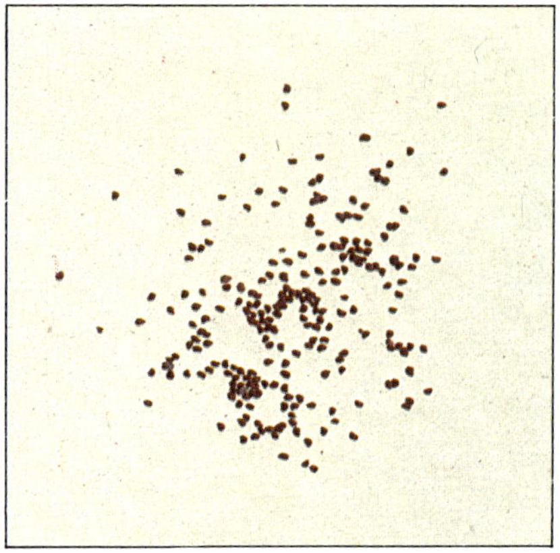

Echinocereus pectinatus

Notocactus uebelmannianus

Die Aussaatmethode ermöglicht eine reichliche Pflanzenvermehrung auf kleinstem Raum. Durch die Aussaat läßt sich am ehesten eine artenreiche Pflanzensammlung aufbauen, denn viele Arten sind selten oder an den natürlichen Standorten geschützt, der Pflanzenerwerb ist daher schwierig oder gar unmöglich. Samen werden dagegen von einschlägigen Fachgeschäften in großer Auswahl angeboten.

Man kann auch selbst Früchte und Samen ziehen, sofern mehrere Pflanzen derselben oder einer verwandten Art gleichzeitig in Blüte stehen und diese untereinander bestäubt werden. Die Bestäubung erfolgt, indem man mit einem kleinen, feinen Tuschpinsel den Pollen (= Blütenstaub) auf die Narben der Blüten einer anderen, gleichartigen Pflanze überträgt. Hierbei ist der richtige Zeitpunkt von großer Bedeutung.

Die Blüten müssen geöffnet sein und den Pollen freigeben. Die meisten Pflanzen sind auf Fremdbestäubung angewiesen, so daß die Bestäubung mit dem eigenen Pollen zu keiner Samenbildung führt. Wo Selbstbestäubung möglich ist und erzwungen wird, führt dies in der Regel zu geringem Samenansatz und entwicklungsgehemmter Nachkommenschaft.

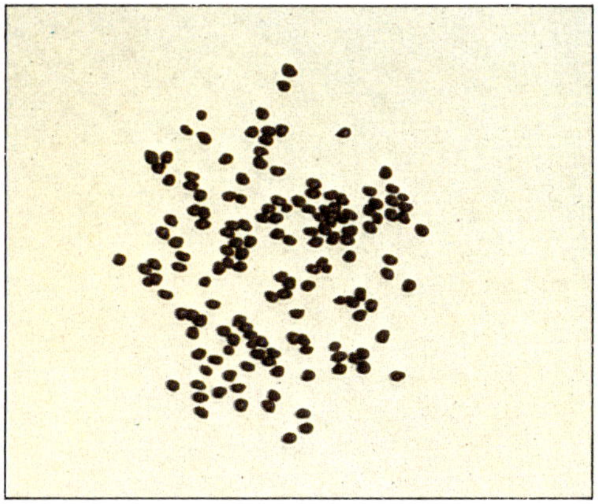

Ferocactus acanthoides

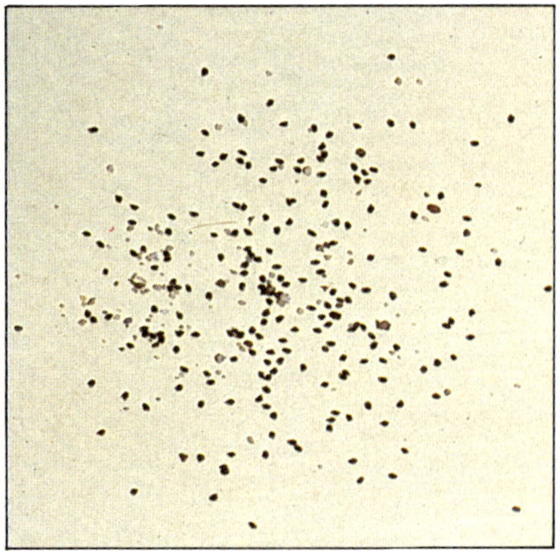

Mammillaria hahniana

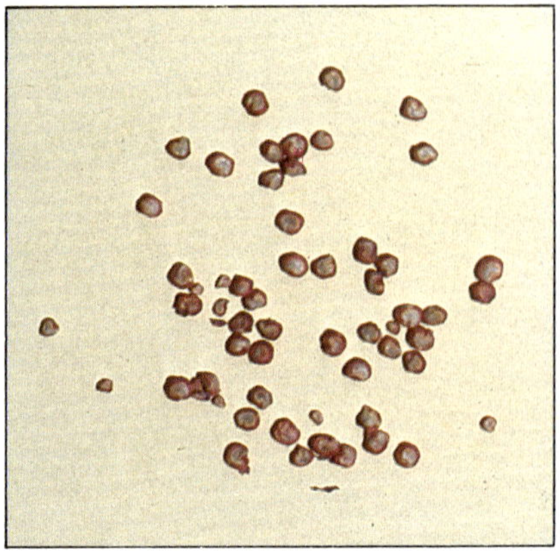

Astrophytum myriostigma

Obwohl fast alle Kakteen bisexuelle oder zwittrige Blüten entwickeln – d. h., in einer Blüte befinden sich männliche (Staubblätter) und weibliche (Fruchtblätter) Organe –, kommt es doch nur selten zur Selbstbefruchtung. Die Pflanzen schützen sich häufig vor Selbstbestäubung, indem die geöffnete Blüte zunächst den Pollen freigibt, während die Narbe noch geschlossen bleibt und somit nicht aufnahmefähig ist. Nicht selten steht die Narbe über den Staubblättern. Erst wenn die Blüte den meisten Pollen verstreut hat, öffnet sich die Narbe, um den Pollen einer anderen Blüte aufzunehmen. Im Abwelken schrumpft die Narbe auf die Ebene der Staubblätter, so daß zwangsläufig auch Pollen der eigenen Blüte aufgenommen werden. Die Wahrscheinlichkeit der Selbstbefruchtung ist dennoch gering, weil der Pollenschlauch des auf der Narbe gekeimten fremden Pollens schneller als der des eigenen Pollens durch den Griffel zum Fruchtknoten wächst. Die eigentliche Befruchtung einer Blüte erfolgt in den Samenanlagen des Fruchtknotens.

Einige Pflanzengattungen, z. B. *Frailea* und *Anacampseros* sind von vornherein selbstfertil (selbstbefruchtend). *Frailea* zeichnet sich zudem durch Kleistogamie aus, d. h. die Pflanzen entwikkeln keimfähigen Samen, ohne daß sich die Blüten öffnen. Frailea-Arten erblühen nur unter intensiver Beleuchtung und hoher Wärmeeinwirkung.

Ausschließlich auf Fremdbestäubung angelegt sind die zweihäusigen (diözischen) Pflanzenarten, deren eingeschlechtigen (diklinen) Blüten – sie tragen entweder nur männliche oder

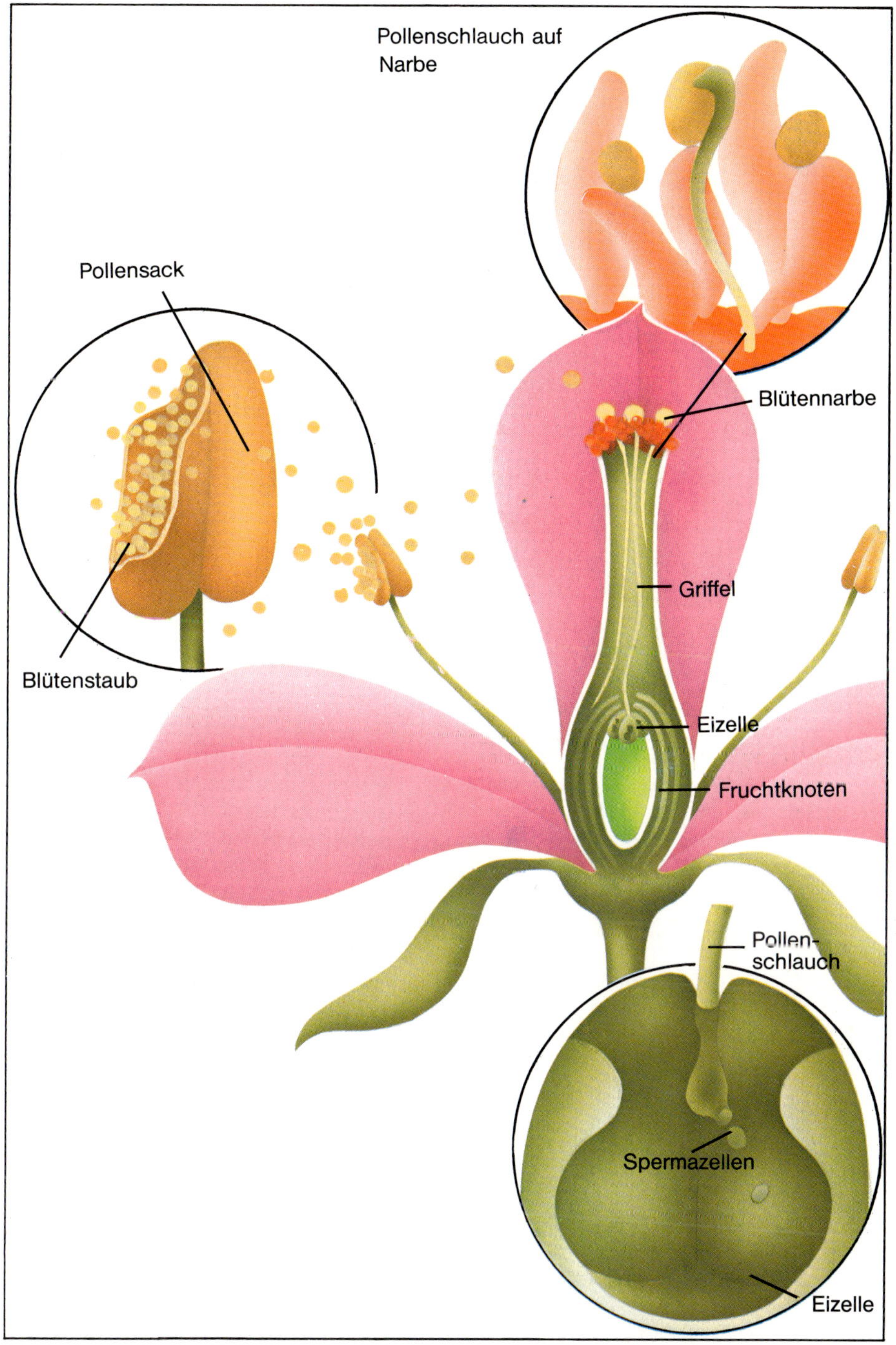

Schema einer für Insektenbestäubung eingerichteten Blume. Typische Merkmale: farbiger Schauapparat, nektarenthaltend, Pollen und Narbe sind klebrig.

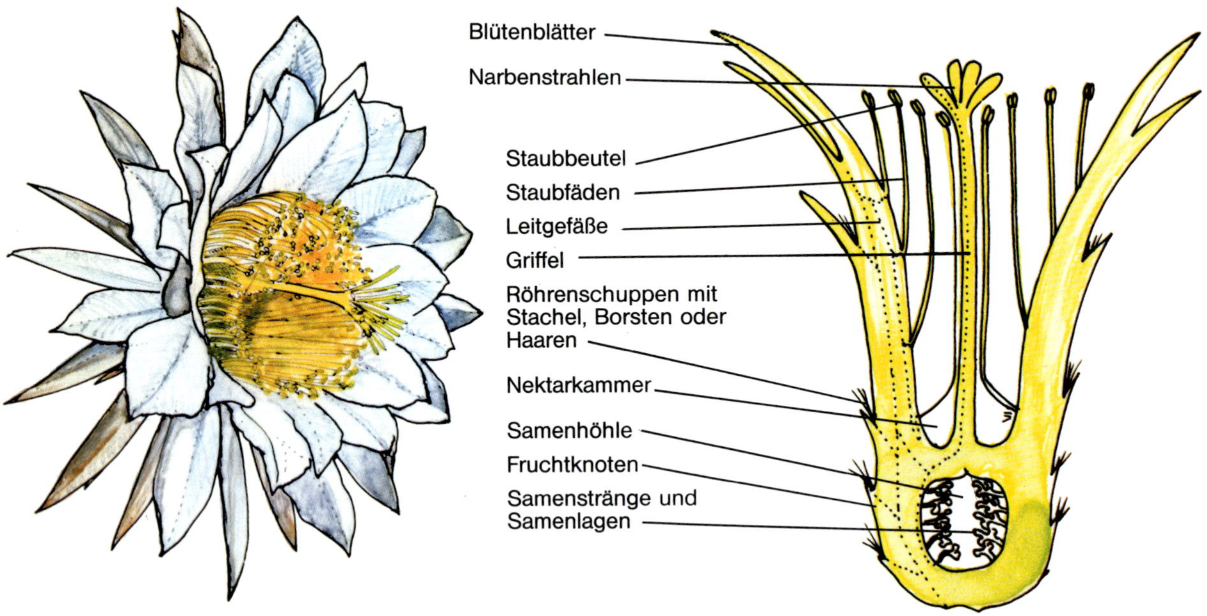

Aufbau einer Kakteenblüte.

nur weibliche Organe – getrennt auf verschiedenen Individuen vorkommen. *Euphorbia obesa* ist ein solcher Vertreter.

Der Samengewinnung dienende Früchte sollten bis zur Vollreife an der Pflanze belassen bleiben. Bei trockenen Früchten, z. B. Kapseln von *Euphorbia obesa,* muß das unkontrollierte Verstreuen der Samen durch Einbinden der Früchte in ein Stück eines Perlonstrumpfes oder Bedecken mit einem Wattebausch verhindert werden.

Besondere Sorgfalt ist auf die gründliche Reinigung des Saatgutes zu verwenden. Die gesäuberten und getrockneten Samen sind kühl und trocken bis zur Aussaat aufzubewahren.

Die Samen der Mittagsblumengewächse beläßt man am besten bis zur Aussaat in den trockenen Fruchtkapseln, weil sie naturgemäß einer 3-6monatigen Nachreifezeit bedürfen. Die fest schließenden und verholzenden Kapseln öffnen sich und geben die Samen frei, wenn man sie für wenige Minuten in temperiertes Wasser legt.

Kreuzungen, Bastarde, Hybriden

Kakteen, Aloen, Mittagsblumengewächse und viele andere Pflanzen neigen sehr zur Bastardierung. Der in Pflanzensammlungen geerntete Samen ist daher nicht immer artecht. Die verschiedensten Arten wachsen und blühen auf engstem Raum, so daß unkontrollierbare Pollenübertragungen durch Insektenflug, durch Luftbewegung und unsachgemäße künstliche Bestäubung sehr wahrscheinlich ist.

In der Natur schützen sich die Arten eines Lebensraumes vor Einkreuzungen, indem sie zu unterschiedlichen Zeiten ihre Blüten entfalten. Die Artechtheit ist bei den an den natürlichen Standorten gesammelten Samen wahrscheinlicher, obwohl es auch zahlreiche Naturhybriden gibt.

Vermehrung aus Samen selbstgezogener Kakteen, beispielsweise Mammillarien, ergibt eine erstaunliche Vielfalt in der Bestachelung und Behaarung. In den Sammlungen botanischer Gärten ist die unbeabsichtigte Hybridisation unerwünscht, denn hierbei sind die typischen Artmerkmale aufgelöst.

Die Bereitschaft vieler Arten zur Bastardierung gibt dem Pflanzenzüchter andererseits die Möglichkeit zu gezielter Sortenzüchtung. Es sei nur an die herrlichen *Lobivia*- und *Echinopsis*-Hybriden erinnert, oder an die Weihnachts- und Osterkakteen *(Zygocactus, Schlumbergera, Rhipsalidopsis)* sowie die großblumigen Sorten der sogenannten Blattkakteen *(Epiphyllum = Phyllocactus)*. Es sind durch Kreuzung und Auslese entstandene Sorten, die zwecks Erhaltung ihrer besonderen Züchtungsmerkmale nur auf ungeschlechtlichem Wege vermehrt werden können. Bei Nachzucht aus Samen würden sich die Nachkommen nach festliegenden Vererbungsgesetzen in die verschiedenen Merkmale mehrerer Elterngenerationen aufspalten.

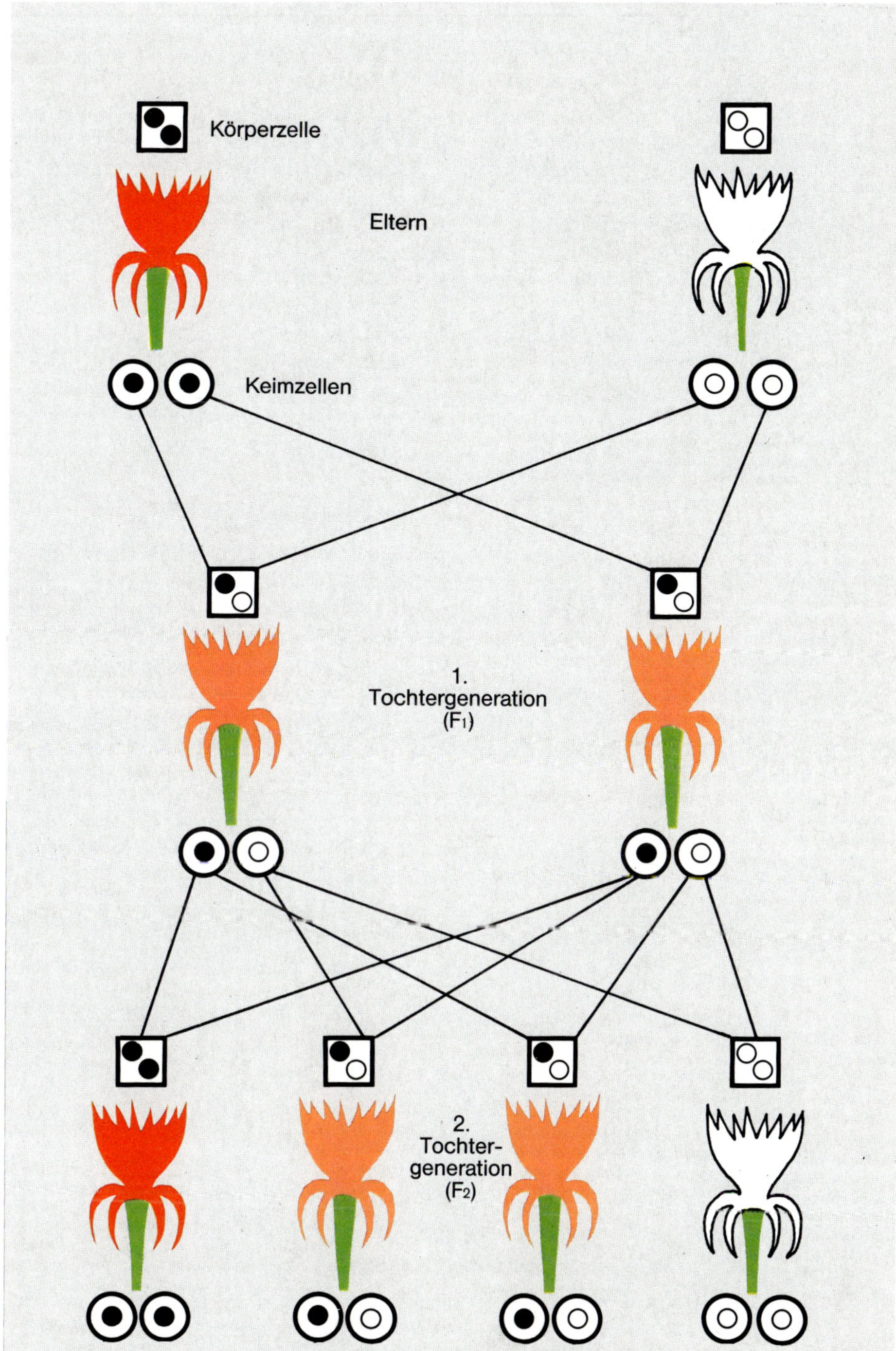

Beispiel des zwischenelterlichen oder intermediären Erbgangs. Die Bastarde oder Mischlinge der 1. Tochter- oder Filialgeneration (F_1) aus der Kreuzung zweier reiner Rassen sind untereinander gleich (uniform). Sie vereinen die Merkmale beider Eltern in sich. Man bezeichnet das als zwischenelterlichen oder intermediären Erbgang. In der 2. Tochtergeneration (F_2) treten die Merkmale der Elterngeneration im Zahlenverhältnis 1:2:1 auf. Nach dem Spaltungsgesetz entsprechen etwa 25% aller Individuen dem einen Großelter, 50% den Mischlingen aus der F_1-Generation und 25% dem anderen Großelter.

Erbanlagen für rote Blütenfarbe in den Körperzellen

Erbanlage für rote Blütenfarbe in den Keimzellen

Erbanlagen für weiße Blütenfarbe in den Körperzellen

Erbanlage für weiße Blütenfarbe in den Keimzellen

Die Aussaat

Das Gelingen einer Aussaat ist entscheidend von folgenden Faktoren abhängig:

Es beginnt mit der **Beschaffenheit des Saatgutes.** Es muß gut ausgereift, trokken und kühl gelagert, auch darf es nicht zu alt sein. Samen, der einmal feucht wurde und daraufhin zu keimen begann, ist wertlos.

Die **Keimfähigkeit des Samens** wird wesentlich vom Alter bestimmt. Die meisten Samen befinden sich nach der Reife im Zustand der natürlichen Keimhemmung oder Keimruhe. Das erfolgt in Anpassung an die heimatlichen Klimabedingungen und dient der Überbrückung wachstumsungünstiger Jahreszeiten (Trockenperiode).

Die Keimhemmung des Samens beträgt gewöhnlich 10–12 Monate. Andere Arten entwickeln gleich nach der Samenreife ihre beste Keimfähigkeit; sie sind daher frisch auszusäen. Mit zunehmendem Alter läßt die Keimfähigkeit der Samen nach und erlischt allmählich.

Einige südamerikanische Hochgebirgskakteen (*Blossfeldia,* verschiedene *Opuntia*-Arten, *Tephrocactus, Maihuenia)* benötigen zur Lösung der Keimruhe die Frosteinwirkung. Man nennt sie Frostkeimer. Diese Bezeichnung ist wohl etwas irreführend, denn die Keimung selbst erfolgt niemals bei Frost, sondern unter Wärmeeinfluß.

Man kann die Keimbereitschaft der Frostkeimer wecken, indem die Samen vor der Aussaat für 8 Tage im Gefrierfach eines Kühlschrankes bei –5 bis –8 °C aufbewahrt oder die Aussaattöpfchen einige Tage lang der winterlichen Kälte ausgesetzt werden.

Verdauungskeimer

Die Verbreitung der Samen erfolgt an den natürlichen Standorten häufig durch Tiere, vor allem Vögel. Sie scheiden die mit den Früchten als Nahrung aufgenommenen Samenkörner hartschaliger Arten wieder aus. Der Einfluß der Verdauungsfermente begünstigt die Keimbereitschaft der Samen, so daß man von Verdauungskeimern spricht. Dazu zählen Opuntien und Tephrocacteen.

Zur Erlangung einer hochprozentigen und gleichmäßigen Keimbereitschaft empfiehlt es sich, die Samen vor der Aussaat für 8 Stunden in eine Citro-Pepsin-Lösung – 1 Tablette auf 100 cm³ Wasser – (nach W. Ostermöller, Echzell) zu legen. Dieses Präparat ähnelt in seiner Zusammensetzung den Verdauungsfermenten.

Aussaatzeit

Die günstigste Aussaatzeit für die meisten Pflanzenarten liegt im Frühjahr zu Beginn der allgemeinen Wachstumsperiode. Die Monate März – Mai sind am vorteilhaftesten. Unter dem Einfluß zunehmenden Sonnenlichtes und zunehmender Wärme wächst alles „wie von selbst". Die Gefahren der Unterkühlung, des Lichtmangels und der Krankheitsanfälligkeit sind weitaus geringer als bei sehr zeitigem Aussaattermin. Wer früher aussäen will, ist verstärkt auf technische Hilfsmittel für die ausrei-

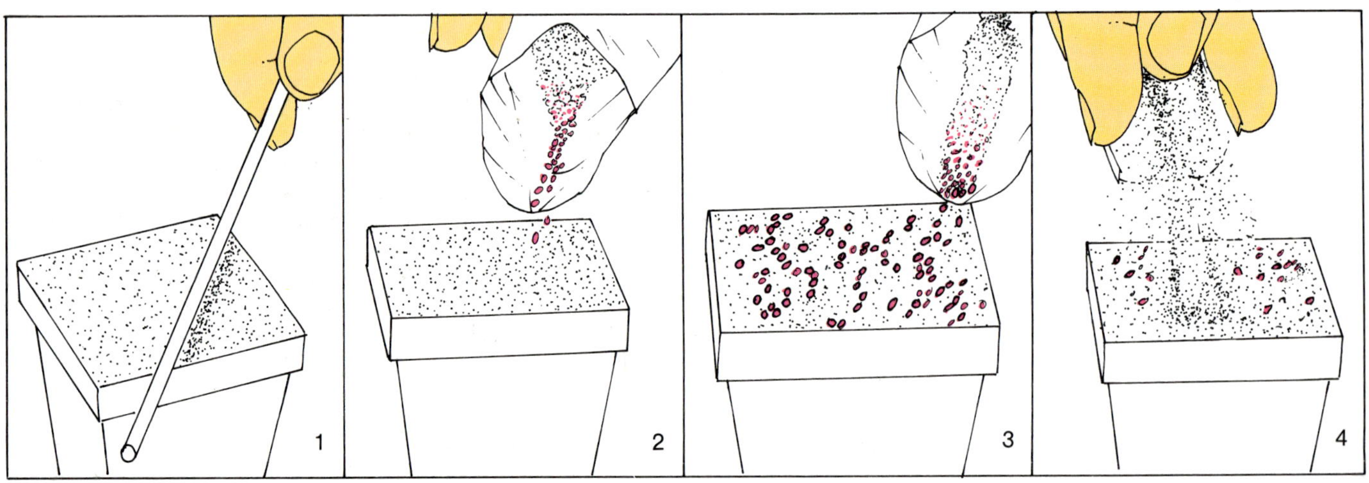

Aussaat: 1) Oberfläche des gesiebten Aussaatsubstrats glätten; 2) durch vorsichtiges Klopfen mit dem Zeigefinger auf die Samentüte erfolgt das Ausstreuen der Samenkörner; 3) auf gleichmäßige Verteilung der Samenkörner achten; 4) grobe Samen in doppelter Kornstärke bedecken, feine Samen unbedeckt lassen.

chende Licht- und Wärmeversorgung angewiesen.
Südamerikanische Kakteen und südafrikanische Sukkulenten wachsen – gemäß dem Klimaablauf ihrer natürlichen Verbreitungsgebiete – am besten bei Aussaat im Spätsommer oder Frühherbst. Für sie ist künstliche Beleuchtung mit Einsetzen der dunklen Jahreszeit unerläßlich.

Keimverhalten

Die Keimdauer, das ist die Zeit von der Aussaat bis zum Sichtbarwerden des Keimlings, ist artbedingt sehr verschieden. Manche Arten keimen bereits nach 2 Tagen *(Stapelia)* oder nach 3–5 Tagen *(Astrophytum)*, die meisten nach 10–20 Tagen; andere benötigen viele Wochen. Gewöhnlich laufen die Keimlinge ziemlich gleichzeitig auf, bei bestimmten Arten erscheinen sie unregelmäßig innerhalb eines längeren, sich über Wochen und Monate erstreckenden Zeitraumes. Sukkulenten zählen zu den Lichtkeimern, Lichtzutritt fördert also den Keimvorgang.
Die Höchstgrenze der durchschnittlichen Keimfähigkeit ist nicht bei allen Arten einheitlich. Einige können – unter günstigen Voraussetzungen – 100% erreichen, andere bringen es nicht über 50–60%.

Keimtemperaturen

Der wachstumsbestimmende Faktor Wärme wird in drei Temperaturbereiche unterteilt. Die Ansprüche sind artbedingt verschieden. Immer gibt es eine **Mindesttemperatur,** bei der schon eine Keimung erfolgen kann (Keimminimum), die **optimale Temperatur** (Keimoptimum) mit den besten Keimungsbedingungen und die **Höchsttemperatur,** die die obere Grenze darstellt (Keimmaximum). Viele Arten bevorzugen oder benötigen Wechseltemperaturen = hohe Tages-, niedrigere Nachttemperaturen.
Die günstigsten Keimtemperaturen liegen für Kakteen und andere Sukkulenten bei 25–30 °C. Nächtliche Temperaturabsenkung auf 20–15 °C ist den meisten Arten nützlich, für Hochgebirgsarten sogar notwendig. Gleiche Werte gelten für die Bodentemperaturen.

Regeln und Empfehlungen für die Aussaat

1. Das Saatgut muß von allen Fremdkörpern (Staub, Fruchthüllen, Fruchtfleisch) gründlich gereinigt sein.

2. Saatgutbeizung gegen eventuell anhaftende Pilzkrankheiten und tierische Schädlinge ist dringend anzuraten. Keine quecksilberhaltigen Präparate verwenden.
Mit den TMTD-Trockenbeizmitteln TUTAN und AATIRAM wurden gute Ergebnisse erzielt. Diese Pulver werden gründlich mit dem Saatgut vermischt und anschließend ausgesiebt. Naßbeizmittel sind für die kleinen Portionen unseres Verbrauchs wenig geeignet, wohl aber zum Überbrausen der fertigen Aussaat.

3. Nur keimfreies Aussaatsubstrat verwenden! Am besten für den Kleingebrauch ist Erhitzen auf 90–95 °C für die Dauer von 15–20 Minuten. Im Backofen gut durchführbar.

4. Das Aussaatsubstrat soll durchlässig, nährstoffarm, nicht zu grobkörnig und von leicht saurer Reaktion sein. Humusliebende Arten erhalten ein Gemisch aus gut verrotteter Lauberde, Torf und grobkörnigem Quarzsand oder Perlite.
Aus dem Sand sind die schlämmenden, die Erde verdichtenden Feinteile durch Auswaschen zu entfernen. Die meisten Kakteen können in reinem Mineralsubstrat ausgesät werden.

Eine fingerdicke Lage Sphagnum im Aussaatgefäß erhält gleichmäßige Feuchtigkeit und einen günstigen ph-Wert.

5. Die Aussaat erfolgt am vorteilhaftesten in kleinen Kunststofftöpfen, in Schalen aus Hartplastik oder Styropor. Sie sollten möglichst neu, zumindest müssen sie desinfiziert sein.

6. Nur grobkörnige Samen in doppelter Kornstärke mit Aussaatsubstrat bedecken (*Opuntien, Cereen, Agaven, Aloen, Stapelien* u. a.). Feine Samen bleiben unbedeckt.

7. Lichtzutritt wirkt keimungsfördernd, deshalb nur bei starker Sonneneinstrahlung zeitweilig durch Abdecken mit Papier oder Schattiermatte leicht beschatten.

8. Aussaat ständig gleichmäßig feucht halten, trotzdem Staunässe in den Töpfchen oder Schalen vermeiden. Ein einmaliges gründliches Austrocknen kann zu totalem Mißerfolg führen.
Aussaaten wegen der Gefahr des Wegschwemmens und des Pilzbefalls nicht mit Wasser überbrausen. Wasserzufuhr erfolgt von unten durch Anstauen. Gleichmäßige Bodenfeuchtigkeit ist möglich durch das Aufstellen der Töpfchen beziehungsweise Kistchen in abgedichtete oder ungelochte Kunststoffpikierkästen, die mit Fließmatte ausgelegt wurden.
Bei Verwendung der empfehlenswerten Anzuchtboxen und Minigewächshäuser wird gleichermaßen verfahren. Das Auslegen mit einem Gitterrost aus Kunststoff dient dem gleichen Zweck: der Wasserversorgung von unten.

Bei Aussaat in größere Schalen wird der Platz für den Samen verschiedener Pflanzen abgeteilt.

9. Das Gießwasser soll keimfrei und von leicht saurer Reaktion sein. Immer nur angewärmtes Wasser verwenden! Aufgefangenes und abgestandenes Regenwasser enthält oft schädliche Stoffe (Industriegebiete) und Keime. Es ist nicht zu empfehlen. Am besten ist die Verwendung abgekochten Wassers.

10. Aussaaten bis zum Auflaufen der Sämlinge bei gespannter, feuchtwarmer Luft halten, deshalb mit Glas oder Kunststoffhaube abdecken. Luftfeuchtigkeit entsteht durch das Verdunsten des Wassers, das sich im ständig feucht zu haltenden Bodenfließ beziehungsweise unter dem Gitterrost befindet.
Das Schwitz- oder Kondenswasser muß 1–2mal täglich durch 1/2stündiges Lüften (leichtes Anheben der Abdeckung) entweichen können.

11. Stets für günstigste Keimungstemperaturen sorgen. Die nützliche Bodenwärme vermitteln in zentralbeheizten Räumen die unter der Fensterbank befindlichen Heizkörper.
Besser ist das Auslegen der Bodenwanne oder des Vermehrungsbeetes mit elektrischem Bodenheizkabel, das selbst in kleinen Abmessungen erhältlich und über Thermostat und Zeitschalttuhr regulierbar ist.

12. Aussaaten ständig auf Krankheits- und Schädlingsbefall hin überprüfen. Gegen Schadpilze wöchentlich einmal leicht mit Chinosollösung gießen (in diesem Falle überbrausen!), 1/2 Tablette/l Wasser = 0,05prozentig.
Als tierischer Schädling tritt häufig die unscheinbare, jedoch sehr gefährliche Trauermücke auf. Mit Insektiziden genau nach Vorschrift bekämpfen; dabei auf Pflanzenverträglichkeit der Präparate achten.

13. Bald nach dem Auflaufen sind die Sämlinge an Frischluft zu gewöhnen. Die Töpfchen mit den aufgelaufenen Pflänzchen werden herausgenommen und separat betreut. Weiterhin Schutz durch Abdeckhaube gewähren, jedoch Luftzufuhr steigern. Nur so können sich die Jungpflanzen gesund und kräftig entwickeln.

14. Sollte trotz aller Vorsicht Pilzbefall auftreten, sind die Schadstellen vorsichtig mit Pinzette oder Hölzchen zu entfernen und mit einem Fungizid (Pilzgift) zu behandeln.
Sofern die Sämlinge schon genügend erstarkt sind, werden sie sofort in keimfreies Substrat umgesetzt. Pilzbefall kann binnen weniger Stunden den Sämlingsbestand eines Aussaatgefäßes vernichten.
Den Sämlingen mit schwach konzentrierten Volldüngergaben (0,5%) in etwa 10tägigen Abständen die notwendige Ernährungsgrundlage geben.

Die aufgelaufenen Pflänzchen müssen allmählich an Frischluft gewöhnt werden.

Das Pikieren

Pikieren ist das Vereinzeln von Sämlingspflanzen, nachdem diese im Aussaatgefäß genügend erstarkt sind und sich dort zu drängen beginnen. Zu dichter Stand erzeugt Geilwuchs und fördert die Anfälligkeit gegen Krankheits- und Schädlingsbefall.
Bereits bei der Aussaat sollte man deshalb mit Überlegung vorgehen und die Samenkörnchen nicht zu eng, aber auch nicht zu weit ausbringen. Die staubfeinen Samen der Dickblattgewächse verleiten oft zu dichter Aussaat. Die Folge ist die Entstehung eines Rasens von Sämlingen, wo sich die Pflänzchen in ihrer Entwicklung stark behindern.
Kakteen sollten möglichst erst im zweiten Jahr nach der Aussaat pikiert werden, wenn die Dornenbildung beginnt, die Körper etwa 5 mm Durchmesser erreichen und deutlich Wurzeln entwickelt haben. Dann ist Umsetzen ohne Wachstumsstockung garantiert. Es gibt jedoch Ausnahmen, so zum Beispiel bei sehr zeitigen Aussaaten und gutem Entwicklungsstand oder bei starkwachsenden Arten.
Zahlreiche Arten der anderen Sukkulenten, vor allem der Blattsukkulenten, kommen natürlicherweise schneller voran, so daß sie nicht selten bereits wenige Wochen nach dem Auflaufen vereinzelt werden können oder müssen. Vorzeitiges Pikieren ist unter Umständen auch erforderlich bei plötzlich auftretenden Krankheiten im Aussaatgefäß. Ein Umsetzen in frisches, keimfreies Substrat kann Rettung bedeuten.
Die kleinen, erstmals zu versetzenden Sämlinge verlangen nicht viel Erde, die notwendigen Pflanzenabstände betragen nur 1,5–2 cm, und sehr tief treiben die Wurzeln der meisten Arten zunächst nicht. Die Höhe des Pflanzsubstrates in den Pikierkistchen, Schalen, Töpfen oder Beeten braucht daher nur 5–7 cm zu betragen. So spart man Platz und Material. Außerdem gedeihen die Pflanzen bei nicht zu großen Abständen besser.
Das Pikiersubstrat soll grundsätzlich leicht und durchlässig sein. Den besonderen Bedürfnissen der verschiedenen Arten wird durch entsprechende Mischungen Rechnung getragen. So erhalten die meisten Blattsukkulenten aus den Familien der *Crassulaceae* und *Liliaceae* höhere Humusanteile als die hochsukkulenten *Mesembryanthemaceae* und *Cactaceae*. Es sind Pflanzen, die viele feine Faserwurzeln ausbilden. Als Humusbeimengung dienen Torfmull, Torfkultursubsrat und/oder alte, gut verrottete Buchenlauberde. Für zahlreiche hochsukkulente Arten ist reines Mineralsubstrat anzuraten.
Das Umsetzen der zarten Sämlingspflanzen erfolgt so behutsam, daß sie nicht gequetscht oder auf andere Weise verletzt werden; insbesondere Wurzelverletzungen sind zu vermeiden. Wurzeln dürfen nie geknickt in das Substrat gelangen. Die Pflanzlöcher müssen daher mit einem angespitzten Hölzchen oder speziellen Kunststoff-Pikierstift genügend groß gebohrt werden. Sollten einzelne Wurzeln zu lang sein, kürzt man diese ein. Nach dem Einsetzen der Pflänzchen werden sie im Wurzelbereich mit dem Hölzchen leicht angedrückt, so daß eine Verbindung zwischen Wurzel und Pflanzsubstrat hergestellt ist.
Die Erdoberfläche muß nach dem Ein-

Zum Pikieren der Sämlinge werden ausreichend große Pflanzlöcher in das Substrat gebohrt, um Wurzelverletzungen zu vermeiden. Das Substrat wird anschließend im Wurzelbereich vorsichtig angedrückt.

setzen jedes Pflänzchens vorsichtig geglättet werden, damit sie eben bleibt. Dies ist für eine gleichmäßige Gießwasserverteilung sehr wichtig. Es ist auch streng darauf zu achten, daß die Pflanzen mit dem Wurzelhals an der Bodenoberfläche abschließen; sie dürfen weder zu tief noch zu hoch eingesetzt werden.
Pikiert wird in der Regel nur während der Vegetationsperiode, wenn gute Wachstumsbedingungen gegeben sind.

In Töpfen kultivieren oder frei auspflanzen?

Nach 1–2maligem Pikieren erreichen unsere Pfleglinge eine Größe, die es erlaubt, sie einzutopfen oder in Beete, größere Pflanzwannen oder auch Kästen auszupflanzen. Die Frage, welche Kulturmethode besser ist, läßt sich nicht verallgemeinernd beantworten. Grundsätzlich zeigen frei ausgepflanzte Exemplare ein deutlich üppigeres Fortkommen als die in Töpfen gehaltenen. Die Wurzeln können sich freier entfalten, der Wasser-und Nährstoffhaushalt ist ausgeglichener, die Gefahr des Verkalkens und der Anreicherung von Schadstoffen durch Wurzelausscheidungen sowie Rückstände aus Dünge- und Schädlingsbekämpfungsmitteln sind geringer als in den beengten Töpfen.
Das freie Auspflanzen birgt für manche hochsukkulenten Arten mit naturgemäß sehr geringen Ansprüchen an Wasser und Nährstoffen (z. B. die *Mesembryanthemaceae*, verschiedene *Anacampseros*- und zahlreiche Kakteenarten) die Gefahr des zu üppigen, atypischen Wachstums. Dieser unerwünschten Entwicklung von Wachstumsabänderungen (Morphosen) kann allerdings entgegengewirkt werden: Man verwendet mageres Mineralsubstrat und verabreicht nur sehr geringe Wasser- und Nährstoffgaben, sorgt aber gleichzeitig für ein Optimum an Licht- und Frischluftzufuhr.
Sofern Sukkulenten ausgepflanzt werden, sind starkzehrende und schwachzehrende Arten stets getrennt anzuordnen, weil andernfalls die schwächeren bald unterdrückt würden.
Viele Arten danken die freie, ungehinderte Entfaltungsmöglichkeit durch gesundes Wachstum und erhöhte Blühbereitschaft (z. B. *Selenicereus, Hylocereus*), andere neigen zur Entartung und Blühfaulheit. Es überwiegen insgesamt die Vorteile für ein freies Auspflanzen.
Die Entscheidung, ob ausgepflanzt werden soll oder nicht, wird auch von den vorhandenen Platzverhältnissen bestimmt. Viele Pflanzenfreunde verzichten zugunsten einer zahlenmäßig umfangreicheren Sammlung kleinerer Exemplare lieber auf optimale Wuchsgrößen ihrer Pfleglinge.
Die Topfkultur hält das Wachstum der Pflanzen in berechenbaren Grenzen. Topfpflanzen können nach Bedarf aus einem Bestand herausgenommen, besser beobachtet (z. B. auf Wurzelschädlinge) und andernorts plaziert werden.
Topfkultur empfiehlt sich für kleinbleibende und anspruchsvolle Arten, die eventuell einzeln an bevorzugten Plätzen Aufstellung finden müssen. Raritäten wird man wohl stets sehr sorgfältig in Töpfen kultivieren.

Eine beachtliche Kakteensammlung.

Eintopfen

Zum Eintopfen hebt man die Jungpflanzen vorsichtig – unter bestmöglicher Schonung der Wurzeln – mit einem spitzen Holz oder Pflanzspaten aus der Erde.
Eingeknickte, verletzte sowie kranke Wurzeln werden sorgfältig mit einem scharfen Messer entfernt, denn sie können die Aufgabe der Wasser- und Nahrungsaufnahme nicht erfüllen, sondern bilden Fäulniserreger.
Die zu wählenden Topfgrößen richten sich nach dem Wuchsverhalten der Pflanzen, sollten jedoch grundsätzlich nicht zu groß ausfallen. Für Kakteen und kleinwüchsige andere Sukkulenten kommen wohl meist Töpfe mit 6–7 cm oberem Durchmesser in Betracht. Kleinere Topfdurchmesser sind nicht zu empfehlen, denn ein Minimum an Bewegungsfreiheit sollte man auch einem sehr bescheidenen Kaktus einräumen. Es ist besser, von sehr kleinen Pflanzen mehrere in einen Topf zu setzen, als sie einzeln in „Fingerhüte" zu pflanzen. Stärker wachsende Arten, insbesondere unter den Blattsukkulenten, erhalten im Bedarfsfalle einen Topf mit 8 cm Durchmesser.

Das Eintopfen geht folgendermaßen vor sich:

In den Topf wird zunächst etwas Erde geworfen; dann legt man die Wurzeln behutsam kreisförmig hinein. Bei geringerer Bewurzelung wird die Pflanze mit Daumen und Zeigefinger so gehalten, daß die Wurzeln senkrecht in den Topf reichen und der Wurzelhals dicht unterhalb des oberen Topfrandes abschließt. Mit der anderen Hand wird das Pflanzsubstrat rundherum gleichmäßig ein-

gefüllt, danach erfolgt 2maliges, leichtes Aufstoßen des Topfes auf die Arbeitstischplatte und vorsichtiges Andrücken des Substrates mit einem Holzstab oder den Fingern. Den Topf sollte man nicht randvoll füllen, sondern einen 1 cm tiefen Gießrand belassen.
Nicht immer gelingt dem Anfänger das sachgemäße Einpflanzen auf Anhieb. Erforderlichenfalls muß der Arbeitsgang mehrmals wiederholt werden, damit die Pflanze in der Topfmitte und vor allem in der richtigen Höhe zu stehen kommt. Zu tiefes Einsetzen erzeugt Wachstumsstockung, im Extremfall auch Fäulnis; zu hoher Stand vermindert die Standfestigkeit.
Zahlreiche hochsukkulente Arten sind am Wurzelhals sehr nässeempfindlich. Diese Pflanzen schützt man vor Nässeschäden und Unterkühlung, indem der Wurzelhals in Bimskies, Ziegelgrus, Lavalit oder anderen Gesteinschotter eingebettet wird. Diese Materialien gewähren Luftzutritt und verhindern Staunässe.
Das Angießen umgepflanzter Kakteen wird erst nach 3–5 Tagen vorgenommen. Im zeitigen Frühjahr oder Herbst unterbleibt es gänzlich. Im Wachstum befindliche, robuste Blattsukkulenten erhalten schon nach 1–2 Tagen etwas Wasser.

Umtopfen

Topfpflanzen müssen von Zeit zu Zeit frisches Substrat erhalten, also umgetopft werden. Bei jüngeren, in Entwicklung befindlichen Pflanzen geschieht dies in der Regel in 2jährigen Abständen. Sie haben dann den Topfballen gründlich durchwurzelt, zumindest ist das Substrat verbraucht.
Später genügen 3–5jährige Abstände, und ausgewachsene Exemplare empfindlicher Arten werden nur sehr selten oder überhaupt nicht mehr umgepflanzt. Je älter eine Pflanze ist, desto schlechter überwindet sie Wurzelbeschädigungen, wie sie beim Umpflanzen nahezu unvermeidlich sind.
Wo auf Umpflanzen aus Gründen der Vorsicht verzichtet werden muß, sollte zur Aufrechterhaltung ausreichender Bodendurchlüftung die oberste Schicht gelockert, notfalls auch entfernt und erneuert werden. Eine veralgte und verkrustete Bodenoberfläche führt wegen des erheblich behinderten Luftaustausches zu ernsthaften Wurzelerkrankungen und Wachstumsstockungen.
Im allgemeinen reagieren Kakteen und andere Sukkulenten sehr positiv auf jedes Umpflanzen in frisches Substrat, sofern diese Arbeit fachgerecht und zur richtigen Jahreszeit vorgenommen wird. Das gleiche gilt für Pflanzen, die in größeren Behältnissen oder Beeten ausgepflanzt sind, nur kann das Umsetzen hier mitunter in größeren Zeitabständen erfolgen.
Umtopfen bedeutet nicht zwangsläufig auch das Versetzen in einen größeren Topf. Die Topfgröße muß individuell nach dem Entwicklungsstand einer jeden Pflanze ausgewählt werden. In gesundem Wachstum befindliche Exemplare erhalten einen um 1–2 Nummern größeren Topf, während für die kränkelnden Pflanzen die bisherige Topfgröße, mitunter auch eine kleinere Nummer, günstiger ist.
Bei starker Wurzelerkrankung muß eine Sonderbehandlung zwecks Neubewurzelung in nährstoffarmem Substrat

Umtopfen: 1) Die Pflanzen aus dem alten Topf herausnehmen; 2) Wurzelballen von loser Erde befreien; 3) Substrat vorsichtig um die Pflanze verteilen; 4) Substrat vorsichtig andrücken, damit keine Hohlräume entstehen.

erfolgen. Pflanzen mit langen Rübenwurzeln erhalten tiefe Spezialtöpfe, typische Flachwurzler und polsterbildende Arten kommen in flache Töpfe oder Schalen.
Das Umpflanzen bietet die beste Gelegenheit zum gründlichen Erkennen und Bekämpfen etwa vorhandener Wurzelschädlinge, wie Wurzelläuse und Wurzelälchen (Näheres darüber im Abschnitt Krankheiten und Schädlinge).
Zur Vermeidung schädlicher Staunässe sorgt man für gute Drainage in den Pflanzgefäßen und Beeten. Bei kleineren Töpfen genügt die Verwendung wasser- und luftdurchlässigen Pflanzensubstrates, größere Gefäße erhalten eine Einlage von Topfscherben, die mit der Wölbung nach oben über die Abzugslöcher gelegt werden, oder man bedeckt den Boden mit einer Schicht Kieselsteinchen, Bims oder Lavalit.
Zum Einfüllen des Pflanzsubstrates benutzt man zweckmäßig einen kleinen Handspaten; das schont die Hände vor Rissigwerden und schützt vor Verletzungen durch bedornte Pflanzen.

Wann wird umgepflanzt?

Die günstigste Jahreszeit zum Umtopfen von Kakteen ist das zeitige Frühjahr, bevor die Pflanzen mit der alljährlich nach der Trockenruhezeit erfolgenden Neubildung von Faserwurzeln beginnen. Das Umpflanzen kann bedenkenlos bis in den Frühherbst hinein erfolgen. Im Spätherbst und Frühwinter sollten die Pflanzen in Ruhe gelassen werden.
Gewächshauspfleger können schon im Januar mit dem Umsetzen beginnen, doch sind die Kakteen weiterhin trokken zu halten. Das Pflanzsubstrat darf nicht sehr feucht und keinesfalls zu kalt verwendet werden. Das Angießen unterbleibt im Winter gänzlich.
Die beste Zeit zum Umpflanzen der anderen Sukkulenten liegt in der Regel gleichermaßen im Frühjahr bis Spätsommer. Unumgängliche Ausnahmefälle erfordern erhöhte Aufmerksamkeit.
Die Töpfe und anderen Pflanzgefäße sind stets nur in sauberem, erforderlichenfalls auch desinfiziertem Zustand zu verwenden. Neue Tontöpfe sollten vor Gebrauch einige Stunden gewässert werden, weil sie andernfalls den Wurzelballen die Feuchtigkeit entziehen.

Tips für den Umgang mit Dorngewächsen

Zum Anpacken starkbedornter Arten benutzt man Fingerhandschuhe aus Leder, zerknülltes Zeitungspapier, Lumpen oder Schaumstoff. Gummihandschuhe sind ungeeignet. Opuntien faßt man besser nicht mit den Lederhandschuhen direkt an. Die sehr zahlreichen kleinen Stacheln mit Widerhaken (Glochidien) würden in den Handschuhen steckenbleiben und diese untauglich machen. Opuntien packt man mit einer Holzklammer (Gurkenzange) oder mit Papier an. Das Papier kann nur einmal benutzt werden, weil es dann voller Glochidien steckt.
Glochidien, die in empfindliche Hautpartien gelangen (Handrücken, Unterarm), erzeugen juckende Entzündungen. Sie dürfen auch nicht in die Kleidung geraten.
Weil Verletzungen beim Hantieren mit Stachelgewächsen nicht von vornherein auszuschließen sind, sollte man immer eine Nadel, eine Pinzette, eine Lupe und ein Mittel (z. B. vergällten Alkohol) zum Desinfizieren von Nadel und Wunden bereithalten.
Erhöhte Vorsicht ist beim Umgang mit Wolfsmilchgewächsen geboten. Die meisten Vertreter dieser Pflanzenfamilie enthalten einen giftigen, stark ätzenden Milchsaft, der auf empfindlichen Hautpartien und den Schleimhäuten Entzündungen hervorruft. Gerät auch nur eine Spur des Saftes ins Auge, entstehen starke Schmerzen unter vorübergehendem Verlust des Sehvermögens. Im Unglücksfall ist sofort zu spülen und ein Augenarzt aufzusuchen.

Die vegetative Vermehrung

Neben der Vermehrung durch Samen gibt es für Kakteen und andere Sukkulenten vielfältige Möglichkeiten der Fortpflanzung auf ungeschlechtlichem Wege. Dabei ist zu unterscheiden zwischen der Vermehrung durch Organe, die der Pflanze naturgegeben zur Fortpflanzung dienen (Brutpflanzen, Brutzwiebeln, Kindel, Ausläufer) und der Vermehrung durch Pflanzenteile, die natürlicherweise nicht dazu bestimmt sind (Stecklinge).
Die Pflanzenvermehrung erfolgt in den natürlichen Verbreitungsgebieten nicht selten durch die mechanische Einwirkung des Windes, wolkenbruchartige Regenfälle, Hagel und vorüberziehende Tiere. Abbrechende Sprosse oder Sproßteile, häufig auch Blätter, bewurzeln und bilden selbständige Individuen. *Cylindropuntia* und mehrere *Tephrocactus*-Arten geben ihre Gliedersprosse schon bei geringem Druck frei. Durch den Wind oder im Fell von Tieren werden sie fortgetragen, um andernorts weiterzuwachsen. Cylindropuntien sind wegen ihrer gefährlichen, mit Widerhaken versehenen Dornen sehr anhänglich.
Einige Opuntien bringen sterile, samenlose Früchte hervor, die – Sproßgliedern gleich – wurzeln und austreiben.

Vegetative Vermehrung durch Kindel oder Seitensprosse, die vorsichtig von der Mutterpflanze abgelöst werden.

Kalanchoe (= Bryophyllum) tubiflorum mit Brutblättern.

Die Fähigkeit, aus Blättern oder Blattteilen neue Pflanzen zu entwickeln, ist vielen Blattsukkulenten eigen. *(Echeveria, Crassula, Kalanchoe, Aloe, Haworthia* u. a.). Einige unter der treffenden Bezeichnung Brutblatt bekannte *Kalanchoe*-Arten *(Bryophyllum)* bilden an den Blatträndern oder Blattspitzen in reicher Anzahl kleine, mit Würzelchen versehene Brutpflanzen. Nach genügender Erstarkung fallen diese ab und wachsen munter weiter, wobei nicht selten um die Mutterpflanzen herum dichte Teppiche entstehen.

Echeveria gibbiflora entwickelt an den Blütenständen kräftige Brutpflanzen; auch verschiedene Haworthien und Gasterien zeigen diese Eigenart. Das Agavengewächs *Furcraea* bringt zwischen den Blütenansätzen Brutpflänzchen mit zwiebelförmiger Verdickung hervor.

Abtrennen von Kindeln bei Haworthien.

Vermehrung durch Kindel

Eine weitere Möglichkeit ungeschlechtlicher Vermehrung zeigen die kindel- und ausläuferbildenden Kakteen und anderen Sukkulenten. Das bekannteste Beispiel unter den Kakteen ist die Gattung *Echinopsis*. Manche Arten neigen zu sehr starker Kindelbildung. Die Kindel sitzen mitunter so locker am Hauptsproß der Mutterpflanze, daß man sie durch geringen Druck abbrechen kann. Besser ist aber das vorsichtige Abtrennen mit einem scharfen Messer direkt an der Basis.

Niemals dürfen Seitensprosse gewaltsam abgebrochen werden, so daß ein Teil der Mittelachse an der Mutterpflanze verbleibt.
Die Seitensprosse anderer Kugelkakteen, z. B. Lobivien, Rebutien, Gymnocalycien und polsterbildenden Mammillarien, können ebenfalls abgetrennt und zur Bewurzelung gebracht werden.
Kindelbildung finden wir bei den Agaven, die nach der einmaligen Blüten-, Frucht- und Samenbildung allmählich absterben. Die Kindel können direkt an der Mutterpflanze entstehen oder bei vielen Arten als Endpunkt unter- oder oberirdisch verlaufender Rhizome (Ausläufer).
Viele Aloen verhalten sich ebenso, sterben jedoch nach der Blüte nicht ab. Sie bringen nach Erreichen der Blühfähigkeit alljährlich ihre Blütenpracht hervor.

Vermehrung durch Stecklinge

Die Stecklingsvermehrung ist die gebräuchslichste vegetative Vermehrungsmethode. Sie wird angewendet bei zahllosen verholzenden und krautigen Pflanzenarten und in nicht unerheblichem Umfang bei den sukkulenten Gewächsen. Es werden Kopf- oder Stammstecklinge sowie Teilstück- und Blattstecklinge unterschieden.
Stecklinge sind von einer Pflanze abgetrennte Sproßteile oder Blätter, die sich unter geeigneten Bedingungen durch Ausbildung neuer Wurzeln und Sprosse zu selbständigen Individuen entwickeln. Die Stecklingsvermehrung dient der Erhaltung und Übertragung bestimmter Züchtungsmerkmale von Hybriden auf die Nachkommen. Stecklingsvermehrung ist gegenüber der Pflanzenanzucht aus Samen eine kulturzeitverkürzende Maßnahme.

Verjüngungskur durch Stecklinge

Mitunter zeigen Kakteen durch Alter oder andere Einflüsse von unten her ein zunehmend unschönes Aussehen, oder sie werden ganz einfach zu groß.
Zum Zweck der Verjüngung schneidet man die erhaltenswerten Sprosse beziehungsweise Triebspitzen ab und bringt sie zur Bewurzelung. Die meisten Arten der anderen Sukkulenten können ebenfalls einer derartigen Verjüngungskur unterzogen werden. Die Dickblattgewächse und viele Mittagsblumengewächse werden oft zu groß oder verlieren mit zunehmendem Alter an Schönheit. Durch Abschneiden und Bewurzeln der Kopfstücke, häufig auch der Blätter, erhält man wieder formschöne, wüchsige Pflanzen.
Auf diese Weise kann auch den gefährlichen Wurzelläusen und Wurzelnematoden wirkungsvoll begegnet werden. Bei Vorhandensein von Wurzelschädlingen nimmt man die Pflanzen vor dem Stecklingsschnitt nicht aus dem Boden, damit von den zweifelhaften „Bodenschätzen" nichts an die Stecklinge gelangt und somit gleich wieder in den neuen Bestand übertragen wird.

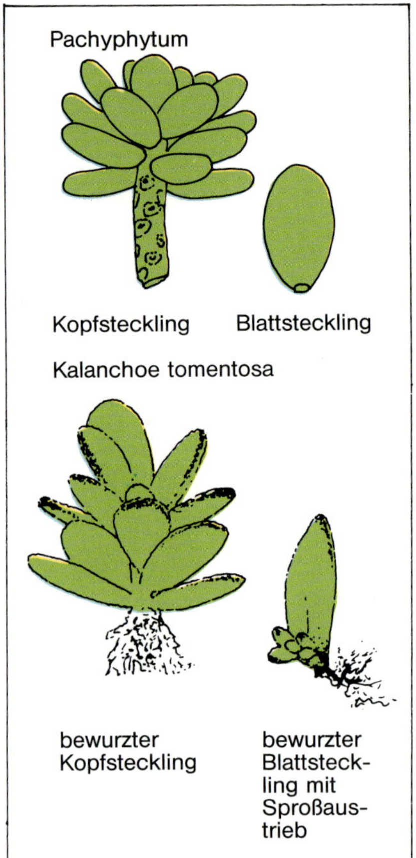

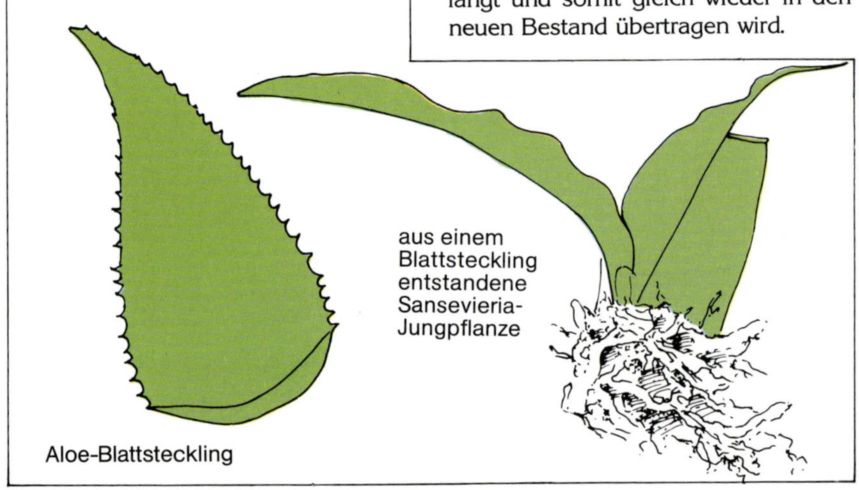

Vegetative Pflanzenvermehrung durch Stecklinge.

Kopfstecklinge und Teilstückstecklinge

Ausgereifte, d. h. nicht zu junge Triebspitzen zahlreicher Blatt- und Stammsukkulenten können als Kopfstecklinge dienen. Unter den Stammsukkulenten sind es in erster Linie die säulenförmigen Kakteen und Wolfsmilchgewächse. Kakteensprosse können an jeder beliebigen Stelle durchschnitten und sogar in Kopf- und Teilstecklinge zerlegt werden. Das ist bei den säulenförmigen Wolfsmilchgewächsen (*Euphorbia*) nicht in gleicher Weise möglich. Teilstückstecklinge scheiden von vornherein aus, und die Anwachsquote von Kopfstücken des Hauptsprosses ist äußerst gering. Am sichersten ist die Verwendung von Seitentrieben, die direkt an der Basis abgeschnitten werden.

Kakteenstecklinge können viele Wochen bis zur Wurzelbildung frei liegenbleiben.

Stecklingsvermehrung beim Christusdorn: 1) Die Triebspitze dient als Kopfsteckling; 2) das folgende Teilstück besitzt hier einen seitlichen Austrieb (bei Verwendung eines Teilstücks ohne Seitenaustrieb ist besonders darauf zu achten, daß immer in Wuchsrichtung eingepflanzt wird; 3) nach der Bewurzelung treiben Teilstückstecklinge seitwärts aus.

Euphorbien reagieren schon bei geringsten Verletzungen durch starkes „Bluten". Sofortiges Eintauchen der Stecklinge in lauwarmes Wasser und Überbrausen der an der Mutterpflanze entstandenen Schnittstellen unterbinden den bedrohlichen Saftverlust.

Der bekannte und beliebte Christusdorn (*Euphorbia milii*) mit seinen Varietäten kann dagegen durch Kopf- und Teilstückstecklinge vermehrt werden. Letztere sind Sproßteilstücke unterhalb der als Kopfsteckling dienenden Triebspitze. Sie werden in Längen von 8–15 cm geschnitten und sollten nicht verholzt sein.

Die Vermehrung durch zerlegte Sproßteile – sofern diese noch nicht zu alt und verhärtet sind – ist bei vielen schlanktriebigen Kakteen und anderen Sukkulenten möglich. Die Flachsprosse der Opuntien und sogenannten Blattkakteen können zur Stecklingsgewinnung zerlegt werden.

Die Warzen besonders langwarziger *Mammillaria*-Arten (*M. plumosa, M. schiedeana* u. a.), *Dolichothele (D. longimamma, D. uberiformis)* und *Leuchtenbergia principis* können ebenfalls der Vermehrung dienen. Die Warzen sind äußerst behutsam herauszubrechen, bleiben dann 2–3 Tage zum Antrocknen liegen und werden anschließend in das Bewurzelungssubstrat gesteckt. „Gespannte", trotzdem nicht zu feuchte Luft ist wichtig. Ein übergestülptes Einweckglas erfüllt diese Anforderung.

Vermehrung durch Blattstecklinge

Zahlreiche Blattsukkulenten sind durch Blattstecklinge zu vermehren. Dazu dienen ausgereifte, gesunde Blätter, die vorsichtig an der Basis abgebrochen werden. So vermehrt man die Vertreter der Gattungen *Crassula, Echeveria,*

Stecklingsvermehrung: 1) Diese Triebspitze ergibt einen Kopf- und mehrere Blattstecklinge; 2) Blattstecklinge vorsichtig von der Mutterpflanze abtrennen; 3) mit der Wurzelbildung entsteht an der Blattbasis ein Hauptsproß; 4) Blattstecklinge bilden – flach auf den Boden gelegt – Wurzeln aus eigenen Saftreserven; 5 + 6) nach dem Einpflanzen bilden die Pflanzen reichlich Wurzeln.

Kalanchoe, Sedum, Haworthia, Gasteria u. a. sehr ergiebig.
Mitunter lassen sich aus einem Blatt mehrere Stecklinge gewinnen. Das klassische Beispiel hierfür sind die Sansevierien. Ein ausgewachsenes Blatt kann in rund 10 Teilstecklinge von 5–6 cm Länge zerlegt werden. Man muß darauf achten, daß immer die untere Schnittfläche in das Substrat gesteckt wird, denn nur dort entstehen neue Wurzeln und Sproßaustriebe.
Interessant ist die beliebte, gelbgerandete *Sansevieria trifasciata* ‚Laurentii', die bei Stecklingsvermehrung gewöhnlich in die grüne Urform zurückschlägt. Mit einer List kann dieser Eigenart begegnet werden, indem das grüne Mittelstück soweit herausgeschnitten wird, daß nur die gelben Blattränder als Stutzen von 2 cm Länge in das Bewurzelungssubstrat gelangen. Dann erhält man teilweise die gewünschte gelbe Form.
Ganz sicher echt entwickeln sich die abgetrennten Rhizomkindel.

Stecklingsvermehrung bei Blattsukkulenten; links: ein bereits bewurzelter Blattsteckling von Andromischus maculatus, rechts: ein Kopfsteckling von Crassula arborescens, der auch schon Wurzeln gebildet hat.

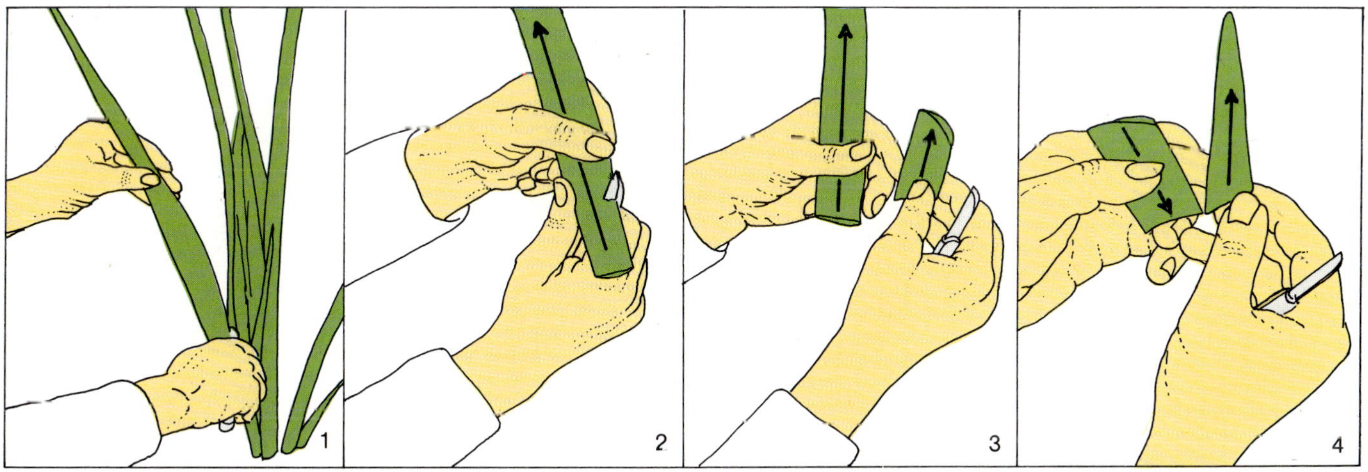

Blattstecklinge von Sanseviera: 1 + 2) Ein ausgereiftes, gesundes Blatt wird in mehrere 6 cm lange Stücke geschnitten. 3 + 4) Beim Einpflanzen der Blatteilstecklinge unbedingt darauf achten, daß sie immer in Wuchsrichtung in das Bewurzelungssubstrat gesetzt werden. (Tip: immer die untere Schnittfläche in das Substrat setzen), da nur hier neue Wurzeln und Seitenaustriebe entstehen.

Regeln für die Stecklingsvermehrung

1. Stecklingsvermehrung erfolgt nur während der Wachstumsperiode.

2. Für die Vermehrung sind grundsätzlich nur gesunde Pflanzenteile zu verwenden.

3. Der Stecklingsschnitt verursacht an sukkulenten Pflanzen meist große Wunden. Zur Verringerung der Fäulnisgefahr werden die Schnittflächen sofort mit Holzkohlepulver beziehungsweise pulverisiertem Bewurzelungspräparat eingepudert.
Zum Schneiden der Stecklinge hochsukkulenter Arten wählt man nach Möglichkeit einen warmen, trockenen Tag. Nur Notschnitte zur Rettung krankheitsgefährdeter Pflanzen sind jederzeit durchzuführen.

4. Jedes Durchtrennen der Sprosse oder Blätter ist mit einem scharfen Messer oder Klinge durch einen ziehenden, nicht quetschenden Schnitt auszuführen.
Dicke, verholzte Triebe von Säulenkakteen oder dergleichen werden durchgesägt und anschließend mit einem scharfen Messer nachgeschnitten.
Kakteenstecklinge sollten konisch zurechtgeschnitten werden.

5. Dient der Stecklingsschnitt der Rettung angekränkelter Pflanzen (von unten beginnende Fäulnis bei Stammsukkulenten), muß man das Messer beziehungsweise die Klinge nach jedem Schnitt durch Eintauchen in Alkohol desinfizieren.
Üblicherweise müssen bis zum Erreichen des noch völlig gesunden Gewebes mehrere Schnitte am selben Sproßstück erfolgen.

6. Die Schnittflächen der Stecklinge müssen gut abgetrocknet, d.h. mit einer Schutzhaut versehen sein, bevor sie auf das Bewurzelungssubstrat gebracht werden. Das dauert einige Tage bis mehrere Wochen. Je saftreicher die abgeschnittenen Sprosse, desto länger beläßt man diese in freier, luftiger Aufstellung an einem trockenen, temperierten und hellen Ort, jedoch vor Prallsonne geschützt.
Triebstücke, die aus besonderem Anlaß im Herbst oder Winter geschnitten wurden, pflanzt man erst im Frühjahr ein.

7. Größere Kakteenstecklinge stets aufrecht lagern! Das beschleunigt die Wurzelbildung und verhindert unschönes Verkrümmen zum Lichte hin (Phototropismus). Es empfiehlt sich, die Stecklinge einzeln oder zu mehreren in leeren Blumentöpfen aufzustellen.
Genauso verfährt man mit längeren Trieben von Blattsukkulenten, wie *Kalanchoe, Crassula, Senecio* und anderen. Sie strecken sich sehr kurzfristig dem Lichte zu.
Echeverien und andere Rosettenpflanzen können für einige Tage mit den Schnittflächen nach oben gelagert werden. Das begünstigt den Luftzutritt und damit das Abheilen der Wunden.

8. Mit dem endgültigen Einpflanzen läßt man sich Zeit. Es ist vorteilhaft, die Stecklinge hochsukkulenter und daher besonders saftreicher Arten nach dem Abheilen der Schnittflächen flach auf porösen Bewurzelungssubstrat aus Sand, Sand-Torf-Gemisch, Bimskies, Lavalit, Ziegelgrus oder Perlite aufzusetzen. Nährstoffarme Substrate führen zu reichlicher Wurzelbildung.
Stecklinge von unempfindlichen Blattsukkulenten *(Sedum, Echeveria)* sowie robuste Kakteen *(Cereus, Opuntia)* und baumförmige Euphorbien können unmittelbar in Kulturerde gepflanzt werden.
Blattstecklinge der Dickblatt- und Liliengewächse bringt man nur flach in das Bewurzelungssubstrat. Echeverien und Sedum brauchen ebenfalls nur obenauf gelegt zu werden. Aus den eigenen Saftreserven bilden sie Wurzeln, die dann den Weg in die Erde finden. Anfängliches Welken der Blätter ist unbedenklich.

9. Die eingesetzten Stecklinge der Stammsukkulenten und der besonders saftreichen Blattsukkulenten erhalten erst nach einigen Wochen – mit Beginn der Wurzelbildung – etwas Wasser. Vorzeitiges Gießen kann schnell zu Fäulnis führen. Während der warmen Jahreszeit wirkt ein Regenguß Wunder!

Epiphyllum-Steckling mit Wurzelballen

10. Wärme, insbesondere Bodenwärme, beschleunigt den Bewurzelungsprozeß. Manche Arten, z. B. die epiphytischen Kakteen, Sansevierien und Christusdorn, lieben feuchtwarme Luft. Für andere, wie beispielsweise *Echeveria* und *Crassula*, sind feuchte Tropenbedingungen nachteilig.

11. Die Wurzelbildung wird von verschiedenen Faktoren beeinflußt: Alter des Stecklings, Jahreszeit, Bewurzelungssubstrat, Temperatur und Feuchtigkeit.
Blattsukkulenten benötigen nur wenige Wochen, kräftige Stammsukkulenten nicht selten mehrere Monate bis zur Bewurzelung.

Behandlung besonders nässeempfindlicher Cereus-Kopfstecklinge

Für Kopfstecklinge besonders nässeempfindlicher Cereus-Arten (Cephalienträger) empfiehlt sich ein Verfahren, das Herr H. Liechty (CH Riehen) auf Grund eigener Erprobung veröffentlicht hat:
Zu jeder Säule wird ein kleiner Tontopf ausgesucht, der maximal die doppelte Größe des Pflanzendurchmessers aufweisen sollte.
Zum Beispiel: Pflanzendurchmesser 4 cm, Topfinnenmaß am oberen Topfrand 8 cm.
In diese Tontöpfe werden mit einer Bohrmaschine mit einem Steinbohrer von 6 mm Durchmesser Löcher in die untere Seitenwand des Tontopfes sowie 6–8 Löcher in den Boden gebohrt – zum verbesserten Wasserabfluß.
In die Töpfchen wird ein lockeres Erdsubstrat, mit Torf vermischt, eingefüllt. Darüber kommt eine Schicht etwas magerer Mischung, mit viel Quarzkies in der Körnung 6–8 mm, und anschließend wird die Pflanze aufgesetzt.
Der Zwischenraum zwischen Pflanze und Topfwand wird mit reinem Quarzkies aufgefüllt und dient lediglich zur Fixierung. In diesem Bereich kann somit keine langandauernde Feuchtigkeit entstehen.
Die „Minitöpfe“ werden direkt ins Erdreich eingesetzt, und die Wurzelbildung kann ungehindert durch die Löcher erfolgen. Auch bei etwas zu feuchtem Substrat und niedrigen Temperaturen ist kaum Fäulnisbildung an den Pflanzen zu befürchten. Die Schnittstelle selbst bildet einen Kallus, der mit der Zeit zu einem Panzer wird und weniger gefährdet ist als die Epidermis.
Dieses Verfahren ist auch für Kakteenliebhaber zu empfehlen, die nicht frei auspflanzen wollen oder können. Das Tontöpfchen mit der feststehenden Pflanze wird in einen übergroßen Topf eingesetzt, und ihr steht nun mehr Erdreich zur Verfügung als früher. Das ergibt einen besseren und kräftigeren Wuchs ohne die gefürchtete Gefahr der Fäulnis.

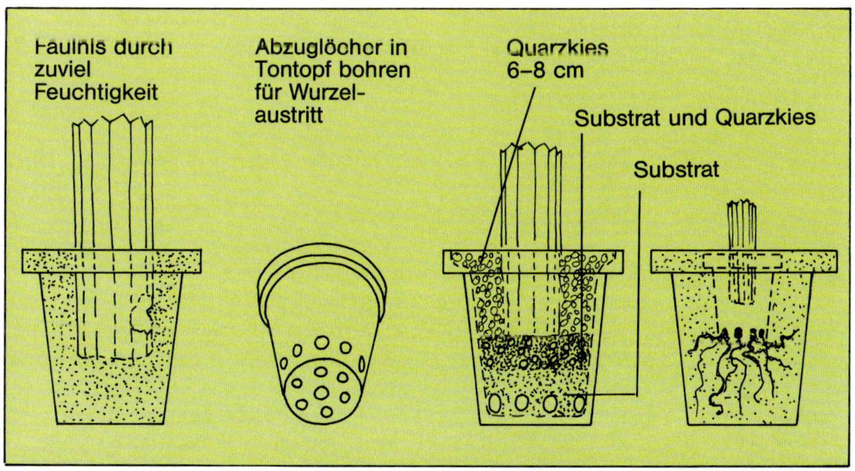

Verfahren zur Kultur nässeempfindlicher Kopfstecklinge von Sukkulenten.

Das Pfropfen

Das Propfen von Kakteen und anderen Sukkulenten bietet dem Pflanzenfreund eine interessante Bereicherung seines Hobbys. So wird es dann nicht selten mehr aus Spielerei als aus Notwendigkeit praktiziert. Propfung ist eine künstliche Vereinigung von nah verwandten, der gleichen Familie angehörenden Pflanzenteilen durch Aufsetzen eines jungen Sproßteils auf eine Unterlage.
Erwerbsgärtnereien bedienen sich der Pfropfmethode, um kurzfristig zu verkaufsfertigen Pflanzen zu gelangen. Sie wird bevorzugt bei anspruchsvollen oder langsam wachsenden Arten angewendet und bietet die Möglichkeit, ein breites Pflanzensortiment rentabel kultivieren und anbieten zu können. Als Pfropfunterlagen dienen starkwüchsige und anspruchslose Arten, die bei reichlicher Ernährung und günstigen Temperaturverhältnissen einen regen Stoff-

Auf Hylocereus gepfropfte Kakteen: Neoporteria, Notocactus und chloroplastenfreie Mutanten von Gymnocalycium und Astrophytum.

wechsel entwickeln, der den aufgesetzten Pfröpflingen zugute kommt.

Das Propfen ist bei Kakteen seit langem gebräuchlich; seit einigen Jahren wird es bei verschiedenen Euphorbien angewendet und zunehmend auch bei anderen Sukkulenten. Mit der ständigen Erweiterung des Sortimentes kulturwürdiger Pflanzenarten gewinnt das Pfropfverfahren an Bedeutung: Denken wir an *Adenium obesum* und *A. swarzicum* mit den in letzter Zeit entstandenen Zuchtformen, die fast ausschließlich auf ungeschlechtlichem Wege durch Pfropfen auf den zur gleichen Familie gehörenden *Oleander (Apocynaceae)* vermehrt werden.

Das Propfen dient ebenso der Vermehrung seltener Pflanzen oder solcher, die unter hiesigen Klima- und Bodenbedingungen wurzelecht schlecht vorankommen. So werden *Hoodia* und *Decabelone (= Tavaresia)* auf die Speicherknöllchen von *Ceropegia woodii* (*Asclepiadaceae*) gepfropft.

Ein findiger Gärtnermeister im Botanischen Garten Heidelberg hat herausgefunden, daß die sehr seltene *Didierea madagascariensis* sich durch Spaltpfropfung ihrer langen Warzen auf *D. procera* vermehren läßt. Wir sehen also, daß Propfen sehr sinnvoll sein kann.

Die chlorophyllfreien Formen (abgekürzt f. = niedrigste Stufe innerhalb einer Art) von *Chamaecereus silvestrii, Astrophytum asterias* sowie die bunten Formen von Gymnocalycien sind krankhafte, allein nicht lebensfähige Erscheinungen, die gänzlich auf die Versorgung durch die assimilierenden Unterlagen angewiesen sind. Hier ist Pfropfung unumgänglich.

Empfehlenswert ist diese Vermehrungsart auch bei den sogenannten Cristata- oder Hahnenkammformen bestimmter Kakteen- und Euphorbienarten. Wurzelecht gezogen wären die breiten, dem Boden aufliegenden Körper anfällig gegen Fäulnis und Schädlingsbefall. Außerdem ist ihre Bereitschaft zur Wurzelbildung meist mangelhaft.

Pfropfung dient ferner der Rettung von Pflanzen, die durch äußere Einflüsse verletzt wurden und daher von Fäulnis bedroht sind. Gepfropfte Kakteen und andere Sukkulenten kommen je nach Art, gewählter Unterlage und wachstumsbestimmenden Umweltfaktoren 3–5mal schneller voran als auf eigenen Wurzeln stehend. Besonders wuchsfreudig zeigen sich gepfropfte Kakteensämlinge.

Neben der allgemeinen Wachstumsbeschleunigung zeigen bestimmte Arten auch eine früher einsetzende und gesteigerte Blühbereitschaft. Andererseits können von Natur aus kleinbleibende Arten weitgehendst ihr typisches, kompaktes Aussehen verlieren und zu mastigen, unförmigen Gebilden auswachsen.

Man sollte bestrebt sein, die Pflanzen durch geeignete Kulturmaßnahmen zu gutem Wachstum auf eigener Wurzel zu veranlassen und von den Möglichkeiten

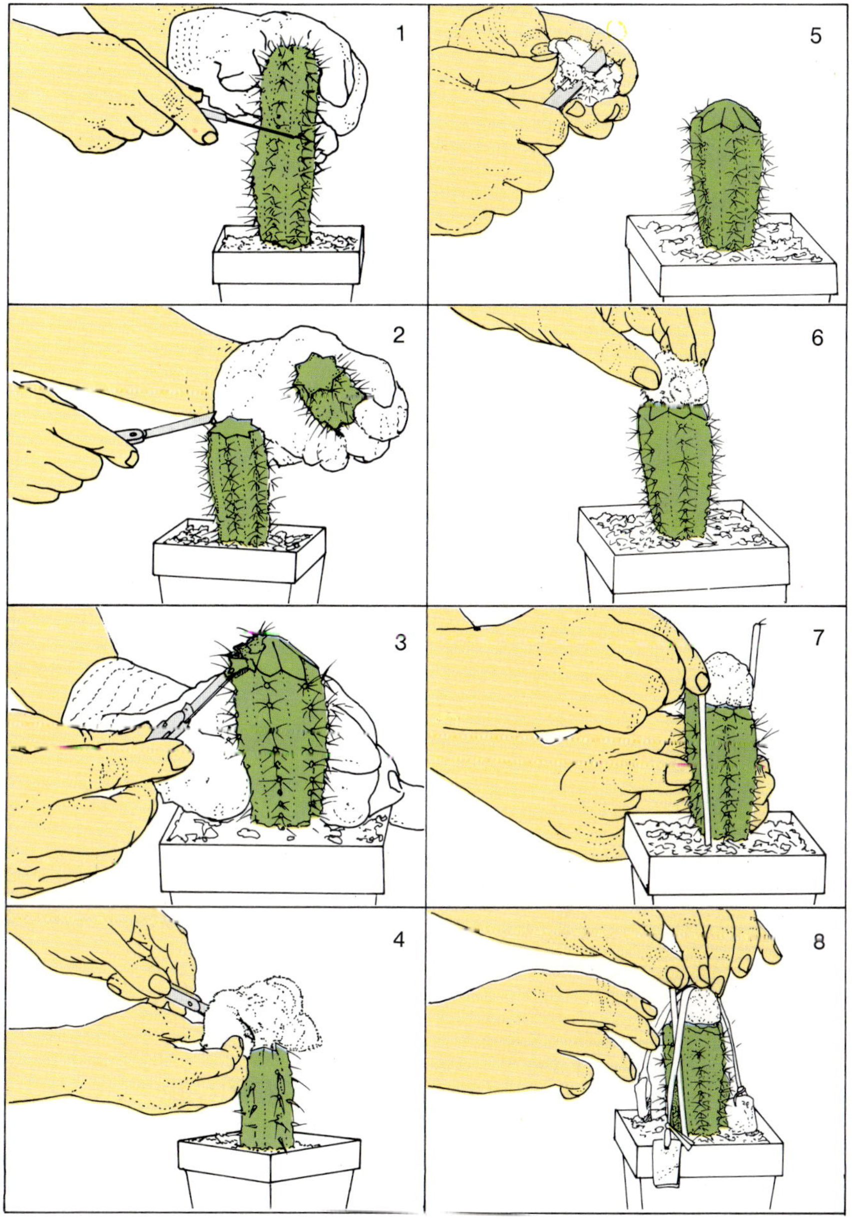

Pfropfen: 1) Pfropfunterlage durchtrennen; 2) abgetrenntes Kopfstück dient als Steckling; 3) Schnittfläche konisch anschneiden; 4) Pfröpfling vorsichtig abtrennen; 5) Rand des Pfröpflings ebenfalls anschrägen; 6) vor dem Zusammenfügen Unterlage und Pfröpfling nochmals waagerecht anschneiden; 7) einige Stäbchen verhindern seitliches Abrutschen; 8) Gewichte geben Halt.

der Pfropfung nur in beschränktem Umfange Gebrauch machen. Gepfropfte Kakteen sind im Grunde unnatürliche Wuchserscheinungen und bieten nicht in jedem Falle einen erfreulichen Anblick.

Die Pfropfunterlagen für Kakteen

Starkwüchsige Hahnenkammformen von *Notocactus leninghausii, Mammillaria rhodantha, Espostoa* und andere entwickeln bei guter Ernährung mächtige Wülste und erfordern daher besonders kräftige sowie standfeste Unterlagen.

Trichocereus bridgesii, T. macrogonus, T. pachanoi, T. spachianus, Cereus peruvianus, C. jamacaru sind vorzügliche Pfropfunterlagen unter den Säulenkakteen. *Trichocereus spachianus* ist eine gut verträgliche Unterlage, die Pfröpflinge wohl aller Kakteenarten gut annimmt. Leider ist das starke Dornenkleid ziemlich hinderlich.

Ähnlich steht es mit dem sehr wüchsigen *Trichocereus candicans* und den *Echinopsis*-Arten. Neben starker Bedornung haben diese Pflanzen die unangenehme Eigenschaft, aus den Areolen stark zu sprossen. Um die Sproßbildung einzuschränken, kann ein Teil der Areolen vorsichtig entfernt werden. Außer den genannten Arten können noch viele andere wüchsige Säulenkakteen als Pfropfunterlage Verwendung finden, sofern sie saftreich sind und nicht zu tiefe Rippenkerben aufweisen.

An gepfropften Unterlagen hervorbrechende Seitentriebe müssen baldmöglichst behutsam abgeschnitten – nicht abgebrochen – werden. Läßt man sie wachsen, wird der Saftstrom der Unterlage überwiegend, wenn nicht ausschließlich, in diese körpereigenen Bereiche gelenkt, während der Pfröpfling

Mammillaria herrerae wurde hier auf Harrisia (= Eriocereus) jusbertii gepfropft.

als Fremdkörper nicht mehr recht vorankommen kann.

Eriocereus jusbertii und *E. martinii* sind gute und langlebige Unterlagen. Auf höheren Stämmchen dieser Arten lassen sich hübsche Kronen von Weihnachts- und Osterkakteen ziehen. Gleichermaßen gut geeignet sind hierfür auch die schlanktriebigen *Selenicereus grandiflorus* (Königin der Nacht), *S. pteranthus* (Prinzessin der Nacht), *S. kunthianus* und *S. hamatus*.

Die besonders starkwüchsigen Kletterkakteen aus der Gattung *Hylocereus* dienen bevorzugt den chlorophyllfreien Gymnocalycien und Chamaecereen, aber auch vielen anderen Arten als sichere Unterlage. Hylocereen lieben Wärme und gleichmäßige Feuchtigkeit.

Unter den Opuntien können verwendet werden: die schlanksäuligen *Austrocylindropuntia* (bevorzugt für *Tephrocactus*) und die flachtriebigen *Opuntia ficus-indica, O. tomentosa, O. robusta* sowie andere dickfleischige, wenig bedornte Arten.

Rhodocactus und *Pereskia* sind robuste, gegen hohe pH-Werte des Pflanzsubstrates unempfindliche Unterlagen für Oster- und Weihnachtskakteen.

Für Sämlingspfropfung hervorragend geeignet sind die blatttragenden, sehr dünntriebigen *Pereskiopsis spathulata* und *P. velutina*.

Wann und wie wird gepfropft?

Die günstigste Zeit zum Pfropfen ist der Frühsommer während der Hauptwachstumsperiode. Man wählt zur Durchführung der Pfropfarbeiten am besten einen schwülwarmen Tag. Auch für den nächsten Tag sollten noch sommerliche Temperaturen zu erwarten sein. An trocken-heißen Tagen nutzt man nur die Morgenstunden. Während

dieser Zeitabschnitte aktivieren Kakteen ihre inneren Lebensvorgänge.
Sowohl Propfunterlagen wie Pfröpflingsmutterpflanzen müssen gut „im Saft stehen“. Sie sind deshalb einige Zeit zuvor ausreichend mit Wasser und Nährstoffen zu versorgen. Angewelkte Pfröpflinge können notfalls für einige Stunden in temperiertes Wasser gelegt werden. Der Versuch, stark geschrumpfte Sproßstücke aufpfropfen zu wollen, ist zwecklos. Zum Zeitpunkt der Pfropfung müssen die Pflanzenkörper trokken sein.
Notpfropfungen zur Rettung existenzgefährdeter Einzelstücke können zu jeder Jahreszeit versucht werden. Es bleibt mitunter keine andere Wahl. Um für Notfälle vorbereitet zu sein, sollten einige Unterlagenpflanzen ganzjährig durch entsprechende Wassergaben und nicht zu kühlen Standort im Saft stehen.
Der Pfropfvorgang ist recht einfach: Man benötigt ein sehr scharfes Messer mit ausreichend großer und trotzdem dünner Klinge. Für kleine Schnitte ist eine Rasierklinge (ohne Fettschicht!) das ideale Schneidewerkzeug.
Mit einem ziehenden, niemals quetschenden Schnitt wird die Unterlagenpflanze auf der für die Pfropfung vorgesehenen Sproßhöhe durchtrennt. Auch der Pfröpfling wird durch waagerechten Schnitt von der Mutterpflanze abgetrennt.
Bei der Verwendung von Kindeln oder jüngeren Pflanzen lassen sich aus einem Exemplar zwei Pfröpflinge gewinnen, indem man diese durch einen Querschnitt halbiert. Das untere Teilstück wird mit der Schnittfläche – also verkehrtherum – auf die Unterlage gebracht. Diese Pfröpflinge bringen meist mehrere Neuaustriebe hervor, die nach genügender Erstarkung für die weitere Vermehrung verwendbar sind. Die Frage, in welcher Höhe gepfropft werden soll, läßt sich so beantworten: Die Schnitte an Unterlage und Pfröpfling dürfen nur in saftreichen, unverholzten, andererseits nicht zu jungen Gewebezonen ausgeführt werden.
Je höher man pfropft, desto reichlicher wird der Pfröpfling durch die Unterlage mit Aufbaustoffen versorgt.
Chlorophyllarme beziehungsweise chlorophyllfreie Kakteen, die gänzlich auf die Versorgung durch die Unterlage angewiesen sind, sollten nicht zu tief auf die Unterlage gesetzt werden.
Noch höher, etwa 15 cm und mehr, setzt man die Cristaten auf, damit diese ihre kammartigen Wülste ungehindert entwickeln können.
Langtriebige Arten, wie *Aporocactus* und die als Kronenbäumchen zu ziehenden Weihnachts- und Osterkakteen, erhalten einen entsprechend hohen Ansatzpunkt.
Die stark behaarten *Oreocereus* und *Espostoa* entwickeln sich – auf meterhohe, stark wachsende Säulenkakteen gepfropft – zu prächtigen Schaupflanzen.
Sämlingspfropfungen auf *Pereskiopsis* führt man ebenfalls ziemlich hoch, auf etwa 15 cm langen Trieben, aus. Sie müssen ohnehin nach spätestens 2 Jahren umgepfropft oder zur Eigenbewurzelung gebracht werden.
Außer in den genannten Fällen sollten Pfropfungen möglichst tief erfolgen, so daß nach 1–2maligem Umpflanzen im Verlauf einiger Jahre die Unterlagen gänzlich im Boden verschwinden. Das ist natürlich Geschmackssache; wen die unnatürlichen Pfropfgebilde nicht stören, kann auf derlei Überlegungen verzichten.
Pfropfungen verursachen große Wunden an den Pflanzen. Deshalb ist Hygiene unerläßlich. Das Messer muß unbe-

Speicherknöllchen von Ceropegia woodii dienen als Pfropfunterlage.

Der Pfröpfling (Hoodia) wird auf Ceropegia woodii aufgesetzt.

Stäbchen verhindern das seitliche Abrutschen des Pfröpflings.

dingt sauber sein und ist nach jedem Schnitt an einem sauberen Tuch abzutrocknen. Bei Kontakt mit erkrankten Pflanzen muß das Messer in Alkohol desinfiziert werden.

Die Kanten der Unterlagenpflanze wie auch die des Pfröpflings schrägt man etwas ab, denn das saftreiche Wasserspeichergewebe schrumpft meist ein wenig ein. Die feste Kutikula schrumpft dagegen nicht, so daß bald die Gefahr des Abhebens bestünde.

Noch bevor die frischen Schnittflächen antrocknen – gegebenenfalls muß bahnen Kontakt zu denen der Unterlage bekommt, wird seine weitere Entwicklung erfolgen.

Stimmen die Stärken der Unterlage und des Pfröpflings nicht überein, setzt man die Pfropfstücke etwas seitlich auf, so daß sich die Leitungsbahnenkreise überschneiden.

Der Pfröpfling darf einen erheblich geringeren, nicht jedoch größeren Durchmesser als die ihn ernährende Unterlage aufweisen. Im Idealfall sind beide gleichstark.

Der Pfröpfling muß für etwa 10–14 schen zu verhindern, steckt man dünne, aber stabile Tonkinstäbe unmittelbar neben die Pflanze.

Sämlingspfropfungen von etwa Stecknadelkopfgröße müssen nicht unbedingt beschwert werden. Empfehlenswert ist das Überstülpen von Reagenzgläsern bei Verwendung von *Pereskiopsis*-Unterlagen. Bewährt haben sich auch kleine, wenige Zentimeter breite Glasstreifen, die waagerecht auf den Pfröpfling und über ein im gleichen Topf steckendes, auf gleicher Höhe abschließendes Etikett gelegt werden.

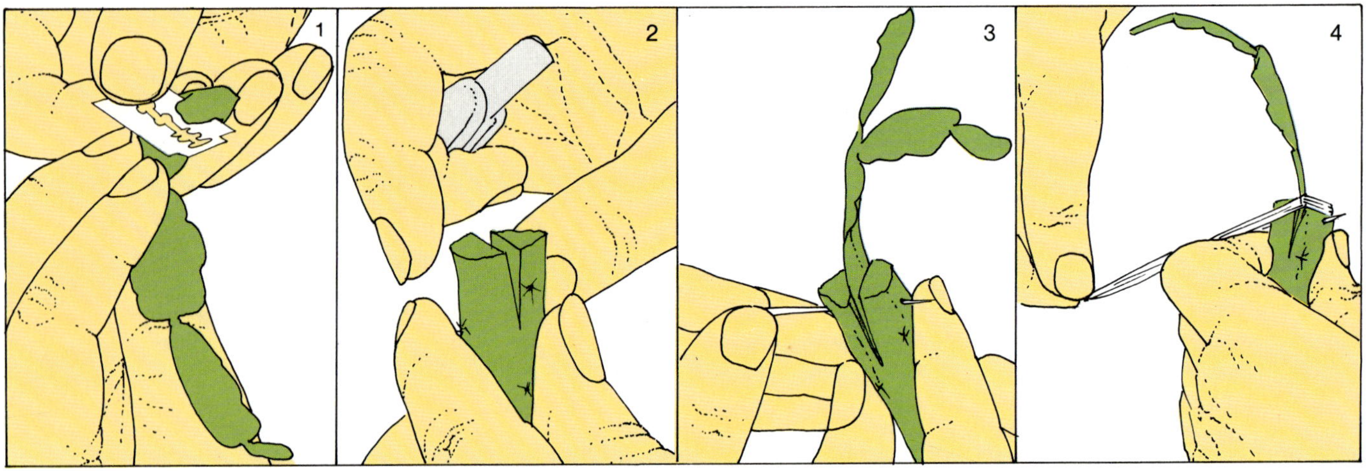

Spaltpfropfung: 1) Pröpfling keilartig zuschneiden; 2) Pfropfunterlage erhält einen keilförmigen Einschnitt; 3) Schnittflächen fest aneinanderfügen; 4) Kakteendorn und Bast geben Halt.

noch einmal nachgeschnitten werden –, wird der Pfröpfling auf die Unterlage gesetzt. Durch leichtes Drehen des Pfröpflings auf der Schnittfläche erhält dieser den richtigen Sitz, und die Luftzwischenräume können entweichen. Der Pfröpfling muß mit seiner ganzen Schnittfläche aufsitzen und verwachsen können.

Wichtigste Voraussetzung für gutes Fortkommen ist die Verbindung zwischen den Leitbündeln der Unterlage und des Pfröpflings. In dem Maße, in dem der Pfröpfling mit seinen Leitungs-

Tage durch leichten bis mäßigen mechanischen Druck mit der Unterlage verbunden sein. Kleinere Exemplare werden einfach mit Gummipackringen kreuzweise umspannt. Sollte bei dieser tüfteligen Verrichtung ein Pfröpfling entgleiten und zu Boden fallen, muß der Pfropfvorgang durch erneutes Anschneiden wiederholt werden.

Größere Stücke lassen sich durch Bänder beschweren, an deren Enden jeweils ein Bleiklümpchen befestigt ist. Diese Bänder werden kreuzweise über das Kopfstück gehängt. Um ein Verrut-

Neben den geschilderten, einfachen Pfropfverfahren gibt es auch das Spaltpropfen und das Anplatten. Beide Methoden dienen der Vermehrung von dünntriebigen (z. B. *Wilcoxia, Aporocactus*) und flachsprossigen (Oster- und Weihnachtskakteen) Arten.

Beim **Spaltpfropfen** wird an der geköpften Unterlage von oben her eine Kerbe geschnitten, in die man ein beiderseitig zugeschnittenes Flach- oder Rundsproßstück einpaßt. Zur Gewährleistung einer festen Verbindung sollte der Spalt in der Unterlage etwas schmaler

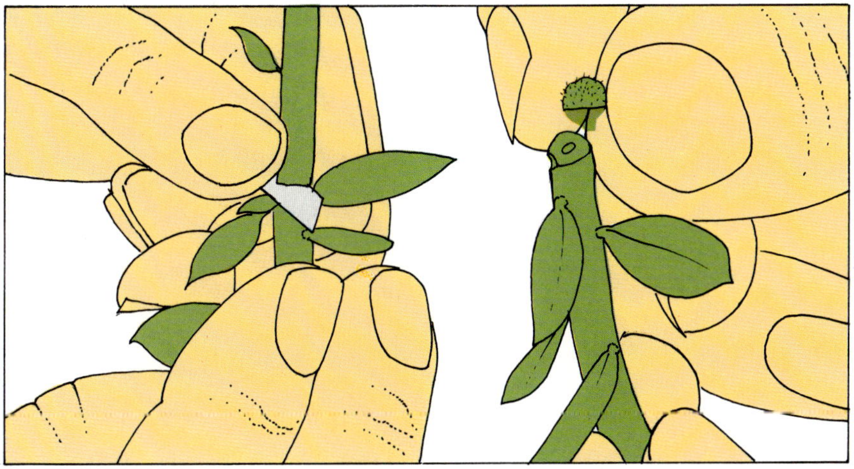

Sämlingspropfung: Kakteensämling wird auf Pereskiopsis gepfropft. Hier gibt später ein kleines Glasplättchen den erforderlichen Halt. Es wird seitlich abgestützt durch ein Etikett.

sein als die Stärke des Pfröpflings. Befestigt wird mit zwei langen, ziemlich dünnen Kakteendornen, die man durch Unterlage und Pfropfstück steckt. Das anschließende Verbinden mit einem Faden aus Kunstbast ist zu empfehlen. Stecknadeln sind zum Befestigen ungeeignet.

Das **Anplatten** erfolgt durch schräges Durchschneiden der Unterlage und des zu pfropfenden Sproßteils. Wichtig ist das sehr schräge Anschneiden des Pfröpflings bis auf das in etwa Sproßmitte verlaufende Leitungsgewebe. Die fertige Veredelung wird durch Kakteendornen befestigt. Es können auch Sproßteilstücke, sofern sie nicht zu alt sind, als Pröpflinge Verwendung finden.

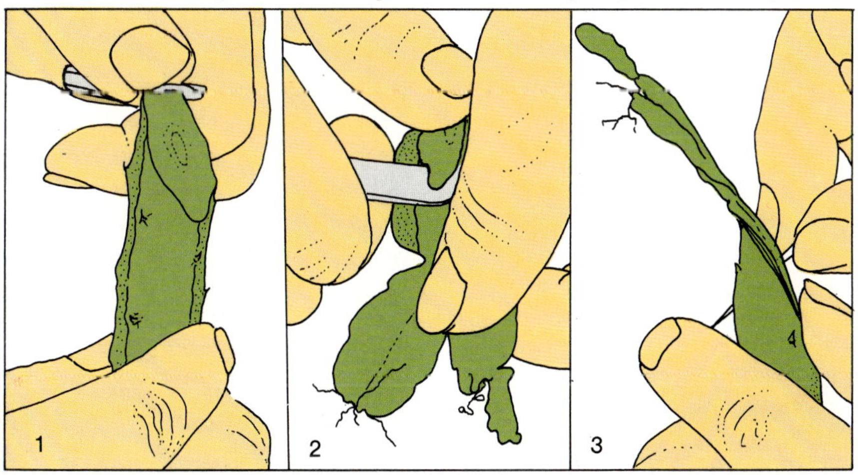

Anplatten: 1 + 2) Pfropfunterlage und Pfröpfling durch gleich lange Schrägschnitte vorbereiten; 3) ein Kakteendorn gibt Halt.

Das Zusammenwachsen gepfropfter Kakteen geschieht entweder sofort oder nie. Unterlage und Pfröpfling befinden sich in unmittelbarer Lebensgemeinschaft. Die feste Verwachsung ist jedoch ein Entwicklungsprozeß, den man nicht durch voreiliges Betasten gefährden darf. Schon nach wenigen Wochen wird man den Erfolg oder Mißerfolg der Bemühungen erkennen können.

Wovon hängt das Gelingen einer Pfropfung ab?

Voraussetzungen für das Gelingen sind:

- gesunde, kräftige, im Wachstum befindliche Unterlagen und Pfröpflinge;
- der richtige Zeitpunkt;
- ein gut vorbereiteter, mit den notwendigen Hilfsmitteln ausgestatteter Arbeitsplatz an windgeschütztem Ort, der zügiges Arbeiten erlaubt;
- Geschicklichkeit sowie Gründlichkeit bei der Ausführung;
- sachgemäße Nachbehandlung.

Wichtig ist, daß kein Wasser auf die Schnittwunden gelangt, bevor diese völlig verheilt sind, Fäulnisgefahr! Das Gießen erfordert demnach besondere Aufmerksamkeit, denn selbstverständlich müssen die Pflanzen reichlich mit Wasser und Nährstoffen versorgt werden, und auch sonst sollten gute Wachstumsbedingungen gegeben sein. Feuchtwarme, gespannte Luft ist sehr förderlich. Die Vorrichtungen, mit denen die Pfröpflinge befestigt wurden, können nach etwa 10 Tagen vorsichtig entfernt werden.

Sinngemäß gelten diese Regeln für alle an Kakteen und anderen sukkulenten Pflanzen vorgenommenen Pfropfungen.

Das Washingtoner Artenschutz-abkommen

Die Tatsache, daß weltweit zahlreiche Tier- und Pflanzenarten von der Ausrottung durch den Menschen bedroht sind, hat am 03. 03. 1973 zu einem Übereinkommen über den internationalen Handel mit gefährdeten Arten freilebender Tiere und Pflanzen geführt. Es sieht vor, daß vor allem die Einfuhr und Ausfuhr von Tieren und Pflanzen der bedrohten Arten sowie von deren Teilen oder Erzeugnissen einer Genehmigung unterworfen werden, die nur unter sehr strengen Voraussetzungen erteilt werden soll. Für manche Arten wird der Handel ganz untersagt.
Die Vorschriften dieses Gesetzes gelten für den Handel mit den in den Anhängen dieses Übereinkommens aufgeführten Arten sowie für das gewerbsmäßige Inverkehrbringen und den gewerbsmäßigen Erwerb dieser Exemplare.

Rebutia (Digitorebutia) yuquinensis

Echinomastus intertextus

88 Staaten berieten darüber in Washington. Zu den Unterzeichnerstaaten zählen:
Ägypten, Argentinien, Australien, Bahamas, Bolivien, Brasilien (generelles Ausfuhrverbot), Bundesrepublik Deutschland (Anwendung seit 1976), Chile, VR China, Costa Rica, Deutsche Demokratische Republik, Ecuador, Frankreich, Gambia, Ghana, Großbritannien, Guatemala, Guayana, Indien, Iran, Israel, Italien, Japan, Jordanien, Kanada, Kenia, Madagaskar, Marokko, Mauritius, Monaco, Mosambik, Nicaragua, Niger, Nigeria, Norwegen, Pakistan, Panama, Paraguay, Portugal, Peru, Schweden, Schweiz, Senegal, Seychellen, Südafrika, Tansania, UdSSR, Uruguay, USA, Venezuela, Vereinigte Arabische Emirate, Zaïre, Zentralafrikanische Republik, Zypern, Zimbabwe.
Seit dem Inkrafttreten des Gesetzes – für die Bundesrepublik Deutschland seit 20.06.1976 – sind Ausfuhr- und Einfuhrgenehmigungen erforderlich. Diese Genehmigungen unterliegen strengen Maßstäben mit dem Ziel, den internationalen Handel mit den in der Schutzkonvention genannten Arten zu unterbinden.
Anhang I dieser Liste (Stand vom 27. Mai 1981) führt 405 Tierarten und -gattungen auf. Aus dem Reiche Floras sind es 58 nach Familien geordnete Arten und Gattungen.
Die in Anhang I aufgeführten Arten von Tieren und Pflanzen gelten als unmittelbar von der Ausrottung bedroht.
Der Handel mit Exemplaren dieser Arten darf nur in Ausnahmefällen zugelassen werden und ist für kommerzielle Zwecke praktisch ausgeschlossen. Für die Einfuhr ist neben der Ausfuhrgenehmigung zusätzlich auch eine Einfuhrgenehmigung erforderlich. Damit wird gewährleistet, daß die Behörden des Ausfuhr- wie des Einfuhrstaates die Überprüfung und Entscheidung unabhängig voneinander vornehmen.
In Gefangenschaft gezüchtete (Tiere) beziehungsweise künstlich vermehrte (Pflanzen) Exemplare der in Anhang I genannten Arten gelten als Exemplare des Anhanges II.
Die in Anhang II angeführten Arten gelten als gefährdet. Um die möglicherweise bevorstehende Gefahr der Ausrottung einzudämmen, soll der Handel mit ihnen einer vorbeugenden Kontrolle unterworfen werden. Hier enthält die Liste der Tiere 238, die der Pflanzen 51 Arten beziehungsweise Gattungen mit allen darin vorkommenden Arten.
Anhang III nennt alle Arten, die von einem Vertragsstaat als Arten bezeichnet werden und die in ihrem Hoheitsbereich einer besonderen Regelung unterliegen, um die Ausbeutung zu verhindern oder zu beschränken und bei denen die Mitarbeit anderer Vertragsstaaten bei der Kontrolle des Handels erforderlich ist.
Für die **Ausfuhr** der im Washingtoner Artenschutzabkommen erfaßten Tiere und Pflanzen sind folgende Dokumente erforderlich:
Bei Exemplaren der in Anhang I und II genannten Arten ist eine Ausfuhrgenehmigung erforderlich.
Bei Exemplaren der in Anhang III genannten Arten ist eine Ausfuhrgenehmigung nur dann erforderlich, wenn das Exemplar von einem Staat ausgeführt wird, der die Aufnahme in den Anhang III veranlaßt hat.
Für die **Einfuhr** gilt folgende Regelung:
Bei Exemplaren der in Anhang I und II genannten Arten – und ausnahmsweise bei den in Anhang III genannten – ist eine vom ausführenden Staat ausgestellte Ausfuhrgenehmigung erforderlich, außerdem bei Exemplaren der in Anhang I aufgeführten Arten eine Einfuhrgenehmigung der Bundesrepublik Deutschland beziehungsweise bei Exemplaren der in Anhang III aufgeführten Arten ein Ursprungszeugnis.
In den Sonderbestimmungen zum Washingtoner Artenschutzübereinkommen (WA) heißt es unter anderem:
Wurde ein Exemplar der in den Anhängen des WA genannten Arten in Gefangenschaft gezüchtet (Tier) oder künstlich vermehrt (Pflanze), so ist dem Antrag auf Erteilung einer Ausfuhrgenehmigung eine entsprechende Bestätigung beizufügen. Bei der Einfuhr ist dieser Sachverhalt vom Ausfuhrstaat zu bestätigen.
Gegenstände des persönlichen Gebrauchs sind nur dann genehmigungspflichtig bei in Anhang I ausgeführten Arten, wenn sie vom Eigentümer außerhalb des Staates seines gewöhnlichen Aufenthaltes erworben wurden; bei Exemplaren der in Anhang II aufgeführten Arten, wenn ihr Wert 250,– DM übersteigt, wenn sie im Ausland erworben wurden und in die Bundesrepublik Deutschland einschließlich Berlin (West) als den gewöhnlichen Aufenthaltsort des Eigentümers eingeführt werden und wenn sie im Ausfuhrstaat aus der freien Natur entnommen wurden und dieser eine Ausfuhrgenehmigung für die betreffenden Exemplare vorschreibt.
Die genannten Sonderbestimmungen dürften vorrangig für die Kakteenfreunde von Interesse sein, die privat oder in organisierten Gruppen nach Mexiko reisen. Obwohl Mexiko noch nicht formell dem WA beigetreten ist, gelten ernstzunehmende Schutzbestimmungen, denen zufolge das Sammeln und Ausführen von Kakteen genehmigungspflichtig ist.
Die erforderlichen Genehmigungen werden von den zuständigen Naturschutzbehörden nur in Ausnahmefällen, z. B. für botanische Gärten und andere wissenschaftliche Zwecke, gewährt.
Schon mancher Kakteenliebhaber, der sich auf seiner Reise durch das weiträumige Mexiko nicht ausschließlich auf das Betrachten und Fotografieren von

Standortpflanzen beschränken konnte, erlebte spätestens bei der Zollkontrolle auf dem Rhein-Main-Flughafen in Frankfurt eine unangenehme Überraschung.

Die Zollbehörde ist berechtigt, bei Verstoß gegen die Bestimmungen des WA die Ware zu beschlagnahmen und einzuziehen, falls die erforderlichen Dokumente nicht innerhalb einer gesetzten Frist beigebracht werden.

Bei Handelsware Tiere und Pflanzen kann neben der Beschlagnahme ein Ordnungswidrigkeitsverfahren eingeleitet werden, in dem die Verhängung von Bußgeldern bis zu 50 000,– DM möglich ist. Die Einziehung von Exemplaren und die Verhängung von Bußgeldern kommt auch in Betracht, wenn Exemplare ohne die erforderlichen Dokumente erwerbsmäßig in Verkehr gebracht oder gewerbsmäßig erworben werden.

Das WA umfaßt ein umfangreiches Bündel von Verwaltungsvorschriften, die hier nur auszugsweise aufgezeigt wurden.

Anträge auf Erteilung von Einfuhrgenehmigungen (soweit es sich um lebende oder tote Tiere oder Pflanzen oder zum Verzehr geeignete Teile und Erzeugnisse handelt – Zuständigkeitsbereich „00" in der Einfuhrliste) sind zu stellen an das

Bundesamt für Ernährung und Forstwirtschaft (BEF) – Referat 2.7 –
Adickesallee 40 Postfach 180203
6000 Frankfurt a. M.

Bei dem obengenannten Bundesamt kann man auch die Anschriften der in den Vertragsstaaten zuständigen Behörden erfahren.

Im WA sind sukkulente Gewächse folgendermaßen berücksichtigt:

Familie

Apocynaceae
(Hundsgiftgewächse)
Asclepiadaceae
(Schwalbenwurzgewächse)
Cactaceae
(Kakteengewächse)
Didiereaceae
Euphorbiaceae
(Wolfsmilchgewächse)
Liliaceae
Portulacaceae
(Portulakgewächse)
Welwitschiaceae

Anhang I

Gattung, Art

Pachypodium namaquanum
Ariocarpus agavoides
Ariocarpus scaphorostrus
Aztekium ritteri
Echinocereus lindsayi
Obregonia denegrii
Pelecyphora aselliformis
Pelecyphora strobiliformis
Aloe albida
Aloe pillansii
Aloe polyphylla
Aloe thorncroftii
Aloe vossii
Welwitschia bainesii

Anhang II

Gattung, Art

Pachypodium spp. x
Ceropegia spp.
Frerea indica
Cactaceae spp. x + 211
(Kakteen)
Rhipsalis spp.
(Rutenkakteen)
Didierea spp.
Euphorbia spp. + 110
Aloe spp. x
Anacampseros spp.
Weltwitschiaceae spp. x

Erläuterung:

1. Die Abkürzung *spp.* wird zur Bezeichnung aller Arten eines höheren Taxons verwendet.
2. Ein *x* neben dem Namen einer Art oder eines höheren Taxons bedeutet, daß eine oder mehrere geographisch abgegrenzte Populationen, Unterarten oder Arten der betreffenden Art oder des betreffenden Taxons in Anhang I aufgeführt sind und daß die Populationen, Unterarten oder Arten von Anhang II ausgenommen sind.
3. + *211* = alle Arten auf dem amerikanischen Kontinent.
4. + *110* = alle sukkulenten Arten.

Von den Artenschutzbestimmungen sind die Firmen direkt betroffen, die sich auf die Einfuhr und den Vertrieb von Standortpflanzen spezialisiert haben. Sie müssen sich auf eigene Anzuchten umstellen.

Die Washingtoner Übereinkunft kann allerdings bis jetzt nur als ein Anfang in den ernstgemeinten Bemühungen um einen wirksamen Artenschutz angesehen werden. In einigen Ländern wird das Gesetz mit bürokratischer Perfektion gehandhabt, doch viele andere haben es noch nicht einmal ratifiziert.

Daß Artenschutz wirksam durchgeführt werden kann, beweisen vorbildlich die USA und Südafrika. Dort stehen allerdings auch sämtliche der Arterhaltung dienenden Maßnahmen im Einklang. In den noch unterentwickelten Ländern Süd- und Mittelamerikas lassen sich leider nicht die gleichen Maßstäbe anlegen.

Neuerdings kommen in großem Umfang Kakteen und andere Sukkulenten sowie zahlreiche andere Zierpflanzen aus Anzuchten von den klimatisch begünstigten Kanarischen Inseln nach Deutschland. Hierbei handelt es sich selbstverständlich nicht um geschützte, freilebende Pflanzen.

Die auf den Kanarischen Inseln herangezogenen Kakteen erfüllen eine wichtige Voraussetzung für das Gelingen einer Weiterkultur: Sie sind durchweg mit einem gut entwickelten Wurzelsystem versehen, das die Funktion der Wasser- und Nährstoffaufnahme erfüllen kann. Importierte Standortpflanzen dagegen müssen unter beachtlichem Aufwand erst zur Wurzelneubildung veranlaßt werden, was nicht selten mißlingt.

Epiphytische Kakteen

Heimat und Lebensweise

Mit dem Begriff Kakteen verbindet sich allgemein die Vorstellung von Pflanzen, die lichtdurchflutete und von extremen Dürreperioden gekennzeichnete Gebiete bewohnen. Bemerkenswerterweise gibt es einige hundert Kakteenarten, deren natürliche Lebensräume überwiegend die feucht-warmen Tropenwälder Süd- und Mittelamerikas sind. Hier besiedeln sie, zusammen mit anderen Epiphyten – Orchideen, Bromelien und Farnen – die Stämme und Äste der Urwaldbäume.
Diese Aufsitzer oder Überpflanzen sind keine Schmarotzer, wie irrtümlich häufig angenommen wird, sondern sie haften mit ihren Wurzeln lediglich auf der groben Baumrinde, die sie mit einem dichten Netz überziehen, um möglichst viel Niederschlagswasser und Nährstoffe aus Humusansammlungen – verrottendes Laub und Tierexkremente – aufnehmen zu können. Die Baumkronen sind zudem luftige und verhältnismäßig gut belichtete Wuchsorte.

Die prächtigen Blüten von Hylocereus undatus öffnen sich nur für eine Nacht.

Epiphyten (Aufsitzer) am natürlichen Standort.

Manche Pflanzen, wie die Kletterkakteen der Gattungen *Selenicerus* und *Hylocereus*, wurzeln auch im Boden, klettern dann aber mit Hilfe zahlreicher Luftwurzeln bis in die Wipfel höchster Urwaldbäume. Sie entwickeln ein unbändiges Wachstum, weil die Luftwurzeln nicht nur dem Halt der Pflanzen, sondern auch der Wasser- und Nährstoffaufnahme dienen.
Diese starkzehrenden Arten entwickeln demzufolge auch die größten Blüten unter den Kakteengewächsen. Die Blütendurchmesser können 20–25 cm bei den Selenicereen – zu ihnen zählen die berühmte Königin sowie die Prinzessin der Nacht – und bis zu 40 cm bei *Hylocereus undatus* erreichen. Jede Einzelblüte öffnet sich jeweils nur für eine einzige Nacht; es werden aber alljährlich Blüten in großer Zahl hervorgebracht, so daß sich die Blütezeit über mehrere Wochen erstrecken kann.
Außer auf Bäumen wachsen Epiphyten häufig auch in Humusablagerungen auf Felskuppen. Die Bedingungen sind hier ähnlich: Das Substrat, in dem die Pflanzen leben, hat einen konstant niedrigen pH-Wert und ist gut durchlüftet. Infolge der häufigen Niederschläge erhalten die Pflanzen gleichmäßige Feuchtigkeit, doch kann niemals schädliche Staunässe entstehen. Das überschüssige Wasser läuft sofort wieder ab.

Dankbare Liebhaberpflanzen

Unter den epiphytischen Kakteen gibt es interessante und dankbare Liebhaberpflanzen. Zu den bekanntesten zählen die aus Brasilien stammenden Weihnachtskakteen (*Zygocactus* und *Schlumbergera*) sowie die Osterkakteen *(Rhipsalidopsis)*, aus denen zahlreiche Hybriden hervorgegangen sind. Unermüdlicher Züchterfleiß hat ein beachtliches Sortiment großblumiger und farbenprächtiger *Epiphyllum*- beziehungsweise *Nopalxochia*-Hybriden hervorgebracht. Die langjährige Bezeichnung *Phyllocactus* mußte aufgrund der international gültigen Nomenklaturregeln in *Epiphyllum* umbenannt werden, denn diesen Namen gab man der Gattung bei ihrer Entdekkung.
Empfehlenswerte Liebhaberpflanzen sind außerdem *Heliocereus*, verschiedene Arten der Blattkakteen *Chiapasia* und *Disocactus, Nopalxochia* sowie die als Binsen-, Ruten- oder Korallenkakteen bezeichneten *Rhipsalis, Lepismium, Hatiora, Pseudorhipsalis, Erythrorhipsalis.*

Die Ansprüche der Epiphyten und Pflegemaßnahmen

Die Herkunft und Lebensweise der epiphytischen Kakteen erfordern besondere Pflegemaßnahmen, die sich in manchen Punkten von den für die hochsukkulenten Arten geltenden Regeln unterscheiden.
Als Bewohner feuchter Tropen lieben die Epiphyten Wärme und gleichmäßige Feuchtigkeit. Ausgeprägte, längere Trockenperioden kennen sie naturgemäß nicht. Während der Wachstumsperiode sind sie überaus empfindlich gegen Austrocknen des Wurzelbereiches.
Die Temperaturen sollten, mit Ausnahme der *Epiphyllum*-Hybriden auch in der Ruhezeit nicht unter 12°C absinken. Epiphyten lieben hohe Luftfeuchtigkeit, die man ihnen durch häufiges, feines Übersprühen mit kalkfreiem, temperiertem Wasser vermittelt. Stickige Luft ist trotzdem zu vermeiden, denn ihre natürlichen Wuchsorte in den Kronen der Urwaldbäume sind ebenfalls luftig. Stän-

dig in gespannter Luft gehaltene Pflanzen werden krankheitsanfällig; Pilzerkrankungen sind dabei eine ernstzunehmende Gefahr.
Epiphytische Kakteen wünschen leichten Schutz vor greller Sonneneinstrahlung. Während der warmen Jahreszeit ist ein halbschattiger Platz im Freien vorteilhaft.
Das Kultursubstrat soll porös, humös und sauer sein. Der günstigste pH-Wert liegt bei 5,0–6,0. Der Neutralbereich bei pH 7,0 bedeutet bei vielen Arten schon den oberen Todespunkt. Laub- und Nadelerde sowie Torf und Sumpfmoos *(Sphagnum)* sind wichtige Grundsubstanzen. Empfehlenswert ist Torfkultursubstrat, dem wir sauren Quarzsand, Lavalit oder Perlite zur besseren Durchlüftung beimischen. *Epiphyllum*-Hybriden erhalten etwas schwerere Erde mit einem Zusatz von porösem Lehm, Land- oder Rasenerde.
Für regelmäßige, schwache Volldüngergaben sind die Epiphyten dankbar. Der Stickstoffanteil ist höher zu veranschlagen als bei den hochsukkulenten Kakteenarten. Sehr vorteilhaft ist Düngung auf organischer Basis durch Hornspäne (die man gleich ins Pflanzsubstrat mischren kann), Rinderjauche, Knochenmehl, Guano und andere organische Düngemittel.
Hydrokultur ist ein für epiphytische Kakteen empfehlenswertes Kulturverfahren. Die Wasser- und Nährstoffversorgung können dadurch auf einfache Weise optimal geregelt werden.

Rhipsalis penduliflora (im Orchideenkorbchen).

Die Vermehrung und Anzucht

Die Vermehrung sämtlicher epiphytischen Kakteen erfolgt am einfachsten durch Stecklinge, aber auch Sämlingsaufzucht ist problemlos.
Als Stecklinge dienen Triebspitzen oder auch Teilstücke derselben. Die wertvollen Zuchtsorten der Blattkakteen lassen sich reichlich vermehren, indem ausgewachsene Sprosse in 4–6 cm lange Stücke zerschnitten und zur Bewurzelung gebracht werden.
Nach dem Schneiden bepudert man die Schnittflächen mit Holzkohlestaub. Eine Behandlung mit Wurzelfix oder einem anderen Bewurzelungshormon ist vorteilhaft.
Nach mehreren Tagen des Antrocknens werden die Stecklinge aufs Bewurzelungssubstrat gebracht. Bei „gespannter" Luft läßt die Wurzelbildung nicht lange auf sich warten.
Epiphyllum wurzelt auch in klarem Wasser, wobei die Stecklinge nur 1–2 cm tief im Wasser stehen dürfen.
Die Vermehrung durch Pfropfung ist bei Weihnachts- und Osterkakteen möglich.

Epiphyten: *Tillandsia recurvata* auf Kakteen und Dorngehölzen.

Cryptocereus anthonianus

Die Unterbringung der Epiphyten

Für die Kultur der Epiphyten sind die sogenannten Orchideenkörbe bestens geeignet. Es gibt sie in verschiedenen Größen in Holz oder Kunststoff. Bastler unter den Pflanzenfreunden können sich die Ampeln selbst herstellen.

Um das Herausrieseln des Pflanzsubstrates zwischen den Latten zu vermeiden, stopft man die Lücken mit grobem Fasertorf oder Sumpfmoos aus oder legt durchlöcherte Plastikfolie in die Körbe.

Kletterpflanzen werden an Spalierwänden oder Epiphytenstämmen hochgezogen. Am besten gedeihen sie frei ausgepflanzt im Gewächshaus oder Wintergarten. Gute Ernährung lohnen sie durch reichliches Blühen.

Der Epiphytenstamm

Wer es sich leisten kann, sollte einen Epiphytenstamm anlegen, an dem die kletternden Arten hinaufwachsen können und der zudem mit allerlei anderen Epiphyten – auch Bromelien (Tillandsien) und Orchideen – bepflanzt werden kann.

Am besten geeignet sind Kronen und Äste von Robinien. Sie zeichnen sich durch hohe Haltbarkeit aus, die Verzweigung ist sehr bizarr und die kräftige, rissige Borke dekorativ und pflanzenfreundlich. Die Wurzeln der Aufsitzer finden guten Halt, und die Feuchtigkeit wird in gewisser Weise gehalten.

Mit der Borke von Korkeiche läßt sich ebenfalls einiges anfangen. Zum Aufbinden der Pflanzen auf die Äste dienen dünner Kupferdraht oder in schmale Streifen geschnittene Perlonstrümpfe. Zu diesem Zweck umhüllt man die Wur-

Bepflanzen eines Epiphytenstamms.

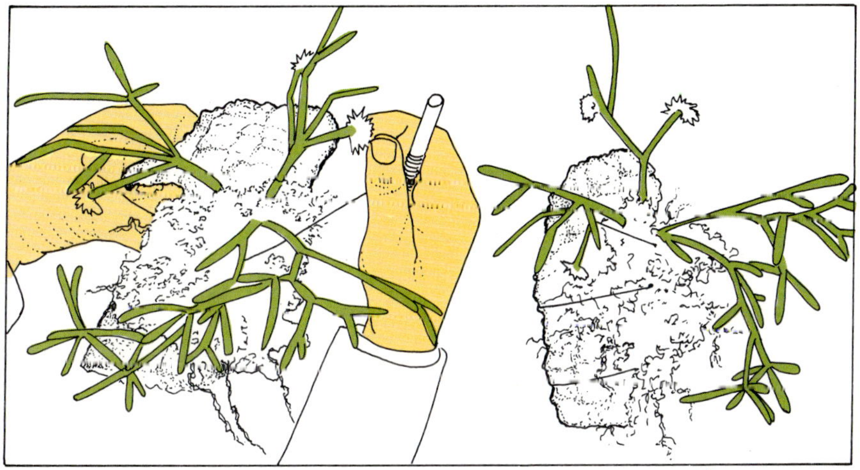

Aufbinden epiphytischer Kakteen auf Borke von Korkeiche.

zeln mit porösem Pflanzsubstrat (*Sphagnum*, gehacktem Buchenlaub, Osmundawurzeln oder Fasertorf) und befestigt das Ganze durch Umwickeln auf dem Ast beziehungsweise den Korkstücken.

Das Gießen und Sprühen kann auf vereinfachte, zeitsparende Weise durch Verlegen eines mit winzigen Löchern versehenen Sprühschlauches erfolgen oder, noch besser, durch ein mit Sprühdüsen ausgestattetes PVC-Rohr, das zwischen oder über dem Epiphytenstamm montiert wird. Mittels elektrischer Pumpe wird die Anlage mit kalkfreiem Wasser aus einem Auffangbekken gespeist. Zum Besprühen reichen jeweils kurze Zeitspannen aus, die über eine Schaltuhr automatisch gesteuert werden können.

Die Kultur epiphytischer Kakteen fällt etwas aus dem üblichen Rahmen der Sukkulentenpflege. Sie werden auch nicht zu den sukkulenten Gewächsen gezählt. Es sind kulturwürdige, dankbare Geschöpfe, vor allem für den Pflanzenfreund mit größeren Räumlichkeiten. Bei richtiger Artenauswahl kann man sich das ganze Jahr hindurch an blühenden Pflanzen erfreuen.

Kakteen und andere Sukkulenten in Zimmerkultur

Das Zimmerfenster

Sukkulente Gewächse warten in ihrer Vielfalt mit einer ganzen Reihe kleinbleibender Arten auf, die mit den beschränkten Raumverhältnissen eines Zimmerfensters auskommen. Bei richtiger Artenauswahl läßt sich auch unter diesen Bedingungen eine abwechslungsreiche Kollektion erfolgreich pflegen.
Der hohen Lichtbedürftigkeit der meisten Kakteen und anderen Sukkulenten entsprechend kommen Süd-, Südost- und Südwestlage in Frage. Während die Mehrzahl der anderen Zimmerpflanzen unter direkter sommerlicher Sonneneinstrahlung leidet und daher zeitweilig beschattet werden muß, fühlen sich die meisten Sukkulenten hier erst richtig wohl.

- Das ausgebaute Blumenfenster
- Kleingewächshäuser und Pflanzenvitrinen
- Der Frühbeetkasten

Teilansicht der Kakteenschausammlung im Palmengarten in Frankfurt am Main.

Aber auch für Ost- und Westfenster läßt sich noch eine interessante Auswahl an Arten finden, die mit geringeren Lichtmengen auskommen. Es sind die epiphytischen Kakteen sowie verschiedene Aloen, Haworthien, Euphorbien, Stapelien mit verwandten Gattungen und einige Dickblattgewächse. Nach Norden gerichtete Fenster sind als Dauerstandorte für Sukkulenten ungeeignet.

Am wohlsten fühlen sich die Pflanzen, wenn man die Töpfe nicht frei auf der Fensterbank aufstellt, sondern in Kästen aus Holz oder Kunststoff anordnet und in feuchtigkeithaltendes Substrat einfüttert. Das schützt vor dem schädlichen, zu starken Austrocknen der Topfballen.

Die Pflanzkästen brauchen nur etwa 12 cm hoch zu sein, denn allzu große Gewächse kommen für das Zimmerfenster kaum in Betracht. Es ist sicherlich interessanter, eine größere Anzahl kleinbleibender Pflanzen zu halten als wenige Exemplare unbändig wachsender Arten, die bald das ganze Fenster ausfüllen.

Die Töpfe sollten möglichst bis zum Topfrand eingesenkt werden. Das ergibt ein schöneres Bild. Man kann auch direkt in die Kästen auspflanzen. Freies Auspflanzen vereinfacht die Pflege, denn die Verteilung der Bodenfeuchtigkeit ist ausgeglichener, man braucht nicht jedes Topfpflänzchen einzeln zu gießen. Die Pflanzen werden so insgesamt ein gleichmäßigeres Wachstum zeigen. Es besteht allerdings die Gefahr, daß kleinbleibende Arten von anderen überwuchert und in ihrer Entwicklung unterdrückt werden – es kommt also auf die passende Artenauswahl an. In Töpfen kultivierte Pflanzen lassen sich im Bedarfsfall auf einfache Weise herausnehmen und umplazieren.

Beispielbepflanzung eines Fensterkastens mit „anderen Sukkulenten".

Bei freiem Auspflanzen in die Kästen wird das übliche Kultursubstrat verwendet. Für Kakteen haben sich auch reiner Bimskies oder Lavalit oder eine Mischung aus beiden bewährt. Hydrokultur ist eine andere, erfolgversprechende Methode der Pflanzenhaltung (Näheres hierzu im Abschnitt Hydrokultur).

Die Breite der Fensterkästen richtet sich nach den vorhandenen Gegebenheiten. Je breiter, desto besser, denn mit zunehmender Flächengröße lassen sich wirksame Pflanzenarrangements zusammenstellen. Die Schmuckwirkung derartiger Pflanzengemeinschaften kann man steigern, indem interessante Natursteine zwischen den Pflanzen angeordnet werden.

Mancher Pflanzenfreund legt weniger Wert auf abwechslungsreiche Pflanzengruppierungen, sondern bevorzugt bestimmte Gattungen. Für die Pflege auf der Fensterbank eignen sich hervorragend die Sulcorebutien, die Rebutien mit Untergattungen unter den Kakteen sowie die Conophyten, Lithops und andere kleinbleibende, hochsukkulente Mittagsblumengewächse, die – in kleinen Töpfen gehalten – nur sehr wenig Platz beanspruchen.

Pflanzen, die eine trocken-kühle Vegetationsruhe wünschen, zeigen bei Überwinterung am warmen Wohnzimmerfenster nur geringe Blühbereitschaft. Das ist gewiß ein Nachteil, andererseits sind viele dieser Gewächse auch ohne Blütenschmuck so schön, daß man sich ganzjährig an ihnen erfreuen kann.

Warm zu überwinternde Pflanzen müssen auch im Winter in etwa 10tägigen Abständen etwas Wasser erhalten, damit ihre Wurzeln nicht zu sehr vertrocknen.

Mitunter dient ein Zimmerfenster nur der Überwinterung von Pflanzen, die während der warmen Jahreszeit auf

dem Balkon, im Garten oder im Frühbeetkasten standen. In diesem Fall ist die Himmelsrichtung weniger bedeutsam als die Temperaturverhältnisse: Es wird ein kühler Raum bevorzugt. Weil während kühler Überwinterung fast nie gegossen wird, können die Töpfe bedenkenlos frei, ohne Einfütterung, aufgestellt werden.
Sofern die Mitbewohner nichts dagegen haben, können auch schmale Regale aus starken Glas- oder Acrylglasstreifen in das Fenster eingebaut werden. In mehreren Etagen lassen sich viele Pflanzen unterbringen. Damit die Glasstreifen nicht durchbiegen und brechen, verstärkt man sie durch eine Führungsschiene aus Metall oder Kunststoff.
Bessere Lichtverhältnise, die von den sukkulenten Gewächsen immer gedankt werden, vermitteln seitlich montierte Leuchtstoffröhren. Diese brennen tagsüber 12 Stunden lang. Sie ergänzen und verlängern das unzureichende natürliche Tageslicht unserer lichtarmen Wintermonate.

Das ausgebaute Blumenfenster

Echte Pflanzenfreunde scheuen weder Mühen noch Kosten, um ihren Pfleglingen günstige Wachstumsbedingungen zu verschaffen. Mitunter besteht die Möglichkeit, an der Außenfront des Wohnhauses ein Blumenfenster anzubringen. Eine solche bauliche Veränderung ist genehmigungspflichtig; sie muß gut geplant und fachgerecht ausgeführt werden.
Das Blumenfenster kann zum Wohnraum hin offen sein. Nur für epiphytische Kakteen empfiehlt sich eine Abgrenzung durch Schiebefenster; im geschlossenen Glaskasten läßt sich ein durch hohe Luftfeuchtigkeit geprägtes Kleinklima besser herstellen.

Miniatur-Kakteenlandschaft

In jedes Blumenfenster wird eine Pflanzwanne aus Kupfer- oder Zinkblech eingelassen. Um der schädlichen Verzinkungsgefahr vorzubeugen, werden Zinkwannen mit Kunststoffolie ausgelegt oder mit einer pflanzenverträglichen Kunststoffbeschichtung gestrichen. Empfehlenswert ist die Verwendung von witterungsbeständigen Kunststoffwannen, die in verschiedenen Abmessungen erhältlich sind.
Die Breite der Pflanzwannen sollte mindestens 40–50 cm, die Tiefe 20–25 cm betragen.

Unerläßlich ist eine wirksame Wärmeisolierung der nach außen gerichteten Mauerflächen.
Die Beheizung des Blumenfensters erfolgt auf einfache Weise durch elektrische Heizkabel, die im Bedarfsfalle auch in die Pflanzwanne (Spezial-Bodenheizkabel) verlegt werden können. Ein „warmer Fuß" von 18–23 °C ist allen Pflanzen während der Wachstumsperiode zuträglich. Die gewünschte Temperatur wird automatisch über Thermostat und Zeitschaltuhr reguliert.
Pflanzwannen sollten einen Wasserab-

zug nach außen haben, damit von vornherein die Gefahr schädlicher Staunässe gebannt ist. In die Tröge bringt man zunächst eine etwa 3 cm dicke Dränageschicht aus grobem Kies oder Schotter und füllt darüber die Erde oder ein anderes geeignetes Substrat, in das die Pflanzen frei ausgesetzt oder mit den Töpfen eingesenkt werden. Die Frage, ob ausgepflanzt werden soll oder nicht, ist – wie im vorangegangenen Abschnitt erklärt – zu entscheiden.

Es sollte eine ausreichende Belüftungsmöglichkeit durch Einbau einer Lüftungsklappe oder eines Ventilators vorhanden sein. Epiphytische Kakteen müssen in Südlagen vor Prallsonne geschützt werden. Für sie sind Ost- oder Westlagen zu bevorzugen, wo sie ohne Schattierung auskommen.

Das Blumenfenster wird als Teil des Wohnbereiches empfunden. Durch künstliche, blendungsfreie Beleuchtung über den Pflanzen oder an den Seiten wird die Unmittelbarkeit gesteigert und für ausreichende Lichtmengen gesorgt. Licht ist der wichtigste Wachstumsfaktor. Sofern Blumenfenster und Wintergärten nicht genügend natürliches Tageslicht erhalten – z.B. im Winter –, ist unbedingt für künstliche Zusatzbeleuchtung zu sorgen (Näheres hierzu im Abschnitt über die künstliche Beleuchtung).

Kleingewächshäuser und Pflanzenvitrinen

Kleingewächshäuser sowie im Eigenbau hergestellte Glaskästen für den Balkon oder zur Montage vor dem Zimmerfenster sind einfache und zweckmäßige Unterbringungsmöglichkeiten für kleinbleibende und schutzbedürftige Sukkulenten.

Statt Glas können gewichtsmäßig leichtere Materialien, wie Acrylglas oder andere lichtdurchlässige Kunststoffplatten, Verwendung finden. Das Dach erhält einen für die Sonneneinstrahlung und für den Regenwasserabfluß günstigen Neigungswinkel. Wichtig ist die gute Belüftbarkeit der Kästen. Daß diese gewächshausähnlichen Konstruktionen unfallsicher montiert sein müssen, versteht sich von selbst. Die Beheizung erfolgt durch thermostatisch gesteuerte elektrische Heizkabel. Auf diese Weise können vom zeitigen Frühjahr bis Spätherbst anspruchsvolle Arten vorteilhaft betreut werden. Kühl zu überwinternde Kakteenarten können die kalte Jahreszeit darin überdauern.

Die Temperaturen werden während der Frostperioden knapp über dem Gefrierpunkt gehalten. Einige Frostgrade schaden diesen Pflanzen nicht, wenn sie gut abgehärtet sind und ab Mitte Oktober vollkommen trocken gehalten wurden. Für die Dauer sehr strenger Fröste kann der Glaskasten mit Decken (Strohdecken) oder ähnlichem eingepackt werden. Es schadet den Pflanzen nicht, wenn sie dann einige Tage lang kein Licht erhalten. Bei Tauwetter ist stets etwas zu lüften.

Mit einem überreichen Blütenflor und der Erhaltung ihres natürlichen Aussehens danken die betreffenden Pflanzen den kühlen, hellen und luftigen Winterstand.

Eine praktische Fortentwicklung einfacher Glaskästen stellen die Balkon- oder Terrassengewächshäuser dar. Es gibt sie als sogenannte Anlehnhäuser mit Pultdach, z. B. das Krieger-Balkongewächshaus in Alukonstruktion.

Es hat folgende Abmessungen: Länge = 157 cm, Breite = 84 cm, Höhe der Rückseite = 125 cm, Höhe der Vorderseite = 98 cm, Fußhöhe = 33 cm. So entsteht eine lichte Höhe von 65 cm.

Die Beheizung erfolgt durch Floratherm-Raumheizung, und für die nötige Bodenwärme sorgen Bodenheizkabel; beides wird thermostatisch gesteuert.

Der Frühbeetkasten

Ein Frühbeetkasten im Garten bietet günstige Wachstumsbedingungen: Die Pflanzen stehen dicht unter Glas, erhalten somit reichlich Licht und können ausreichend belüftet werden. Die Fenster lassen sich ohne Schwierigkeiten abheben, um den Kasten bearbeiten zu können oder um die Pflanzen der vorteilhaften Wirkung eines warmen Landregens oder des Nachttaus auszusetzen.

Es empfiehlt sich, hochwertige Pflanzensammlungen vor Vögeln (Amseln) und Mäusen zu schützen. Amseln rupfen die Etiketten heraus und schädigen außerdem durch ihre Wühltätigkeit. Den angestrebten Schutz bietet das Auflegen von Holz- oder Leichtmetallrahmen, die mit engmaschigem Hasendraht bespannt sind.

Die Breite der Frühbeetkästen ist bei Verwendung genormter Frühbeetfenster vorgegeben. Diese haben folgende Maße: 80 cm Breite/150 cm Länge oder 100 cm Breite/150 cm Länge.

Es werden einfache Kästen (Pultdach) und Doppelkästen (Satteldach) unterschieden. Die beste Ausnutzung der Sonnenenergie (Licht und Wärme) erreicht man, wenn einfache Kästen in Ost-West-Richtung und Doppelkästen in Nord-Süd-Richtung angelegt werden. Einen Frühbeetkasten sollte man nur an einer sonnigen Stelle des Gartens errichten.

Neben den seit vielen Jahren im Erwerbsgartenbau bewährten genormten Frühbeetfenstern wurden speziell für den Hobbygärtner andere Frühbeetkonstruktionen entwickelt. Sie tragen in besonderer Weise beschränkten Platzverhältnissen Rechnung. Kunststoffe und Leichtmetalle sind heute die bevor-

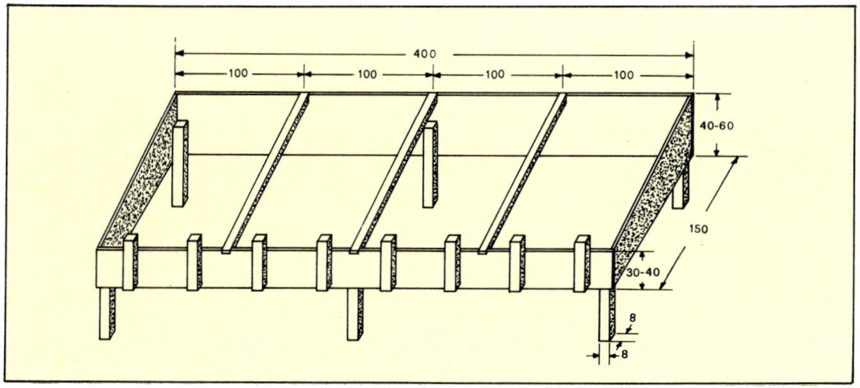

Schema eines Frühbeetkastens für Normalfenster. Er sollte in Ost-/Westrichtung mit Neigung nach Süden angelegt werden.

zugten Materialien, aus denen neben dem herkömmlichen Silikatglas zunehmend die gewichtsmäßig leichteren Kunststoffe Verwendung finden: glasfaserverstärktes Polyester, milchiges oder glasklares Plexiglas, Palmran-Lichtplatten (Hart-PVC), Hostalit-Stegplatten und Acrylglas.

Bei Bedarf ist zu schattieren. Das erfolgt mit Spezialschattiermatten aus Kunststoff oder sogenannten Schattierleinen (aus Papier hergestellt). Der Schatten ist nur an sonnigen Tagen während der Mittagszeit aufzulegen und beizeiten wieder zu entfernen. Dauerschatten verursacht unerwünschtes Längenwachstum.

Das regelmäßige Lüften und Schattieren des Frühbeetkastens kann zum Problem werden, wenn dafür tagsüber niemand zur Verfügung steht. Zeitiges Lüften am frühen Morgen ist dann auf jeden Fall besser als das Entstehen von Stauhitze durch mangelhafte Frischluftzufuhr.

Dem anspruchsvollen Pflanzenfreund seien die selbstlüftenden Frühbeetfenster empfohlen, die über ein Ölthermostat die gewünschte Temperatur im Kasten regulieren. Das gleiche Patent gibt es auch für die Belüftung von Hobbygewächshäusern.

Zur Vermeidung von Kälteschocks und Verbrennungen der Pflanzenkörper wird während des Sommers nur morgens oder am Spätnachmittag gegossen. Für die Kultur in Frühbeetkästen sind Tontöpfe, die tief in das Erdreich eingesenkt werden, sehr vorteilhaft. Auf diese Weise erfolgt ein gleichmäßiger Feuchtigkeitsaustausch durch die porösen Topfwandungen. In Kunststofftöpfen befindliche Pflanzen treiben ihre Wurzeln bald durch die im Topfboden befindlichen Löcher. Das kann nachteilig sein. Hier empfiehlt sich das Einstellen der Kunststofftöpfe in Plastikkisten, die jedoch für die gleichmäßige Gießwasserverteilung waagerecht aufgestellt werden müssen.

Meist wird der Frühbeetkasten nur von Frühjahr bis Herbst benutzt. Mit einer entsprechenden Heizung versehen, kann der Aufenthalt der Pflanzen bis weit in den Spätherbst ausgedehnt werden.

Neben einer ausreichenden Luftbeheizung erweist sich Bodenwärme als sehr vorteilhaft. Zur Bodenbeheizung dienen eine Maschendrahtheizung über Transformator mit 24 Volt betrieben oder Plastikheizkabel, die beide in Sand verlegt werden. Zwecks Vermeidung von Wärmeverlusten bringt man unter das Sandbett eine Isolierschicht aus Styroporplatten, Blähton oder einem anderen Dämmaterial ein.

Die Luftbeheizung erfolgt ebenfalls durch Plastikheizkabel (sie erreichen eine Oberflächentemperatur von 30 bis 40°C), durch einen Warmluftventilator, elektrisch betriebene Rippenrohrheizkörper oder – bei größeren Anlagen – auf wirkungsvolle Weise durch Warmwasserrohre mit Anschluß zum Wohnhaus.

Die Beheizung sollte stets thermostatisch gesteuert sein.

In milden Gegenden können zahlreiche Kakteenarten im Frühbeetkasten überwintern. Die Pflanzen sind ab Mitte Oktober unbedingt trocken zu halten; es ist darauf zu achten, daß die Fenster wasserdicht sind, das heißt, daß es keine Tropfwasserstellen gibt. Um ganz sicher zu gehen, wird über die Fenster eine starke Klarsichtfolie gespannt und eine zweite Lage Fenster aufgelegt.

Die Innenwände des Kastens umstellt man zwecks Kältedämmung mit Styroporplatten. Die Fenster sollten glatt und luftdicht auf dem Kastenrand aufliegen. Bei Tauwetter ist auch im Winter immer etwas zu lüften. Bei der luftdichten Foliennabdeckung eine sehr wichtige Maßnahme.

Bei Frost wird der Kasten mit Stroh- oder Schilfrohrmatten (meist sind sie kombiniert hergestellt) abgedeckt. Während starker Frostperioden können die Decken ohne Bedenken einige Tage ausgerollt bleiben.

Für sehr kühle Überwinterung im Frühbeetkasten – selbst bei gelegentlichen leichten Frösten – eignen sich zahlreiche Kakteen vorzüglich. Es sind Vertreter aus den Gattungen: *Echinocereus, Echinopsis, Lobivia, Rebutia, Sulcorebutia, Mammillaria* und *Coryphantha, Neobesseya, Oroya, Parodia, Pediocactus, Espostoa, Oreocereus, Helianthocereus, Trichocereus, Cylindropuntia, Maihuenia, Pterocactus, Sclerocactus.*

Das Gewächshaus

Ein eignes Gewächshaus zu besitzen, ist das erstrebenswerte Ziel eines jeden Hobbygärtners. In der Tat eröffnen sich dem Gewächshauspfleger vielfältige Möglichkeiten zur Ausgestaltung seiner Liebhaberei. Er kann sich aufgrund dieser technischen Einrichtung auch der Kultur der heikelsten Pflanzenarten widmen, denn im Gewächshaus läßt sich ein günstiges Kleinklima erzeugen.
In einem Punkt aber gleichen sich der bescheidene Fensterbankpfleger und der stolze Besitzer eines Gewächshauses: Beide kennen das Problem des ständigen Platzmangels. Ich sah beispielsweise selten ein Liebhabergewächshaus, in dem auf das Anbringen einer Hängestellage verzichtet werden konnte. Der plausible Einwand, daß dort oben – unmittelbar unter Glas – die lichtbedürftigsten Arten erst richtig zur Entfaltung ihrer Schönheit gelangen ist richtig, doch sehr oft wirkt sich der Lichtentzug für die daruntera stehenden Pflanzen nachteilig aus.

Blick in ein Liebhabergewächshaus.

Manche Pflanzenfreunde haben das Geschick, aus ihrem kleinen Gewächshaus einen botanischen Garten zu machen. Mit bewundernswürdiger Sachkenntnis und Hingabe wird auf kleinstem Raum eine Vielzahl interessanter Pflanzenarten erfolgreich kultiviert. Grundlage des Erfolgs ist die Kenntnis und Beachtung der unterschiedlichen Ansprüche, wie sie sich aus den Gegebenheiten an natürlichen Standorten der Pflanzen ergeben.

Besonders glücklich ist der Pflanzenfreund zu nennen, der sein Gewächshaus direkt vom Wohnhaus aus begehen kann.

Es gibt mehrere Möglichkeiten der Gewächshauserstellung: als Anbau mit Pultdach an der Südfront des Wohnhauses, als großräumiger Wintergarten in Anbindung an den Wohnbereich oder als alleinstehendes Bauwerk an einem sonnigen Gartenplatz. Ein Sukkulentenhaus erfordert eine freie, sonnige Lage, kann also nicht im Dauerschatten eines Gebäudes oder großer Bäume Aufstellung finden.

Die Gewächshauskonstruktionen bestehen heute fast ausschließlich aus feuerverzinktem Eisen oder Leichtmetall. Holz wird kaum noch verwendet. Für die Eindeckung des Daches und der Stehwände kommen neben dem altbewährten Glas zunehmend Kunststofferzeugnisse zur Anwendung.

Das genörpelte Gartenklarglas erzeugt diffuses (gestreutes) Licht. Dadurch wird die Verbrennungsgefahr für dicht unter dem Glasdach aufgestellte Pflanzen verringert. Im Interesse der Energieeinsparung haben heute die Doppelstegplatten aus Hostalit und Acrylglas große Bedeutung erlangt.

Normgewächshäuser werden in vielen verschiedenen Ausführungen angeboten. Trotzdem wird mancher Pflanzenfreund auch in Zukunft die Marke Eigenbau bevorzugen. Pultdachgewächshäuser verlaufen zwecks höchstmöglicher Nutzung der Sonnenenergie in Ost-West-Richtung, Häuser mit Satteldach in Nord-Süd-Richtung.

Ein Sukkulentenhaus muß reichlich belüftbar sein. Ideal sind durchgehende Dach- und Seitenlüftungen. Die Dachlüftung dient dem Entweichen der Abluft, die Seiten- oder Stehwandlüftung der Zuluftversorgung.

Im Bedarfsfall können zur besseren Luftumwälzung und gleichmäßigeren Wärmeverteilung Ventilatoren eingesetzt werden.

Klimaregulierung im Gewächshaus

Für die Gewächshausbeheizung kommen verschiedene Möglichkeiten in Betracht. Die sauberste und zweckmäßigste Lösung bietet eine an das Heizsystem des Wohnhauses angeschlossene Warmwasserheizung. Die für die Wärmeabgabe zuständigen Rohre, Rippen oder Konvektoren werden unter den Tischen beziehungsweise parallel zur Stehwand entlanggeführt. Zwecks intensiver Luft- und Wärmezirkulation muß zwischen der Stellage und der Stehwand ein Zwischenraum von etwa 10 cm vorhanden sein. Die Warmluft steigt, gemäß den physikalischen Gesetzen, nach oben und erwärmt so den gesamten Luftraum.

In schneereichen Gegenden empfiehlt sich der Verlauf von 1–3 Heizrohren im oberen Drittel des Luftraumes. Die unmittelbare Wärmequelle läßt den Schnee beizeiten abtauen, so daß keine Glasbruchgefahr durch Schneelast besteht. Die Kapazität der Unter- zur Oberheizung sollte 3:1 betragen.

Behelfsmäßig kann ein Gewächshaus durch einen Zimmerofen (Kohle, Öl, Gas) beheizt werden. Für die bestmögliche Wärmeausbeute wird das Abgasrohr unter dem First des Hauses entlanggeführt und erst am Giebel ins Freie geleitet. Diese Heizungen haben jedoch den Nachteil, daß die Feuerstellen Sauerstoff verbrauchen und sehr leicht CO_2-Abgase in den Kulturraum gelangen. Hohe CO_2-Anreicherungen verursachen Pflanzenschädigungen.

Für die Wärmeversorgung von Kleingewächshäusern mögen elektrische Aluheizrohrstäbe mit 30 mm Durchmesser von *Floratherm* oder elektrische Warmluftventilatoren genügen. Die Warmlufterzeuger werden vor allem am Boden aufgestellt, so daß die Wärme den Luftraum insgesamt erfaßt. Werden die Gebläse nur über den Pflanzen aufgehängt, gelangt die Wärme schnell an das Dach und entweicht möglicherweise durch die Lüftung, während die tieferstehenden Pflanzen unter Unterkühlung leiden.

Rippenheizkörper aus Alu oder verzinktem Stahl erbringen bei 112 mm Durchmesser und einer Länge von 30 bis 310 cm eine Heizleistung von 500 bis 3000 Watt.

Für größere Gewächshäuser ist die elektrische Luftbeheizung zu kostenaufwendig. Für die Erzeugung von Bodenwärme auf Stellagen und Vermehrungsbeeten ist die elektrische Heizung unersetzlich; Bodenheizkabel und Maschendraht sind sparsam im Verbrauch.

Jedes Heizsystem sollte über Thermostat automatisch gesteuert werden. Dadurch lassen sich erhebliche Energiemengen einsparen. Über eine zwischengeschaltete Zeitschaltuhr besteht sogar noch die Möglichkeit, eine nächtliche Temperaturabsenkung zu erreichen.

Gleichermaßen ist auch die Belüftung des Gewächshauses über Thermostate regulierbar, so daß die Entstehung schädlicher Stauhitze bei starker Sonneneinstrahlung sowie Unterkühlung durch plötzliche Temperaturstürze vermeidbar sind.

Die gewünschte Luftfeuchte läßt sich durch ein über Hygrostat und Zeitschaltuhr steuerbares Sprühgerät automatisch erzeugen.
Eine derartige automatische Klimaregulierung lohnt sicherlich den finanziellen Aufwand, denn sie bedeutet Energieeinsparung, Arbeitserleichterung und schafft günstige Wachstumsbedingungen.
Die Bedeutung einer Zusatzbeleuchtung wurde bereits in einem vorhergehenden Abschnitt ausführlich behandelt.

Die Pflanzen im Gewächshaus

Die Pflanzen werden gemäß ihrer unterschiedlichen Ansprüche und ihres verschiedenartigen Wuchsverhaltens im Gewächshaus eingeordnet. Wichtig ist, daß sie sich gegenseitig möglichst wenig beschatten.
An der Seite des Lichteinfalls finden die kleineren Gewächse Aufstellung. Besonders lichtbedürftige Arten bringt man direkt ans Glas, nässeempfindliche Arten und Raritäten erhalten einen separaten, gut überschaubaren Platz.
Kletterpflanzen werden an der sonnenabgewandten Seite des Hauses an der Wand, an Drähten, einem Spalier oder Epiphytenstamm gezogen. Hängepflanzen befinden sich in frei aufgehängten Ampeln, oder sie finden ihren Platz (schwachwüchsige Arten) auf der Hängestellage oder einem Epiphytenstamm.
Säulenkakteen, Opuntien und starkwüchsige andere Sukkulenten werden häufig im Mittelbeet oder einem anderen Grundbeet frei ausgepflanzt.

Grundbeete – Bankbeete

Die bodenständigen Beete sollten etwas erhöht (etwa 20 cm) als Bankbeete angelegt werden. Liegen die Pflanzflächen bodengleich tief, können die in Bodenhöhe niedrigeren Temperaturen bei empfindlichen Pflanzen Schädigungen durch Unterkühlung hervorrufen. Eine Bodenheizung – eventuell durch eines oder mehrere Warmwasserheizrohre – ist immer vorteilhaft.
Frei zu bepflanzende Beetflächen erhalten eine Dränage aus einer 5–10 cm dikken Schicht groben mineralischen Substrats. Das Kultursubstrat selbst sollte ebenfalls durchlässig sein, um eine gute Durchlüftung und Wasserabzug dauerhaft zu gewährleisten.
Während Topfpflanzen regelmäßig in mehrjährigen Abständen umgetopft werden, verbleiben die einmal frei ausgepflanzten Gewächse für viele Jahre am gleichen Standort. Aus diesem Grunde und weil es sich in erster Linie um starkzehrende Pflanzen handelt, sollte das Kultursubstrat etwa 40 cm hoch aufgetragen werden. Einige besonders robuste Arten dringen dann später noch tiefer in den Untergrund ein. Die Pflanzflächen bleiben nach unten hin offen, sie werden keinesfalls durch Beton oder ein ähnliches undurchdringliches Material abgedichtet. Die seitlichen Beetbegrenzungen bestehen aus Beton oder Mauerwerk.

Kakteen und andere Sukkulenten in der Sommerfrische

Einen Hauch südländischer Exotik vermitteln die Kakteen und anderen Sukkulenten, die während der warmen Jahreszeit sonnige Terrassen- und Gartenplätze zieren.
Das unmittelbare Einwirken von Sonne, Luft, Wind, auch Regen und Nachttau dankt eine große Anzahl robuster Arten durch gesundes, arttypisches Wachstum. Zu ihnen zählen Säulen-, Kugel- und Feigenkakteen, Agaven, Aloen, verschiedene säulen- und strauchförmige Wolfsmilchgewächse (auch der Christusdorn), Yucca, viele Dickblattgewächse (*Aeonium, Crassula, Echeveria, Kalanchoe, Sedum* u. a.) sowie strauchförmige Mittagsblumen.

- Welche Pflanzen sind geeignet?
- Gestaltung einer Freianlage
- Bunte Begleitflora im Sukkulentengarten
- Freilandkultur von Kakteen
- Bodenvorbereitung
- Auswahl frostbeständiger Kakteen
- Standortempfehlungen für Kakteen und andere Sukkulenten

Ein Sommeraufenthalt im Freien sagt vielen Sukkulenten zu (Palmengarten, Frankfurt am Main).

Kakteen und andere Sukkulenten in der Sommerfrische (Palmengarten, Frankfurt am Main).

Das bizarre, fremdartige Aussehen der Kakteen und anderen Sukkulenten erfordert eine räumliche Trennung von den bei uns heimischen Gartengewächsen. Das ästhetische Empfinden verbietet die unmittelbare Nachbarschaft zu den dicht belaubten Sträuchern, Bäumen und hohen Stauden.
Besonders reizvoll ist das Anlegen einer Exotenecke an einem sonnigen Gartensitzplatz.
Die dafür vorgesehene Fläche erhält zweckmäßigerweise eine Aufschüttung aus Sand, Lavalit oder Gesteinschotter, in die größere Naturgesteinsbrocken eingebaut werden. Modelliertes Gelände erzeugt immer einen vorteilhaften optischen Effekt. Es darf selbstverständlich nicht zu zaghaft und verspielt angelegt sein, und es genügt auch nicht, einfach einen Sandhaufen aufzuschütten, um diesen dann mit Steinen und Pflanzen zu garnieren. Die Anhöhe sollte sich nicht zu schroff von dem umgebenden Gelände abheben.
Das mineralische Substrat wirkt natürlich und garantiert eine gute Dränage, so daß auch während möglicher Regenperioden keine Staunässe entstehen kann.
Die für den Aufenthalt in der Sommerfrische bestimmten Topfpflanzen werden so tief eingegraben, daß auch von dem Topfrand nichts mehr zu sehen ist. Herausragende Töpfe bieten einen unschönen, störenden Anblick. Gleichzeitig muß vor zu tiefem Versenken der Pflanzen gewarnt werden; der Stammgrund muß frei bleiben. In Hanglagen können Töpfe durch vorgelegte größere Naturgesteinsbrocken unsichtbar gemacht werden.
Die Formenvielfalt der Sukkulenten gestattet die Gestaltung wirkungsvoller Arrangements. Säulen, Kugeln, Rosetten und andere Wuchsformen ergänzen sich in ausgezeichneter Weise. Säulenkakteen und -euphorbien wirken am besten in gruppenweiser Anordnung von jeweils drei Exemplaren einer Art. Die Gruppen selbst, wie auch dominierende Einzelpflanzen, dürfen nicht zu dicht gestellt werden. Hier sollte man den Pflanzen so viel Freiraum gewähren, wie zu ihrer freien Entfaltung und ungehinderten Präsentation erforderlich ist. Kriechende Arten setzt man bevorzugt oberhalb größerer Steine beziehungsweise an die Böschung.
Die Pflanzen bringt man an einem milden, möglichst windstillen und trüben Tag ins Freie. Sie sind ja durch den monatelangen Winterstand verweichlicht und nicht selten auch lichtentwöhnt, so daß sie sich erst allmählich an die veränderten Umweltbedingungen gewöhnen müssen. Plötzliches Hinüberwechseln in Sonne und Wind kann ernste Schädigungen verursachen.
Nach Ablauf einer 5–8tägigen Umgewöhnungszeit, während der besonders wertvolle Pflanzen vor der mittäglichen Prallsonne geschützt werden sollten, sagt den meisten wasserspeichernden Gewächsen ein vollsonniger, luftiger Standort am besten zu.
Eine Ausnahme bilden die Blattkakteen, denen man auf Dauer ein halbschattiges Plätzchen zuweisen sollte.

Bunte Begleitflora im Sukkulentengarten

Einen solchen Sukkulentengarten kann man durch blühende Begleitpflanzen bereichern. Bunte Blütenteppiche ergeben die Portulakröschen (*Portulaca grandiflora*), die einjährigen Mittagsblumen (*Dorotheanthus bellidiformis* und *Mesembryanthemum cristallinum*). Der kalifornische Goldmohn (*Eschscholzia*) leuchtet in gelben und orangefarbenen Tönen.

Gazania krebsiana, eine reine Art der Kapprovinz, Südafrika.

Mit einem prächtigen Farbenspiel warten die Gazanien (*Gazania rigens* und *Gazania*-Hybriden) auf. Leuchtendrot prangen die Blüten der flach am Boden dahinkriechenden *Verbena peruviana*. Die höher werdenden Gartenhybriden der Verbenen sind weniger geeignet.

Unter den kapländischen Körbchenblütlern verdienen neben *Gazania* auch das blaue Kapkörbchen *Felicia* in verschiedenen Arten und *Dimorphotheca pluvialis* besondere Beachtung. Letztere entwickelt bis zu 6 cm große weiße Blüten mit dunkler Mitte.

Alle diese Pflanzen lieben einen vollsonnigen Standort und sollten nicht zu reichlich ernährt und gegossen werden. Sind diese Voraussetzungen erfüllt, werden sie nicht in unerwünschter Weise „ins Kraut" wachsen, sondern einen reichen Blütenflor entfalten.

In reinem Sand oder Gesteinschotter gedeihen sie dennoch nicht befriedigend. Die betreffenden Pflanzstellen müssen demzufolge mit guter Gartenerde vermischt werden. Es ist auch zu bedenken, daß *Verbena, Dimorphotheca, Felicia* und *Gazania* ein etwas höheres Nährstoff- und Wasserbedürfnis haben als die anderen genannten Gattungen.

Die Blühwilligkeit wird nicht zuletzt auch durch die Zahl der sommerlichen Sonnenscheinstunden bestimmt. In regenreichen, kühlen Sommern können die Sukkulenten sowie auch die licht- und wärmebedürftigen Begleitpflanzen nicht ihre volle Pracht entwickeln. Das Wachsen und Blühen in der Sommerfrische dauert von Mitte Mai bis Mitte oder Ende September.

Freilandkultur von Kakteen

Die in den nord- und südamerikanischen Hochgebirgslagen heimischen Kakteen ertragen dort strenge Fröste sowie Schnee- und Eisbedeckung. In unserem zwar milderen, aber bedeutend feuchteren Klima sind nur ganz wenige dieser Arten – vorrangig kriechende Opuntien – wirklich winterhart. Winterhart bedeutet, daß die Pflanzen in freier Lage ohne nennenswerte Schutzbedeckung ganzjährig überdauern. Die meisten frostharten Kakteen benötigen dennoch Schutz vor schädlicher Nässeeinwirkung.

Von Herbst bis Frühjahr überwiegen in unserem Klima Feuchtwetterlagen mit andauernd hoher Luftfeuchtigkeit und häufigen Niederschlägen. Tagsüber fehlt die wärmende Sonneneinwirkung, die für die Kakteengebiete charakteristisch ist. Ständige Nässe bei anhaltend kühler Witterung aber schadet den Kakteen.

Vor unliebsamen Überraschungen bleibt man verschont, wenn das Kakteenbeet nicht in freier Gartenlage, sondern an der Sonnenseite eines Gebäudes angelegt wird. Unter Dachvorsprüngen gedeihen Kakteen prächtig, sofern man sie während der Wachstumsperiode ausreichend mit Wasser und Nährstoffen versorgt, ab Ende September jedoch vollkommen trocken hält.

Bis zum Einsetzen strenger Winterfröste sollten die Pflanzen leicht geschrumpft sein. Zur risikofreien Überwinterung frostharter Kakteen ist eine Überdachung aus Glas oder Kunststoff notwendig. An den Seiten kann die Abdeckung – sofern es nicht die Ost- oder Nordseite betrifft – offen bleiben. Dadurch ist für ständige Durchlüftung gesorgt, und Stauwärme bei Sonnenschein wird verhindert. Etwa Ende März beseitigt man die Schutzbedeckung.

Winterharte Opuntien, Echinocereus reichenbachii und Sempervivum (ganzjährig im Freien; Nässeschutz im Winter).

Die Freilandkakteen dürfen von Frühjahr bis Spätsommer auch dem unmittelbaren Einfluß des Regens ausgesetzt sein. Niemals jedoch darf sich Staunässe im Boden bilden. Es ist daher für ausreichende Dränage zu sorgen. Der Untergrund muß durch das Einbringen von grobem Kies, Schlacke und Sand wasserdurchlässig gemacht werden. In freier, den Niederschlägen ausgesetzter Lage sollte die Schicht etwa 30–40 cm hoch sein.

Unter regengeschützten Dachvorsprüngen brauchen die Vorkehrungen zur Vermeidung von Staunässe nicht so aufwendig betrieben zu werden. Über die Dränageschicht kommt das Substrat, in das die Pflanzen frei ausgepflanzt werden.

Vorzüglich bewährt hat sich gemahlene, poröse Lavaschlacke in den Körnungen 0–16 mm. Neben den Vorzügen, die an anderer Stelle beschrieben wurden, erwärmt sich das Material bei Sonneneinstrahlung in vorteilhafter Weise. Dieses basaltische Lockergestein kann mit bestem Erfolg auch pur verwendet werden. Die Nährstoffversorgung wird durch mineralische Düngung geregelt. Steht Lavaschlacke nicht zur Verfügung, verwendet man ein anderes, überwiegend mineralisches Substrat. Bimskies, Gesteinschotter und scharfer Quarzsand sind Materialien, die – einzeln oder gemeinsam unter die Gartenerde gemischt – ein für unsere Zwecke geeignetes Kultursubstrat ergeben. Dieses muß in erster Linie wasser- und luftdurchlässig sein.

Das Kakteenbeet legt man nach Möglichkeit etwas hügelig an und baut einige Naturgesteinsbrocken unterschiedlicher Größe mit ein. Da es sich um eine Dauerpflanzung handelt, empfiehlt sich das Zwischenpflanzen von winterharten Sukkulenten der Gattungen Sedum und Sempervivum sowie trockenheitsliebender Dauergräser wie *Helictotrichon sempervirens* syn. *Avena sempervirens* (Blaustrahlhafer), *Carex buchanani, C. comans, Festuca punctoria* (Stachelschwingel), *Festuca glauca* (Blauschwingel), *Penisetum latifolium, P. macrourum* (Lampenputzergras). Besondere Akzente setzen die nordamerikanischen Palmlilien (*Yucca baccata, Y. flaccida, Y. filamentosa* und *Y. glauca*). Palmlilien wünschen Schutz vor Winternässe. Im übrigen wird auf die im vorangegangenen Kapitel vorgestellte, alljährlich neu zu pflanzende, blühende Begleitflora hingewiesen. Die Auswahl geeigneter Begleitpflanzen wird durch die vorhandenen Platzverhältnisse bestimmt. Man muß verhindern, daß die krautigen Blütenpflanzen sich zu stark ausbreiten, so daß die Kakteen in ihrer freien Entwicklung beeinträchtigt werden.

Auswahl frostbeständiger Kakteen

Als kälteresistent haben sich in erster Linie eine größere Anzahl niedriger Opuntia-Arten erwiesen. Hier eine begrenzte Auswahl:

O. arenaria, O. armata, O. basilaris, O. brachyclada, O. corrugata, O. engelmannii, O. fragilis, O. howeyi, O. humifusa, O. hystricina, O. hystricina var. bensonii, O. hystricina var. nicholii, O. hystricina var. ursina, O. juniperiana, O. macror hiza, O. phaeacantha und Varietäten, *O. polyacantha, O. polyacantha var. schweriniana, O. polyacantha var. trichophora, O. rhodantha, O. sphaerocarpa, O. tortispina, O. xanthostemma*

Corynopuntia bulbispina, C. clavata
Cylindropuntia davisii, C. fulgida, C. imbricata, C. leptocaulis

Coryphantha chlorantha, C. echinus, C. vivipara, C. vivipara var. aggregata, C. vivipara var. arizonica

Echinocereus baileyi, E. caespitosus, E. coccineus, E. fendleri, E. fitchii, E. mojavensis, E. pectinatus, E. pectinatus var. reichenbachii, E. purpureus, E. roemeri, E. triglochidiatus, E. viridiflorus, E. viridiflorus f. chloranthus
Escobaria vivipara

Malhuenia patagonica, M. poeppigii

Neobesseya missouriensis, N. similis, N. wissmannii

Pediocactus bradyi var. knowltonii, P. paradinei, P. simp.sonii

Sclerocactus whipplei, S. wrightii

Tephrocactus darwinii

Utahia sileri

Niedrige Temperaturen fördern bei den genannten Arten die Blühbereitschaft, häufig wird diese durch Frosteinwirkung überhaupt erst ausgelöst. Bei absolut trockenem Winterstand erweisen sich noch weitere Arten als frostbeständig.

Die für Freilandkultur bestimmten Pflanzen sollten unter harten Bedingungen herangezogen werden. Gewächshauspflanzen überstehen die Umstellung oft nicht.

Dem zunehmenden Interesse vieler Pflanzenfreunde an winterharten Kakteen Rechnung tragend, beschäftigen sich Spezialgärtnereien mit der Züchtung widerstandsfähiger und prächtig blühender Hybriden.

Opuntia

Empfehlung geeigneter Kakteen für ausgewählte Standorte

Pflanzenstandort	**Wachstumsbedingungen**	**geeignete Arten**
Blumenbank usw. im Zimmer	Für Kakteen im allgemeinen zu dunkel.	Bestenfalls an verhältnimäßig hellem Standort geeignet, z. B. für Weihnachtskakteen.
Fensterbank im Zimmer – *Nordseite* –	Hell, aber absonnig. Einseitiger Lichteinfall. Im Sommer verhältnismäßig kühl, im Winter verhältnismäßig warm.	Weihnachtskakteen (*Schlumbergera, Zygocactus*); Osterkakteen (*Rhipsalidopsis*). Im ausgebauten Blumenfenster (wegen der erforderlichen höheren Luftfeuchtigkeit) auch andere epiphytische Kakteen, wie *Rhipsalis*.
Fensterbank im Zimmer – *Ost- oder Westseite* –	Lichteinfall einseitig. Hell, aber nur Morgen- oder Abendsonne. Wintertemperatur im Zimmer für übliche Kakteen eigentlich etwas hoch.	Phyllocacteen (Epiphyllumhybriden). In etwas sonnigerer Lage (Südost- oder Südwestseite): „grüne" Mammillarien, wie *M. rhodantha, M. zeilmanniana, M. centricirrha, M. hidalgensis*; Notocacteen, wie *N. ottonis*; „grüne" Cleistocacteen, wie *C. smaragdiflorus*; „grüne", kleine Gymnocalycien, wie *G. bruchii, G. andreae, G. baldianum*; Säulenkakteen, wie *Cereus peruvianus*; Echinopsen im engeren Sinne. Bei Möglichkeit zu kühler Überwinterung auch Rebutien, wie *R. minuscula, M. krainziana, R. deminuta* usw.
Fensterbank im Zimmer – *Südseite* –	Lichteinfall einseitig. Bei Sonne wird es einseitig sehr warm. Wintertemperatur liegt verhältnismäßig hoch. Kein einfacher Standort. Vor allem die Bewässerung verlangt Einfühlungsvermögen. Töpfe möglichst in Schale einfüttern.	Dicht bestachelte Mammillarien, wie *M. bombycina, M. parkinsonii, M. elongata, M. microhelia*; Astrophyten, wie *A. ornatum* oder *A. myriostigma*; Ferocacteen, etwa *F. latispinus*; dicht bestachelte, behaarte oder bereifte Cereen, etwa *Browningia hertlingiana, Stenocereus beneckei, Cephalocereus senilis*, Haageocereen; kleinbleibende Opuntien, etwa *O. microdasys*; Thelocacteen, etwa *T. bicolor*.

Pflanzenstandort	Wachstumsbedingungen	geeignete Arten
Fensterbank **vor** dem Fenster *– vor allem bei Südost- oder Südwestseite –*	Wenn Schutz vor durchdringenden Regenfällen gegeben, guter Standort für robuste Kakteen in der Vegetationszeit. Für die Überwinterung sollte ein heller, kühler (5–10°C) Standort gefunden werden.	Robuste Echinopsen (einschl. Pseudolobivia); Rebutien (einschl. Aylostera, Digitorebutia, Mediolobivia); Lobivien (einschl. Chamaecereus); Sulcorebutien; Mammilllarien; Notocactee; Gymnocalycien; kleine Trichocereen. Kakteen in Schalen auspflanzen oder einfüttern. Falls ab und an Regenfälle die Pflanzen erreichen, gut durchlässiges Substrat wählen.
Frühbeetkasten, Gewächshaus *– vollsonnig –*	Sommer hell und heiß. Kühle Überwinterung möglich. Auch kurze Nachtfröste werden ertragen.	Aus Gattung *Echinocereus* viele Pectinaten und Formenkreise um *E. triglochidiatus*; vermutlich auch einige Ariocarpen, *Thelocactus macdowellii*, einige Coryphanthen.
Frühbeetkasten, Gewächshaus *– vollsonnig –*	Sommer hell und heiß. Mittlere Überwinterungstemperatur (5–10°C).	„Weiße" und stark bestachelte Mammillarien; Thelocacteen; Coryphanthen; Astrophyten; *Espostoa;* Haageocereen; Ariocarpen; sehr viele Echinocereen; *Turbinicarpus.*
Frühbeetkasten, Gewächshaus *– sonnig, aber nicht zu heiß; eventuell Schutz vor Prallsonne (mittags) im Sommer; gute Lüftung*	Sommer hell, nicht über 35°C. Nächtliche Abkühlung ist wichtig. Kühle Überwinterung möglich. Auch kurze Nachtfröste werden ertragen.	*Lobivia* (einschl. *Chamaecereus*); *Oreocereus* (einschl. *Morawetzia*); *Sulcorebutia*; *Oroya*; *Trichocereus* (einschl. *Helianthocereus*); *Neowerdermannia*; *Rebutia* (einschl. *Aylostera, Digitorebutia, Mediolobivia*); Untergruppe *Pseudolobivia* der Gattung *Echinopsis*; Untergruppe *Tephrocactus* der Gattung *Opuntia*; *Mammillopsis*; *Neobesseya missouriensis*; robuste Mammillarien, wie *M. rhodantha*; robuste Gymnocalycien, wie *G. gibbosum.*
Frühbeetkasten, Gewächshaus *– sonnig, aber nicht zu heiß –*	Sommer hell, aber nicht zu heiß. Mittlere Überwinterungstemperatur (5–10°C).	Große Mehrzahl der Mammillarien, Gymnocalycien, Echinofossulocacteen, Cleistocacteen, Parodien; Untergruppe *Neochilenia* der Gattung *Neoporteria*; *Copiapoa.*

(Quelle: Dr. Gerhard Gröner, Stuttgart)

Empfehlung geeigneter anderer Sukkulenten für bestimmte Standorte

Pflanzenstandort	**Wachstumsbedingungen**	**geeignete Arten**
Fensterbank im Zimmer *– Nordseite –*	Für Sukkulenten im allgemeinen ungeeignet.	Bedingt geeignet für verschiedene *Aloe, Gasteria, Haworthia, Stapelia, Sansevieria.*
Fensterbank im Zimmer *– Ost- oder Westseite –*	Ostfenster ist wegen der Morgensonne zu bevorzugen. Beide Himmelsrichtungen kommen nur für eine sehr beschränkte Artenauswahl in Betracht.	*Adenium, Adromischus, Aeonium*; terrestrische *Bromeliaceae*; *Agave, Aloe, Ceropegia*; verschiedene *Crassula*- und *Kalanchoe*-Arten; *Gasteria, Haworthia, Hoya, Euphorbia, Monadenium, Senecio, Stapelia* und verwandte Gattungen; *Sansevieria.*
Fensterbank im Zimmer *– Südseite –*	Diese Himmelsrichtung entspricht am ehesten dem hohen Licht- und Wärmebedürfnis der meisten Sukkulenten. Zur Verhütung von Wachstumsstockungen ist starkes Austrocknen der Wurzelballen zu vermeiden.	Kleinbleibende *Agave-Arten*; *Anacampseros*; xerophytische *Bromeliaceae*; *Ceropegia, Cotyledon*; viele *Crassula*-Arten; *Cyphostemma;* alle Vertreter der *Didiereaceae, Echeveria* und verwandte Gattungen; *Fockea, Euphorbia milii* (Christusdorn) und andere Arten; *Kalanchoe* (besonders die wachsartig bereiften und filzig behaarten Arten); die meisten polsterförmig wachsenden und hochsukkulenten Vertreter der *Mesembryanthemaceae*; *Pachypodium, Pelargonium, Plumeria, Sansevieria, Sarcocaulon, Sedum, Senecio.*

Pflanzenstandort	Wachstumsbedingungen	geeignete Arten
Frühbeetkasten ohne Heizung *– als Sommerquartier von April-Oktober –*	a) Vollsonnige Lage, ohne Schattierung; b) freie Lage; an sonnigen Tagen über die Mittagszeit leicht schattieren.	a) *Aeonium, Agave,* terrestrische *Bromelien* (*Abromeitiella, Dyckia, Hechtia, Puya* u. a.); viele *Crassula, Echeveria* und verwandte Gattungen; *Euphorbia milii;* die meisten *Kalanchoe*-Arten; die Mehrzahl der Mittagsblumengewächse, *Pelargonium, Sedum, Senecio*; b) *Aloe, Conophytum, Gasteria, Haworthia*; verschiedene *Euphorbia*-Arten; *Stapelia und verwandte Gattungen.*
Gewächshaus in freier Lage	Allgemein gute Wachstumsbedingungen. Im Sommer für ausreichende Be- und Entlüftung sorgen. a) Überwinterungstemperatur 6–12°C; b) Überwinterungstemperatur 12–15°C; c) Überwinterungstemperatur 15–20°C. Die empfohlenen Temperaturwerte gelten auch für die Zimmerkultur.	a) *Adromischus, Aeonium, Agave, Anacampseros;* terrestrische *Bromelien, Caralluma, Crassula, Echeveria, Gasteria, Haworthia, Stapelia;* strauchförmige *Mesembryanthemaceen, Sedum Senecio, Yucca*; b) *Aloe, Cotyledon, Cyphostemma, Euphorbia, Hoya, Kalanchoe*; hochsukkulente *Mesembryanthemaceen* (*Conophytum, Gibbaeum, Lithops* u. a.); *Pelargonium, Tylecodon.* c) *Adenium, Euphorbia;* madagassische *Kalanchoe*-Arten; *Pachypodium, Sansevieria, Sarcocaulon.*

Krankheiten, Schädlinge und deren Bekämpfung

Krankheits- und Schädlingsbefall an Kulturpflanzen ist häufig die Folge ungünstiger Wachstumsbedingungen. Infolge zu hoher Wärme, mangelhafter Frischluftzufuhr, Lichtmangels und zu hoher Stickstoffgaben verweichlichte Pflanzen sind in besonderem Maße krankheitsanfällig.
Nichtparasitäre Erkrankungen sind in jedem Falle auf Kulturfehler zurückzuführen.
Trotz aller Bemühungen um gute Wachstumsbedingungen ist das Auftreten von Krankheiten und Schädlingen dennoch nicht vollkommen auszuschließen. Nicht selten werden diese eingeschleppt oder durch äußere Einflüsse aus Nachbarbereichen übertragen.

- Krankheitsursachen
- Umgang mit chemischen Präparaten
- Pilzerkrankungen
- Viren
- Tierische Schädlinge
- Nichtparasitäre Krankheitserscheinungen
- Schädigungen durch Schädlingsbekämpfungsmittel
- Behandlung von Pflanzenneuerwerbungen
- Jährlicher Arbeitskalender

Starker Woll- oder Schmierlausbefall bei Echinocereus subinermis.

Dabei hat man es häufig mit sehr gefährlichen, die Existenz der Pflanzen bedrohenden Erscheinungen zu tun, so daß der Einsatz der neuzeitlichen, hochwirksamen Bekämpfungsmittel unumgänglich ist.

Die handelsüblichen Pflanzenbehandlungsmittel wurden bisher entsprechend ihrer Giftigkeit für Menschen, Haustiere und freilebende Tiere in die Giftklassen I – III unterteilt und gekennzeichnet.

Nach dem neuen geltenden Recht innerhalb der Europäischen Gemeinschaften sind für die Klassifizierung, Verpackung und Kennzeichnung im Handel befindlicher giftiger Stoffe und Zubereitungen folgende Kennzeichnungen vorgeschrieben (siehe oben).

Daneben gibt es noch einige für Warmblüter ziemlich harmlose Mittel, die aber leider gegen hartnäckige Schädiger nicht immer die gewünschte Wirkung zeigen.
Die Tatsache, daß jedes Präparat eine begrenzte Wirkungsweise besitzt, muß beim Kauf und der Anwendung desselben berücksichtigt werden. Es gibt Spezialmittel, die ganz bestimmte Krankheitserreger oder Schädlinge (saugende, stechende, beißende Insekten) beziehungsweise gewisse Entwicklungsstadien (Eier, Larven, Vollinsekten) erfassen und andere mit größerer Wirkungsbreite oder auch kombinierte Pilz- und Insektenpräparate.
Für den privaten Pflanzenfreund kommen in erster Linie die weniger gefährlichen Erzeugnisse der Giftabteilungen II und III in Betracht. Für den Kleingebrauch wurden praktische, leicht zu handhabende Spraydosen entwickelt. Sehr gebräuchlich ist daneben die Verwendung von Flüssigpräparaten, die – stark mit Wasser verdünnt – im Sprüh- oder auch Gießverfahren anzuwenden sind.
Zäpfchen, die einfach in die Erde gesteckt werden, Granulate, die in die Erde einzubringen sind und Räucherpräparate (nur für Gewächshäuser und Frühbeetkästen) bieten weitere Möglichkeiten für die Bekämpfung von Krankheiten und Schädlingen.

Es gibt Mittel mit kurzfristiger, vorübergehender und länger andauernder Wirkung. Zu letzteren gehören die systemischen Präparate, deren Wirkstoffe die Pflanze durch Blätter oder Wurzeln aufnimmt und in den Leitungsbahnen zu den entferntesten Punkten ihres Körpers befördert. Systemgifte sind deshalb nur während der Wachstumsperiode voll wirksam, nicht während der winterlichen Ruhezeit.
Bei jeder Schädlingsbekämpfungsmaßnahme sind folgende Punkte wichtig:

- Verwendung eines geeigneten, für die betreffende Pflanzenart verträglichen Mittels;
- der richtige Anwendungszeitpunkt;
- die Einhaltung bestimmter Anwendungsvorschriften;
- die Beachtung der vorgeschriebenen Konzentration;
- die Aufwandmenge;
- die Berücksichtigung der Temperaturverhältnisse . . .

Bei Spraydosen muß zur Vermeidung von Unterkühlung durch das Treibgas unbedingt derr vorgeschriebene Abstand zur Pflanze eingehalten werden.
Auf jeder Verpackung ist neben der Giftklasse auch der Anwendungsbereich vermerkt. Die ausführliche Gebrauchsanweisung ist ebenfalls aufgedruckt oder befindet sich im Innenteil der Verpackung.
Das alles gilt es zu beachten. Es ist zum Beispiel ziemlich zwecklos, die hartnäckigen Schild- und Wolläuse, Spinnmilben oder Älchen mit einem speziellen Blattlausmittel bekämpfen zu wollen. Grundsätzlich gilt: Vorbeugen ist besser als Heilen. Die Behandlung muß deshalb immer rechtzeitig einsetzen. Eine begonnene Schädlingsbekämpfung sollte in der Regel mehrmals innerhalb weniger Tage wiederholt werden, denn oft werden nur die Larvenstadien, nicht aber die Eier (z. B. Spinnmilben, weiße Fliege) erfaßt.

Die neuen Gefahrensymbole und Gefahrenbezeichnungen
(Schwarzer Aufdruck auf orangegelbem Grund)

T – **C** – **Xn** – **Xi**

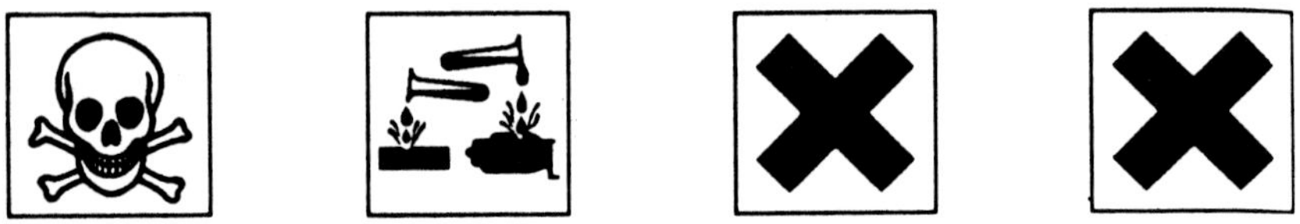

Giftig – **Ätzend** – **Gesundheitsschädlich** – **Reizend**

Diese Symbole befinden sich auf den Verpackungen giftiger Schädlingsbekämpfungsmittel.

Um einer möglichen Resistenz gegen bestimmte Wirkstoffe vorzubeugen, sollte man sich bei der Bekämpfung von Schadinsekten nicht auf ein einziges Präparat beschränken, sondern die Mittel beziehungsweise Wirkstoffe wechseln.
Der Einsatz chemischer Bekämpfungsmittel muß zum Schutz der eigenen Gesundheit, zur Verhütung von Pflanzenschädigungen sowie im Hinblick auf eine mögliche Umweltbelastung mit Giftstoffen stets mit größter Gewissenhaftigkeit erfolgen.
Pflanzenschutz setzt bereits mit geeigneten Kulturmaßnahmen ein, die den Pflanzen ein gesundes Wachstum ermöglichen und sie gegen Krankheits- und Schädlingsbefall widerstandsfähig machen. Nicht umsonst spricht man auch von Schwächeparasiten.
Kakteen und andere Sukkulenten sind möglichst „hart" zu kultivieren. Die Pflanzen dabei ständig auf Krankheiten und Schädlinge beobachten. Alle Pflanzenneuzugänge erst nach sorgfältiger Untersuchung, entsprechender Behandlung und Quarantäne in die Sammlung einordnen. Sauberkeit walten lassen: Arbeitsgeräte, Pflanzgefäße, Kultursubstrate und im Bedarfsfalle das Gießwasser sowie die Kulturräume desinfizieren!
Die im nächsten Kapitel vorgeschlagenen Bekämpfungsarten und -mittel erheben weder den Anspruch auf Vollständigkeit noch dienen sie der Werbung für den Pflanzenschutz.
Ein umfassendes Verzeichnis der amtlich zugelassenen Pflanzenschutzmittel und deren Anwendungsgebiete gibt die Biologische Bundesanstalt für Land- und Forstwirtschaft Braunschweig in regelmäßigen Abständen heraus. Die Zulassung ist zeitlich begrenzt; die Beendigung wird im Bundesanzeiger bekanntgegeben.

Pilzerkrankungen

Rhizoctoniafäule an Sämlingen und Stecklingen. Von der Sproßbasis ausgehende Naßfäule.
● *Bekämpfung:* Captan 50, Orthocid 50 (je 0,1–0,2 %);
Chinosol (0,05 %);
Benomyl (0,05 %).
Die Pflanzenverträglichkeit ist bei empfindlichen Sämlingen mitunter unbefriedigend. Die Folgen können sein: vermindertes oder verzögertes Keimen und Wachstumshemmung.
Pilzerkrankte Partien vorsichtig entfernen oder noch nicht befallene Sämlinge sofort in desinfiziertes (am besten gedämpftes) Substrat pikieren.
Helminthosporium-Stammfäule äußert sich durch mumienartiges Einschrumpfen von Jungpflanzen. Diese Krankheit wird durch Samen aus den Heimatländern der Kakteen eingeschleppt.
Die Befallherde breiten sich sehr schnell aus und können binnen weniger Tage Totalausfälle ganzer Aussaaten verursachen.
Die Krankheit tritt nur bei niedrigen Temperaturen, verbunden mit hoher Luftfeuchtigkeit, auf. Der Pilz ist an dem samtiggrünen Sporenbelag leicht zu erkennen.
● *Bekämpfung:* Befallstellen sofort entfernen, gesunde Sämlinge umsetzen; Spritzen in 10tägigen Abständen mit Orthocid 50 (0,2 %) oder Pormasol forte (0,2 %).
Wichtigste Vorbeugungsmaßnahme ist das Beizen des Saatgutes.
Fusariumfäule und **-welke**, besonders häufig bei Gliederkakteen, aber auch bei Säulen- und Kugelkakteen auftretend.
Die Erkrankung geht überwiegend von den Wurzeln aus, wandert dann in den Leitungsbahnen bis in die Sproßspitzen und verursacht Welkerscheinungen.
Im aufgeschnittenen Sproß ist als typisches Merkmal der Erkrankung die rotbraune Verfärbung der Leitbündel erkennbar. Befallene Wurzeln werden gänzlich zerstört, so daß nur die faserigen Gefäßstränge übrigbleiben.
Die oberirdischen Befallstellen zeigen sehr bald die rötlichen, lachsfarbenen oder violetten Sporenbeläge.
Die Infektion erfolgt meist an Verwundungsstellen, häufig durch Insektenstiche und -fraßstellen sowie andere Verletzungen.
● *Bekämpfung:* nur gedämpfte Erde verwenden; befallsverdächtige Pflanzen entfernen; Verletzungen jeder Art verhindern; Temperatur und Feuchtigkeit möglichst gering halten; Stickstoffüberdüngung vermeiden.
Chemische Bekämpfung mit Du Pont Benomyl (0,05 %) im Gieß- und Spritzverfahren.
Phytium und **Phytophthora cactorum** sind Naßfäuleerreger, die von verseuchter Erde ausgehen und vor allem die Stammbasis befallen.
Das Schadbild zeigt Matschigwerden und Faulen des Gewebes.
● *Bekämpfung:* Erde dämpfen; befallene Pflanzen mitsamt dem Topf vernichten.
Gießen mit Prothiocarb-Previcur (0,15 %) oder mit Fenamisul-Bayer (0,03 %).
Erfolge werden auch erzielt mit dem systemisch wirkenden Bodenbehandlungsmittel Dexon, das im Streu- oder Gießverfahren ausgebracht werden kann.
Feuchtigkeit begünstigt die Ausbreitung der Stengelgrundfäule; deshalb sind die Wassergaben – zumindest in kühlen Witterungsperioden – auf das notwendige Mindestmaß zu beschränken.
Brennfleckenkrankheit ist eine häufige Erscheinung bei Kakteen.
Befallsmerkmale sind kreisrunde, eingesunkene, helle oder bräunliche Flekken, an denen das Pflanzengewebe eintrocknet, hart und borkig wird.

● *Bekämpfung:* Im Anfangsstadium können die kranken Stellen mit einem scharfen Messer vorsichtig herausgeschnitten und mit Holzkohlepulver gegen andere Infektionen behandelt werden.
Chemische Bekämpfung durch Spritzen mit Saprol (0,15 %), mit Maneb-Spritzpulver (0,2 %), Dithane oder Orthocid 50.

Schwarze Flecken, eine gefürchtete Pilzerkrankung, die überwiegend während der kühlen Jahreszeit bei hoher Luftfeuchtigkeit auftritt.

● *Bekämpfung:* wärmebedürftige Pflanzen nicht zu niedrigen Temperaturen aussetzen; Luftfeuchtigkeit verringern.
Chemische Bekämpfung durch Benlate, auch Orthocid 50 und Captan, kombiniert mit Benlate wirksam.

Viren und Mykoplasmen, mikroskopisch kleine Schadorganismen, die vielfältige Krankheitserscheinungen bei Pflanzen, Tieren und Menschen verursachen.
Viröse Pflanzen sind nicht zu heilen, nicht einmal Pflanzenteile können gerettet werden, weil sie als völlig infiziert anzusehen sind.
Chemische Bekämpfung ist noch nicht möglich.
Die Übertragung erfolgt durch den Saft erkrankter Pflanzen mittels Insektenstichen oder beim Schneiden von Stecklingen.

Epiphyllum-Mosaik-Krankheit unter den Kakteen verbreitet.
Sie äußert sich durch blaßgelbe, leicht eingesunkene und unscharf begrenzte Flecken, die vorwiegend vom Rand der Glieder zur Mitte ziehen. Die Blühbereitschaft befallener Pflanzen ist gering.
Schlumbergera, Zygocactus und *Rhipsalidopsis* werden leicht befallen. Kranke Exemplare sind zu vernichten.
Eine durch Viren hervorgerufene Wachstumsstörung ist der **Zwergwuchs** und **das krankhaft überreichliche Sprossen** von *Opuntia tuna Monstrosa* und monströsen Zwergformen einiger anderer Opuntien.
Diese eigenartige Sonderform wird bewußt vermehrt und in den Pflanzensammlungen gehalten.

Tierische Schädlinge

Wurzelälchen oder Nematoden gelten als gefährlichste und sehr schwierig zu bekämpfende Schadinsekten an Kakteen und zahlreichen anderen Sukkulenten.
Unter letzteren werden die *Crassula*- und *Geranium*-Gewächse besonders stark heimgesucht.
Erst seit wenigen Jahren gibt es wirksame chemische Bekämpfungsmittel.
Man unterscheidet 3 Gruppen unter den Wurzelälchen:
1. Die *Wurzelgallenälchen.* Die etwa 0,5 mm großen Larven bohren sich in die Wurzeln ein, schädigen die Pflanze durch ihre Saugtätigkeit und verursachen durch Ausscheidungen ihrer Speicheldrüsen gallenartige Verdickungen, die nicht selten Walnuß- bis Faustgröße erreichen.

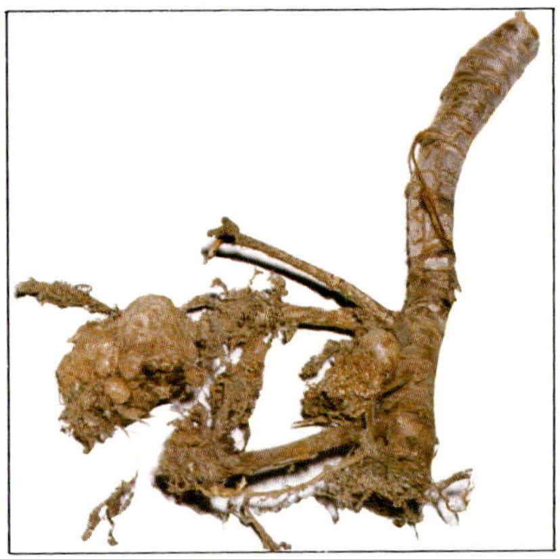

Schadbild starken Befalls zystenbildender Wurzelnematoden an einer Echeveria. Die Wurzeln sind bereits zerstört.

Die befallenen Wurzeln können ihre Funktion der Wasser- und Nährstoffaufnahme nicht mehr erfüllen, sie sterben mitsamt den älteren Gallen ab und zerfallen. Dabei gelangen die Eier in das Erdreich, von wo aus die weitere Verbreitung erfolgt.
2. *Wurzelälchen* mit freier Zystenbildung. Diese leben gleichfalls in den Wurzeln, sprengen die Wurzelepidermis, und die weiblichen Tiere hängen dann als braune, zitronenförmige Zysten außen an den Wurzeln.
Es ist die an Kakteen und anderen Sukkulenten am häufigsten vorkommende Gruppe.
3. *Freilebende Nematoden.* Sie setzen sich nicht an bestimmten Stellen fest, sondern befinden sich ständig in Bewegung.
Älchenbefall wird oft erst erkannt, wenn die Pflanzen infolge erheblicher Wurzelschädigungen zu kümmern beginnen.
Älchen vermehren sich sehr rasch, und ihre Larven können sich unter ungünstigen Lebensbedingungen in einen Ruhezustand begeben, um darin monate- oder jahrelang zu verharren.
Die Verbreitung erfolgt über kurze Strecken durch Eigenbewegung der Tierchen oder Verschwemmung mit Wasser. Weiträumige Verbreitung erfahren diese ausdauernden Schädlinge durch unachtsamen Umgang mit befallenen Pflanzen, Töpfen, Kisten und dergleichen, ferner durch verseuchte Erde, Gewächshausstellagen und Wasser sowie durch Arbeitsgeräte und Weitertragen an den Schuhsohlen.

● *Bekämpfung:* Zur Eindämmung einer Nematodenplage ist äußerste Hygiene geboten. Pflanzgefäße, Gewächshaustische und Arbeitsgeräte mit kochendem Wasser abzubrühen, ist die einfachste Methode der Desinfektion. (Achtung! Bestimmte Kunststofftöpfe und -kisten verformen sich bei Hitzeeinwirkung.)

Chemische Entseuchung der genannten Gegenstände erfolgt durch Behandlung mit Formalin oder Nemafos, Erdentseuchung durch Erhitzen (Dämpfen) oder mit Basamid.
Nemafosemulsion kann auch bei stehenden Pflanzenbeständen im Gießverfahren angewendet werden.
Leider ist dieses Präparat nicht allgemein pflanzenverträglich. Epiphyllum und andere epiphytische Kakteen reagieren nachteilig.
Wirksame Mittel sind Terracur P und das Granulat Temik 10 G (3–5 g/m^2). Beide Präparate werden gestreut und in das Substrat eingearbeitet, danach ist gründlich zu wässern.
Größte Vorsicht ist beim Umgang mit dem hochgiftigen Nerven- und Berührungsgift Temik 10 G unerläßlich: nur mit Gummihandschuhen hantieren; keinesfalls in die Verpflanzerde mischen und beim Streuen darauf achten, daß nichts in den Dornen und Haaren der Kakteenkörper haften bleibt.
Schädliche und sehr unangenehme Geruchsbelästigungen – insbesondere bei hoher Luftfeuchtigkeit – könnten sich über mehrere Wochen erstrecken.
Temik 10G nur während der Wachstumsperiode anwenden, da es als Systemgift nur dann voll wirksam ist.
Für den Kleingebrauch ist dieses Mittel wegen seiner Gefährlichkeit für Mensch und Haustier nicht erhältlich.
Bei der Nematodenbekämpfung sollte man zunächst alle mechanischen und gefahrlosen Methoden anwenden. So werden beim Umpflanzen alle stark befallenen Wurzeln am besten entfernt.
Mitunter bleibt nichts anderes übrig, als sämtliche Wurzeln abzuschneiden und die Pflanzen in frischem Substrat neu bewurzeln zu lassen. Das ist bei den Dickblattgewächsen (z. B. *Echeveria-*, *Crassula-*, *Kalanchoe* und *Sedum-*Arten) problemlos möglich.
Wurzelälchen sind hitzeempfindlich, so daß sie ein 45°C heißes, 30minütiges Wasserbad abzutöten vermag. Die Kakteenwurzeln dürften diese Temperaturen wohl ertragen. Doch wie ist eine solche Behandlung praktisch durchzuführen?

Spinnmilben, fälschlich als „Rote Spinnen" bezeichnet, sind winzige, mit bloßem Auge kaum wahrnehmbare bräunlichrote Milben, die befallene Pflanzenteile mit einem feinen Gespinst überziehen.
Spinnmilben treten oft in Massen auf, Lufttrockenheit und Wärme begünstigen ihre Vermehrung. Sie schädigen durch Anstechen der Epidermis und rege Saugtätigkeit.
Sehr bald zeigen sich die typischen Befallsmerkmale in braunen, grauen, rostigen, auch grindigen Gewebepartien, die sich über die ganze Pflanze ausbreiten können.
Bei Kugelkakteen beginnt der Befall in der Scheitelregion. In besonderem Maße gefährdet sind unter den Kakteen die *Rebutien, Lobivien*, verschiedene *Mammillarien, Aporocacteen, Chamaecereen* sowie *Crassula* und *Faucarien* unter den anderen Sukkulenten.
Die einmal durch Spinnmilbenbefall zerstörte Oberhaut einer Pflanze wird sich nie mehr erneuern. Es dauert lange, bis Schadstellen durch Neuzuwachs wenigstens teilweise überdeckt werden.

● *Bekämpfung:* Verschiedene Präparate, deren Wirksamkeit gegen Spinnmilben auf der Verpackung vermerkt sein muß, kommen zur Anwendung.
Die Behandlung ist 2–3mal in mehrtägigen Abständen zu wiederholen, weil meist nur die lebenden Larven und ausgewachsenen Tierchen, nicht aber die Eier vernichtet werden.
Zur Vermeidung von Resistenzbildung gegenüber bestimmten Wirkstoffen sind die zur Anwendung gelangenden Präparate wechselweise einzusetzen.
Spezialmittel gegen Spinnmilben heißen Akarizide.

Starker Spinnmilbenbefall an einem Trichcereus.

Schildläuse kommen auf Kakteen und anderen Sukkulenten überwiegend in Gestalt von Schmier- oder Wolläusen häufig vor.
Deckelschildläuse treten an Agaven, Blattkakteen, Pereskien und einigen anderen Gattungen auf.

Schildlausbefall auf Opuntia.

Die meisten Schildlausarten vermehren sich durch Eier, einige sind lebendgebärend. Die flachen, bis halbkugeligen Panzer der *Deckelschildläuse* bestehen aus den wachsartigen Häuten oder der verhärteten Rückenhaut. Im Jugendstadium sind die Tiere frei beweglich, sie besitzen Beine, Fühler und Augen, die ♂ (= Männchen) auch Flügel. Die ♀ (= Weibchen) verlieren nach mehrfacher Häutung fast alle Organe bis auf den Stechrüssel und die Geschlechtsorgane. Die Weibchen werden unbeweglich und setzen sich fest. Der Rückenschild ist dabei fest mit der Wirtspflanze verbunden. Nach der Eiablage stirbt das Weibchen ab, und mehrere Hundert Eier beginnen im Schutze des hinterlassenen Schildes ihre rasche Entwicklung.

Häufige Begleiterscheinung des Schildlausbefalles ist die klebrige Honigtaubildung mit anschließender Ansiedlung von Schwärze- oder Rußtaupilzen.

Die **Woll-** oder **Schmierläuse** zeigen an Stelle des Wachsschildes weißwollige Wachsausscheidungen, die den gesamten Körper der rosafarbenen, weißbemehlten Tierchen umhüllen.

Im Gegensatz zu den Deckelschildläusen bleiben die Wolläuse zeitlebens frei beweglich. Sie vermehren sich ebenfalls außerordentlich rasch, ihre Saugtätigkeit führt zur Schwächung und schließlich zum Absterben stark befallener Pflanzen.

Woll- oder Schmierläuse sind gefährliche Schadinsekten.

Wolläuse sitzen – bei Nichtbekämpfung sehr bald große Nester bildend – vorwiegend in geschützten Winkeln polsterförmiger Kakteen *(Rebutien, Mammillarien, Dolichothele, Echinocereen* u.a.), in den Axillen (es besteht täuschende Ähnlichkeit mit der Axillenwolle zahlreicher *Mammillaria*-Arten), aber auch im Scheitel oder an der Sproßbasis aller übrigen Kakteengewächse. *Echeverien, Crassula, Faucaria, Pleiospilos* und eine Vielzahl anderer Sukkulenten werden ebenso gerne heimgesucht.

● *Bekämpfung:* Die Pflanzen sollten ständig auf Schädlingsbefall hin beobachtet werden.

Bei noch geringem Auftreten von Wolläusen genügt das Abtupfen mit einem in Giftlösung getränkten, steifborstigen Pinsel. Wiederholtes Absprühen mit scharfem Wasserstrahl, am besten mittels einer feinen Sprühdüse, hilft auf ungefährliche Weise.

Der Einsatz chemischer Bekämpfungsmethoden wird häufig unumgänglich sein.

Im fortgeschrittenen Befallsstadium erfolgt die Bekämpfung im Gießverfahren mit systemisch wirkenden Präparaten oder mit geeigneten Spritzmitteln. Auf den Verpackungen muß die Wirksamkeit gegen Schild-, Woll- oder Schmierläuse vermerkt sein.

Damit die Insektizide besser auf den wasserabweisenden Wachsausscheidungen haften, empfiehlt sich der Zusatz eines Netz- oder Haftmittels. Diesen Zweck erfüllt auf einfachste Art ein Geschirrspülmittel; es genügen 5 cm^3 je 10 Liter Spritzbrühe. Wichtig ist die gründliche Benetzung der Befallstellen. Wirksame Präparate sind u.a.: Metasystox, Basudin/flüssig, PD5, Dimethoate, Roxion, Malathion.

Sprüh-, Räucher- und Verdampfungsmittel sind ebenfalls anwendbar.

Die Vorbehandlung durch Spritzen einer verdünnten Spirituslösung zwecks Auflösung der Läuse-Wachspanzer ist bei hartlaubigen Pflanzen (z. B. Palmen, Oleander, Monstera u.a.) mit Erfolg anzuwenden, nicht aber bei den Kakteen und anderen Sukkulenten, die mit einer wachsartigen Epidermis versehen sind. Verdünnter Spiritus (1 Teil Spiritus, 4 Teile Wasser) oder vergällter Alkohol können nur örtlich begrenzt bei nicht bereiften Arten verwendet werden, z.B. beim Abtupfen kleiner Wollausnester.

Wurzelläuse zählen zu den schlimmsten Schädlingen an Kakteen und anderen Sukkulenten. Sie leben fast ausschließlich an Wurzeln und unterirdischen Stammteilen. Sie ähneln den Wolläusen durch weißliche, wollige oder pulverartige Wachsausscheidungen.

Wurzelläuse bevorzugen trockene Substrate. Im trockenen Winterstand vermehren sie sich außerordentlich stark. Die befallenen Pflanzen zeigen ein fahles Aussehen, kränkeln und sterben allmählich ab.

Durch Wurzelläuse geschädigte und geschwächte Pflanzen sind in hohem Maße anfällig gegen Pilzerkrankungen.

● *Bekämpfung:* beim Umpflanzen die Läuse mit steifborstigem Pinsel abstreifen; Wurzeln in ein Isektizid tauchen; Gießen – vor allem im Frühjahr und Herbst – mit Präparaten, wie sie gegen Wolläuse zum Einsatz gelangen; Behandlung mehrmals in 2wöchigen Abständen wiederholen.

Blattläuse treten häufig an Blütenknospen von *Epiphyllum*, an *Pereskia*, *Senecio* und anderen Gattungen auf.

● *Bekämpfung:* ist erfolgversprechend auch mit gering giftigen Insektiziden. Vorsicht bei blühenden Epiphyllen! Nicht in die offene Blüte sprühen, die Pracht wäre dahin.

Weiße Fliege oder **Mottenschildlaus** befällt fast ausschließlich blatttragende Gewächse, z. B. *Pelargonium-*, *Pereskia-*, *Fouquieria-*, *Crassula-* und *Senecio-*Arten.

Schwierig zu bekämpfender, in Massen auftretender Schädling.

● *Bekämpfung:* Spezialpräparate, die mindestens 4mal in 3–4tägigen Abständen ausgebracht werden müssen. Bewährt haben sich Actellic, Alphos-Nebeldose, Ambush, Dichlorvos, Parathion. Wirkstoffe wechseln!

Mottenschildläuse siedeln sich auf Unkräutern wie Vogelmiere, Brennessel, Franzosenkraut, Schöllkraut und anderen an, von wo aus sie auf die Kulturpflanzen übersiedeln.

Die Unkrautbekämpfung in umgebenden Bereichen ist daher eine wichtige Vorbeugungsmaßnahme.

Trauermücken sind schwärzliche, 3–5 mm lange Insekten, die ihre Eier in Humus oder in Zersetzung befindlichen organischen Stoffen ablegen.

Ihre Larven schädigen durch Fraß an Keimlingen, zarten Jungpflanzen und jungen Wurzeln. Fraßstellen bieten Ansatzpunkte für die Fusariumfäule. Sie sind 6–7 mm lang, durchscheinend glasig weiß mit schwarzem Kopf.

● *Bekämpfung:* vorbeugend durch Verwendung anorganischer Aussaatsubstrate.

Im übrigen wirken viele Insektizide, die aber wegen der Empfindlichkeit der zarten Jungpflanzen mit allergrößter Vorsicht anzuwenden sind. Auf gute Pflanzenverträglichkeit der Präparate ist deshalb zu achten.

Keller- und **Kugelasseln** – zu den Krebstieren gehörend – ernähren sich vorwiegend von faulenden organischen Stoffen, verschmähen aber auch nicht lebende, zarte Pflanzenteile, wie weichfleischige Kakteen und andere Sukkulenten, Keimlinge und Blüten.

Es sind Nachttiere, die sich tagsüber unter Töpfen, Steinen, in Mauerritzen und an anderen feuchten Orten versteckt halten.

● *Bekämpfung:* durch Ködergifte wie Arsenhaferflocken, Arsenkleie und Arsen-Zucker-Köder; Fang durch Auslegen ausgehöhlter Kartoffeln oder Möhren (Aushöhlung nach unten). Natürliche Feinde sind Kröten, Eidechsen, Spitzmäuse.

Nacktschnecken sind gehäuselose, zwittrige Weichtiere, die Feuchtigkeit benötigen. Schleimspuren deuten auf ihr Vorhandensein hin.

Sie fressen vorwiegend nachts – nur an trüben Tagen auch tagsüber – an Sämlingen, Blüten und anderen zarten Pflanzenteilen. Am Tage sitzen sie gewöhnlich in feuchten Schlupfwinkeln unter Töpfen und Kästen.

● *Bekämpfung:* durch Auslegen spezieller Schneckenbekämpfungsmittel oder nächtliches Absammeln.

Ameisen zählen zu den sogenannten Lästlingen. Sie verschleppen Samen und können durch Nestbau zwischen den Pflanzen schädlich werden.

● *Bekämpfung:* durch Spezial-Ameisenmittel oder Köderung mit zuckerhaltigen Flüssigkeiten (z. B. Coca-Cola) in offenen Gläsern oder Flaschen.

Haus- und **Feldmäuse** fressen Kakteenfrüchte und -Samen.

● *Bekämpfung:* durch Mäusefallen und Mäusegifte.

Nichtparasitäre Krankheitserscheinungen

Korkwucherungen werden verursacht durch zu hohe Luftfeuchtigkeit bei gleichzeitig kühlen Temperaturen sowie durch Ernährungsstörungen, z. B. zu hohe Stickstoffgaben.

Sehr anfällig sind Blattkakteen und verschiedene *Opuntia-*Arten.

Das Schadbild ähnelt den Verkorkungen der Epidermis bei starkem Spinnmilbenbefall.

Verbrennungen der Epidermis sind besonders im Frühjahr zu beobachten, wenn die Pflanzen nach dem langen, lichtarmen Winterstand zu plötzlich der Grellsonne ausgesetzt werden.

Das Erscheinungsbild sind unterschiedlich große, blaßgelbe Partien auf

dem Pflanzenkörper, die nie mehr ausheilen.
In Extremfällen führen Verbrennungen zu Fäulnis und dem Verlust der Pflanze.
Vorbeugung gegen diese vermeidbaren Schädigungen erfolgt durch allmähliche Gewöhnung der Pflanzen an intensivere Sonneneinstrahlung.

Rötliche Verfärbungen des Pflanzenkörpers kann eintreten durch starke Sonneneinwirkung bei gleichzeitig akutem Wassermangel oder ungenügender Wurzeltätigkeit, verursacht durch Erkrankung des Wurzelsystems (z.B. Nematodenbefall). Nach Beseitigung der Ursachen bildet die Pflanze meist wieder die normale Färbung der Epidermis aus.

Knospenfall und Einschlafen der Blütenknospen, häufig bei den sogenannten Blattkakteen auftretend, wird hervorgerufen durch Wassermangel, Lufttrockenheit oder falsche Ernährung (zuviel Stickstoff!), ferner durch Kälteschocks infolge zu niedriger Lufttemperaturen oder Spritzen und Gießen mit kaltem Wasser.
Nach dem Knospenansatz sollten die Pflanzen ihre Stellung zum Lichteinfall behalten. Nicht umstellen!
Das Einschlafen der Knospen ist bei *Echinopsis-, Rebutia-, Lobivia-* und *Opuntia*-Arten nicht selten, wenn im Frühjahr zu früh und zu reichlich mit der Wasserversorgung begonnen wird.

Zu hoher pH-Wert der Kulturerde hat die Wurzelerkrankung verursacht.

Erkrankung durch alkalische Kultursubstrate äußert sich bei epiphytischen Kakteen durch Wurzelverfall und starke Welkerscheinungen.
Der obere Todespunkt liegt bei *Zygocactus* bereits im Neutralbereich des Bodens bei pH 7,0!
Andere kalkfliehende Kakteen (zahlreiche *Cereus-, Ferocactus-, Lobivia-, Notocactus*-Arten u. a.) reagieren unterschiedlich stark auf zu hohe pH-Werte. Die Wurzeln zerfallen allmählich, die Pflanzenkörper verfärben sich blaßgelb; es entstehen Wachstumshemmungen, später Wachstumsstillstand, häufig trocknen die Triebspitzen ein (*Cereus*), und schließlich sterben die Pflanzen ab.

- *Verhütung:* auf richtige pH-Werte des Kultursubstrates und des Gießwassers achten.
- *Heilung:* im Anfangsstadium der Schädigungen möglich durch Umpflanzen in geeignetes Substrat, Gießwasseransäuerung.

Schädigungen durch Schädlingsbekämpfungsmittel

Die Pflanzenverträglichkeit der handelsüblichen Pflanzenschutzmittel ist recht unterschiedlich. In der Regel befinden sich auf den Verpackungen entsprechende Hinweise. Die Präparate wurden vorrangig für die marktgängigen Massenkulturen des Erwerbsgartenbaues, sowie der Land- und Forstwirtschaft entwickelt und auf Einsatzfähigkeit geprüft. Die Vielfalt der Pflanzengattungen und -arten, wie sie sich in den öffentlichen und privaten Pflanzensammlungen präsentiert, bleibt dabei zu einem nicht geringen Teil unberücksichtigt.
Es empfiehlt sich daher, beim Einsatz unbekannter Mittel im Zweifelsfalle Anwendungsproben in kleinem Umfang vorzunehmen und bei erwiesener Unbedenklichkeit den gesamten Bestand zu behandeln.
Wichtigste Voraussetzung zur Vermeidung von Verbrennungen oder Wachs-

Pflanzenschädigung: Verbrennungen der Epidermis durch unsachgemäße Anwendung bzw. durch Verwendung ungeeigneter Schädlingsbekämpfungsmittel.

tumshemmungen ist die strikte Einhaltung der vorgegebenen Anwendungsvorschriften (z. B. Konzentration, Aufwandmenge, Mischbarkeit usw.) Niemals an sehr heißen Tagen und bei starker Sonneneinwirkung spritzen!
Allgemein empfindlich sind epiphytische Kakteen, die Crassulaceen sowie Jungpflanzen aller Gattungen.
Gegen Pilzbefall im Vermehrungsbeet sollte beispielsweise *Chinosol* nur mit 0,5 g je Liter Wasser verwendet werden. Das gute, eine beachtliche Breitenwirkung besitzende Pilzmittel *Benomyl* ist ebenfalls riskant bei Sämlingen.
Unter den Insektiziden können *Gusathion H, Dimecron combi, Nemaphos, Parathion, Unden* und sicher noch andere Präparate an einigen Pflanzenarten Schädigungen verursachen.
Das weiterhin bekannte Parathionpräparat *E 605* führt zu Verbrennungen mit Blattfall bei *Crassula-* und *Echeveria*-Arten, bei *Kalanchoe* und anderen Dickblattgewächsen.
Crassulaceen und Euphorbien reagieren empfindlich auf *Metasystox*, indem sie die Blätter werfen (Euphorbia milii = der Christusdorn).

Auch bei dieser Pflanze ist die Epidermis aufgrund einer unsachgemäßen Schädlingsbekämpfungsmaßnahme dauerhaft geschädigt.

Manche Mittel, wie *Diazinonemulsionen*, greifen die Wachsschicht zahlreicher Kakteen und anderer Sukkulenten an. Vorsicht ist geboten bei *Basudin* und *Exodin*.
Mineralölprodukte, sogenannte Sommeröle, dürfen bei Kakteen und anderen Sukkulenten zur Bekämpfung von Schildläusen nicht eingesetzt werden. Sie greifen die wachsartige Bereifung an.

Behandlung von Pflanzenneuerwerbungen

Jede Pflanzenneuerwerbung wird gründlich auf Krankheits- und Schädlingsbefall untersucht, bevor man sie dem übrigen Bestand zuordnet. Insbesondere ist auf Wurzelschädlinge zu achten. Erkrankte oder von Schädlingen befallene Pflanzen werden zunächst behandelt und zur weiteren Beobachtung separat aufgestellt.
Pflanzen, die ohne Topfballen transportiert wurden, weisen nicht selten Wurzelverletzungen auf. Grundsätzlich müssen sämtliche angeknickten Wurzeln entfernt werden. Sie können ihre Funktion der Wasser- und Nährstoffaufnahme nicht erfüllen, sondern bieten Ansatzpunkte für Pilzbefall und Fäulnis.
Die stärksten Wurzelbeschädigungen zeigen die von den Wildstandorten stammenden Pflanzen. Kakteen wachsen häufig auf steinigen Böden oder in Felsspalten, aus denen sie beim Sammeln oft mit Gewalt herausgelöst werden, was zwangsläufig zum Wurzelverlust führt. Ein übriges bewirken der Transport mit mehrmaligem Umpakken und die lange Reise.
Nachdem die beschädigten Wurzeln mit einem scharfen Messer sauber und vollständig entfernt worden sind – mitunter führt die Prozedur zum Verlust des gesamten Wurzelwerkes –, werden die größeren Schnittflächen zwecks Wundverschluß mit Holzkohlestaub eingepudert. Dies ist bei safthaltigen Wurzeln unverzichtbar. Die Behandlung mit einem Bewurzelungshormon (z. B. *Wurzelfix*) ist anzuraten. Danach bleiben die Pflanzen noch einige Tage luftig und trocken liegen, bis die Schnittwunden eine trockene Schutzschicht gebildet haben.
Sofern ältere Kakteen am Wurzelstuhl verkorkt sind, löst man den Korkpanzer vorsichtig ab. Das begünstigt und beschleunigt die Wurzelneubildung.
Ein etwa 30minütiges Warmwasserbad bei 35–40 °C weckt die Lebensgeister und läßt gleichzeitig die vorhandenen Wurzelverletzungen deutlich hervortreten. Nach dem Wasserbad wird das Wurzelwerk in oben beschriebener Weise behandelt.
Die Wurzelbildung erfolgt am besten in sterilem, nährstoffarmem Substrat. Bewährt haben sich Bimskies und Perlite oder ein Gemisch aus Bimskies, Lavalit, Quarzsand und Perlite. Auch Torfmull ist beschränkt verwendbar.
Häufiges leichtes Besprühen mit angewärmtem Wasser wirkt wachstumsfördernd. Das Bewurzelungssubstrat wird jedoch erst nach einsetzender Wurzelentwicklung durchdringend befeuchtet.
Die ersten neuen Wurzeln entstehen aus den vorhandenen Saftreserven der Pflanzen. Bei 25–32 °C Luft- und Bodentemperatur sowie guter Belichtung – jedoch keine Prallsonne – wird die Wurzelneubildung nicht lange auf sich warten lassen.
Eine andere Methode ist der Schwitzkasten: Die Pflanzen liegen hierbei auf einem Gitterrost und werden häufig mit warmem Wasser besprüht. Das Einpflanzen erfolgt erst nach der Wurzelbildung.

Die beste Zeit, Pflanzenimporte zur Bewurzelung zu bringen, liegt im Frühjahr bis Sommer. Im Herbst und Winter angeschaffte Kakteenimporte bleiben nach sorgfältiger Wurzel- und Wundbehandlung kühl, luftig, hell und trocken bis zum Frühjahr liegen.

Riskanter ist das Bewurzeln abgeschnittener Kopfstücke großer Säulenkakteen wie *Backebergia militaris* und *Cephalocereus senilis*. Die großen Wunden bieten den Fäulniserregern Ansatzpunkte. Unbewurzelte Kopfstücke müssen vor Wasser und feuchtem Standort geschützt werden. Ein Warmwasser- oder Heißdampfbad scheidet von vornherein aus. Die Behandlung erfolgt, wie im Abschnitt über besonders nässeempfindlicher Cereus-Kopfstecklinge angegeben.

Pflanzen und Pflanzenteile, die durch tage-, nicht selten wochenlange Transporte in dunklen Kisten lichtentwöhnt sind, dürfen nach dem Auspacken nicht sofort hohen Lichtintensitäten ausgesetzt werden. Starke Sonneneinstrahlung würde Verbrennungen der Epidermis hervorrufen. Man lagert sie deshalb während der ersten Tage an einem halbschattigen Ort und gewöhnt sie allmählich an das volle Licht.

Sollten während eines langen Transportes chlorophyllfreie, deformierte Geiltriebe entstanden sein, schneidet man diese wertlosen Auswüchse einfach ab. Nachdem die Importpflanzen Wurzeln gebildet haben, beginnen sie gewöhnlich auch mit dem Wachstum. Das ist, speziell bei den Kakteen, nicht unbedingt wünschenswert. Die meist zu geringen Lichtmengen, verbunden mit mangelhafter Frischluftzufuhr, führen zu bedeutend schwächerer Neutriebentwicklung sowie unvollkommener Ausbildung des Dornen- und Haarkleides.

Feuchtwarme, gespannte Luft gewährt man diesen anspruchsvollen Pflanzen nur für die Dauer der Wurzelneubildung und zu Beginn der jährlichen Vegetationsperiode. In der übrigen Zeit werden sie hell und luftig kultiviert, denn nur unter solchen Wachstumsbedingungen behalten sie ihr ursprüngliches natürliches Aussehen für längere Zeit.

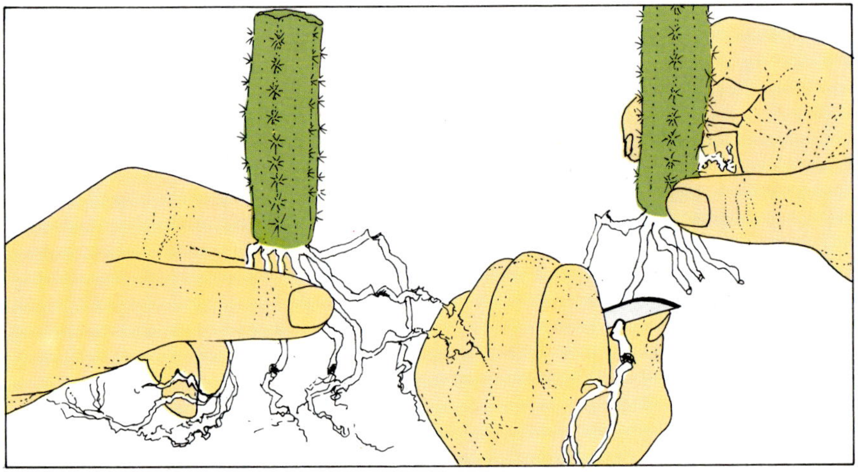

Wurzelschnitt bei Wurzelverletzungen: Alle kranken und geknickten Wurzeln werden mit einem scharfen Messer entfernt.

Jährlicher Arbeitskalender

Januar

KAKTEEN: Die Pflanzen befinden sich bei kühlem, trockenem Stand in Winterruhe. Das Gießen ist fast gänzlich zu unterlassen. *Ausnahmen: Epiphyten.*
ANDERE SUKKULENTEN: Die meisten Vertreter dieser Pflanzengruppe befinden sich ebenfalls in Wachstumsruhe beziehungsweise sollten durch Trockenhalten und niedrige Temperaturen am Wachstum gehindert werden. Die Arten, die sich dem mitteleuropäischen Vegetationsrhythmus nicht anpassen, erhalten mäßige Wassergaben, Wärme und Zusatzbeleuchtung.
ALLGEMEINE MASSNAHMEN: auf Krankheiten und Schädlinge achten. Kartei führen, Etikettierung ergänzen. Saatgut und Bedarfsartikel bestellen.

Februar

KAKTEEN: Weiterhin äußerst sparsam mit dem Gießwasser umgehen. Der Februar gilt als der „Sterbemonat" für die sukkulenten Gewächse. Die Pflanzen sind durch den ungünstigen Winterstand (Lichtmangel, Verlust der feinen Saugwurzeln) stark geschwächt, so daß voreilige Wassergaben mehr schaden als nützen. Einigen sonnigen Tagen folgen stets trübe, naßkalte Zeitabschnitte. Kakteen können jetzt umgetopft werden. Dabei auf Wurzelschädlinge und kranke Wurzeln achten. Pflanzen nach dem Umsetzen nicht angießen! (Im Gewächshaus können Kakteen fast ganzjährig umgetopft werden.)
ANDERE SUKKULENTEN: Vorsicht beim Gießen!

März

KAKTEEN: Mit zunehmender Tageslänge und Lichtintensität beginnt die neue Vegetationsperiode. Höhere Temperaturen und nebelartiges Besprühen der Kakteen mit heißem Wasser (an sonnigen Tagen) begünstigt diesen Vorgang. Die Bodenfeuchtigkeit nach Bedarf sehr vorsichtig steigern.
Lobivien sind weiterhin vollkommen trocken zu halten.
ANDERE SUKKULENTEN: Dem allgemeinen Frühlingserwachen können sich nur wenige Arten aus der südlichen Hemisphäre verschließen, so daß die meisten nun wieder reichlicher gegossen werden.
ALLGEMEINE MASSNAHMEN: Pflanzen, die die langen Wintermonate unter mangelhaften Lichtbedingungen überdauert haben, sind gegen die grellen Frühjahrssonnenstrahlen empfindlich. Zur Umgewöhnung ist leichtes Schattieren während der Mittagszeit der ersten Tage anzuraten.
Aussäen und Umpflanzen sind wichtige Arbeiten in diesem Monat. Wo sich an Cereen, Opuntien, Blattkakteen sowie krautigen und strauchigen anderen Sukkulenten dünne Wintertriebe entwickelt haben, werden diese kurzerhand weggeschnitten. Zur Erhaltung oder Wiedergewinnung einer kompakten Pflanzengestalt dient nicht selten ein strenger Rückschnitt.

April

KAKTEEN: Die im März eingeleiteten wachstumsfördernden Maßnahmen werden fortgeführt.
Zahlreiche Arten, vor allem der Gattungen *Rebutia* und *Mammillaria*, gelangen zur Blüte.
Lobivien erhalten erst bei deutlichem Knospenansatz die ersten Wassergaben.
ANDERE SUKKULENTEN: Pflegemaßnahmen wie im März.
ALLGEMEINE MASSNAHMEN: Pflanzen, die jetzt ins Frühbeet überwechseln, müssen in den ersten 1–2 Wochen während sonniger Mittagsstunden leicht schattiert werden.
Aussäen, Umpflanzen und Stecklinge schneiden sind wichtige Arbeiten.
Im Wachstum befindliche Pflanzen, die nicht in frisches Substrat umgesetzt wurden, erhalten schwach konzentrierte Nährstoffgaben.

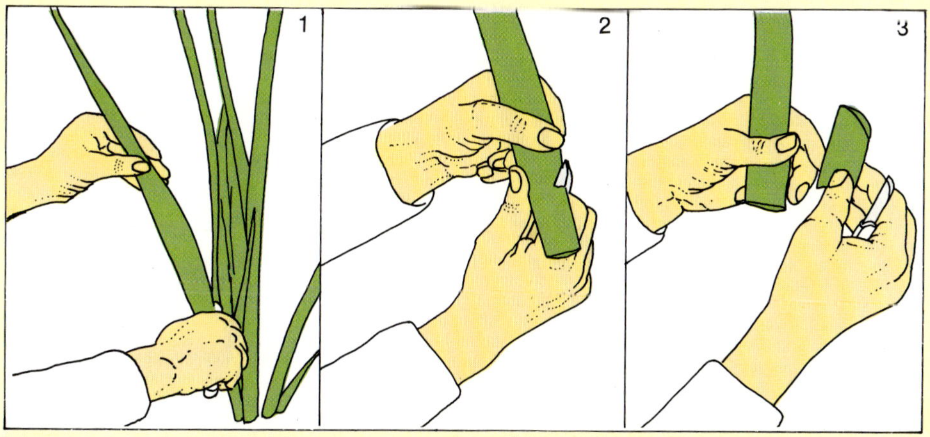

Stecklinge: Schneiden von Blattstecklingen.

Mai

KAKTEEN: Die Pflanzen befinden sich in vollem Wachstum. Sie erhalten reichlich Wärme, Licht, Wasser und Nährstoffe.
Auf Schattierung kann – sofern die Pflanzen allmählich an die Frühjahrssonne gewöhnt wurden – weitgehend verzichtet werden. *Ausnahmen: epiphytische Kakteen.*
In Gewächshäusern und Frühbeeten ist zwecks Vermeidung schädlicher Stauhitze für ausreichende Durchlüftung zu sorgen.

ANDERE SUKKULENTEN: Die meisten Vertreter dieser Gewächse befinden sich ebenfalls in der Hauptwachstumsperiode und sind daher wie die Kakteen zu behandeln.
Einige bevorzugen stets leichten Schutz vor direkter Sonneneinstrahlung, z. B. *Aloe, Gasteria, Haworthia, Conophytum.*

ALLGEMEINE MASSNAHMEN: günstige Jahreszeit zum Aussäen, Stecklinge schneiden, Pfropfen und Umpflanzen.
Exemplare, die Knospenansatz zeigen oder blühen, sollte man erst nach dem Abblühen umpflanzen.
Ab Mitte Mai (nach den Eisheiligen) können zahlreiche Kakteen und andere Sukkulenten bedenkenlos in die Sommerfrische, d. h. ins Freie gebracht werden. Für diese Arbeit wählt man möglichst einen trüben Tag.
Schädlingsbekämpfung kann nunmehr bis zum Ende der Vegetationsperiode auf zuverlässige Weise mit systemisch wirkenden Präparaten im Gießverfahren vorgenommen werden.

Juni

KAKTEEN UND ANDERE SUKKULENTEN: Die meisten Arten befinden sich in der Hauptwachstumsperiode und sind entsprechend mit allen notwendigen Wachstumsfaktoren zu versorgen.
Hauptblütezeit der Kakteen. Neben den üblichen Kulturarbeiten ist jetzt die günstigste Zeit zum Pfropfen von Kakteen sowie *Adenium obesum, A. swarzicum, Euphorbien, Decabelone, Hoodia* und *Didierea madagascariensis* unter den anderen Sukkulenten.

Juli

KAKTEEN: Verschiedene südamerikanische Arten der Gattungen *Lobivia* und *Parodia* legen eine etwa 4wöchige Wachstumsruhe ein, so daß die Wassergaben verringert werden.
Andere, vor allem die Hylocereen und Selenicereen, befinden sich in voller Vegetation und entwickeln – je nach Art – von Juni-August ihre prachtvollen Blüten. Es sind besonders starkzehrende Gewächse mit hohem Wasser- und Nährstoffbedarf.
ANDERE SUKKULENTEN: Alle im Wachstum befindlichen Pflanzen werden je nach Bedarf ausreichend mit Wasser und mit Nährstoffen versorgt.
Hochsukkulente Arten nur mäßig gießen und kaum düngen, um unerwünschte Mastigkeit zu vermeiden.
Viele Vertreter aus dem südlichen Afrika beenden gegen Monatsende ihre angestammte Trockenruhezeit, um mit dem Neuaustrieb zu beginnen.
Aussaaten und Pfropfungen können weiterhin vorgenommen werden.

August

KAKTEEN: Maßnahmen zur Beendigung der vegetativen Wachstumsperiode einleiten. Pflanzen erhalten daher nur noch phosphor- und kalibetonte Nährsalzgaben.
Gewächshäuser und Frühbeetkästen sind reichlich zu belüften. Wenn möglich, sollten die Frühbeetfenster bei trockener Witterung gänzlich entfernt werden, damit die Nachtkühle und der Tau direkt auf die Pflanzen einwirken können. Alle diese Maßnahmen fördern die Festigkeit und Widerstandskraft der Pflanzenkörper.

Pfropfen: Pfropfunterlage und Pfröpfling werden konisch zurechtgeschnitten.

Gegen Monatsende leiten viele südamerikanische Arten eine zweite Vegetationsperiode ein.
ANDERE SUKKULENTEN: Zahlreiche südafrikanische Sukkulenten befinden sich jetzt in der Hauptwachstumsphase. Sie erhalten deshalb volle Wassergaben.
Aussaaten und Stecklingsvermehrung von diesen Pflanzen sind im August/September besonders erfolgversprechend.
Die Sukkulenten der nördlichen Hemisphäre werden wie Kakteen behandelt.

September

KAKTEEN: Wassergaben im allgemeinen einschränken, Düngungen einstellen. Pflanzen durch reichliche Frischluftzufuhr und nächtliche Temperaturabsenkung abhärten.
Das Pikieren und Umtopfen kann weiterhin ausgeführt werden.
ANDERE SUKKULENTEN: Zahlreiche Arten aus dem südlichen Afrika befinden sich im Wachstum; trotzdem sind die Wassergaben einzuschränken, sofern nicht durch künstliche Zusatzbeleuchtung die abnehmende natürliche Tageslänge und Lichtintensität ausgeglichen wird.
KAKTEEN UND ANDERE SUKKULENTEN IN DER SOMMERFRISCHE: Für viele dieser Pflanzen ist nun der Zeitpunkt des Einräumens ins Winterquartier gekommen. Sie haben sich allgemein kräftig entwickelt (in sonnenscheinreichen Sommern naturgemäß besser als in verregneten).
Man braucht zunächst nur die kälte- und nässeempfindlichen Arten einzuräumen. Agaven dürfen meist noch bis Ende Oktober im Freien bleiben – vor allem dann, wenn man sie vor Dauerregen und vorübergehenden, leichten Frösten schützen kann.

Oktober

KAKTEEN: Die meisten Arten erhalten ab Monatsende kaum noch Wasser. *Ausnahmen: einige „Südamerikaner" und viele Epiphyten.*
Weihnachtskakteen werden von Mitte September bis Knospenansatz nur wenig gegossen.
ANDERE SUKKULENTEN: Zahlreiche „Südafrikaner" befinden sich weiterhin im Wachstum. Die notwendigen Wassergaben sind besonders sorgfältig zu verabreichen.
ALLGEMEINE MASSNAHMEN: Bis etwa Monatsmitte empfiehlt sich eine abschließende, gründliche Schädlingsbekämpfung im durchdringenden Gießverfahren mit Systempräparaten.

November

KAKTEEN: Bis auf wenige Ausnahmen stellen die Kakteen ihr Wachstum ein. Man hält sie daher trocken und kühl. Sofern die Witterung es erlaubt, sollte reichlich gelüftet werden.
Viele Säulenkakteen, auch gepfropfte Pflanzen, einige südamerikanische Arten sowie die Epiphyten erhalten weiterhin mäßige Wassergaben.
Die Weihnachtskakteen sind ab Knospenansatz gleichmäßig feucht zu halten.
ANDERE SUKKULENTEN: Die meisten Vertreter aus dem südlichen Afrika benötigen jetzt keine oder nur sehr geringe Wassergaben.
Lediglich *Conophytum, Crassula mesembryanthmopsis, Dactylopsis, Frithia, Gibbaeum, Oophytum, Ophthalmophyllum, Othonna euphorbioides, O. herrei, Pelargonium* und *Pterodiscus* können nicht zur Wachstumsruhe gebracht werden. Sie erhalten bis Januar/Februar mäßige Wassergaben, Wärme und viel Licht (Zusatzbeleuchtung erforderlich).

Dezember

KAKTEEN: Fast alle Arten befinden sich in der notwendigen Trockenruheperiode.
Behandlung siehe November.
Melocactus, Discocactus und *Uebelmannia* sollten bei etwa 15 °C Mindesttemperatur nicht völlig trocken gehalten werden.
ANDERE SUKKULENTEN: Behandlung wird – wie für November angegeben – fortgeführt. Am warmen Zimmerfenster überwinternde Exemplare sollten, damit die Wurzeln nicht gänzlich vertrocknen, in etwa 6–8tägigen Abständen etwas gegossen werden.
ALLGEMEINE MASSNAHMEN: Alle Pflanzen müssen regelmäßig auf Krankheits- und Schädlingsbefall hin untersucht werden. Etwaige Schmierlausnester sind mittels eines kleinen Pinsels mit einem wirksamen Insektizid oder verdünntem Spiritus zu betupfen.
Jetzt ist die günstigste Zeit, um die Pflanzenkartei zu vervollständigen und die Etikettierung zu überarbeiten.

Am Zimmerfenster überwinternde Pflanzen nur sehr wenig gießen (alle 6-8 Tage).

A KAKTEEN von A bis Z

In dem folgenden praktischen Leitfaden wird eine Auswahl der wichtigsten, für den Hobbygärtner interessantesten Kakteengattungen und -arten vorgestellt.
Einer kurzen Pflanzenbeschreibung folgen Informationen über die jeweilige natürliche Verbreitung und Lebensweise sowie nützliche Pflegehinweise und Angaben über den Liebhaberwert.
Viele der jahrelang geläufigen Namen sind nach dem heutigen Stand der Wissenschaft ungültig; sie werden in die Synonymie verwiesen. Weil sich aber die älteren Namen im Gedächtnis der Pflanzenfreunde eingeprägt haben und weiterhin in den Katalogen der Kakteengärtnereien geführt werden, erscheinen sie auch in unserer Aufstellung. Auf viele neuere – jedoch nicht in jedem Falle endgültige – Erkenntnisse in der systematischen Gliederung wird hingewiesen.
Auf die Nennung der Autoren hinter jedem Pflanzennamen kann verzichtet werden. Die Aufzählung der an der jeweiligen Namensgebung beteiligten Autoren ist für die botanische Wissenschaft unerläßlich; für die eigentliche Pflanzenliebhaberei sind sie kaum von Bedeutung.

Mammillaria (syn. Dolichothele) longimamma

ACANTHOCALYCIUM

Umstrittene, häufig zu *Lobivia* gestellte Gattung. Körper kugelförmig bis kurzzylindrisch, stark gerippt und reichlich bedornt. Blüten trichterförmig, in Weiß, Gelb, Rosa, fliederfarben und rötlich. Blütenröhre und Fruchtknoten oben mit stachelspitzigen Schuppen bedeckt.
Die meisten Arten bilden am Röhrengrund einen kleinen, wolligen Ring. 12 Arten wurden beschrieben.

VERBREITUNG: nördliches Argentinien.

PFLEGEHINWEISE: *Acanthocalycien* lieben nahrhaften Boden und reichliche Wassergaben während der Wachstumszeit. Vor sommerlicher Prallsonne sind die Pflanzen zu schützen. Überwinterung kühl und trocken.

ACANTHORHIPSALIS

Epiphyten – häufig auf Felsen wachsend – in 5 Arten aus Peru, dem östlichen Bolivien und nordöstlichen Argentinien. Verwandt mit *Rhipsalis*, von diesen durch deutlich bedornte Areolen unterschieden. Dankbare Pflanzen mit kleinen, 1,5–2,5 cm großen Blüten in Weiß, Orange und Rot. Die Früchte sind auffallend gefärbte Beeren, mit einem Durchmesser von 0,7–1,5 cm.

PFLEGEHINWEISE: siehe unter epiphytische Kakteen.

AKERSIA

Als Synonym zu *Bozicactus* gestellt. Nur eine Art wurde beschrieben: *A. roseiflora*. Pflanze mit aufrechten, schlanksäuligen Trieben, die in der Blühzone dichte Büschel bis zu 3 cm langer, gelber Stachelborsten bilden. Blüten schiefsaumig, lilarosa. Blütenröhre und Fruchtknoten mit einigen schwarzbraunen Borsten.

VERBREITUNG: im Innern Nordperus.

PFLEGEHINWEISE: siehe *Borzicactus*.

LIEBHABERWERT: interessante Liebhaberpflanze.

Akersia roseiflora

ANCISTROCACTUS

(ancistrophorus = hakentragend)

Wuchs kugelig bis gestreckt, Rippen deutlich in Höcker gegliedert. Auffallende Bedornung, ein Mitteldorn ist immer gehakt. Wurzelhals verengt, große Rübenwurzeln. Blüten klein, 2–4 cm lang, grünlich- bis zitronengelb oder rosa. 4 Arten wurden beschrieben.

VERBREITUNG: USA (Texas) und Nordmexiko (Chihuahua, Nuevo León, Tamaulipas).

PFLEGEHINWEISE: *A.* lieben vollsonnigen Standort, mineralische Substrate, reichliche Ernährung während des Wachstums, kühle und trockene Überwinterung. *A. scheerii*, die bekannteste Art, ist frostverträglich.

APOROCACTUS

(Peitschen-, Rattenschwanz- oder Schlangenkaktus, 5 Arten)

Schlanktriebige, an der Basis stark verzweigende Epiphyten, die in der mexikanischen Heimat (Hidalgo, Oaxaca) kriechend oder hängend über Felsen und auf Bäumen wachsen.
A. flagelliformis ist eine der ältesten Liebhaberkakteen, anspruchslos und reichblühend. Gute Ampelpflanzen, auch als Kronenbäumchen auf Säulenkaktus gepfropft sehr reizvoll.

PFLEGEHINWEISE: *A.* lieben humushaltiges Substrat, reichliche Nährstoff- und Wasserversorgung während der sommerlichen Wachstumsperiode. Vorteilhaft ist ein Sommeraufenthalt im Freien an sonnigem bis halbschattigem Platz. Überwinterung kühl und hell bei gelegentlichen geringen Wassergaben. Pflanzen werden bevorzugt von Spinnmilben und Wolläusen befallen.

x Aporocactus mallisonii

Beachtung verdient der großblumige Gattungsbastard *x Heliaporus smithii*, der auch unter dem Namen *x Aporocactus mallisonii* bekannt ist, eine Kreuzung zwischen *Aporocactus flagelliformis* und *Heliocereus speciosus*.

ARIOCARPUS

(einschl. Roseocactus und Neogomesia)

Interessante, dornenlose Gestalten von breitkugeligem Wuchs mit spiralig und dachziegelartig angeordneten, keilförmigen Warzen und stark ausgebildeter Rübenwurzel. Pflanzen ähneln im Aussehen dem zerklüfteten Kalkgestein ihrer Standorte und sitzen meist tief im Boden (Mimikrypflanzen). Von Ziegen werden sie trotzdem entdeckt und mit Vorliebe gefressen.

A. haben nicht selten ein scheintotes Aussehen, treiben aber aus den Scheiteln ihrer dürren Körper prächtige, bis 5 cm große, trichterförmige Blüten. Blütenfarben: weißlich, gelblich, zartrosa bis purpurrot.

Die frühere Gattung *Neogomesia* mit der einzigen Art *N. agavoides* bildet eine lockere Rosette blattähnlicher, bis 5 cm langer Mamillen, die sich allmählich verjüngen und eine Wollareole tragen.

Sämtliche *Ariocarpus*-Arten sind begehrte Sammlerpflanzen, die an ihren natürlichen Standorten nicht nur durch Ziegenfraß bedroht werden.

VERBREITUNG: auf verwitterten Kalkfelsen bei pH 7–8, aber auch auf sauren Gesteinsböden im südwestlichen Texas (USA) bis San Luis Potosí (Mexiko).

PFLEGEHINWEISE: Kultur in mineralischem, wasserdurchlässigem Substrat. Zugabe von Kalksteinschotter oder Gips kann nützlich sein. Vollsonniger, warmer Stand im Sommer bei reichlichen Nährsalzgaben. Im Winter sehr kühl und völlig trocken halten. *A.* sind bedingt frostverträglich. *A.* lassen sich ohne Schwierigkeiten aus Samen ziehen, wachsen jedoch sehr langsam.

ARROJADOA

Strauchige, bis 2 m hohe Pflanzen mit schlanken, anlehnenden oder niederliegenden Trieben, wenig verzweigend. Die Triebenden entwickeln ab dem blühfähigen Alter einen borstenartigen Scheitelschopf, aus dem die wachsartig glänzenden, nächtlichen Blüten erscheinen. Der Scheitelschopf wird bei jedem Neuzuwachs durchbrochen und jeweils als Zeichen der Blühbereitschaft neu ausgebildet. Die älteren Borstenschöpfe bleiben ringartig am Sproß erhalten, so daß sich eine abgestufte Gliederung ergibt.

Viele Jahre waren nur *A. penicillata* und *A. rhodantha* bekannt. In den letzten Jahren hat der Kakteenforscher BUINING mehrere neue Arten im nordbrasilianischen Trockenwald entdeckt und beschrieben. HUNT stellt diese Gattung wieder zu *Cephalocereus*.

PFLEGEHINWEISE: In Kultur wachsen die Pflanzen langsam und blühen regelmäßig. Sie lieben Wärme, reichliche Nährstoff- und Wassergaben während des Wachstums. Überwinterung mäßig warm, nicht unter 15°C.

LIEBHABERWERT: *A.* sind Pflanzen von speziellem Liebhaberwert (Cephaliumträger!).

Arrojadoa grandiflora

Arrojadoa HU 154

ASTROPHYTUM

(Astro = Stern; phytum = Pflanze)

Pflanzen mit kugeligem bis halbsäuligem Wuchs und durchweg ansprechendem Aussehen. Die auffallenden, trichterigen Blüten sind gelb, zum Teil mit rotem Schlund und 6–9 cm groß. Es sind 6 Arten mit vielen Varietäten, Standortformen und Kulturhybriden bekannt. Die wichtigsten sind: *A. asterias*, wegen der Ähnlichkeit mit dem Skelett eines Seeigels als Seeigelkaktus bezeichnet. Diese Art erreicht einen Durchmesser bis zu 10 cm und ist in der reinen Form kaum noch in Kultur anzutreffen. Geringe Bedornung zeigen nur junge Sämlingspflanzen.

A. myriostigma, die tausendfach gepünktelte, sogenannte Bischofsmütze, ist die bekannteste Art. Der dichte, grauweiße Haarflockenbesatz der Körper bedeutet eine tarnende Anpassung an das Kalkgestein ihrer natürlichen Standorte. *A. myriostigma* ist völlig dornenlos.

Astrophytum capricorne

Astrophytum asterias

A. ornatum (das geschmückte Astrophytum) zeichnet sich durch starke Bedornung aus. Die Flöckchen erscheinen in bogigen Mustern auf den Körpern.

Eine besonders auffallende Erscheinung ist *A. ornatum* var. *mirbellii* mit goldgelber Bedornung und starker Flöckchenbildung. *A. ornatum* kann rund 150 Jahre alt und über 2 m hoch werden.

A. capricorne (die ziegengehörnte Art) mit 7 cm langen, ziemlich weichen Dornen, die später von unten her abgestoßen werden.

A. senile (das greisenhafte Astrophytum) ähnelt dem *A. capricorne*. Die Bedornung ist noch dichter, den gesamten Körper einhüllend, braunrot bis fast schwarz, im Alter nicht abfallend. Flöckchenbildung fehlt, nur die Varietät *aureum* zeigt vereinzelte Flöckchen bei gelber Bedornung.

VERBREITUNG: Die natürlichen Verbreitungsgebiete der *A.* liegen im nördlichen, nordöstlichen und mittleren Mexiko sowie in Südtexas (USA). Die nördlichen und höheren Lagen sind gekennzeichnet durch extreme Klimaverhältnisse mit langen Trockenperioden, intensivste Sonneneinstrahlung und erhebliche Temperaturschwankungen. Während der winterlichen Trockenruhezeit kommt es zuweilen zu Nachtfrösten.

PFLEGEHINWEISE: *A.* wünschen humusarme, kalkführende und lehmhaltige Mineralböden mit pH-Werten bis 8,8. Kultur in reinem Bimskies oder Lavalit ist möglich. Für gute Ernährung während des Wachstums sind die Pflanzen dankbar. Nur mäßig gießen. Im Winter vollkommen trocken und kühl halten. Pflanzen sind sehr lichtbedürftig.
Anzucht aus Samen problemlos. Samen keimen nach 3–5 Tagen. Interessant ist die wechselnde Keimkraft der *Astrophytum*-Samen: Sie beträgt kurz nach der Reife 50–60%. Schon nach 14–20 Tagen verringert sich diese auf rund 10%. Erst im folgenden Frühjahr erreichen sie eine 80–90prozentige Keimkraft; am höchsten liegt sie dann Ende April mit 90–95%.

Astrophytum myriostigma

Astrophytum ornatum

Ältere Pflanzen – etwa ab dem 10. Lebensjahr – nur noch selten, vielleicht in 5–6jährigen Abständen umtopfen. Das Wurzelsystem schonen, weil Wurzelneubildung schwierig. Keine Stecklingsvermehrung möglich. Pfropfung ist wenig gebräuchlich, weil unnötig. *A. asterias* verliert bei Pfropfung leicht seine natürliche, flachkugelige Form.

LIEBHABERWERT: Astrophyten sind empfehlenswerte Anfängerpflanzen. Sämtliche Arten eignen sich gut für Zimmerkultur, nur sind sie bei warmer Überwinterung blühfaul.

Austrocephalocereus dybowskii

AUSTROCEPHALOCEREUS

2,5–5 cm hohe Säulenkakteen aus dem Trockenwald Brasiliens. In der Blühzone entwickeln sie ein dichtwolliges seitliches Cephalium (Lateralcephalium), das etwa 60 cm Länge erreichen kann. Blüten glockenförmig, bis 4 cm groß, weiß bis rosenrot, meist mehrfarbig.

LIEBHABERWERT: interessante, wärmebedürftige Liebhaberpflanzen mit auffallend schöner Bedornung und Behaarung. In Kultur langsam wachsend.

Austrocephalocereus albicephalus HU 348

AYLOSTERA

Eine langjährige Gattung mit 14 beschriebenen Arten und mehreren Varietäten. Wurde zur Großgattung *Rebutia* gestellt (siehe dort).

Aylostera heliosa f. cristata

Aylostera heliosa

AZTEKIUM

Nur eine Art, *A. ritteri*, wurde beschrieben. Breitrunde, graugrüne bis graue, runzelige, quergefurchte Körperchen mit 9–11 Rippen. Sie ähneln den verwitterten Schieferfelsen ihrer natürlichen Standorte im Staate Nuevo León (Nordmexiko). Zwergkakteen, einzeln oder sprossend, Einzelkörper erreicht etwa 5 cm Durchmesser; winzige, etwa 1 cm Durchmesser erreichende Blüten, rosaweiß bis rötlich.

Aztekium ritteri

PFLEGEHINWEISE: Kultur in reinem Mineralsubstrat, geringe Wassergaben. Im Sommer vor Prallsonne schützen, damit sie nicht gar zu leblos erscheinen. Überwinterung kühl und trocken.

LIEBHABERWERT: schwierige Art für erfahrene Liebhaber.

AZUREOCEREUS

Neuerdings zur Gattung *Browningia* gestellt.
Baumartige Säulenkakteen, die in den innerandinen peruanischen Trockentälern (bei 2000 m ü.M.) 8–10 m Höhe erreichen.

Azureocereus hertlingianus

Die prächtigste Erscheinung ist *A. hertlingianus* mit leuchtendblauer Epidermis und auffallender, bis 8 cm langer Bedornung. Dornen gelb mit braunen Spitzen. Die zweite beschriebene Art, *A. viridis*, hat grüne Triebe und eine kürzere Bedornung.
Die nächtlichen Blüten beider Arten sind leicht schiefsaumig und weißlich, die Blütenröhre stark beschuppt.

PFLEGEHINWEISE: *A.* lieben vollsonnigen Standort, Wärme, lehmhaltige Erde und reiche Nährsalzgaben. Pflanzen nicht mit Wasser bespritzen!

LIEBHABERWERT: *A. hertlingianus* ist eine beliebte und empfehlenswerte Liebhaberpflanze. Die an den natürlichen Verbreitungsgebieten erreichten Wuchshöhen brauchen uns nicht zu erschrekken. In der Kultur wachsen die Pflanzen langsam und werden nie zu groß. Manchem Gewächshauspfleger kommen sie zu langsam voran, darum werden *A.* nicht selten auf große *Cereus peruvianus* oder andere starkwüchsige Säulenkakteen gepfropft.

BACKEBERGIA

Eine in Westmexiko (Guerrero, Michoacán) verbreitete monotypische Gattung, um die sich die Gelehrten seit vielen Jahren streiten.
Die einzige Art – *B. militaris* – wächst in der Heimat baumförmig, wird 5–6 m hoch und verzweigt sich mäßig mit schräg aufsteigenden Ästen.

Backebergia militaris

Die Blühzone der Sprosse entwickelt ein auffallendes, radiäres „Helmraumpen-Cephalium". Es besteht aus einem mächtigen Wulst fuchs- bis schwarzbrauner Areolenborsten und -haare, das den berühmten Bärenfellmützen der englischen und dänischen Hofgarde sehr ähnlich ist. Der 30–50 cm Länge erreichende Wulst befindet sich an den Triebenden.

PFLEGEHINWEISE: *Backebergia* ist wärmeliebend, die Kopfstecklinge sind wegen hoher Fäulnisgefahr mit allergrößter Umsicht zu behandeln. Nach der Bewurzelung cephalientragender Kopfstücke kann das vegetative Sproßwachstum wieder einsetzen. Das führt meist zu unerwünschten Mißbildungen, weil wegen der veränderten Umweltbedingungen bei weitem nicht der ursprüngliche Sproßdurchmesser erreicht wird. Überwinterung warm, nicht unter 15°C.

LIEBHABERWERT: *Backebergia* ist eine äußerst interessante Erscheinung, die in Kultur wohl ausschließlich als importierter und zur Bewurzelung gebrachter Kopfsteckling vereinzelt zu finden ist.

BARTSCHELLA

(Untergattung von Mammillaria)

Nur eine Art: *B. schumannii.*
Körper bis 6 cm hoch, reichlich sprossend von der Basis aus. Breitrunde, an der Basis vierflächige und miteinander verbundene Warzen, spiralig angeordnet. Blüte hellpurpurn, 4 cm Durchmesser.

VERBREITUNG: Mexiko (Niederkalifornien, in der Kapregion).

PFLEGEHINWEISE: schwierige Art, sehr wärmebedürftig und nässeempfindlich. Verlangt mineralisches Substrat und vollsonnigen Stand. Überwinterung nicht unter 15°C. *B.* sollte gepfropft werden.

Bartschella schumannii

BLOSSFELDIA

Die kleinsten Zwergkakteen, die mit 1 cm Körperdurchmesser ihre weißlichen Blütchen hervorbringen. Blossfeldien wachsen meist gruppenbildend in Steinschotter oder in lehmhaltigen Spalten steiler Felswände. Sie zählen zu den Mimesekakteen.

VERBREITUNG: Argentinien (Jujuy bis Catamarca), Bolivien (Cochabamba, Chuquisaca, Tarata).

Blossfeldia atroviridis

PFLEGEHINWEISE: schwierig in der Kultur; wurzelecht nicht auf Dauer zu halten. Gepfropfte Pflanzen sehr wüchsig und blühwillig, verlieren leicht das für Blossfeldien typische, zwerghafte Aussehen.
Blossfeldien zählen zu den sogenannten Frostkeimern, deren Samen nach vorübergehender Frosteinwirkung die beste Keimkraft entwickeln.

BOLIVICEREUS

Zu *Borzicactus* gestellt.
Cereen mit aufrechten oder niederliegenden schlanken Trieben. Bekannteste Art ist *B. samaipatanus*, 1,5 m Höhe erreichend, basal verzweigend.
Blüten stark gekrümmt, 4 cm lang, blutrot. Staubfäden sehr zahlreich, dunkelpurpurn. Sehr blühwilliger, prächtiger Tagblüher.

VERBREITUNG: Bolivien (Santa Cruz, bei Samaipata, auf 1890 m ü.M.).

PFLEGEHINWEISE: liebt kräftige Ernährung und reichliche Wassergaben während des Wachstums. Kühle Überwinterung.

Bolivicereus samaipatanus

BORZICACTUS

Schlanktriebige, verzweigende Säulenkakteen, bis 2 m Höhe erreichend, aufrecht oder halbliegend wachsend. Zygomorphe, meist rote Tagblüten mit enger Öffnung.
KINNACH (USA) hat im Jahr 1960 alle 12 südamerikanischen Gattungen mit zygomorphen Blüten zu einer Großgattung *Borzicactus* zusammengefaßt. Dieses großzügige Zusammenziehen, „lumping", fand nicht nur Zustimmung, denn die in sich geschlossenen Artgruppen weisen jeweils deutliche Unterschiede auf.

VERBREITUNG: Mittel- bis Südecuador.

PFLEGEHINWEISE: *B.* verlangen lockeres, dabei nährstoffreiches Mineralsubstrat, hellen luftigen Standort sowie reichliche Wassergaben während der sommerlichen Wachstumsperiode. Überwinterung ziemlich trocken, bei 12–15°C.
Pflanzen entwickeln ein flaches, weitläufiges Wurzelwerk, deshalb nicht in zu engen Töpfen kultivieren! Am besten ist freies Auspflanzen in flache Kästen oder Gewächshausbeete.

LIEBHABERWERT: *Borzicactus* sowie alle einbezogenen Gattungen können als interessante, blühwillige und kulturwürdige Kakteen beurteilt werden.

BRASILICACTUS

Brasilicactus haselbergii

Heute zu *Notocactus* gestellt.
Dicht beborstete Kugelkakteen, 10–12 cm Durchmesser erreichend, nicht sprossend.
Blüten sehr kurzröhrig und stachelig, selbstfertil. 2 Arten: *B. graessneri* und *B. haselbergii.*

VERBREITUNG: Südbrasilien (Rio Grande do Sul).

PFLEGEHINWEISE: humushaltige Erde vorteilhaft. Während des Wachstums gleichmäßig feucht halten, aber Staunässe vermeiden. Pflanzen vor sommerlicher Prallsonne schützen und häufig nebeln. Überwinterung bei 8–12°C und wärmer; nicht völlig trocken halten.

LIEBHABERWERT: empfehlenswerte Pflanzen für den Anfänger und Zimmerpfleger – anspruchslos, von schönem Aussehen und regelmäßig in zeitigem Frühjahr blühend.

BROWNINGIA

Neuerdings Sammelgattung für: *Azureocereus, Castellanosia, Gymnanthocereus* und *Gymnocereus.*
Browningia war bei der Aufstellung der Gattung (= Genus) monotypisch: *B. candelaris* Charakterpflanzen der Trockentäler und Halbwüsten in Südperu bis Nordchile (2000–2700 m ü.M.).
Seltsame baumförmige Kakteen, 5 m Höhe erreichend. Der stark bedornte Hauptstamm erlangt 50 cm Durchmesser. Die als „Krone" erscheinenden Seitenäste sind völlig dornenlos.
Blüten nächtlich, 10 cm Durchmesser. Früchte eßbar, 7 cm lang.

PFLEGEHINWEISE: *B.* verlangen mineralisches Substrat, nur mäßige Wassergaben, vollsonnigen Standort.

LIEBHABERWERT: *B.* sind nur als jüngere Sämlingspflanzen in Kultur. Blühreife Seitentriebe wachsen weder als Stecklinge noch als Pfröpflinge.

BUININGIA

Verwandt mit *Coleocephalocereus*. Wuchs anfangs kugelig, später gestreckt bis kurzsäulig, oft von der Basis aus sprossend. Kleinste Kakteen mit echtem seitlichem, bis 50 cm Länge erreichendem Cephalium (= Lateralcephalium). 3 Arten sind bekannt.

VERBREITUNG: Brasilien, im nordöstlichen Minas Gerais. Wachsen in Humusansammlungen zwischen Felsen.

Buiningia aurea

Buiningia roseiflora

PFLEGEHINWEISE: verlangen sauren, durchlässigen Mineralboden mit reichlichem Humusanteil. Warmer Sommerstand, häufig nebeln. Überwinterung bei mindestens 12°C.

LIEBHABERWERT: interessante Liebhaberpflanzen für Kenner.

CARNEGIEA

Monotypische Gattung mit einer Art: *C. gigantea*, dem Saguaro oder Sahuarokaktus.

In der Heimat bis 12 m hoch werdend, bei einem Stammdurchmesser von 65 cm. Kandelaberartige Bäume, die über weite Gebiete das Landschaftsbild in Arizona, Südostkalifornien und Nordmexiko (Sonora) prägen.

LIEBHABERWERT: In Kultur gedeihen *C.* leider nur sehr schlecht, haben daher für die Kakteenliebhaberei wenig Bedeutung.

CEPHALOCEREUS

Ursprünglich gehörte in diese Gattung nur das berühmte Greisenhaupt *(C. senilis)*. Einige Systematiker stellten alle Säulencereen zu *Cephalocereus*, deren Blühareolen durch starke Haarbildung gekennzeichnet sind.

Cephalocereus senilis

Micranthocereus auri-azureus HU 144

Nach BUXBAUM sind es die Gattungen: *Haseltonia, Mitrocereus, Neodawsonia, Pilocereus, Pilosocereus, Pseudomitrocereus.*

HUNT greift noch weiter: *Austrocephalocereus, Coleocephalocereus, Micranthocereus, Neobuxbaumia.* Endgültiges scheint noch nicht entschieden zu sein. Wir beschränken uns hier auf 2 Arten: *C. senilis* und *C. hoppenstedtii* syn. *Haseltonia columna-trajani.*

VERBREITUNG: *C. senilis* bildet in der mexikanischen Heimat (Hidalgo, Guanajuato) meist unverzweigte Säulen bis 15 m Höhe. Im Jugendstadium tragen die Stämme eine dichte, silbrigweiße Behaarung, die sich später verliert.

In der Blühzone, ab 6 m Stammhöhe, wird ein einseitiges Cephalium ausgebildet, das sich zunehmend ausbreitet, um schließlich den gesamten Sproß zu umfassen.

C. senilis wächst in landschaftsprägenden Beständen in den feuchtheißen Tälern und an Schieferberghängen (Barranco de los Venados) in der Nähe des Golfes von Mexiko.

Cephalocereus hoppenstedtii, Standort.

PFLEGEHINWEISE: Die Herkunft dieser Pflanzen erklärt, weshalb sie in unseren Kulturen so schwachwüchsig sind. Sie haben ein hohes Licht- und Wärmebedürfnis (im Winter nicht unter 15°C!), lieben feuchte Luft, häufiges Nebeln mit temperiertem Wasser und sind sehr nässeempfindlich.
Die Greisenhäupter verlangen durchlässiges mineralisches Substrat mit neutraler bis leicht alkalischer Reaktion. Wurzelhals in Schotter einbetten! Freies Auspflanzen empfehlenswert, wenn Bodenwärme vorhanden.
Pfropfung auf starkwachsende Säulenkakteen beschleunigt das Wachstum. Aus Samen gezogene Kulturpflanzen gelangen nie zur Blüte. Die Art ist geeignet für warme, sonnige Zimmerfenster.
C. hoppenstedtii ähnelt im Wuchsverhalten dem *C. senilis.* Bildet 10 m hohe Einzelsäulen mit rund 20 cm Durchmesser, sich nach oben verjüngend.
Im Jugendstadium zahlreiche, bis 8 cm lange, biegsame Borstenstacheln, mit zunehmendem Alter ziemlich verkahlend.
Erst mit der Blühreife, ab etwa 3 m Stammhöhe, nimmt die Bedornung unter gleichzeitiger Bildung eines breiten Lateralcephaliums wieder zu.
Die Sproßspitzen krümmen sich zu der Cephaliumseite hin. Da die Cephalien alle in der gleichen Himmelsrichtung (Süden) ausgebildet werden, ergeben die landschaftsprägenden Bestände einen eigentümlichen Anblick.
Die kurzglockigen Fledermausblüten erscheinen nachts.

VERBREITUNG: südliches Zentralmexiko (Puebla-Oaxaca) auf heißen, kalkhaltigen Schieferhängen.

LIEBHABERWERT: In Kultur sind es langsamwachsende Pflanzen für warme, sonnige Standorte. Für die Pflanzenliebhaberei unbedeutend.

CEREUS

Früher eine Sammelgattung für alle baum- und strauchförmigen Säulenkakteen sowie für die schlangenförmigen und rankenden Arten.
Es wurden rund 900 *Cereus*-Artnamen aufgestellt, darunter zahlreiche Doppel- und Falschbenennungen.
Heute werden nur noch wenige Arten unter *Cereus* geführt.
Ihr gemeinsames Merkmal ist: Der Griffel bleibt noch längere Zeit nach dem Abblühen sitzen, oft noch an der sich bildenden Frucht. Die Früchte sind eßbar.

VERBREITUNG: von Westindien über das nördliche Südamerika bis Ostargentinien.

PFLEGEHINWEISE: *C.* sind wuchsfreudige Pflanzen. Sie wünschen während der Vegetationsperiode reichliche Wasser- und Nährstoffgaben. Entscheidend ist saurer Boden; Humusbeigabe ist vorteilhaft.
Alkalische Substrate bringen die Pflanzen um. Frei ausgepflanzt entwickeln sie große Ausmaße. *C.* sollten, wenn sie nicht sehr kühl überwintert werden, nicht vollkommen austrocknen. Wachstum muß in der lichtarmen Jahreszeit dennoch unterbleiben.

CHAMAECEREUS SILVESTRII

Heute zu *Lobivia* gestellt.
Kleine, reichlich verzweigende Kakteen mit fingerförmigen, weichen Trieben, die sehr leicht abbrechen und neu bewurzeln.

VERBREITUNG: Nordargentinien, im Grasland und unter lichtem Gebüsch.

PFLEGEHINWEISE: Erde soll sandig-humös und von saurer Reaktion sein. Standort: hell und luftig mit Schutz vor sommerlicher Prallsonne. Für die Blütenbildung ist absolut trockene Winterruhe mit niedrigen Temperaturen erforderlich. Pflanzen dürfen schrumpfen,

Chamaecereus silvestrii

vertragen dann auch Fröste und blühen um so reichlicher im folgenden Frühjahr. Während des Wachstums reichlich gießen und düngen. Verweichlichte Pflanzen sind krankheitsanfällig und blühfaul.
Chamaecereen werden bevorzugt von Spinnmilben befallen.
Die chlorophyllfreie *Ch. aurea*-Form ist allein nicht lebensfähig. Sie muß gepfropft werden.
Durch Kreuzungen mit *Lobivia*-Arten sind Zuchtsorten mit verschiedenen Blütenfarben entstanden. Diese Hybriden müssen ebenfalls kühl, jedoch frostfrei überwintert werden.

LIEBHABERWERT: gute Anfängerart, die alljährlich in großer Anzahl ihre etwa 4 cm langen, scharlachfarbenen bis weinroten Blüten hervorbringt.
Für Zimmerpflege nicht geeignet, wohl aber für den luftigen Balkon, Frühbeetkasten und das Gewächshaus.

CHIAPASIA

Heute zu *Disocactus* gestellt.
Epiphyten mit gekerbten Flachsprossen und dünnen, runden Stämmchen. Die Blüten sind glockenförmig offen und halten mehrere Tage.
Diese, aus dem tropischen Mexiko (Chiapas) stammenden Pflanzen sind für Zimmerpflege, Wintergarten und Gewächshaus sehr zu empfehlen. Gute Ampelpflanzen.

PFLEGEHINWEISE: *C.* verlangen humöses, unbedingt saures und durchlässiges Substrat, reichliche Ernährung, gleichmäßige Feuchtigkeit und Schutz vor sommerlicher Prallsonne.
Überwinterung bei 10–15°C, nicht völlig trocken.
Sehr vorteilhaft ist Hydrokultur. Dankbar für häufiges Nebeln mit kalkfreiem Wasser.
Bekannteste Art: *C. nelsonii.*

Chiapasia nelsonii

CLEISTOCACTUS

Schlanksäulige, am Grunde oder seitlich verzweigende Sträucher, bis etwa 3 m hoch werdend, manche Arten niedriger und mehr oder weniger kriechend. Oft farbenprächtige, borstenförmige oder haarartige Bedornung.
Die Blüten erscheinen zahlreich, sind röhrenförmig und meist auffallend gefärbt: weiß, gelb, rot, rot mit grün, orange und orange mit rot. Typische Kolibriblüten.

VERBREITUNG: Argentinien, Uruguay, Paraguay, Bolivien, Mittelperu.

PFLEGEHINWEISE: *C.* lieben in Kultur vollsonnigen, luftigen Standort, mineralisches Substrat, sehr reichliche Wasser- und Nährsalzgaben während der Wachstumsperiode und häufiges, feines Nebeln. Bei Zimmerpflege auch im Winter sprühen! Winterstand am besten kühl, aber nicht völlig trocken.
Anspruchslos und blühwillig sind sämtliche Cleistocacteen. Dankbar für einen Aufenthalt in der Sommerfrische.

Cleistocactus vulpis cauda

COCHEMIEA

Heute zu *Mammillaria* gestellt.
In 4 Arten. Bildet zylindrische Triebe in dichten Kolonien, teilweise liegend *(C. poselgeri)*, bis 1 m Länge erreichend, an der Spitze aufgerichtet.
Fast alle Arten haben Hakendornen. Blüten leuchtend scharlach- oder zinnoberrot, schiefsaumig mit langer Röhre.

VERBREITUNG: Mexiko (südliches Niederkalifornien und einige vorgelagerte Inseln).

Cochemiea (= Mammillaria) poselgeri

PFLEGEHINWEISE: Pflanzen sind wärmeliebend und sehr nässeempfindlich. Wurzelhals einbetten in Gesteinsschotter. Mineralisches, durchlässiges Substrat mit Lehmzusatz verwenden.
Überwinterung nicht unter 15–12°C, trocken.
Bekannteste Art: *C. poselgeri.*

COLEOCEPHALOCEREUS

Bis 5 m hohe Säulenkakteen aus Brasilien (bei Rio de Janeiro und Bahia), wo sie in etwa 300 m ü.M. häufig steile Berghänge besiedeln. Sie bilden rinnenartig eingesenkte, stark wollige und mit längeren Borsten versehene Cephalien.

Coleocephalocereus brevicylindria HU 167

Die Blüten erscheinen im oberen Cephaliumbereich.

LIEBHABERWERT: Die anspruchsvollen, wärmeliebenden und nässeempfindlichen Vertreter dieser Gattung sind keine Jedermanngewächse, sondern sollten dem erfahrenen Pflanzenliebhaber vorbehalten bleiben.

COPIAPOA

Kugelig bis kurzzylindrische, zum Teil sprossende Pflanzen aus den Küstenwüstenregionen Nord- und Mittelchiles. Typische Wüstenpflanzen, die sich teilweise durch eine stark ausgeprägte Wachsschicht *(C. cinerea)* gegen die extremen Klimaverhältnisse schützen.

PFLEGEHINWEISE: *C.* verlangen durchlässigen, mineralischen Boden (Zusatz von Gips!) und sonnigen Standort. Dankbar für nebelartiges Übersprühen am frühen Morgen und Abend.

Copiapoa cinerea

LIEBHABERWERT: interessante Liebhaberpflanzen. Hauptwachstumszeit im Frühjahr und Herbst. Trockenruhe im Hochsommer und Winter.

CORYNOPUNTIA

Zu *Opuntia* gestelltes Genus.
Die 14 beschriebenen Arten gelten als Reduktionsstufe von *Cylindropuntia*, deren Verbreitungsgebiet sie weitgehend teilen. Triebe klein, keulenförmig, stark gehöckert, Gruppen oder dichte Polster bildend.

Corynopuntia invicta

VERBREITUNG: USA bis Niederkalifornien und Nordmexiko.

PFLEGEHINWEISE: Pflanzen verlangen vollsonnigen Standort, viel Luftbewegung, mineralisches Substrat und trokkene, helle Überwinterung.

LIEBHABERWERT: Für den Kakteenfreund sind *C.* interessant wegen der starken Bedornung und abweichenden Wuchsform.

CORYPHANTHA

Den Mammillarien nahestehende, artenreiche Gattung mit einem weiträumigen Verbreitungsgebiet: von Britisch-Kolumbien und dem südlichen Kanada über die USA bis ins südliche Zentralmexiko (Oaxaca).

PFLEGEHINWEISE: *C.* sind zu trennen in Bewohner extremer Wüstengebiete und Graslandbewohner.

Coryphantha reduncuspina

Die stark bedornten, kleinbleibenden Wüstenpflanzen wollen mineralisches, gipshaltiges Substrat, vorsichtige Wassergaben und gute Dränage. Sie verlangen vollsonnigen, luftigen Standort und in der Mehrzahl sehr kühle Überwinterung. Einige Arten sind bei absolut trockenem Winterstand frostbeständig.

Coryphantha elephantidens

Während die wüstenbewohnenden Arten etwas heikel sind, bereiten die dickfleischigen, geringer bedornten Graslandbewohner keinerlei Schwierigkeiten. Sie erhalten humushaltiges Substrat und reichlichere Wassergaben während des Wachstums. Für gute Ernährung sind alle *C.* dankbar.
Die Rübenwurzler unter ihnen werden in tiefen Töpfen kultiviert.

CRYPTOCEREUS ANTHONIANUS

Gehört in die Verwandtschaft von *Selenicereus.*
Epiphyten mit tief eingekerbten Flachtrieben. Die zahlreich erscheinenden Luftwurzeln dienen neben der Wasser- und Nährstoffaufnahme als Haftorgane, mittels derer die Pflanzen bis in die Kronen hoher Urwaldbäume gelangen. Nachtblüher.

VERBREITUNG: tropisches Mexiko (Chiapas).

PFLEGEHINWEISE: Behandlung wie die anderen epiphytischen Kakteen. Überwinterung nicht unter 13°C, eher wärmer.

LIEBHABERWERT: empfehlenswerte Pflanzen zur Bekleidung von Epiphytenstämmen und Mauerwerk in warmen Räumen; auch als Ampelpflanzen verwendbar.

Cryptocereus anthonianus

CYLINDROPUNTIA

Heute zu *Opuntia* gestellt.
Diese Gattung mit mehr als 40 Arten vereint die in den südlichen USA und Mexiko einschließlich Niederkalifornien vorkommenden zylindrischen Opuntien.

Cylindropuntia bigelowii

Die Dornen der Cylindropuntien haben eine abziehbare, papierartige Scheide (sogenannte Hosendornen), wenn bei einigen Arten auch nur in Ansätzen.
Der nahe verwandten südamerikanischen Gattung *Austrocylindropuntia* fehlt dieses Merkmal.

Unter den Cylindropuntien gibt es auffallend schöne oder interessante Erscheinungen, einige Arten seien genannt:
C. bigelowii, die Teddybäropuntie. Sie bildet etwa 1 m hohe Bäumchen mit kurzen, bis 15 cm langen Seitentrieben. Die ganze Pflanze ist dicht mit gelblichweißen „Hosendornen" besetzt.
Ähnlich, aber niedrig-buschig wächst *C. tunicata*. Die Pflanzen bilden große Dickichte und sind mit ihren Widerhaken tragenden „Hosendornen" sehr anhänglich. Die Seitentriebe brechen leicht ab, werden oft im Fell vorüberziehender Tiere fortgetragen und andernorts abgestreift, wo sie wurzeln und neue Bestände entwickeln.
Diese Art wurde vom mexikanischen Hochland bis nach Südamerika verschleppt.

PFLEGEHINWEISE: *C.* verlangen sehr sonnige und luftige Standorte; sie sind daher nicht für Zimmerpflege zu empfehlen. Mit Wasser sparsam umgehen, mineralisches Substrat; Überwinterung kühl, hell und trocken.

DISCOCACTUS

Interessante Kugelkakteen aus Brasilien, Paraguay und Bolivien, die erst in den letzten Jahren Eingang in die europäischen Pflanzensammlungen gefunden haben.
Im Wuchsverhalten ähneln sie den Melocacteen, indem sie mit Erreichen des blühfähigen Alters das vegetative Wachstum einstellen und ein echtes terminales Cephalium entwickeln.
Aus dem Cephalium erscheinen die duftenden, 4–6 cm großen, weißlichen Blüten. Nachtblüher.

PFLEGEHINWEISE: In Kultur sind Discocacteen etwas schwierig zu halten. Sie verlangen saures, sandiges (Quarz) Substrat, viel Wärme, Licht und hohe Luftfeuchtigkeit.
Überwinterung nicht unter 15°C.
Importpflanzen wachsen schlechter als aus Samen gezogene Pflanzen. Pfropfung wird empfohlen.

Discocactus HU 232

DISOCACTUS

Heute Sammelgattung für *Bonifazia, Chiapasia, Pseudorhipsalis himantoclada, Wittia.*
Ursprünglich war das Genus *Disocactus* nur auf 3 Arten beschränkt: *D. biformis, D. eichlamii* und *D. quezaltecus.* Letztere wurde zunächst als Gattung *Bonifazia* beschrieben.
Die gemeinsamen Blütenmerkmale dieser 3 Arten sind: engröhrige Blüten mit mehr oder weniger gekrümmter Röhre, schmalen Perigonblättern; Staubblätter und Griffel weit herausragend. Blüten rot und kahl, die kleinen Beerenfrüchte ebenfalls kahl, weiß bis rot.
Infolge der Eingliederung früher selbständiger Gattungen gelten die genannten einheitlichen äußeren Merkmale nicht mehr für das Genus *Disocactus.* Fast alle aber entwickeln rundliche Lang- und blattartig verbreiterte, gekerbte Endtriebe.
Die nunmehr engröhrigen bis breittrichterigen Blüten sitzen einzeln in den seitlichen Einkerbungen der Flachsprosse, mitunter sind sie vormännlich. Die kleinen Beerenfrüchte sind rund oder oval, kahl oder mit kleinen Schuppen versehen.

VERBREITUNG: tropische Regenwälder im südlichen Mexiko, Guatemala, Honduras, Costa Rica sowie in Panama, Kolumbien, Nordperu.

PFLEGEHINWEISE: siehe unter Epiphyten.

LIEBHABERWERT: empfehlenswerte Pflanzen für warme Standorte im Zimmer, Wintergarten und Gewächshaus.

DOLICHOTHELE

Den Mammillarien nahestehende Gattung. HUNT stellt das Genus zu *Mammillaria.*
Körper kugelförmig, weichfleischig, meist sprossend, häufig vielköpfige Polster bildend. Dornen weich, Mamillen oft stark verlängert.
Es werden kleinblütige *(Microfloridae)* und großblütige *(Macrofloridae)* unterschieden.

Dolichothele (= Mammillaria) longimamma

Erstgenannte – auch unter der Gattungsbezeichnung *Pseudomammillaria* bekannt – bringen Blütendurchmesser von 1–2,5 cm, die zweiten bis 7 cm hervor. Blütenfarbe in verschiedenen Gelbtönungen.

VERBREITUNG: USA (Texas) bis Nord- und Mittelmexiko.

PFLEGEHINWEISE: *D.* mögen sandighumösen Boden, während des Wachstums gleichmäßige Feuchtigkeit und gute Ernährung. Vor sommerlicher Prallsonne schützen. Überwinterung bei 8–12°C, trocken.
Die Rübenwurzler unter ihnen erhalten tiefe Spezialtöpfe.
Vermehrung erfolgt durch Samen sowie abgetrennte Kindel und bei den langwarzigen Arten durch Mamillen. Diese werden vorsichtig herausgebrochen und zur Bewurzelung gebracht.

Die bekanntesten Arten sind:
a) kleinblumige: *D. albescens, D. camptotricha, D. surculosa;*
b) großblumige: *D. baumii, D. longimamma, D. melaleuca, D. sphaerica, D. uberiformis.*

LIEBHABERWERT: *Dolichothele* sind durchweg empfehlenswerte Anfängerpflanzen, auch für Zimmerkultur geeignet.

ECHINOCACTUS

In dieser Gattung waren früher alle kugelförmig bis kugelzylindrisch wachsenden, aus den Areolen blühenden Kakteenarten vereinigt. Heute werden nur noch rund 10 Arten unter *Echinocactus* geführt.
Die bekannteste unter ihnen ist *E. grusonii* mit den volkstümlichen Bezeichnungen „Schwiegermutterstuhl“ und „Goldkugelkaktus“.
E. grusonii bildet hell- bis goldgelb bedornte Riesenkugeln, die einige hundert Jahre alt werden und 1,30 m Höhe erreichen können. Am heimatlichen Standort in Zentralmexiko ist er unter Schutz gestellt, weil existenzbedroht.
E. grusonii wird in Kalifornien, Südfrankreich und Spanien in großem Umfange in Spezialgärtnereien aus Samen herangezogen und weiträumig vertrieben.

VERBREITUNG: Die natürlichen Verbreitungsgebiete der *E.* liegen in den südlichen Staaten der USA sowie in den Trockengebieten Nord- und Mittelmexikos.

Echinocactus grusonii

PFLEGEHINWEISE: Alle *E.* benötigen zu gesundem Wachstum volle Sonne, reichliche Ernährung, Luftbewegung und gleichmäßige Feuchtigkeit während des Wachstums. Sehr gut bekommt ihnen ein Sommeraufenthalt im Freien. Überwinterung trocken und kühl.
Kulturpflanzen von *E.* blühen nur unter besonders günstigen Wachstumsbedingungen. Sie entwickeln ein weitläufiges Wurzelsystem, sollten deshalb in flachen Töpfen mit großem Durchmesser oder frei ausgepflanzt, kultiviert werden.
Empfindlich gegen Wurzelverletzungen. Erde soll überwiegend mineralisch, durchlässig und von saurer Reaktion sein.

LIEBHABERWERT: anspruchslose Pflanzen für sonnige Standorte.

ECHINOCEREUS

Artenreiche, vielgestaltige Gattung, die sich durch besonders prächtige Tagblüten auszeichnet. Rund 60 Arten werden noch heute als gültig beschrieben anerkannt.
E. sind weichfleischige, kurzsäulige Pflanzen, die einzeln oder zu Gruppen vereinigt aufrecht oder kriechend wachsen. Die gruppenbildenden grünen Arten können Polster bis etwa 1,50 m Durchmesser entwickeln.

Echinocereus salm-dyckianus

Echinocereus pectinatus var. rubrispinus

VERBREITUNG: USA (mittlerer Westen bis Südstaaten), Nord- bis Zentralmexiko einschließlich gesamtes Niederkalifornien.

PFLEGEHINWEISE: *E.* verlangen vollsonnigen, luftigen Standort und während des Wachstums reichliche Wasser- und Nährsalzgaben. Ein Sommeraufenthalt im Freien ist den robusten, grünen Arten sehr zuträglich. Überwinterung kühl und absolut trocken.
Einige Arten sind frostverträglich (siehe unter: Kakteen in Freilandkultur).
Erde: lehmig-sandig-schotterig; Humusbeimengung ist nur bei den grünen Arten anzuraten.

Echinocereus polyacanthus

LIEBHABERWERT: Dem Pflanzenliebhaber seien die weniger starkwüchsigen Arten empfohlen, die sich zudem durch dichte, zum Teil bunte Bedornung auszeichnen.
Besondere Beachtung verdient: *E. pectinatus* mit verschiedenen Varietäten.
Der schönste ist *E. pectinatus* var. *rigidissimus*. Er wird wegen der kräftigen Farbzonen seines Körpers als „Regenbogenkaktus" bezeichnet.

ECHINOFOSSULOCACTUS

Kleinbleibende Kugelkakteen, recht anspruchslos und regelmäßig im Frühjahr blühend. Körper meist mit zahlreichen dünnen, lamellenartigen und gewellten Rippen.
Bedornung sehr variabel, zum Teil papierartig und abgeflacht, zum Teil nadelartig, bis 7 cm lang.
Die Trennung der Arten ist wegen der vielen Übergänge schwierig. Blüten ziemlich klein, mit violetten, rosa oder purpurnen Mittelstreifen. Sie erscheinen gruppenweise in Scheitelmitte.

Echinofossulocactus multicostatus

VERBREITUNG: Nord- bis Mittelmexiko, wo sie überwiegend im Grasland, aber auch in felsigem Gelände wachsen.

PFLEGEHINWEISE: *E.* wollen humushaltiges Substrat mit niedrigem pH-Wert und Schutz vor Prallsonne. Im Sommer gleichmäßig feucht halten und regelmäßig düngen. Im Winter gelegentlich etwas gießen, bei 10–12°C.

LIEBHABERWERT: gute Anfängerpflanzen, für Zimmerkultur geeignet.

ECHINOMASTUS

Kleinkugelige bis zylindrische Kakteen, deren Rippen in warzige Höcker aufgelöst sind. Auffallend dicht und schön bedornt. Die glockenförmigen Blüten erscheinen in Scheitelnähe.

VERBREITUNG: Diese Gattung ist mit rund 10 Arten in den Wüstengebieten der Südstaaten der USA und Nordmexikos beheimatet.

PFLEGEHINWEISE: In Kultur verlangen sie vollsonnigen Standort, mineralisches Substrat mit Gipszusatz, mäßige Wassergaben während des Wachstums und vollkommene Wintertrockenruhe.
Wurzelecht etwas schwierig zu halten, deshalb kann Pfropfung empfohlen werden.
Nicht für Zimmerpflege geeignet.

ECHINOPSIS

Pflanzen mit kugel- oder walzenförmigem bis kurzsäuligem Wuchs, einzeln oder mit reichlicher Kindelbildung am Hauptsproß.
Grüne, unterschiedlich stark gerippte Körper, sehr blühwillig. Die großen, bis 20 cm langen Trichterblüten erscheinen in weißen, purpurrosa bis karminroten Tönungen, zum Teil stark duftend. Erblühen nachts, weshalb sie fälschlich oft als „Königin der Nacht" bezeichnet werden. Beschrieben wurden 46 Arten.
Neuerdings wird die von C. Backeberg aufgestellte Gattung *Pseudolobivia* mit weiteren 24 Arten zu *Echinopsis* gestellt. Wuchs breit bis gestreckt, Körper mit beilförmig gehöckerten Rippen. Die roten, gelben bis weißen Blüten sind tagsüber offen, obwohl sie sich teilweise bereits am Abend zuvor beziehungsweise in der Nacht öffnen.

VERBREITUNG: Nordbolivien bis Südargentinien, Paraguay, Uruguay und Südbrasilien.

PFLEGEHINWEISE: *E.* danken reichliche Ernährung und Wassergaben durch üppiges Wachstum. An die Erde stellen sie keine besonderen Ansprüche. Im Sommer stehen sie am besten im Freien. Überwinterung sehr kühl und trocken; nur dann ist reicher Blütenflor zu erwarten.

LIEBHABERWERT: gute, nicht umzubringende Anfängerpflanzen für jeden denkbaren Standort in Haus, Hof, Garten, Balkon und Gewächshaus.
Die unter der Bezeichnung „Bauernkakteen" altbekannten reinen *Echinopsis*-Arten *(E. eyriesii, E. multiplex, E. oxygona* und *E. tubiflora)* werden heute weitgehend von zahlreichen Zuchthybriden ersetzt, die sich durch farbenfrohe Blütenpracht auszeichnen. Es sind Kreuzungen überwiegend zwischen *Echinopsis, Lobivia* und *Trichocereus.*

Echinopsis Hybriden

ENCEPHALOCARPUS

Diese monotypische Gattung enthält nur *E. strobiliformis*; nahe verwandt mit dem Asselkaktus *Pelecyphora aselliformis.*
Die kleinbleibenden, kiefernzapfenähnlichen Pflanzen aus den nordmexikanischen Wüstengebieten (Jamauve, Tamaulipas) gehören nur in die Obhut erfahrener Kakteenliebhaber. Rübenwurzler.

PFLEGEHINWEISE: *E.* verlangen vollsonnigen Stand, mineralisches Substrat mit Lehmzusatz, geringe Wassergaben und absolute Wintertrockenruhe.

EPIPHYLLUM

Nachtblütige Epiphyten feuchtwarmer Wälder überwiegend niederer Lagen: von Mexiko bis Südamerika, auf Trinidad und Tobago.

Sie wachsen strauchartig, wobei manche der rund 20 Arten mächtige Ausmaße annehmen.
Die schmalen, an der Basis runden oder kantigen Flachsprosse können bis 3 m Länge erreichen *(E. oxypetalum).*
Wegen des blattartigen Aussehens der Triebe werden die Pflanzen fälschlicherweise als Blattkakteen = Phyllocacteen bezeichnet.
Unter diesen Namen erscheinen auch die tagblütigen Hybriden, die aus *Nopal-*

Encephalocarpus strobiliformis

Epiphyllum Hybride

Epiphyllum strictum

xochia, Heliocereus, Selenicereus und verwandten Gattungen hervorgegangen sind.
Epiphyllum ist an der Entstehung des großen Sortiments farbenprächtiger Züchtungen kaum beteiligt.
Unter *Epiphyllum* liefen jahrelang auch die Weihnachtskakteen (*Zygocactus* und *Schlumbergera*).

PFLEGEHINWEISE: siehe unter epiphytische Kakteen.

LIEBHABERWERT: In den privaten Sammlungen finden die reinen *Epiphyllum*-Arten wegen ihrer Nachtblütigkeit und Starkwüchsigkeit nur geringe Aufnahme.

EPITHELANTHA

Den Mammillarien nahestehende Gattung mit 3 Arten und einigen Varietäten aus den extremen Trockengebieten von Westtexas (USA) bis Coahuila, Nuevo León (Nordmexiko).
Kleine, kugelige bis längliche Körperchen, bis etwa 4 cm Durchmesser erreichend, einzeln oder sprossend.
Die Blüten entspringen aus den jüngsten Areolen im Scheitel.
E. lieben trocken-heiße Standorte. Sie wachsen in der Heimat in kalkhaltigen Böden oder auch in Vulkangesteinsritzen.

Epithelantha pachyrhiza

Ich sah *E. polycephala* in schmalen Ritzen dunkelbraunen Basaltgesteins völlig frei und schutzlos den erbarmungslos niederbrennenden Sonnenstrahlen ausgesetzt. Es ist verständlich, daß Pflanzen derart extremer Standorte unter mitteleuropäischen Klimaverhältnissen nur im Gewächshaus zu halten sind.

PFLEGEHINWEISE: In Kultur verlangen *E.* den sonnigsten Gewächshausplatz, sehr geringe Wassergaben und vollkommene Wintertrockenruhe, nicht unter 15°C! Mineralisches Substrat mit leicht saurer bis schwach alkalischer Reaktion.

Eriocereus pomanensis mit Frucht

LIEBHABERWERT: *E.* sind Edelsteine unter den Kakteen, selten und schwierig zu kultivieren. Sie sollten nur von erfahrenen Kakteenfreunden in Pflege genommen werden. Für Zimmerfenster ungeeignet. Gepfropft kommen die Pflanzen gut voran, verlieren aber bald das typische kompakte Aussehen.

ERIOCEREUS

Dünntriebige Cereen mit niederliegendem, anlehnendem oder kletterndem Wuchs.
Die großen, 15–25 cm langen nächtlichen Blüten öffnen sich trichterförmig. Früchte rund bis ovoid, 6–8 cm groß, bei der Reife platzend.

VERBREITUNG: Brasilien, Paraguay, Uruguay, östliches Argentinien.

PFLEGEHINWEISE: anspruchslose Pflanzen mit hohem Nährstoffbedarf. Am besten im Gewächshaus auspflanzen.
E. jusbertii ist eine gute, langlebige Pfropfunterlage.

ERYTHRORHIPSALIS

Nur eine Art: *E. pilocarpa.*
Kleiner Epiphyt aus Brasilien (São Paulo, Rio de Janeiro).
Die schwach gerippten, sich wirtelig verzweigenden Triebe werden 6 mm dick und 12 cm lang, mit feinen anliegenden Borsten bedeckt.
Die kleinen, borstentragenden blaßgelben Blüten erscheinen an den Triebenden. Die kleinkugeligen Beerenfrüchte sind rot.

LIEBHABERWERT: *E.* wächst hängend. Als kleinbleibende Ampelpflanze und zum Bepflanzen von Epiphytenstämmen sehr empfehlenswert.
Blütezeit im Winter. Sommeraufenthalt im Freien (Halbschatten) ist vorteilhaft.

ESCOBARIA

Kleinbleibende Kakteen mit kugeligem bis zylindrischem Wuchs, häufig stärker sprossend.
Blüten erscheinen im Scheitel; Früchte beerenartig, rot. Die Gattung ähnelt *Mammillaria* und *Coryphantha.*

VERBREITUNG: USA (Westtexas, Süd-New-Mexico), Mexiko (Chihuahua, Tamaulipas, Zacatecas).

PFLEGEHINWEISE: *E.* verlangen vollsonnigen Standort, geringe Wassergaben, mineralisches, gipshaltiges Substrat. Für Zimmerpflege wenig geeignet. Überwinterung kühl und sehr trocken.

ESPOSTOA

Strauch- oder baumartige Säulenkakteen, bis 5 m Höhe erreichend. Zeichnen sich durch dichte, weiße Behaarung aus. Die borsten- oder nadelartige Bedornung ist weiß, gelb, hornfarben bis rötlich.

Espostoa melanostele

Die nächtlichen Blüten erscheinen aus einem dichtwolligen Lateralcephalium. Früchte groß, fleischig, im Cephalium verborgen. *Espostoa* ist in 8 Arten und einigen Varietäten bekannt.

VERBREITUNG: trockene Berghänge in Südecuador bis Zentralperu.

PFLEGEHINWEISE: *E.* verlangen einen vollsonnigen, warmen Stand und mineralisches, nährstoffreiches Substrat. Für nebelartiges Besprühen morgens und abends sind sie dankbar.
Die Hauptwachstumszeiten liegen im Frühjahr und Herbst. Empfindlich gegen Staunässe.
Durch Pfropfung auf kräftige Cereen kann das Wachstum erheblich beschleunigt werden.

LIEBHABERWERT: Es sind durchweg prächtige Erscheinungen – ein besonderer Schmuck jeder Pflanzensammlung. Sie wachsen langsam, in Kultur gelangen nur alte Pflanzen zur Blüte.

EULYCHNIA

Strauchige bis baumförmige Säulenkakteen aus den südperuanischen und nordchilenischen Küstenwüsten sowie den chilenischen Gebirgs-Trockentälern. Pflanzen erreichen dort 3–5 m Höhe.
Einige der 7 beschriebenen Arten zeichnen sich durch kräftige, weiße oder graue Areolenwolle und lange Behaarung aus.
In Kultur sind *E.* recht schwachwüchsig, Pfropfen erscheint empfehlenswert.

Eulychnia saint-pieana

PFLEGEHINWEISE: Sie verlangen mineralisches, sehr durchlässiges Substrat, häufiges Nebeln, geringe Bodenfeuchtigkeit und volle Sonne.
Hauptwachstumszeit im Herbst; dann für ausreichendes Licht und Wärme sorgen. Trockenruhezeiten im Sommer und Winter.

FEROCACTUS

Früher zur Sammelgattung *Echinocactus* zählend; manche Arten sind noch heute unter diesem Gattungsnamen im Handel.
Überwiegend dekorative Pflanzen verschiedener Wuchsformen: flachrund, kugelig oder gestreckt, einzeln oder polsterförmig, mitunter in riesigen Gruppen mit einigen hundert Einzelköpfen (*F. robustus* kann als Einzelpflanze Kolonien von etwa 1 m Höhe und 4 m Durchmesser bilden!).

Ferocactus tortulospinus

Viele der rund 35 Arten zeichnen sich durch besonders prächtig gefarbte und kräftige Bedornung aus: *F. acanthodes, F. chrysacanthus, F. coloratus, F. emory, F. gatesii, F. gracilis, F. latispinus, F. peninsulae, F. rectispinus, F. recurvus, F. stainesii, F. tortulospinus* und andere.

Ferocactus gracilis

Ferocactus chrysacanthus

Ferocactus acanthodes

VERBREITUNG: USA (Utah, Nevada und südliche Staaten), Mexiko (Nord- bis Zentralmexiko), Niederkalifornien.
Manche Arten haben ein sehr eng begrenztes Verbreitungsgebiet. Mitunter treten sie in landschaftsprägender Häufigkeit auf.

PFLEGEHINWEISE: *F.* verlangen durchlässiges Mineralsubstrat, während des Wachstums reichliche Wassergaben und gute Ernährung. Überwinterung hell, kühl und trocken.
Ein Sommeraufenthalt im Freien bekommt ihnen gut. In Kultur sind es langsamwachsende Pflanzen. Freies Auspflanzen im Gewächshaus ist wachstumsfördernd (weitläufiges, flach dahinstreichendes Wurzelwerk).

LIEBHABERWERT: empfehlenswert für vollsonnige Standorte.

FRAILEA

Kugelige bis längliche Zwergkakteen, einzeln oder sprossend mit schwach ausgeprägten Warzenreihen und niedrigen Rippen.
Die Blüten aller Arten (etwa 30!) sind gelb, tagblütig, trichterförmig. Blüten öffnen nur bei Sonne und Hitze.
Manche Arten sind kleistogam, das heißt, sie entwickeln Früchte und keimfähigen Samen ohne Öffnen der Blüten.

Frailea castanea

VERBREITUNG: Südbrasilien, Uruguay, nördliches und südöstliches Argentinien, Paraguay, Bolivien und Kolumbien.

PFLEGEHINWEISE: *F.* wünschen durchlässiges, humushaltiges Substrat und gleichmäßige Feuchtigkeit während des Wachstums. Überwinterung bei 8–12°C. Während extremer Trockenperioden schrumpfen die kleinen Kugelformen (z. B. *F. castanea*) völlig in den Boden.
Das häufig geübte Pfropfen führt bei Frailea leicht zu mastigen Wachstumsabänderungen.

LIEBHABERWERT: *F.* sind anspruchslose, dankbare Anfängerpflanzen mit geringem Platzbedarf; gut für Zimmerkultur.

GLANDULICACTUS

Von BACKEBERG aufgestellte Gattung, die von BUXBAUM als Synonym zu *Hamatocactus* und von HUNT zu *Thelocactus* gestellt wurde.
Diese Kugelkakteen zeichnen sich durch kräftig gehöckerte Rippen mit Langareolen aus. Die Dornen sitzen auf der Spitze der gefurchten Warzen.
Die kurzröhrigen, mit 2–2,5 cm Länge verhältnismäßig kleinen Blüten erscheinen in den Axillen, öffnen sich nur halb und sind von purpurner oder bräunlichpurpurner Färbung. Früchte ovoid, bis 2,5 cm lang, eßbar.
Nur 2 Arten wurden beschrieben: *G. crassihamatus* aus Mittelmexiko (Queretaro), *G. uncinatus* aus USA (südwestliches New Mexico, Südtexas) und Nordmexiko (Chihuahuawüste).

PFLEGEHINWEISE: In Kultur verlangen die Pflanzen vollsonnigen, luftigen Standort, viel Wärme und mäßige Wassergaben während des Wachstums. Überwinterung trocken und kühl. Mineralisches Pflanzsubstrat.

LIEBHABERWERT: *Glandulicactus* verdient wegen des dekorativen Aussehens mehr Beachtung. *G. uncinatus* bildet 9 cm lange, gehakte Mitteldornen, die Zentraldornen der Varietät *wrightii* können sogar bis 15 cm Länge erreichen.

GYMNOCALYCIUM

Das Genus zählt zu den artenreichsten Gattungen südamerikanischer Kugelkakteen. Rund 80 Arten wurden beschrieben. Hinzu kommen noch etwa 20 Arten der neuerdings zu *Gymnocalycium* gestellten Gattungen *Brachycalycium, Weingartia* und *Werdermannia*.
Es sind kleine bis mittelgroße, überwiegend Kugelkakteen, einzeln oder sprossend, zum Teil polsterförmig wachsend. Körper mit deutlicher Rippenbildung. Die kahlen Blüten erscheinen in Scheitelnähe, Röhren und Fruchtknoten tragen große Schuppen.
Gymnocalycium bedeutet nacktkelchig. Die wohlgeformten Blüten erscheinen in breiter Farbpalette; Tagblüher, sich mehrere Tage öffnend.

VERBREITUNG: Bolivien, Paraguay, Südbrasilien, Uruguay und Argentinien. Sie wachsen im Grasland, unter lichtem Gebüsch oder in Felsritzen und auf Geröllhängen.

PFLEGEHINWEISE: Gymnocalycien verlangen sauer reagierendes mineralisches oder humushaltiges Substrat, während des Wachstums gleichmäßige Feuchtigkeit und reichliche Ernährung. Mit Ausnahme der stark bedornten Arten, wie *G. cardenasianum, G. castellanosii, G. spegazzinii, G. vatteri,* lieben sie Schutz vor Prallsonne. Überwinterung bei 8–15°C, nicht völlig trocken.
Einige Arten, wie *G. gibbosum* und die Vertreter der ehemaligen Gattung *Weingartia*, wollen sehr kühlen Winterstand.
Besonderheiten: Die chloroplastenfreien Spielarten von *G. mihanovichii* var. *friedrichae* sind eine weitverbreitete Modeerscheinung.
Die roten, rosafarbenen, gelben, violetten oder mehrfarbigen Mutanten werden alljährlich zu Hunderttausenden aus Japan importiert. Die erste chloroplastenfreie Mutante ist vor rund 40 Jahren in einer japanischen Gärtnerei aufgetreten. Wegen fehlenden Chlorophylls sind sie nur in gepfropftem Zustand lebensfähig.
Als Pfropfunterlage für die zahlreich erscheinenden Kindel dient hauptsächlich *Hylocereus trigonus*, ein starkwüchsiger Epiphyt aus feuchtwarmem Tropenklima. Dieser Unterlage zuliebe muß das humose Substrat gleichmäßig feucht gehalten werden und die Überwinterung bei mindestens 15°C erfolgen.
Die Lebenserwartung der bunten Spielarten beträgt meist nur 3–5 Jahre, wenn nicht schon vorher die *Hylocereus*-Unterlage durch Unterkühlung abgestorben ist. Nicht selten überlebt die Unterlage aber auch den Pfröpfling und kann für sich weiterkultiviert werden.
Die bunten *Gymnocalycium*-Köpfe sind gegen Prallsonne empfindlich, und das Übergießen mit Wasser ist zu vermeiden.

Gymnocalycium stuckertii

LIEBHABERWERT: Gymnocalycien sind anspruchslose Liebhaberpflanzen, empfehlenswert für Anfänger und für die Pflege am Zimmerfenster.
Mancher Kakteenfreund beschäftigt sich ausschließlich mit dieser pflegeleichten und blühwilligen Gattung.

Gymnocalycium quehlianum

Gymnocalycium baldianum

Glandulicactus uncinatus var. wrightii

HAAGEOCEREUS

Mehr als 40 Arten umfaßt diese Gattung aufrechter, niederliegender oder kriechender Säulenkakteen. Sie zeichnen sich durch dichte, meist farbenprächtige Bedornung in der Farbe Weiß sowie verschiedenen gelben, braunen, rötlichen bis schwärzlichen Tönungen aus.
Die Dornen sind zum Teil sehr kräftig, zum Teil borstenförmig oder mit Haaren durchsetzt.

Haageocereus laredensis

Die nächtlichen Blüten öffnen sich oft schon am Nachmittag und bleiben bis zum Vormittag des folgenden Tages geöffnet. Sie sind trichterförmig, je nach Art 4–10 cm lang, in den Farben von grün über weiß, rosa bis dunkelrot, jedoch niemals rein gelb.
Die großen Beerenfrüchte dienen den Einheimischen als Obst.

VERBREITUNG: Peru, auf der pazifischen Seite von Meereshöhe (Küstennebelwüste) bis auf etwa 2400 m ü.M. in den vegetations- und regenarmen Kakteenfelswüsten aufsteigend.

PFLEGEHINWEISE: *H.* wünschen vollsonnigen, warmen Standort, sehr durchlässiges, saures, mineralisches Substrat, häufiges Nebeln in den Morgen- und Abendstunden (während der warmen Jahreszeit!) bei nur geringer Bodenfeuchtigkeit. Dankbar für stickstoffarme Nährsalzgaben.
Hauptwachstumszeiten: Frühjahr und Herbst.
Pfropfung auf kräftige Säulencereen führt schnell zu prächtigen Schaupflanzen.
Überwinterung bei 12–15°C, trocken.

LIEBHABERWERT: *H.* bereichern mit ihrem farbenfrohen Aussehen jede Pflanzensammlung. Sie wachsen sehr langsam, sind daher für bescheidene Platzverhältnisse geeignet. Empfehlenswert auch für das sonnige Zimmerfenster.
In Kultur gelangen nur ältere Exemplare zur Blüte.

HAMATOCACTUS

Pflanzen mit kugelförmigem bis gestrecktem Wuchs, durchlaufenden Rippen, die um die Areolen geschwollen und darunter gebuchtet sind. Mitteldornen weit herausragend, hakig.
Blüten trichterig, beschuppt, gelb, teils mit rotem Schlund, seidig glänzend. Tagblüher.
Bekannteste Art: *H. setispinus*, Körper bis 15 cm hoch, 8–12 cm Durchmesser, 13 schmale, meist gewellte Rippen.
Blüte gelb mit rotem Schlund, öffnet sich mehrere Tage.

VERBREITUNG: USA (Texas) bis Nordmexiko.

PFLEGEHINWEISE: *H.* verlangen vollsonnigen Standort, kräftige, aber durchlässige Erde, während des Wachstums gleichmäßige Feuchtigkeit und reichliche Ernährung. Überwinterung kühl bis temperiert.

LIEBHABERWERT: *H. setispinus* ist eine sehr empfehlenswerte Art für den Anfänger und für das helle Zimmerfenster. Alljährlich im Frühjahr bis Sommer erscheinen die 7 cm großen Blüten.

Hamatocactus setispinus

HARRISIA

Dünntriebige Cereen, meist aufrecht wachsend, strauchartig, anlehnend kletternd, zum Teil auch stammbildend und somit baumförmig. Die großen, 15–20 cm langen Blüten erscheinen nachts.
Der Gattung *Eriocereus* nahestehend, von dieser durch die Stammbildung sowie die nicht platzenden, gelben bis orangeroten Früchte unterschieden. Mehrere Arten wurden zu *Eriocereus* gestellt.

VERBREITUNG: USA (Florida) und Antillen.

PFLEGEHINWEISE: wärmebedürftige, starkzehrende Pflanzen, deren 3–4 cm Dicke und 3–7 m Länge erreichende Körper gestützt werden müssen.
Mit Ausnahme der *H. earli*, die liegend wächst, eignen sie sich zur Bekleidung von Wänden und Spalieren.

LIEBHABERWERT: gering.

HASELTONIA

Monotypisches Genus mit *H. columnatrajani*, wurde zu *Cephalocereus* gestellt: = *C. hoppenstedtii.*

HATIORA

Epiphytische Kakteen mit buschigem, aufrechtem oder hängendem Wuchs. Die zylindrischen bis keuligen Glieder verzweigen sich aus den Scheitelareolen.
Die kleinen, 1,5–2,5 cm großen Blüten erscheinen oft zu mehreren aus den Scheitelareolen in den Farben Gelb, Gelborange bis Rosa.
4 Arten wurden beschrieben. Der Gattung *Rhipsalis* nahestehend.

Hatiora salicornioides

VERBREITUNG: Brasilien, häufig auf Felsen (Humusablagerungen!) wachsend.

PFLEGEHINWEISE: Pflanzen lieben Halbschatten, saures Humussubstrat, gleichmäßige Feuchtigkeit und Wärme. Dankbar für regelmäßige, schwach konzentrierte Düngergaben während des Wachstums. Organische Düngung ist vorteilhaft.
Den Sommer können die Pflanzen an sonnen- und windgeschütztem Ort im Freien verbringen. Überwinterung bei 10°C und höher und mäßiger Bodenfeuchtigkeit.

LIEBHABERWERT: interessante, blühwillige Pflanzen, vorzugsweise für Epiphytenstämme und Ampeln (Orchideenkörbe!). Auch gut für Zimmerkultur.

HELIABRAVOA

Monotypische Gattung mit *H. chende*; wird heute unter *Lemaireocereus* geführt. *L. chende* ist ein baumartiger Säulenkaktus, der in der südmexikanischen Heimat bis 7 m Höhe erreicht. Die Früchte sind eßbar.

PFLEGEHINWEISE: verlangt vollsonnigen, warmen Standort, reichliche Wassergaben während der sommerlichen Vegetationsperiode. Winterstand nicht unter 12°C, trocken.
Bei zu kühler und feuchter Überwinterung entstehen schwarze Flecken. Geeignet für das helle, warme Zimmerfenster.

LIEBHABERWERT: in den Pflanzensammlungen botanischer Gärten und der Kakteenliebhaber eine dekorative Erscheinung.

HELIANTHOCEREUS

Diese von C. BACKEBERG mit rund 20 Arten beschriebene Gattung wird heute als nicht berechtigt zu *Trichocereus* gestellt.
BACKEBERG unterschied zwischen den Nachtblühern (= *Trichocereus*), die fast ausschließlich weiße Blumen entwickeln, und den Tagblühern (= *Helianthocereus*) mit trichterigen, weißen, gelben oder roten Blüten.

VERBREITUNG: Nordargentinien bis Bolivien; Hochlandbewohner.

PFLEGEHINWEISE: Diese stark bedornten, kurzsäuligen Kakteen wünschen nährstoffreiches Mineralsubstrat, vollsonnigen, luftigen Standort und kühle, trockene Überwinterung.

HELIOCEREUS

Von dieser Gattung wurden 3–4 Arten beschrieben. Es sind buschige, liegende, kletternde (mittels Luftwurzeln!) oder hängende Pflanzen mit sparrigen, bis 1 m langen, 3–5kantigen Trieben.
Areolen mit dünnen, unscheinbaren Dornen.
Die großen, sehr prächtigen Tagblüten sind leicht zygomorph; sie blühen mehrere Tage.
Die bekannteste Art ist *H. speciosus*. Ihre Blüten, karminrot mit bläulichem Schimmer, erreichen 15 cm Durchmesser. Die 3–5 cm langen Früchte sind eßbar.

Heliocereus speciosus

VERBREITUNG: *H. speciosus* in Mittelmexiko, die anderen Arten auch in Guatemala. Vorwiegend in Humusansammlungen in und zwischen Felsen, zum Teil epiphytisch auf Bäumen wachsend.

PFLEGEHINWEISE: *H.* lieben nahrhafte, humushaltige Erde, warmen Stand und reichliche Wassergaben während des Wachstums. Empfindlich gegen Trokkenheit an den Wurzeln.
Überwinterung mäßig warm, nicht vollkommen trocken, Aufenthalt im Freien während des Sommers empfehlenswert. Um den breit ausladenden Pflanzen günstige Entfaltungsmöglichkeiten zu ge-

ben, kultiviert man sie am besten in Hängekörben.
Bemerkungen: *Heliocereus* ist als Elternteil an der Entstehung herrlich blühender Hybridgattungen beteiligt:
x Heliochia (= Heliocereus x Nopalxochia); x Heliophyllum (= Heliocereus x Epiphyllum); x Helioporus (= Heliocereus x Aporocactus); x Helioselenius (= Heliocereus x Selenicereus).

HERTRICHOCEREUS

Diese mit der einzigen Art *beneckei* monotypische Gattung wurde von C. BACKEBERG aufgestellt, später von F. BUXBAUM zu *Stenocereus* gestellt und durch D. HUNT im Jahr 1967 zum Genus *Lemaireocereus* überführt.
H. beneckei wächst säulenförmig, wird 2 m hoch, Triebe bis 7 cm Durchmesser, fest und gelbfleischig. 7–9 Rippen, stark gehöckert, Dornen 1,5–5 cm lang.
Die Art zeichnet sich durch eine starke, mehlartige Wachsschicht aus.

Hertrichocereus beneckei

VERBREITUNG: Mexiko (Guerrero, Puebla).

PFLEGEHINWEISE: verlangt vollsonnigen, warmen Stand, durchlässiges Mineralsubstrat, mäßige Wassergaben während des sommerlichen Wachstums. Gegossen wird nur von unten; benetzen mit Wasser zerstört die mehlige Bereifung. Überwinterung trocken, warm bei mindestens 15°C. Geeignet für das sonnige, warme Zimmerfenster.

HILDEWINTERA
(syn. Winteria, Winterocereus)

Monotypisch: *H. aureispina.*
Eine der bedeutendsten und letzten Entdeckungen (1958) des Kakteenforschers F. RITTER.

Hildewintera aureispina

Die Systematiker HUTCHISON und KIMNACH stellten die Gattung zu *Borzicactus.* Die Einordnung erscheint nicht endgültig zu sein, denn die Blüten von *H. aureispina* sind nicht, wie für *Borzicactus* kennzeichnend, zygomorph, sondern fast radiär aufgebaut.
Einmalig unter den Kakteen ist die doppelte Blumenkrone. Sie setzt sich aus einer äußeren, mit langen Blüten- oder Perigonblättern, und einer inneren, mit kurzen, breiten Blütenblättern, zusammen.
Die Pflanzen entwickeln zahlreich verzweigende, bis 2,5 cm Durchmesser und etwa 1,5 m Länge erreichende, dicht goldgelb bedornte Triebe, die in ihrer Heimat über Felsen wachsen und von Felswänden herabhängen.
Die einzeln unterhalb des Scheitels erscheinenden Blüten sind 4–6 cm lang, 5 cm breit und mehrfarbig. Die äußeren Blütenblätter sind orangegelb mit rotem Mittelstreifen, die inneren Blütenblätter weiß bis hellrosa.

VERBREITUNG: Bolivien (Provinz Florida).

PFLEGEHINWEISE: Pflanzen verlangen zur Ausbildung ihrer farbenprächtigen Bedornung vollsonnigen Standort, reichlich Wasser und gute Ernährung während des Wachstums. Das Substrat soll mineralisch sein.
Wegen des niederliegenden beziehungsweise hängenden Wuchses werden sie als Ampeln, auf Gewächshaushängestellagen oder anderen erhöhten Standorten gehalten.
Pfropfung auf hohe Säulenkakteen ergibt besonders prächtige Exemplare.

LIEBHABERWERT: *H. aureispina* ist eine der empfehlenswertesten Liebhaberpflanzen: anspruchslos, von schönem Aussehen und sehr blühwillig.

HOMALOCEPHALA

Die einzige Art dieses Genus – *H. texensis* – wird heute wieder zu *Echinocactus* gestellt.
Flachkugelige Pflanzen, bis 30 cm Durchmesser, 15 cm hoch, Blüten bis 6 cm Durchmesser, variabel in den Farben Weiß, Rosa, Orange bis Scharlach, öffnen sich mehrere Tage.

VERBREITUNG: USA (Texas, New Mexico) bis Nordmexiko; gebietsweise häufig vorkommend.

PFLEGEHINWEISE: Die Pflanzen verlangen vollsonnigen Standort, lehmiges

Mineralsubstrat, im Frühjahr reichliche Wassergaben und gute Ernährung. Ruhezeiten im Hochsommer und Winter; kühle Überwinterung.

LIEBHABERWERT: schöne und empfehlenswerte Art.

HORRIDOCACTUS

C. BACKEBERG nennt 22 Arten, die heute sämtlich zu *Neoporteria* gestellt werden. Das Unterscheidungsmerkmal dieser starkbedornten Kugelkakteen gegenüber ähnlichen chilenischen Gattungen sind die mit spärlichen Filzflocken versehenen Blüten und die schwach beborsteten Röhren; Haare fehlen gänzlich.

VERBREITUNG: nördliches bis mittleres Chile.

PFLEGEHINWEISE: *H.* lieben mineralisches Substrat. Wachstum im Frühjahr bis Sommer.

LIEBHABERWERT: *H.* sind keine Jedermannpflanzen. Die Beschäftigung mit ihnen bleibt in der Regel den Freunden chilenischer Kugelkakteen vorbehalten.

HYLOCEREUS

Schlanktriebige Epiphyten, die mittels haftender Luftwurzeln – häufig auch durch Kletterdornen – die Kronenbereiche mächtiger Urwaldbäume erklimmen beziehungsweise erklettern oder über Felsen wachsen.
Triebe 3kantig – 3flügelig, Dornen nur kurz oder fehlend. Die sehr großen, nächtlichen Blüten (je nach Art 14–40 cm lang!) sind kahl und deutlich beschuppt. Beschrieben wurden 24 Arten.

Hylocereus undatus

Hylocereus undatus, Knospen

VERBREITUNG: tropische Gebiete in Mexiko, Mittelamerika, Antillen, nördliches Südamerika und Peru.

PFLEGEHINWEISE: *H.* verlangen humöses, saures Substrat, warmen Standort, reichlich Wasser und Nährstoffe während der sommerlichen Hauptwachstumszeit. Überwinterung nicht unter 12°C bei eingeschränkten Wassergaben. Bei zu üppigem Wachstum können die Pflanzen bedenkenlos beschnitten werden.

LIEBHABERWERT: geeignet für die Bepflanzung von Epiphytenstämmen, zur Bekleidung von Wänden und Spalieren. Einige Arten dienen als Pfropfunterlage für epiphytische Kakteen sowie für die chloroplastenfreien Mutanten von *Gymnocalycium mihanovichii* und *Chamaecereus (Hylocereus trigonus).*

ISLAYA

Beschrieben wurden 12 Arten; von BUXBAUM und HUNT zu *Neoporteria* gestellt. Dieser Auffassung folgen andere bedeutende Botaniker nicht.
Islaya wächst kugelig bis kurzzylindrisch, einzeln, nur bei Verletzungen sprossend. Typisch ist der dichte Filzschopf im Scheitel, aus dem die kleinen gelben Blüten hervortreten.
Nur eine Art, *I. krainziana*, bringt rötliche Blüten. Die Blütenröhren sind stark behaart.
Die mit Luft gefüllten Hohlfrüchte enthalten nur wenige, mattschwarze Samen.

Islaya

VERBREITUNG: pazifisches Südperu, von der Küstenwüste bis auf etwa 1000 m emporsteigend; Nordchile.

PFLEGEHINWEISE: *Islaya* verlangen vollsonnigen Standort, durchlässiges Mineralsubstrat, Wärme, geringe Bodenfeuchtigkeit. Häufiges Nebeln ist vorteilhaft. Hauptwachstum im Frühjahr und Herbst. Anzucht aus Samen langwierig.

LIEBHABERWERT: langsam wachsende Kakteen für beschränkte Platzverhältnisse, aber anspruchsvoll. Keine Jedermannpflanzen.

ISOLATOCEREUS

Die einzige Art – *I. dumortieri* – wurde zu *Lemaireocereus* gestellt.
Stammbildender, bis 15 m hoher Baumcereus mit zahlreichen, hell bläulichgrünen Trieben. 5–7 Rippen, gelblichweiße, nadelige Dornen.

Isolatocereus dumortieri

Die nächtlichen, 5 cm langen Trichterblüten erscheinen in kettenartiger Anordnung vom Scheitel herab. Blütenfarben: innen Weiß, außen Braunrot.

VERBREITUNG: Zentralmexiko (Hidalgo bis Oaxaca).

PFLEGEHINWEISE: *Isolatocereus* liebt sonnigen und warmen Standort, kräftiges, lehmhaltiges Substrat, reichliche Wassergaben und gute Ernährung während der sommerlichen Wachstumsperiode.
Überwinterung bei mindestens 12–15°C, trocken. Zu kühler Winterstand verursacht schwarze Flecken. Die Art läßt sich leicht aus Samen ziehen.

LIEBHABERWERT: Die dekorativen Pflanzen sind ein besonderer Schmuck jeder Sammlung. Empfehlenswert für das helle, warme Zimmerfenster.

KRAINZIA

Benannt nach H. KRAINZ, dem langjährigen Leiter der Städtischen Sukkulentensammlung Zürich.
Heute wieder zur Gattung *Mammillaria* gestellt.
Kleine, mammillarienähnliche Kugelkakteen mit auffallendem Dornen- und Haarkleid sowie prächtigen Blüten.
Nur zwei Arten: *K. guelzowiana*, Blüte rund 6 cm Durchmesser, leuchtend karminrosa, 4–5 Tage haltend.
K. longiflora, Blüte 4 cm Durchmesser, rosa; blüht bereits als 2–3jährige Jungpflanze.
Beide Arten haben Hakendornen.

VERBREITUNG: Mexiko (Durango).

PFLEGEHINWEISE: *K.* verlangen volle Sonne, durchlässiges Mineralsubstrat, vorsichtige Wassergaben und Wärme.

Krainzia guelzowiana

Die dichtbehaarten Körper dürfen nicht mit Wasser übergossen werden, daher besser von unten gießen. Wurzelhals wegen Nässeempfindlichkeit in Gesteinschotter einbetten.
Überwinterung bei 10–15°C, trocken. *K.* lassen sich problemlos aus Samen heranziehen.

LIEBHABERWERT: sehr empfehlenswerte Liebhaberpflanzen für helle und warme Standorte; auch für das sonnige Zimmerfenster.

LEMAIREOCEREUS

Benannt nach Charles LEMAIRE (1800–1871), Professor der Botanik.
Eine Gattung mit vielen Zweifeln. Ursprünglich eine Sammelgattung baumförmiger oder strauchiger Kakteen.
BACKEBERG bezieht später in seiner Gattungsüberarbeitung nur noch wenige Arten ein.
BUXBAUM war der Ansicht, daß *Lemaireocereus* in die Synonymie von *Pachycereus* zu verweisen ist.

Lemaireocereus weberi, Standort

Älter als die von BRITTON und ROSE aufgestellte Gattungsbezeichnung *Lemaireocereus* ist der zum Genus erhobene Name *Stenocereus*. Demzufolge sind die Gattungen *Hertrichocereus, Isolatocereus, Marginatocereus, Marshallocereus, Ritterocereus, Lemaireocereus* und *Pachycereus* als Synonyme von *Stenocereus* zu führen.
Mit einer gegenteiligen Überraschung wartete im Jahre 1967 der englische Systematiker HUNT mit der Veröffentlichung seines neuen Kakteensystems auf. Nach diesem sind die Gattungsnamen *Stenocereus, Machaerocereus, Isolatocereus, Ritterocereus, Hertrichocereus, Marshallocereus, Polaskia* und *Heliabravoa* in die Synonymie von *Lemaireocereus* zu verweisen. Die wissenschaftliche Bearbeitung dieser Kakteen scheint dennoch nicht abgeschlossen zu sein.

VERBREITUNG: fast ausschließlich in Mexiko.

PFLEGEHINWEISE: *L.* haben hohes Wärmebedürfnis, wollen nährstoffreiches, durchlässiges Mineralsubstrat und sonnigen Standort. Überwinterung bei 15°C und mehr, ziemlich trocken.

LIEBHABERWERT: *L.* sind überwiegend starkwüchsige Pflanzen, die nur als jüngere Exemplare in den Sammlungen platzbeschränkter Kakteenliebhaber Aufnahme finden können. Sie sind sehr dekorativ, gelangen aber in Kultur kaum zur Blüte.

LEPISMIUM

Hängende Epiphyten mit runden, flachen oder 3kantigen Trieben.
Das bedeutendste Gattungsmerkmal sind die in den Sproßareolen versenkten Knospen und Fruchtknoten, die später tiefe Narben hinterlassen.
Diese Erscheinungen zeigen jedoch auch verschiedene *Rhipsalis*-Arten. Die meisten kleinen Blüten sind weiß, gelblich bis rosa. Die kugeligen Beerenfrüchte sind weißlich oder rot.

Lepismium pittieri

Beschrieben wurden 19 Arten, die heute zur Gattung *Rhipsalis* gestellt sind.

VERBREITUNG: Brasilien, Argentinien, Venezuela, Paraguay.

PFLEGEHINWEISE: siehe unter epiphytische Kakteen.

LIEBHABERWERT: für Epiphytenfreunde interessant.

LEPTOCLADODIA
(syn. Leptocladia)

Heute wieder zur Sammelgattung *Mammillaria* gestelles Genus.
Es sind gruppenbildende, niedrige Kakteen mit fingerförmigen oder keuligen Trieben. Lebhaft bunte, kurze Bedornung von hellgelb über goldgelb bis braunrot und kupferfarben.
Meist sehr wüchsige und blühwillige Pflanzen. Die kleinen Blüten erscheinen zahlreich.
Rund 5 Arten und einige Varietäten wurden beschrieben.

Leptocladodia elongata var. rufocrocea

VERBREITUNG: Südtexas und das östliche Hochland Mexikos.

PFLEGEHINWEISE: *L.* lieben volle Sonne sowie nahrhaften Mineralboden. Vorsicht beim Gießen! Wasser nicht in die Polster bringen. Fäulnisgefahr!
Im Winter vollkommen trocken halten. Vermehrung leicht durch Samen und Stecklinge.

LIEBHABERWERT: schöne, sehr empfehlenswerte Pflanzen, auch für den Anfänger.

LEUCHTENBERGIA

Monotypisches Genus mit der einzigen Art *L. principis*.
Eigentümliche Kakteen, die mit ihren bis 15 cm langen, blattartigen Mamillen ein agavenähnliches Aussehen haben. Der stammartige, borkige Körper ist umgeben von aufwärtsstrebenden Dreikantenwarzen, die an der Spitze mehrere, 5–15 cm lange, bastfadenartige Dornen tragen.
Die duftenden, 8 cm langen, trichterförmigen Blüten erscheinen einzeln oder zu mehreren in den Areolen der jüngsten Warzen und halten 6 Tage lang. Die Blütenfarbe ist gelb, seidig glänzend.

Leuchtenbergia principis

Lobivia nigrispina

Lobivia mimiatiflora

Die langlebigen *L.* können 50–70 cm hoch werden. Sie entwickeln eine kräftige Rübenwurzel.

VERBREITUNG: Nord- bis Zentralmexiko; Graslandbewohner.

PFLEGEHINWEISE: *L.* lieben mineralisches Substrat mit Lehmzusatz; während des Wachstums Wärme, gleichmäßige Feuchtigkeit und gute Ernährung. Nässeempfindlich, deshalb Wurzelhals in Schotter einbetten.
Anzucht aus Samen gut möglich, aber langwierig.

LIEBHABERWERT: interessant für den erfahrenen Kakteenfreund.

Lobivia famatimensis

Lobivia winterana

LOBIVIA

Ein Anagramm zu Bolivia, der Heimat vieler *Lobivia*-Arten.
Sehr artenreiche Gattung kleiner bis mittelgroßer Kakteen mit kugeligem bis gestrecktem Körperbau, einzeln oder sprossend.
Viele der mehr als 100 beschriebenen Arten mit zahlreichen Varietäten sind nur als Standortformen anzusehen.
W. RAUSCH ist seit einigen Jahren mit der nomenklatorischen Überarbeitung der Gattung aus arealgeographischer Sicht aufgrund eigener intensiver Standortbeobachtungen befaßt.

Lobivia saltensis

L. sind als Pflanzen meist wenig dekorativ, um so mehr dafür die Blüten. Die trichterigen Tagblüten erscheinen in vielen Farbtönungen von Weiß über Gelb bis Rot, oft zwei- oder gar dreifarbig. Besonders schön ist auch die Anordnung der Staubfäden. Zahlreiche zufällige oder beabsichtigte Bastardierungen erzeugen immer neue Farbnuancen.
Im Blütenbau unterscheiden sie sich von den nahe verwandten *Echinopsis* durch die wollig behaarten Röhren und die ausschließliche Tagblütigkeit.

VERBREITUNG: Bolivien, Nordargentinien, Peru. Hochlandbewohner der Anden; bis 4000 m ü.M.

PFLEGEHINWEISE: *L.* verlangen volle Sonne, frische Luft, starke nächtliche Abkühlung. Sehr kühlen, absolut trockenen Winterstand danken sie durch überreichen Blütenflor im Frühsommer.
Mit dem Gießen im Frühjahr erst bei deutlicher Knospenentwicklung beginnen. Zu frühes Gießen kann ein „Sitzenbleiben" der Knospen verursachen. Während des Wachstums reichlich gießen und düngen. Gießpause im Hochsommer wegen Wachstumsstillstand einlegen. Mitte August bis Ende Oktober wieder wässern, dann Winterruhe durch verringerte Wassergaben einleiten.
Das Pflanzsubstrat muß sauer sein, pH 5–6,5; es kann auch etwas Humus enthalten.

LIEBHABERWERT: *L.* gehören zu den anspruchslosesten und dankbarsten Liebhaberpflanzen.

LOPHOCEREUS
(Haarschopfsäulenkaktus)

Säulenkakteen mit strauchförmigem Wuchs. An der Basis entspringen mehrere kräftige Triebe, die je nach Art bis 7 m Höhe erreichen können.
Die verhältnismäßig kleinen, trichterigen Blüten erscheinen in den langborstigen Blühzonen älterer Pflanzen.

Lophocereus schotti, Standort

Nachtblüher. 4 Arten wurden beschrieben.

VERBREITUNG: USA (Südarizona) bis Mexiko (Sonora, Sinaloa, Niederkalifornien).

PFLEGEHINWEISE: *L.* wollen nährstoffreiches, mineralisches (granitisches) Substrat, vollsonnigen Standort und reichliche Wassergaben während des sommerlichen Wachstums.
Überwinterung fast trocken, bei 8–15°C.

LIEBHABERWERT: dekorative Pflanzen für Zimmer und Gewächshaus. Anzucht leicht aus Samen – ob es jedoch zur Cephalienbildung kommt, ist fraglich.
Bis vor wenigen Jahren gelangten cephalientragende Kopfstücke (Stecklinge) von Standortpflanzen aus Mexiko in den Handel. Aufgrund des Washingtoner Artenschutzabkommens ist dies heute kaum noch möglich.

LOPHOPHORA
(syn. Anhalonium)

Einzelne oder sprossende, weichfleischige, flachkugelige Pflanzen mit sehr kräftigen Rübenwurzeln. Die dornenlosen Körper sind quergefurcht, die Areolen tragen pinselartige Haarschöpfe.
Die kleinen weißen, rosa oder hellgelben Blütchen erscheinen im verdichteten Wollfilz des Scheitels.

Lophophora williamsii

Drei Arten mit mehreren Varietäten sind beschrieben, doch wird heute angenommen, daß es sich lediglich um *Lophophora williamsii* mit verschiedenen Standortformen handelt.
L. ist der berühmte Rauschgiftkaktus, der am Wildstandort rund 15 verschiedene Alkaloide ausbildet, deren Wirkung schon den Azteken in Mexiko bekannt war.

VERBREITUNG: Texas bis Zentralmexiko.

PFLEGEHINWEISE: *L.* wollen lockeren Mineralboden, mit Gipszusatz, viel Sonne, Wärme während des Wachstums, gute Ernährung und gleichmäßige Feuchtigkeit. Überwinterung trocken und kühl.
In der Heimat schrumpfen die Pflanzen während der Trockenzeit teilweise in den Boden.

LIEBHABERWERT: interessant auch für den Anfänger; langsam wachsend.

LOXANTHOCEREUS

Die 32 beschriebenen Arten dieser schlanken Säulenkakteen wurden zur Sammelgattung *Borzicactus* gestellt.
Wuchs aufrecht oder niederliegend und wieder aufsteigend. Die trichterigen, nicht

Loxanthocereus

verengten Blüten haben eine gekrümmte Röhre, sind meist zygomorph, selten radiär und erscheinen in verschiedenen Rottönungen.

VERBREITUNG: Peru: in Nähe der Meeresküste bis auf 3300 m ü.M.; häufig über Felsen wachsend.

PFLEGEHINWEISE: *L.* verlangen durchlässiges Mineralsubstrat, mäßige Wassergaben und einen hellen, warmen, aber luftigen Standort. Dankbar für häufiges Nebeln und Nährsalzgaben während des Wachstums. Überwinterung trocken, bei etwa 10°C.

LIEBHABERWERT: Diese langsamwachsenden Pflanzen mit zum Teil auffallend gefärbter Bedornung sind nicht allzu häufig in den Sammlungen anzutreffen.

MACHAEROCEREUS

Zwei Arten mit sehr unterschiedlichen Wuchseigenschaften sind bekannt: *M. eruca* mit der volkstümlichen Bezeichnung „kriechender Teufel" entwickelt 4–8 cm dicke, dicht mit dolchartigen Dornen bewehrte Triebe, die, wenig verzweigend, auf dem flachen Sandboden der Magdalenenwüste (Baja California) dahinstreichen.
Die bis rund 3 m Länge erreichenden Sprosse verjüngen sich ständig durch wurzelbildenden Neuzuwachs, während sie im älteren Teil allmählich absterben und vom Wüstenboden zugeweht werden.

VERBREITUNG: Mexiko, Niederkalifornien und benachbarte Inseln.

PFLEGEHINWEISE: *M. eruca* verlangt vollsonnigen Standort, viel Luftbewegung, reichliche Wasser- und Nährsalzgaben nur während einer kurzen Wachstumsperiode im Spätfrühjahr bis Frühsommer. Dankbar für häufiges Nebeln frühmorgens und abends.
Im Winter vollkommen trocken halten bei 8–12°C.
Substrat: sandig-lehmig. Die Art muß liegend kultiviert werden.

Maihuenia poeppigii

Machaerocereus eruca

LIEBHABERWERT: interessante, langsam wachsende Art, die nur selten in den Sammlungen der Kakteenfreunde vertreten ist.

Machaerocereus gummosus bildet mit den schlanken, sparrig verzweigenden, 1–2 m Höhe erreichenden Trieben nicht selten undurchdringliche Dickichte. Die Sprosse wachsen zunächst aufrecht, neigen sich dann dem Boden zu, wo sie anwurzeln und erneut in die Höhe streben.
Die 6–8 cm großen Beerenfrüchte liefern ein begehrtes Obst, „Pithayas" genannt, zerquetschte Triebe von *M.* dienen dem Fischfang.

LIEBHABERWERT: für die Pflanzenliebhaberei hat *M. gummosus* kaum Bedeutung.

MAIHUENIA

Polsterbildende Pflänzchen mit zylindrischen Trieben, die während der Wachstumsperiode kleine, eiförmige bis zylindrische Blättchen entwickeln. Die verhältnismäßig großen Blüten (bis 4 cm Durchmesser) sind weiß, gelb oder rot.
Diese 5 Arten umfassende Gattung ist verwandt mit *Pereskia.*

VERBREITUNG: in Höhenlagen der Kordilleren des südlichen Chile und im südwestlichen Andengebiet Argentiniens.

PFLEGEHINWEISE: *M.* sind bei uns winterhart, verlangen aber gute Dränage und durchlässiges Mineralsubstrat.
Bekannteste Art: *M. poeppigii.*

MALACOCARPUS
(= *Wigginsia*)

Die Pflanzen dieser Gattung gehörten ursprünglich zu *Echinocactus.*
SALM-DYCK stellte im Jahr 1849 das Ge-

Malacocarpus erinaceus

nus *Malacocarpus* auf, ohne zu berücksichtigen, daß bereits eine Gattung *Malacocarpus* in der Familie der *Zygophyllaceae* bestand. Trotzdem blieb die Bezeichnung *M.* als Sammelgattung für zahlreiche Kakteenarten mehr als 100 Jahre im Umlauf.
Erst im Jahr 1964 wurden einige Arten des Genus *M.* von D. M. PORTER in *Wigginsia* umbenannt.
Heute wird *Wigginsia* als Synonym zu *Notocactus* geführt.
Die Merkmale der 15 beschriebenen *Wigginsia*-Arten sind: einzeln wachsende Kugelkakteen mit einem Wollschopf im Scheitel. Die kurzen, gelblichen Blüten erscheinen im Scheitel, Griffel und Narben sind auffallend rot, die Blütenröhren stark bewollt.

VERBREITUNG: Brasilien, Uruguay, Argentinien.

PFLEGEHINWEISE: *M.* lieben humushaltiges, nahrhaftes Substrat, gleichmäßige Feuchtigkeit und Schutz vor sommerlicher Prallsonne. Überwinterung bei 10°C und mehr, mit geringer Bodenfeuchtigkeit.

LIEBHABERWERT: Alle *Malacocarpus*- oder *Wigginsia*-Arten (unter diesen Namen werden sie häufig noch immer angeboten) sind anspruchslose, dankbare Kakteen. Gute Anfängerpflanzen, auch für Zimmerpflege geeignet.

MAMILLOPSIS

Heute als Untergattung von *Mammillaria* geführt.
Unter den 2 beschriebenen Arten *M. diguetii* und *M. senilis* ist letztgenannte die begehrtere Liebhaberpflanze. Sie bildet mit ihren schneeweiß bedornten, bis 15 cm langen und 6 cm dicken Einzelköpfen im Alter dicke Polster.
Die 7 cm langen, orangeroten Blüten mit dunklerem Mittelstreifen erscheinen zu mehreren in Scheitelnähe. Eine besonders prächtige Erscheinung unter den Kakteen.

VERBREITUNG: Mexiko (Chihuahua, Süddurango, Nayarit, Oaxaca). In den Hochgebirgen Nordmexikos wächst *M. senilis* bei 3000 m ü.M., wo sie im Winter Frost und Schnee ausgesetzt ist.

PFLEGEHINWEISE: *M.* verlangen hellen, luftigen Standort, mäßige Wassergaben während des Wachstums und durchlässiges, saures (granitisch) Mineralsubstrat mit geringer Humusbeimengung.
Zur Auslösung der Blühbereitschaft ist trockene und sehr kühle Überwinterung notwendig.

MAMMILLARIA

Artenreichste Kakteengattung.
Beschrieben wurden rund 350 Arten und etwa 100 Varietäten. Der Systematiker D. HUNT, der die Gattung seit 1970 revidiert und neugliedert, erkennt nur rund 220 Arten an.
Die Mammillarien – der Name ist von Mamilla, der Verkleinerungsform von Mamma (= lat. Warze) abgeleitet – heißen Warzenkakteen.
Über die Schreibweise des Gattungsnamens bestehen unterschiedliche Ansichten. Orthographisch korrekt wäre *Mamillaria.*
A. HAWORTH, der Begründer der Gattung, wählte die Schreibweise *Mammillaria.*

Mammillaria formosa, Standort

Nach den internationalen Regeln der Nomenklatur hat die zuerst veröffentlichte Schreibweise Gültigkeit.
M. sind kleine bis mittelgroße Kakteen von kugelförmigem bis kurzsäuligem Wuchs, einzeln oder sprossend, auch rasenförmige Polster bildend.
Statt Rippen weisen die Pflanzen spiralig sich überschneidende Warzen auf. Die zahlreichen Blüten erscheinen kranzartig aus den Axillen der vorjährigen Wachstumszone.
Die Blütenfarben gibt es in vielen Tönungen von weiß über gelb bis rot. Es werden klein- und großblumige Arten unterschieden.

Mammillaria candida

Mammillaria candida var. rosea, Standort

Mammillaria boolii

Mammillaria plumosa

Mammillaria theresae

Mammillaria schiedeana

Mammillaria mainae

Viele Arten zeichnen sich durch starke Bewollung oder Behaarung in den Axillen, besonders in der Blühregion aus.
Die lebhaft gefärbten Beerenfrüchte bilden eine weitere Zierde, nicht selten über Monate hinweg.
Die Bedornung der Mammillarien weist eine bewundernswerte Vielfalt auf, so daß zahlreiche Arten auch im nichtblühenden Zustand eine ständige Zierde jeder Kakteensammlung sind.

VERBREITUNG: Südstaaten der USA, ganz Mexiko, Guatemala, Honduras bis Venezuela und nördliches Kolumbien; einige Arten auch auf Tahiti.

PFLEGEHINWEISE: *M.* sind in ihrer Mehrheit einfach zu kultivieren. Ihr Lebensrhythmus entspricht dem jahreszeitlichen Ablauf unserer Klimazone.
Während der Wachstumszeit von Frühjahr bis Spätsommer erhalten die Pflanzen gleichmäßige Feuchtigkeit und reichlich Nährstoffe. Die buntbedornten oder behaarten Arten sind in besonderem Maße lichtbedürftig; ein vollsonniger Standort wird von allen Mammillarien bevorzugt.
In mineralischem Substrat kultivierte Pflanzen entwickeln ein besonders kräftiges und farbenprächtiges Dornen- beziehungsweise Haarkleid. Die Überwinterung erfolgt, bis auf einige Ausnahmen, kühl (8–10°C) und trocken.
Bei warmem Winterstand – am Wohnzimmerfenster – muß alle 8–10 Tage etwas gegossen werden. Die Blühwilligkeit derart gehaltener Pflanzen ist gering.
Zahlreiche Mammillarien vertragen sehr niedrige Temperaturen, auch vorübergehende Frosteinwirkung. Einige sind wärmebedürftig.
Eine von der allgemeinen Regel abweichende Behandlungsweise verlangt *M. plumosa*, der Flaumfederkaktus. Er wächst im Winter, muß daher wärmer stehen und mäßige Wassergaben erhalten. Vorsicht! Nicht über die dichtbehaarten Körper gießen. Fäulnisgefahr.
Andere Arten, wie *M. schiedeana* und *M. sartorii*, sind Frühblüher, die schon ab Blühbeginn im Februar gegossen werden.

Mammillaria shurliana

Mammillaria geminispina

Mammillaria moelleriana

Mammillaria herrerae

Mammillaria bucareliensis var. bicornuta

Mammillaria pitcayensis

Mammillaria microcarpa

Mammillaria bella

LIEBHABERWERT: Die Gattung stellt eine große Anzahl guter Arten für den Anfänger und den Fortgeschrittenen auf dem Gebiete der Kakteenliebhaberei. Für Pflanzenfreunde mit beschränkten Platzverhältnissen sind die kleinbleibenden Vertreter interessant.

Wer sich eingehend, vielleicht sogar ausschließlich mit den Mammillarien befaßt, informiert sich aus der Speziallliteratur.

Im Rahmen des vorliegenden Buches können nur wenige Arten vorgestellt werden. Mammillarien sind durchweg willig wachsende und regelmäßig blühende Kakteen, auch für das sonnige Zimmerfenster geeignet.

MARGINATOCEREUS

(Perlbandkaktus)

Mit der einzigen Art *marginatus*; wird heute zu *Stenocereus* beziehungsweise *Pachycereus* gestellt.
In Gärtnereien und Liebhaberkreisen ist dieser schöne Säulenkaktus noch immer als *Marginatocereus* bekannt.

Marginatocereus marginatus, Standort

In der Heimat wird er bis 7 m hoch, bei einem Stammdurchmesser von 15 cm. Körper dunkelgrün mit grauem Schimmer.
Interessant wegen der fast zusammenfließenden, braunfilzigen Areolen auf den Kanten der 5–6 Rippen. Dornen fehlen oder sind nur schwach ausgebildet. Nachtblüher.

VERBREITUNG: Mexiko (Hidalgo, Queretaro, Guanajuato, Oaxaca). Dient in Mexiko zur Einfriedigung von Gehöften.

PFLEGEHINWEISE: dankbar für reichliche Wasser- und Nährsalzgaben während des Wachstums. Vollsonniger Standort ist zur kräftigen Entwicklung erforderlich. Überwinterung trocken, bei mindestens 12°C. Zu kühler, feuchter Stand verursacht schwarze Flecken.

LIEBHABERWERT: anspruchslose, dekorative Pflanzen, wärmebedürftig.

MARNIERA

(syn. zu Epiphyllum)

Epiphyten; 2 Arten:
M. chrysocardium: starkwüchsig, Zweige stark spreizend, die breitlappigen, bis 30 cm breiten Triebe sind bis zur Mittelrippe eingeschnitten. Blüten bis 32 cm lang. Stark duftender Nachtblüher.

VERBREITUNG: Mexiko (Chiapas).
M. macroptera: Triebe bis 10 cm breit, schwach gekerbt, mit hornigem Rand. Blüte bis sehr groß, mit 12 cm langer Röhre.

VERBREITUNG: Costa Rica.

PFLEGEHINWEISE: siehe unter epiphytische Kakteen.

Marniera chrysocardium

Marniera chrysocardium

LIEBHABERWERT: wegen des hohen Platzbedarfs nur geringer Liebhaberwert. Wärmebedürftige Pflanzen für die Bekleidung großer Epiphytenstämme und Wände.

MARSHALLOCEREUS

(syn. zu Stenocereus bzw. Lemaireocereus)

MATUCANA

(einschl. Submatucana)

Gebirgspflanzen aus Peru, wo sie in Höhen zwischen 400–4500 m ü.M. vorkommen.
Wuchs kugelförmig, im Alter zylindrisch, einzeln oder sprossend.
Bedornung recht verschieden, teilweise auffallend prächtig.
Die meist zygomorphen Tagblüten erscheinen in Scheitelnähe und halten mehrere Tage. Blütenfarbe: gelb, orange, violettrosa oder rot.

PFLEGEHINWEISE: *M.* lieben lockeres Mineralsubstrat, mäßige Wassergaben und gute Ernährung während des Wachstums im Frühjahr und Spätsommer, viel Luftbewegung. Überwinterung kühl und trocken.

LIEBHABERWERT: empfehlenswerte, blühwillige Pflanzen.

Matucana aurantiaca

MEDIOLOBIVIA

Heute als Untergattung von *Rebutia* geführt.

Rebutia costata syn. Mediolobivia

Kleine Pflanzen mit kugeligen bis zylindrischen Trieben. Durch starke Sprossung entstehen Gruppen oder Polster. Die Rippen sind in zierliche Warzen umgeformt. Die trichterigen Blüten erscheinen in gelben, orangefarbenen und roten Tönungen, stark variierend. Röhren behaart oder beborstet. Die Blüten treten meist sehr zahlreich auf und bleiben mehrere Tage geöffnet.

VERBREITUNG: Bolivien bis Nordargentinien.

PFLEGEHINWEISE: *M.* bevorzugen luftige Standorte, wie Balkon oder Frühbeetkasten mit leichtem Schutz vor sommerlicher Prallsonne.
Während des Wachstums sollten sie reichlich Wasser und Nahrung erhalten. Pflanzsubstrat: sandig-humös, saure Reaktion. Überwinterung: kühl und trokken.
Vermehrung einfach durch Samen oder abgetrennte Sprosse. Gepfropfte Pflanzen entwickeln unnatürliche Ausmaße, sind aber trotzdem blühwillig.

LIEBHABERWERT: *M.* zählen zu den besten Liebhaberkakteen. Sie wachsen problemlos, auch an halbschattigem Standort. Auf kleinem Raum läßt sich ein ansehnliches Sortiment dieser kleinbleibenden Massenblüher unterbringen.
Die Gattungsbezeichnung *Mediolobivia* wird noch immer für 17 beschriebene Arten und deren zahlreiche Varietäten benutzt, obwohl sie nach den neueren wissenschaftlichen Erkenntnissen in der Großgattung *Rebutia* geführt werden müßten.

MELOCACTUS

M. ist einer der ersten, von Ch. KOLUMBUS nach Europa gebrachten Kakteen. Jac. Theodor TABERNAEMONTANUS beschreibt in seinem berühmten, 1588 in Frankfurt erschienenen Kräuterbüchlein den „Melocarduus" sehr bildhaft als „Melonendistel".
Melocacteen sind ohne Zweifel interes-

Melocactus delessertianus

Melocactus maxonii

Melocactus, eine botanische Kuriosität

Melocactus matanzanus

sante Erscheinungen. Die kugeligen oder verlängerten, stark gerippten Körper wachsen meist einzeln.
Mit Erreichen des blühfähigen Alters (6–8 Jahre) stellen die Pflanzen das vegetative Wachstum ein, es entwickelt sich ein dichtes, von Haaren und Borsten durchsetztes echtes Cephalium. Je nach Art und Entwicklungsstand kann es kugelig oder zylindrisch sein. Das längste Cephalium bildet *M. communis* mit der ungewöhnlichen Länge von über 1 Meter.
Aus dem Cephalium erscheinen die kleinen, rötlichen Blüten. Mitunter bleiben sie auch im Wollschopf verborgen.
Die roten bis violettrosa, später farblosen Beerenfrüchte werden bei der Reife aus dem Cephalium herausgedrückt.
Die weiträumige Verbreitung der Melocacteen erklärt die Vielzahl aufgestellter Artnamen. Rund 300 Arten wurden beschrieben, von denen heute nur etwa 10% als „echte Arten" anerkannt werden. Als Jungpflanzen lassen sich viele *M.* sehr schwer oder gar nicht unterscheiden.

VERBREITUNG: Die meisten *Melocactus*-Arten leben in Küstennähe in Zentralamerika (Mexiko, Guatemala, Westindische Inseln, Honduras, Venezuela, Kolumbien) und Brasilien.
Wenige Arten sind Binnenlandbewohner (*M. neryi* in Brasilien) oder besiedeln als Charakterpflanzen die Felswüsten und regengrünen Trockenwälder an den westlichen Hängen der peruanischen Kordillere.
Andere leben im Dornbusch Mittelamerikas und Perus.
Allen gemeinsam ist das hohe Wärmebedürfnis und die Eigenart, ein weitläufiges, flaches Wurzelsystem auszubilden.

PFLEGEHINWEISE: Anzucht aus Samen möglich; gepfropfte Pflanzen wachsen nicht schneller.
M. verlangen sandig-humöses, sehr saures Kultursubstrat (pH 4,5!). Nebeln und gießen nur mit temperiertem, kalkfreiem Wasser. Pflanzen in flachen Töpfen oder Schalen kultivieren. Empfindlich gegen Unterkühlung und Nässe, deshalb für gute Dränage sorgen, Wurzelhals in Schotter einbetten.
Ältere, cephaliumtragende Exemplare möglichst nicht mehr umpflanzen, weil Wurzelneubildung dann erschwert.
Während der Wachstumsperiode für gleichmäßige Feuchtigkeit und gute Ernährung sorgen. Überwinterung warm, fast trocken.

LIEBHABERWERT: *M.* sind keine Anfängerpflanzen. Sie gehören nur in die Obhut erfahrener Kakteenliebhaber, die über geeignete räumliche und technische Einrichtungen verfügen.
Wärme (im Raum und im Boden), hohe Luftfeuchtigkeit und ausreichende Belichtung sind Voraussetzungen für erfolgreiche Pflege. Alte, mit Cephalium versehene Importpflanzen haben selten eine länger andauernde Überlebenschance.

MONVILLEA

Dünntriebige Säulenkakteen mit niederliegendem, aufrechtem, anlehnendem oder kletterndem Wuchs. Die trichterförmigen Nachtblüten sind je nach Art 6–13 cm lang, weißlich mit grünlichen bis rötlichbraunen Petalen, beschuppt und kahl. Blüten nur eine Nacht und bis in den Vormittag hinein geöffnet.
M. haageana und *M. spegazzinii* sind Massenblüher.

VERBREITUNG: *Monvillea* ist in 20 Arten im warmen Tropengürtel Südamerikas weit verbreitet.

PFLEGEHINWEISE: *M.* lieben Wärme, während des Wachstums reichliche Wasser- und Nährstoffgaben. Am besten ist freies Auspflanzen in nahrhafte, humushaltige Erde. Schutz vor sommerlicher Prallsonne gewähren.
Vermehrung einfach durch Samen und Stecklinge.

LIEBHABERWERT: *M.* sind wegen ihrer Blühwilligkeit dort zu empfehlen, wo ihnen ein warmer Platz mit freier Entfaltungsmöglichkeit eingeräumt werden kann. Gut für die Bekleidung von Wänden und Spalieren.

MORAWETZIA

Diese monotypische Gattung mit *M. doelziana* wurde von BUXBAUM zu *Oreocereus* gestellt. *Morawetzia* unterscheidet sich aber von *Oreocereus* durch die Bildung eines wollig-borstigen, bis 8 cm langen Haarschopfes an dem keulig sich verdickenden Triebende.
Aus dem cephaliumähnlichen Haarschopf entstehen die schrägsaumigen, bläulich-karminroten, etwa 10 cm langen Blüten; Tagblüher.
Pflanzen entwickeln von der Basis her zahlreiche, bis 1 m lange Triebe.

VERBREITUNG: im zentralperuanischen Trockenwald.

PFLEGEHINWEISE: *M.* verlangen durchlässiges Mineralsubstrat mit geringer Humusbeimengung. Reichliche Wasser- und Nährstoffversorgung während der Wachstumsperiode. Warmer, sonniger Standort. Überwinterung kühl und trokken.

LIEBHABERWERT: hübsche, anspruchslose Pflanzen, die ab blühfähigem Alter regelmäßig zur Blüte gelangen.

Morawetzia doelziana

MYRTILLOCACTUS
(Heidelbeerkaktus)

Baum- oder strauchartige Kakteen mit zahlreichen, aufwärts gekrümmten Zweigen. 4 Arten und eine Varietät wurden beschrieben.
Die Leitart *M. geometrizans* hat kräftig blau bereifte Triebe. Die kleinen Blüten erscheinen zu mehreren aus den zahlreichen Areolen.

Myrtillocactus geometrizans

Die eßbaren, heidelbeerähnlichen Früchte (daher die Bezeichnung Heidelbeerkaktus) werden frisch oder getrocknet auf den mexikanischen Märkten gehandelt.
Diese Art kommt in Mexiko (San Luis Potosí bis Oaxaca) mitunter in dichten, waldartigen Beständen auf kalkhaltigen Böden vor.
M. cochal vom nördlichen Niederkalifornien hat rote Früchte.

PFLEGEHINWEISE: *M.* verlangen vollsonnigen Standort, Wärme, gute Ernährung und gleichmäßige Feuchtigkeit während des Wachstums. Überwinterung bei 10–14°C und gelegentlichen leichten Wassergaben. Mineralsubstrat.

LIEBHABERWERT: Myrtillocacteen sind empfehlenswerte Liebhaberpflanzen, weil von dekorativem Aussehen und problemlos zu kultivieren.

NEOBESSEYA

Coryphantha-ähnliche Kugelkakteen, einzeln oder sprossend. Von *Coryphantha* durch nicht wäßrige, langsam reifende Früchte und schwarze Samen unterschieden.
Die gelben oder rosa Blüten erscheinen in Scheitelnähe.
6 Arten wurden beschrieben, von denen einige gut frostverträglich sind.

VERBREITUNG: von Britisch Kolumbien über die USA bis Nordmexiko.

Neobesseya (= Escobaria) similis

Neobesseya (= Escobaria) missouriensis

PFLEGEHINWEISE: Kultur in durchlässigem Mineralsubstrat, vollsonniger Standort. Kühle, trockene Überwinterung.

LIEBHABERWERT: keine häufige Erscheinung in den Sammlungen. Interessant für Kenner; zum Teil auch für Freilandkultur geeignet.

NEOBUXBAUMIA

Mächtige Säulenkakteen, einzeln oder wenig verzweigend. Triebe meist zahlreich gerippt.
Die breitglockigen Blüten erscheinen im Scheitelbereich und tiefer an den Säulen. Es sind Nachtblüher, die von Fledermäusen bestäubt werden.

VERBREITUNG: Mexiko (Guerrero, Tehuantepec, Oaxaca, Puebla, Veracruz).

PFLEGEHINWEISE: *N.* lieben vollsonnigen, warmen Standort, mäßige Wassergaben und reichliche Ernährung während des Wachstums. Überwinterung nicht zu kühl, bei mindestens 12°C, trocken. Empfindlich gegen Staunässe. Durchlässiges, auch schotteriges Mineralsubstrat verwenden.

LIEBHABERWERT: *N. polylopha* ist eine für den Kakteenfreund empfehlenswerte, besonders schöne Art.

Neobuxbaumia (= Cephalocereus) polylopha

NEOCHILENIA

Diese, von BACKEBERG in 60 Arten beschriebene Gattung wurde von BUXBAUM und HUTCHISON in die Sammelgattung *Neoporteria* überführt.

Neochilenia (= Neoporteria) napina

Neochilenia zeichnet sich durch offene, deutlich bewollte oder behaarte Trichterblüten aus.
Blütenfarben: weißlich, gelblich bis rot.
Die Hohlfruchtbeeren sind wollflockig, die Samen fallen nach der Reife aus einer Öffnung am Grund der Früchte.

Neoporteria hat stets hellrote Blüten, deren innere Perigonblätter bis zum Verblühen zusammengeneigt bleiben.
Neochilenien sind kleine Pflanzen mit kugeligem bis gestrecktem Körper, zum Teil mit starker Rübenwurzel.

VERBREITUNG: Chile.

PFLEGEHINWEISE: siehe unter *Neoporteria.*

LIEBHABERWERT: interessante Pflanzen, besonders für den Pflanzenfreund mit bescheidenen Platzverhältnissen. Sie blühen reichlich und regelmäßig.

NEOLLOYDIA

Verwandt mit *Coryphantha* und *Mammillaria.*
Kleine Kakteen mit kugeligem bis kurzzylindrischem Wuchs, einzeln oder rasenbildend.
Schöne Bedornung und große Blüten.
Die spiralig angeordneten Warzen entwickeln oberseits eine Furche.

VERBREITUNG: USA, Mexiko.

Neolloydia conoidea

PFLEGEHINWEISE: *N.* verlangen durchlässiges Mineralsubstrat, vollsonnigen Standort, mäßige Wassergaben. Sehr nässeempfindlich, deshalb Wurzelhals in Schotter einbetten.

Wegen des weitläufigen Faserwurzelsystems sollten flache Töpfe, Schalen oder Kästen mit größerem Durchmesser verwendet werden. Überwinterung: kühl, absolut trocken.

LIEBHABERWERT: interessant für den erfahrenen Kakteenfreund. Dankbare Blüher mit geringem Platzbedarf.

NEOPORTERIA

Sammelgattung, die heute die Gattungen *Chilenia, Chileorebutia, Delaetia, Horridocactus, Islaya, Neochilenia* und *Reicheocactus* einschließt.
Kleine bis mittelgroße Pflanzen mit kugeligem bis zylindrischem Wuchs, meist einzeln, selten an der Basis sprossend.

VERBREITUNG: in den Küsten und Felswüsten Mittel- und Nordchiles und den Anden Argentiniens.

PFLEGEHINWEISE: *N.* verlangen durchlässiges Mineralsubstrat, mäßige Wassergaben und reichliche Ernährung während des Wachstums.
Hauptwachstumszeiten der meisten Arten liegen im Herbst bis Frühwinter und im späten Frühjahr. Dann müssen ausreichend Wärme und Licht vorhanden sein. Vor der sommerlichen Prallsonne sollten die Pflanzen leichten Schutz erhalten.

Neoporteria villosa

Neoporteria artrispinosa

Trockenruhezeiten im Hochsommer und Winter.

LIEBHABERWERT: viele schöne und blühwillige Arten für den Kakteenliebhaber.

NOPALXOCHIA

Epiphytische Pflanzen mit blattartigen Trieben.
Große, reichlich erscheinende, farbenprächtige Tagblüten. 2 Arten aus dem tropischen Mexiko.
Nopalxochia ist ein Elternteil vieler *Phyllocactus*-Hybriden.

NORMANBOKEA

Im Jahr 1969 von Buxbaum und Kladiwa aufgestellte Gattung für 2 Zwergkakteenarten aus Mexiko: *Pelecyphora valdeziana* und *Pelecyphora pseudopectinata.* Glass und Foster stellten sie 1977 zu *Turbinicarpus.*

PFLEGEHINWEISE: *N.* benötigen vollsonnigen Standort, Wärme, Mineralsubstrat, geringe Wassergaben! Absolut trokkene Überwinterung. Pflanzen dürfen nicht mit Wasser überbraust werden. Pfropfung ist empfehlenswert.

LIEBHABERWERT: Es sind sehr beliebte Pflanzen für den erfahrenen Kakteenliebhaber. Selten und sehr heikel in der Kultur.

NOTOCACTUS

(einschl. Brasilicactus und Eriocactus)

Als Synonym zu Notocactus gilt auch *Malacocarpus = Wigginsia.*
Artenreiche Gruppe südamerikanischer Kakteen mit kugeligem bis zylindrischem, auch kurzsäuligem Wuchs, häufig sprossend.
Die Bedornung ist sehr unterschiedlich, sie kann haar- oder borstenförmig bis derb sein.
Die großen, meist gelblichen Tagblumen erscheinen oft zu mehreren in Scheitelnähe. Die Petalen leuchten in seidigem Glanz, Narbe häufig lebhaft rot gefärbt.

VERBREITUNG: Uruguay, Paraguay, Südbolivien, Nordargentinien, Brasilien. Gedeihen bevorzugt in Humusablagerungen auf Felsen und in sandigem Grasland.

Notocactus scopa

Notocactus uebelmannianus

PFLEGEHINWEISE: *N.* lieben sandighumöses Substrat, gleichmäßige Feuchtigkeit, gute Ernährung und hohe Wärme während des Wachstums. Dankbar für feines Nebeln. Vor praller Sommersonne etwas schützen. Sie kommen noch mit Halbschatten einigermaßen aus.

Notocactus tabularis

Notocactus magnificus

Überwinterung nicht zu kalt und nicht vollkommen trocken.

LIEBHABERWERT: *N.* zählen zu den beliebtesten und dankbarsten Liebhabergewächsen. Für Anfänger bestens zu empfehlen. Gut auch für Zimmerkultur. Dankbare Blüher.

OBREGONIA

Monotypische Gattung mit *O. denegrii.* Breitrunde, etwa 12 cm Durchmesser erreichende Pflanzen mit schuppen- oder

Obregonia (= Strombocactus) denegrii

blattartig verbreiterten, dreieckigen Mamillen. Diese unterseits gekielt, oberseits flach; Areolen anfangs wollig mit 2–4 verbogenen, weichen Dornen, die im Alter abgeworfen werden.
Die bis 2 cm breiten, weißlichen bis blaßrosa Blüten entspringen in Scheitelnähe.

VERBREITUNG: Nordmexiko; im Staat Tamaulipas.

PFLEGEHINWEISE: *Obregonia* verlangt reines Mineralsubstrat, Schutz vor sommerlicher Prallsonne, nur mäßige Wassergaben während der Wachstumsperioden und absolut trockenen, kühlen Winterstand.

LIEBHABERWERT: interessante Liebhaberart, die wegen ihrer abweichenden Wuchsform eine reizvolle Bereicherung jeder Kakteensammlung darstellt.

OPUNTIA

Vielgestaltigste Kakteengattung, die mit rund 300 Arten das weiteste Verbreitungsgebiet aufweist. Es reicht vom südlichen Kanada über die USA, Mexiko, sämtliche trockenen Gebiete Mittel- und Südamerikas bis zur Südspitze des amerikanischen Kontinents (Patagonien).
In den Mittelmeerländern, Kanarischen Inseln, Südafrika, Australien und Indien sind die früher eingeschleppten Opuntien heute verwildert. Mitunter kommen sie dort in landschaftsprägender Häufigkeit vor.
In dieser Gattung gibt es zwischen den kleinen, unscheinbar am Boden liegenden, kriechenden Arten über polsterförmig wachsende *(Tephrocactus)* bis zu üppig wuchernden Strauchformen und baumartigen, 6 m hohen Riesen alle Übergänge.
Allen gemeinsam ist die gefährliche Bedornung, auch die winzigen, mit Widerhaken versehenen Glochiden mahnen zu besonderer Vorsicht.
Sehr heimtückisch sind die mit sogenannten Hosen-, Hülsen- oder Scheidendornen getarnten Vertreter der Untergattung *Cylindropuntia* (z. B. *C. bigelowii, C. imbricata, C. leptocaulis, C. tunicata* u. a.). Unter den harmlos erscheinenden, papierartigen Hosendornen befinden sich kräftige, mit Widerhaken und Zähnchen versehene Dornen, die sehr anhänglich sind.

Opuntia azurea

Austrocylindropuntia (= Opuntia) clavarioides

Die Blüten der Opuntien erscheinen allgemein auffallend groß und in vielen prächtigen Farben, oft mehrfarbig und in seidigem Glanz. Sie sind tagblütig, sich mehrere Tage öffnend.
Die Blühbereitschaft der in Kultur befindlichen Pflanzen ist sehr unterschiedlich:

Opuntia basilaris, Standort

Austrocylindropuntia (= Opuntia) subulata

manche zeichnen sich durch regelmäßig erscheinenden Blütenflor aus, andere blühen bei uns selten oder nie.
Die Früchte der Opuntien sind fleischig, safthaltig, ziemlich groß. Die als Kakteenfeigen oder Tunas bezeichneten Früchte mehrerer Arten (z. B. *Op. ficus-indica, Op. streptacantha*) sind in vielen Ländern als Obst sehr geschätzt.

Opuntia microdasys

Die Sammelgattung *Opuntia* schließt heute einige Untergattungen ein, die jahrelang selbständig geführt wurden:
Cylindropuntia, niedrige, strauchförmige, auch baumförmige, reich verzweigte Pflanzen mit stielrunden, fleischigen Blattpolstern (Podarien).

VERBREITUNG: südliche USA bis Mittelmexiko und Niederkalifornien.
Austrocylindropuntia sind die zylindrischen Arten Südamerikas. *Austrocylindropuntia (= Opuntia) subulata* entwikkelt sukkulente, bis 12 cm lange, halbzylindrische Blätter, die während der Trockenzeit abfallen.

Platyopuntia, sie entsprechen mit ihren scheibenförmigen Flachsprossen der allgemeinen Vorstellung von *Opuntia,* den Feigenkakteen.

VERBREITUNG: von Britisch Kolumbien bis Argentinien in zahlreichen Arten und Wuchsformen. Einige von ihnen sind bei uns winterhart.

LIEBHABERWERT: Die Platyopuntien stellen in der Mehrzahl dekorative Erscheinungen dar, auch im nichtblühenden Zustand. Leider werden viele von ihnen zu schnell zu groß.
Der Liebhaber dieser Pflanzen sollte durch Stecklingsvermehrung rechtzeitig für Nachwuchs sorgen und sich von alten Exemplaren trennen.

Nachstehend eine kleine Auswahl nicht allzu üppig wachsender Scheibenopuntien, die sich durch besonders schöne Körperform, prächtige Bedornung oder Blühwilligkeit auszeichnen:

Op. atrispina, Op. azurea, Op. basilaris, Op. decumbens, Op. elata (sehr blühwillig!), *Op. gosseliana, Op. hystrina, Op. marnieriana, Op. maxonii, Op. megarhiza, Op. microdasys, Op. pycnantha* var. *margaritana.*
Die Blühbereitschaft vieler Opuntien wird durch eine lange Wintertrockenruhe, verbunden mit niedrigen Temperaturen, gefördert. Mit dem Gießen darf im Frühjahr erst begonnen werden, wenn entstehende Blütenknospen stark entwickelt sind, andernfalls wandeln sie sich zu Sproßaustrieben um.

Die Untergattung *Tephrocactus* mit rund 80 beschriebenen Arten und weiteren 50 Varietäten wird heute unter Opuntia geführt.
Es sind überwiegend kleine bis mittelgroße, durch starke Sprossung polster- und klumpenbildende Pflanzen. Die kurzzylindrischen oder kugeligen Glieder sind dicht von Glochiden besetzt und oft stark bedornt.
In dieser Gattung wurden überwiegend die südamerikanischen Hochgebirgsarten (bis über 4500 m ü.M.) vereinigt. Einige kommen jedoch auch in niederen Lagen (bis nahe Meeresniveau) vor.

VERBREITUNG: Mittel- bis Südperu, Chile, Bolivien, westliches Argentinien bis zur Magellanstraße.
Viele Arten ertragen in der Heimat strenge Fröste. Sicherlich wären diese Arten bei uns winterhart, wenn unser Klima tagsüber ebenfalls nur 20–25% Luftfeuchtigkeit und merkliche Erwärmung durch Sonneneinstrahlung aufzuweisen hätte.

Im ungeheizten Frühbeetkasten, bei absoluter Trockenheit, sind sie durch den Winter zu bringen. Nach kühlem Stand, eventuell durch Frosteinwirkung, kann man auch in unseren Breiten Blüten erwarten.
Tephrocacteen gehören zu den Frostkeimern, deren Samen erst nach einer Periode der Frosteinwirkung Keimbereitschaft zeigen.
Aussaat im Herbst, dann Aufstellung im Freien, damit Frost und Schnee einwirken können. Aussaat vor Mäuse- und Vogelfraß schützen!
Eine Behandlung des Samens im Gefrierfach eines Kühlschrankes erfüllt den gleichen Zweck. Nachstehend einige besonders empfehlenswerte Arten:

Thephrocactus (= Opuntia) articulatus var. papyracanthus

Tephrocactus (= Opuntia) articulatus, der Papierschnitzelkaktus mit den Varietäten *diadematus* und *papyracanthus.*
Tephrocactus (= Opuntia) floccosus, der sogenannte Wollkaktus oder Andenschnee. Diese Art bildet mit einer Vielzahl, rund 10 cm langer, dicht in weiße Wolle gehüllter Triebe hochrunde Polster bis 2 m Durchmesser.
Tephrocactus (= Opuntia) rauhii; die bis 25 cm hohen Triebe sind dicht weiß oder grauweiß behaart, haben blaßgelbe, kaum hervortretende Dornen und bilden lockere Gruppen.

Die Reihe schöner Tephrocacteen ließe sich wesentlich erweitern.

PFLEGEHINWEISE: *T.* verlangen lockeres Mineralsubstrat, mineralische Nährstoffversorgung und nur mäßige Wassergaben während des Wachstums. Sie danken häufiges, leichtes Nebeln am frühen Morgen und Abend und lieben starke Temperaturschwankungen zwischen Tag und Nacht.
Für alle Opuntiengewächse ist mineralisches Pflanzensubstrat und Düngung nur durch Nährsalze anzuraten. Humus verursacht zu mastiges Wachstum mit ungenügender Bedornung und Behaarung. Die Düngung muß stets kali- und phosphorbetont sein.

LIEBHABERWERT: *T.* sind interessante Liebhaberpflanzen für vollsonnige, luftige Standorte. In Kultur kommen sie nur langsam voran.
Pfropfung auf *Austrocylindropuntia (= Opuntia) subulata* ist mitunter anzuraten. Gepfropfte Exemplare dürfen wegen der kälteempfindlichen Unterlage nicht dem Frost ausgesetzt werden.

OREOCEREUS

Oreocereus trollii

O. zählen wegen ihres dichten, langen Haarkleides sowie der kräftigen, verschiedenfarbigen Bedornung zu den schönsten Säulenkakteen.
Sie bilden in ihrer hochandinen Heimat je nach Art niedrige bis mittelhohe Gruppen von 60–100 cm Höhe oder bis 3 m hohe Säulen, die im Alter von der Basis her buschig verzweigen.
Rippen sind in deutliche Querfurchen unterteilt.
Die Blüten erscheinen meist in Scheitelnähe, sind leicht schiefsaumig mit vorstehenden Staubbeuteln und Griffeln, rosafarben bis rot; Tagblüher.
Die Röhren und Fruchtknoten besitzen spitze Schuppen, aus deren Achseln lange Haare entspringen.
6 Arten und 6 Varietäten sind beschrieben.

Oreocereus fossulatus var. gracilior in einem Trockental in Bolivien

VERBREITUNG: Hochgebirge in Bolivien, Südperu, Nordchile und Nordargentinien, wo sie in Höhen bis 4000 m ü.M. vorkommen.

PFLEGEHINWEISE: Als Bewohner extremster Klimate lieben Oreocereen vollsonnigen Standort und starke tageszeitliche Temperaturschwankungen.
Nebeln in den Abend- und Morgenstun-

Oreocereus hendriksenianus var. densilanatus

Oreocereus maximus

Oreocereus neocelsianus

den, während des Wachstums reichliche (mineralische!) Ernährung und mäßige Wassergaben. Hauptwachstumszeiten im Frühjahr und Herbst.
Während der winterlichen Trockenruhe dürfen die Temperaturen sehr niedrig liegen, auch Frost wird vertragen, doch sollten die Tagestemperaturen dann wieder auf mindestens + 10°C ansteigen. Risikofrei ist kühle, aber frostfreie Überwinterung.
Pflanzsubstrat: mineralisch-schotterig. In humösem Substrat werden die Pflanzen zu mastig, wobei die Entwicklung der Behaarung und Bedornung nur mangelhaft erfolgt.
Oreocereen, auf kräftige Cereen gepfropft, zeigen beachtliches Wachstum mit prächtiger Haar- und Dornenbildung.

LIEBHABERWERT: empfehlenswerte Pflanzen für helle Standorte. Wurzelecht kultiviert wachsen sie sehr langsam.

OROYA

Kugelkakteen bis 25 cm Durchmesser, einzeln oder sprossend, mit variabler Bedornung in gelblichen, rötlichen bis schwärzlichen Tönungen.
Körper stecken oft tief im Boden. Rübenwurzler.
Die verhältnismäßig kleinen Blüten erscheinen im Scheitel.

VERBREITUNG: Hochgebirgspflanzen aus den Anden Perus, in Höhen über 3500 m ü.M., auf kiesigem und humosem Boden.

PFLEGEHINWEISE: Als Hochgebirgskakteen verlangen *O.* eine ähnliche Behandlung wie *Oreocereus.*
Das Pflanzsubstrat muß sauer sein; bei pH 5–6. Dem schwarzen Punaboden entsprechend darf das Substrat Humus mit reichlicher Sandbeimischung enthalten. Bewährt hat sich auch Kultur in reinem verwitterten Granit oder Bessunger Kies. Die Nährstoffversorgung erfolgt durch Nährsalzgaben während des Wachstums. *O.* lieben gleichmäßige Feuchtigkeit in der Vegetationsperiode.

Oroya-Arten gelangen überwiegend als Importpflanzen in den Handel. Sie sollten nur von erfahrenen Kultivateuren angenommen werden.

LIEBHABERWERT: schwierig zu kultivierende Gattung, nicht für Fensterbrettpflege geeignet.

ORTEGOCACTUS

Nur eine Art: *O. macdougallii.*
Kleinbleibende, an der Basis sprossende Pflanzen von breitkugeligem Wuchs, Einzelköpfe bis 4 cm Durchmesser erreichend. Körperfarbe hell-graugrün.
Ortegocactus erinnert im Aussehen an *Coryphantha* – und gehört wohl auch in deren Verwandtschaft –, jedoch tragen die rhombischen, deutlich abgegrenzten Höckerwarzen nur zum Teil eine Furche. Die Blüten entstehen in den Axillen, sind etwa 3 cm lang und 2,5 cm breit, reingelb. Das Ovarium trägt keine Schuppen, ist aber weich behaart.

VERBREITUNG: Mexiko, im Staat Oaxaca.

PFLEGEHINWEISE: *Ortegocactus* verlangt Mineralsubstrat, nur mäßige Wassergaben während des Wachstums; volle Sonne. Überwinterung trocken, bei 10–15°C.

LIEBHABERWERT: *Ortegocactus* ist in privaten Sammlungen selten anzutreffen.

Ortegocactus macdougallii

PACHYCEREUS

Mächtige, stammbildende oder stammlose, reich verzweigende Säulenkakteen, die in ihrer mexikanischen Heimat bis 11 m Höhe erreichen.
Die glockig-trichterigen Blüten erscheinen nachts.

Pachycereus pringlei, Standort

PFLEGEHINWEISE: *P.* lieben sonnigen, warmen Standort, während des Wachstums reichlich Wasser und Nährstoffe. Überwinterung bei mindestens 12–15°C und wärmer; trocken.

LIEBHABERWERT: *P.* wachsen in Kultur nicht übermäßig schnell, sie dürfen daher als dekorative Liebhaberpflanzen empfohlen werden.

PARODIA

Artenreiche Gattung kleinbleibender südamerikanischer Kugelkakteen.
Wuchs einzeln oder sprossend, kugelig bis gestreckt mit überwiegend schöner, zum Teil hakiger Bedornung.
Die Rippen sind in Warzen aufgelöst oder höckerig in Spiralen angeordnet.
Die prächtigen, mehrere Tage haltenden Blüten erscheinen zu mehreren in Scheitelnähe.
Samen meist staubfein mit großem Samenanhang.

Parodia sanguiniflora

VERBREITUNG: Bolivien, Nordargentinien, Paraguay, Mittel- bis Südbrasilien.

PFLEGEHINWEISE/LIEBHABERWERT: *P.* sollten in keiner Pflanzensammlung fehlen. Sie wachsen langsam, benötigen wenig Platz und sind in ihrer Mehrheit recht blühwillig.
Die mit feinen Dornen versehenen Arten (z. B. *P. aureispina, P. brevihamata, P. buenekeri, P. chrysacanthion, P. formosa, P. mairanana, P. microsperma, P. saintpieana* – ein unermüdlicher Blüher! –, *P. sanguiniflora*) sind leichter zu kultivieren als die derbstacheligen Hochgebirgsarten.

Parodia mutabilis

Erstgenannte begnügen sich mit weniger sonnigem Standort und wollen sandighumosen Boden; letztere haben ein hohes Lichtbedürfnis und bevorzugen mineralisches Substrat.
Anzucht aus Samen ist schwierig und langwierig. Aussaat gelingt nur erfahrenen Kakteenfreunden.
Parodien werden zwecks Wachstumsbeschleunigung häufig gepfropft. Überwinterung: kühl und trocken.

Parodia mairanana

PELECYPHORA ASELLIFORMIS
(Assel- oder Beilkaktus)

Kleine, bis 10 cm Höhe erreichende Art mit kugel- bis keulenförmigem Wuchs, sprossend. Keine deutlichen Rippen.
Die langgezogenen Areolen der flachen, spiralig angeordneten Warzen tragen zahlreiche kurze, kammartig angeordnete Dornen.

VERBREITUNG: Mexiko (San Luis Potosí).

PFLEGEHINWEISE: sehr licht- und wärmebedürftig, verlangt *P.* den sonnigsten Platz im Gewächshaus. Wünscht durchlässiges Mineralsubstrat, nur mäßige Wassergaben. Darf nicht mit Wasser übergossen werden. Überwinterung völlig trocken, bei etwa 10°C.
Pfropfung verursacht starkes, häufig untypisches Wuchsverhalten, ist aber mitunter die einzige Möglichkeit zur Erhaltung dieser Kostbarkeit.

Pelecyphora aselliformis

Pelecyphora aselliformis

LIEBHABERWERT: *P. aselliformis* ist eine Rarität unter den Kakteen, die ausschließlich in die Obhut erfahrener Pfleger gehört.

PERESKIA
(auch Peireskia; einschl. der Untergattung Rhodocactus)

Zur Familie der *Cactaceae* gehörende Laubgehölze mit strauch- oder baumförmigem Wuchs.
Einige Arten leben in regengrünen Wäldern. Dort gelangen sie mittels ihrer mit hakigen Spreizdornen versehenen Klettertriebe bis in die höchsten Baumwipfel *(P. aculeata)*; Blätter werden in der Trokkenruhezeit abgeworfen. Sie gelten als Primitivform der Kakteengewächse.
Unterschieden werden die kleinblättrigen, zugleich kleinblütigen Arten (z. B. *P. (= Rhodocactus) antoniana*) und die großblättrigen = großblumigen Vertreter, zu denen *P. bahiensis, P. (= Rhodocactus) grandifolia* und *P. (= Rhodocactus) sacharosa* gehören.
Blütendurchmesser der letzteren bis etwa 8 cm.
Blütenfarben: weiß, rosa, orange bis rot, in verschiedenen Tönungen.
P. grandifolia blüht bereits in kleinen, 25 cm hohen Exemplaren, die Blütenfarbe ist rosa.

Pelecyphora aselliformis

VERBREITUNG: USA (Florida), tropisches Amerika bis Venezuela, Kolumbien, Brasilien und Westindische Inseln.

PFLEGEHINWEISE: ziemlich anspruchslos. *P.* wachsen in jedem nahrhaften Boden gut, selbst bei leicht alkalischen Reaktionswerten (bis pH 8!).
Während des Wachstums reichlich mit Nährstoffen versorgen und gleichmäßig feucht halten. Im Winter Wassergaben einschränken, aber nicht für längere Zeit vollkommen austrocknen lassen. Wärmebedürftig.

Pereskia (syn. Rhodocactus) grandifolia

LIEBHABERWERT: *P.* sind in beschränkter Auswahl für Gewächshausbesitzer interessant.
Die starktriebigen Arten dienen als stammbildende Pfropfunterlage zur Erzielung von Kronenpflanzen bei Weihnachts- und Osterkakteen.

PERESKIOPSIS
(auch Peireskiopsis)

Im Wuchs ähnlich der Gattung *Pereskia*, jedoch näher verwandt mit *Opuntia*. Die vorhandenen Glochiden wie auch der Blütenbau erinnern an *Opuntia*. 12 Arten.

VERBREITUNG: Mexiko und Guatemala.

PFLEGEHINWEISE: *P.* verträgt, wie vorgenannte Gattung, auch schwach alkalisches Substrat. In leicht humöser Erde gedeihen sie am besten, sind wärmeliebend, starkzehrend und verlangen gleichmäßige Feuchtigkeit während des Wachstums.
Überwinterung nicht unter 14°C und nicht extrem trocken. Während der Ruhezeit werden die 2–6 cm langen Blätter größtenteils abgeworfen.
Die bekanntesten Pfropfunterlagen sind: *P. spathulata* und *P. velutina*.

LIEBHABERWERT: *Pereskiopsis* hat in der Pflanzenkultur Bedeutung als Unterlage für Sämlingspfropfungen langsamwachsender Kakteen. Sie nimmt Pfröpflinge sehr gut an und vermittelt ihnen ein schnelles Vorankommen.

PENIOCEREUS

Der Gattung *Wilcoxia* ähnelnde Kakteen mit dünnen, bis über 3 m langen, verholzenden Sprossen.
Triebe bei manchen Arten mit dimorphem Wuchs: in der Jugendform meist mehrkantig, später zum Teil rund.
Die Wasserspeicherorgane sind überwiegend in den mächtigen Rübenwurzeln angelegt. Die Rüben von *P. greggii* können 60 cm Durchmesser und ein Gewicht von mehr als 60 kg erreichen.
Blüten nächtlich, weiß, Früchte leuchtendrot, fleischig, eßbar.
10 Arten wurden beschrieben.

VERBREITUNG: Südstaaten der USA (außer Kalifornien), Nordmexiko und Niederkalifornien.

PFLEGEHINWEISE: Kultur in mineralischem, lehmigem Substrat und tiefen Pflanzgefäßen.

LIEBHABERWERT: Peniocereen haben für die Pflanzenliebhaberei wenig Bedeutung.

PFEIFFERA

Kleine, buschig verzweigende Kakteen, in Humusablagerungen auf Steinen oder epiphytisch auf Bäumen wachsend; meist ohne Luftwurzeln.
Die kleinen, kurzröhrigen Blüten sind tagblühend. 4 Arten wurden beschrieben.
Die bekannteste Art: *P. ianthothele*, ein Epiphyt, besitzt 3–4kantige, stark borstenartig bedornte Triebe, 50 cm Länge erreichend, reichlich verzweigend, mit aufrechtem sowie hängendem Wuchs.
Die stachelbeerartigen Früchte sind durchscheinend dünnhäutig und weiß bedornt; eßbar.

VERBREITUNG: Bolivien bis Nordargentinien.

PFLEGEHINWEISE: *Pfeiffera* ist wie andere Epiphyten zu behandeln.

PILOSOCEREUS

Von Buxbaum und Hunt zur Gattung *Cephalocereus* gestellt.
Mittelgroße bis große Säulenkakteen mit leuchtend blaugrüner oder blauer Epidermis.
Bezeichnend ist die variable Haarbekleidung der Blühzone. Die verstärkte Wollbildung der Blühareolen kann sich entweder auf die Scheitelregion beschränken oder tiefer am Sproß herabreichen.
Einige Arten bilden unabhängig von der Blütenzone Haarhauben am Scheitel. Es handelt sich dabei nicht um konstante, echte Cephalienbildungen, wie sie für *Cephalocereus* typisch ist, sondern um Vorstufen dazu oder um ein Pseudocephalium.
Die glockig-trichterigen Blüten werden von Fledermäusen besucht. Die Früchte zahlreicher Arten finden als Obst Verwendung.
Beschrieben wurden rund 60 Arten.

VERBREITUNG: Das weite Verbreitungsareal liegt im tropischen Amerika von Florida über Mittelamerika, Westindien bis Nordperu und Mittelbrasilien.

PFLEGEHINWEISE: Pilosocereen sind wärmeliebende Pflanzen. Überwinterung bei 20°C, nur nachts darf die Temperatur bis auf 12°C absinken.
Zur Ausbildung intensiver Blaufärbung der Epidermis ist sonniger Stand erforderlich.
Pfropfung auf starkwüchsige Säulenkakteen empfehlenswert.

LIEBHABERWERT: Empfehlenswerte Pflanzen für helle und warme Standorte. Bekannteste Arten: *P. chrysacanthus, P. maxonii, P. palmeri, P. sartorianus.*

POLASKIA

Diese monotypische Gattung wurde zu *Lemaireocereus* gestellt.
P. chichipe: baumförmige, bis 5 m hohe Cereen, mit kurzem, bis 1 m dickem Stamm und stark verzweigender Krone. Triebe etwa 10 cm dick, meist 9 Rippen, gelbfleischig. Blüten weiß, sehr klein mit kurzer Röhre. Die 2–3 cm großen Früchte sind eßbar.

VERBREITUNG: Mexiko (Puebla, Oaxaca).

PFLEGEHINWEISE: Diese dekorativen Pflanzen verlangen warmen, hellen Stand sowie reichliche Wasser- und Nährstoffgaben während des Wachstums. Überwinterung nicht unter 15°C.

PORFIRIA
(syn. zu Mammillaria)

Nur eine Art: *P. (= Mammillaria) schwartzii.*
Körper einzeln, Milchsaftführung, mit starker Rübe.
Blüte bis 3 cm Durchmesser, weißlich mit rosa Anflug in der Mitte, trichterförmig.

VERBREITUNG: Mexiko (Coahuila).

PFLEGEHINWEISE: *Porfiria* verlangt Mineralsubstrat, hellen Standort, mäßige Wassergaben. Überwinterung: kühl und trocken.

LIEBHABERWERT: sehr empfehlenswerte Liebhaberpflanzen, weil anspruchslos, blühwillig und kleinbleibend.

PSEUDOESPOSTOA

Zu *Espostoa* gestellt.
Die Merkmale dieser von BACKEBERG aufgestellten Gattung sind: stark wattig-weiß behaarte, kleine bis mittelgroße Cereen, am Grunde verzweigend, mit seitlichem, oberflächlichem Cephalium aus bräunlichweißer Wolle, ohne Borsten.
Die Samen sind glänzend schwarz, bei *Espostoa* dagegen mattschwarz.
P. (= Espostoa) melanostele, mit den Varietäten *V. inermis, V. rubrispina* und *P. (= Espostoa) nana.*

Pseudoespostoa (= Espostoa) melanostele var. inermis

VERBREITUNG: Peru; pazifische Seite, bei 800–2400 m ü.M.

PFLEGEHINWEISE: Diese schönen, sehr empfehlenswerten Kakteen verlangen nahrhaftes Mineralsubstrat, mäßige, gleichbleibende Feuchtigkeit während der Vegetationsperioden und sonnigsten Standort. Häufiges Nebeln ist wachstumsfördernd.
Überwinterung mäßig warm, fast trocken.
Pfropfung auf starke Säulencereen beschleunigt das Wachstum erheblich.

PSEUDOLOBIVIA

Von BACKEBERG begründete Gattung mit 24 Arten, nimmt eine Zwischenstellung zwischen *Lobivia* und *Echinopsis* ein, wird aber heute durchweg unter *Echinopsis* geführt.

Pseudolobivia (= Echinopsis) mamillosa var. kermesina

Es sind echinopsisähnliche Pflanzen mit meist stark beilförmig gehöckerten Rippen. Die großen Blüten sind tagsüber geöffnet – auch bei den Arten, deren Blütenentfaltung bereits am Abend einsetzt. Blütenfarben: weiß, gelb, rosa und rot in vielen Tönungen.

VERBREITUNG: Hochland Boliviens bis Nordargentinien.

PFLEGEHINWEISE: verlangen nährstoffreiches Substrat mit Humusbeimengung, gleichmäßige Feuchtigkeit von Frühjahr bis Herbst, viel Luftbewegung, reichlich Licht.
Überwinterung kühl und trocken.
Im Frühling erst dann mit dem Gießen beginnen, wenn Knospen deutlich entwickelt sind.

LIEBHABERWERT: Pseudolobivien sind anspruchslose Pflanzen, die alljährlich im April – Juni ihre prächtigen, leider nur jeweils 1–2 Tage haltenden Blüten hervorbringen.

PSEUDOMAMMILLARIA
(= MAMMILLARIA) (Vogelnestkaktus)

Früher zur Gattung *Dolichothele* gehörend, von dieser unter anderem durch bedeutend kleinere Blüten abweichend. Blütenröhre bildet mit dem Griffel keine feste Säule.
Wuchs stark sprossend bis rasenbildend, mit dichter, häufig miteinander verwobener Bedornung.
Pflanzen bilden kräftige, fleischige Hauptwurzeln.

VERBREITUNG: Mexiko.

PFLEGEHINWEISE: Pseudomammillarien sind anspruchslose, blühwillige Pflanzen; wie Mammillarien zu pflegen. Vorsicht beim Gießen! Wasser nicht in die Polster bringen, Fäulnisgefahr.
Gute Arten für Zimmerpflege: *P. albescens, P. camptotricha, P. decipiens.*

PSEUDOPILOCEREUS

Neues, von BUXBAUM (1968) aufgestelltes Genus für einige, zuvor unter *Pilocereus* und *Pilosocereus* geführte Arten.

Pseudopilocereus HU 454

Es sind baum- oder strauchförmige, seltener niedrige und unverzweigte Pflanzen mit variabler Bedornung und unterschiedlich ausgeprägter Bewollung der blühfähigen Areolen. Blüten erscheinen in der Scheitelregion oder auch tiefer am Sproß.
Einige besonders prächtige Arten:

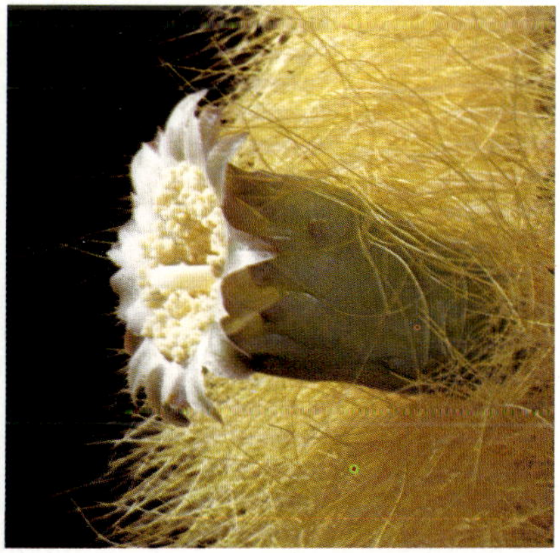

Pseudopilocereus rosalensis

P. fulvilanatus, bis 3 m hoch, blau bereift, dicht goldbraun bewollt; *P. glaucescens,* baumartig, Triebe hellblau bereift; *P. glaucochrous,* aufrecht-strauchig, kräftig hellblau bereift; *P. nobilis,* reich verzweigt, Triebe glänzend, hellgrün bis violettgrün oder fast schwarz; *P. superfloccosus,* hellblau bereift, kräftige, gelbe Bedornung.

VERBREITUNG: Trockengebiete Ostbrasiliens.

Pilosocereus pachycladus

PSEUDORHIPSALIS

Heute zu *Disocactus* gestellt.
Flachtriebige Epiphyten, den *Rhipsalis* ähnelnd. Die kurzröhrigen Blüten erscheinen einzeln 2,5–3 cm lang, mehrfarbig. 3 Arten wurden beschrieben: *P. alata, P. himantoclada, P. macrantha.*

VERBREITUNG: südliches Mexiko, Costa Rica, Jamaica.

PFLEGEHINWEISE: Kultur wie *Rhipsalis.*

PTEROCACTUS

Zu den Opuntioideen-Gattungen gehörend. 7 Arten kleinbleibender Kakteen mit zylindrischen, etwa 1 cm dicken, sich verzweigenden Trieben, kräftigen Rübenwurzeln und endständigen Blüten.
Bezeichnend und einzigartig unter den Kakteen ist der geflügelte Rand der Samen. Daher der Name *Pterocactus* (Ptero = geflügelt).
Die bekanntesten Arten sind: *P. decipiens* und *P. tuberosus.*

VERBREITUNG: Argentinien.

PFLEGEHINWEISE: Pterocacteen verlangen hellen, luftigen Standort, durchlässiges Mineralsubstrat, nur mäßige Wassergaben, kühle Überwinterung.
Wurzelechte Pflanzen in sehr tiefen Töpfen kultivieren. Gepfropft auf *Opuntien* wachsen und blühen sie williger.

LIEBHABERWERT: interessante, wenig verbreitete Liebhaberpflanzen für Gewächshaus und Frühbeetkasten. Ungeeignet für Zimmerkultur.

Pterocactus decipiens

PYGMAEOCEREUS

Kleine, gruppenbildende Cereen, nur etwa 10 cm Höhe erreichend. Die zylindrischen Körperchen stecken in der heimat-

lichen Küstennebelwüste des südlichen Peru oft tief im Boden.
Die Blüten sind schlanktrichterig, 4–6 cm lang, nächtlich.
3 Arten wurden beschrieben; neuerdings zu *Arthrocereus* gestellt.

PFLEGEHINWEISE: *P.* wünschen sandiges Mineralsubstrat mit geringem Humusanteil. Mäßige Wassergaben, nicht zu kühle Überwinterung und sind dankbar für häufiges nebelartiges Besprühen.

LIEBHABERWERT: Diese kleinbleibenden Pflanzen eignen sich gut für Zimmerkultur.

PYRRHOCACTUS

Südamerikanische Kakteen mit kugeligem bis gestrecktem Wuchs. Sie zeichnen sich durch sehr derbe, aufwärts gebogene, den Körper dicht umhüllende Bedornung aus.
BACKEBERG beschreibt 12 Arten.
Viel Streit gab es um die systematische Eingliederung dieser von bestimmten morphologischen Merkmalen gekennzeichneten Gruppe.
Von BUXBAUM sowie den amerikanischen Autoren KIMNACH und HUTCHISON wurde sie zu *Neoporteria* gestellt.

VERBREITUNG: in den Hochgebirgen des westlichen Argentiniens, von Rio Colorado bis Salta und Jujuy.

PFLEGEHINWEISE: *P.* verlangen sehr sonnigen, luftigen Standort, Mineralsubstrat. Sie sind dankbar für häufiges nebelartiges Besprühen und starke Temperaturschwankungen zwischen Tag und Nacht.
Hauptwachstum im Frühjahr und Herbst. Überwinterung kühl und trocken.
Da die Pflanzen wurzelecht in Kultur schlecht vorankommen, empfiehlt sich Pfropfung.
Für Zimmerkultur wegen der hohen Lichtbedürftigkeit ungeeignet.

QUIABENTIA

Zu den Opuntioideen gehörende Gattung mit 5 Arten.
Pflanzen ähneln mit ihren fleischigen, kurzlebigen Blättchen *Pereskiopsis,* jedoch ohne Glochiden in den Areolen. Die stielrunden, meist quirlig verzweigenden Sprosse bilden Sträucher oder kleine Bäume.

VERBREITUNG: Ostbolivien bis Nordargentinien und in der Catinga Brasiliens.

PFLEGEHINWEISE: *Quiabentia* ist in den Kulturen selten vertreten.
Sie verlangen sonnigen, warmen Standort, Mineralsubstrat, reichliche Wasser- und Nährsalzgaben während des Wachstums. Überwinterung nicht zu kühl.
Pflanzen gelangen in Kultur fast nie zur Blüte.

RAPICACTUS

Kleinbleibende Pflanzen aus Mexiko, die auch unter den Gattungsbezeichnungen *Neolloydia, Gymnocactus* und *Thelocactus* geführt werden.

PFLEGEHINWEISE: Rapicacteen verlangen vollsonnigen Standort, durchlässiges Mineralsubstrat, mäßige Wassergaben. Trockene Überwinterung.

LIEBHABERWERT: Die Arten *R. mandragora* und *R. subterraneus* sind begehrte Liebhaberpflanzen. Es sind kuriose Erscheinungen: Zwischen dem keulenförmigen, 3–6 cm Durchmesser erreichenden Sproß und der kräftigen Wurzelknolle entsteht ein etwa 10 cm langer, dünner Stiel.

RAUHOCEREUS

Monotypische Gattung mit *R. riosaniensis* und der Varietät *jaenensis* wurde von HUNT zu *Browningia* gestellt. Eine umstrittene Ansicht.
Aufrechte, bis 4 m Höhe erreichende, locker verzweigende Säulenkakteen, deren blaugrüne Triebe durch regelmäßig angeordnete, abgeflachte Höcker quergefurcht erscheinen. Die glockigtrichterigen Blüten öffnen sich nachts.

VERBREITUNG: Trockenwälder Nordperus.

Rauhocereus riosaniensis

PFLEGEHINWEISE: Diese schönen Pflanzen sind wärmeliebend. Kühler Winterstand, verbunden mit hoher Luftfeuchtigkeit, verursacht schwarze Flecken. Für sonnige Zimmerfenster geeignet.

REBUTIA

(einschl. Aylostera, Mediolobivia, Digitorebutia [= Pygmaeolobivia])

Eine unpraktische Zusammenfassung von Gattungen mit augenscheinlichen Unterschiedsmerkmalen zu einer Großgattung.
Rebutien sind Zwergkakteen mit kugeligem bis gestrecktem Körperbau, häufig

sprossend und polsterbildend. Anspruchslos, gut wüchsig, oft schon im Jugendstadium blühfähig.
Regelmäßig im Spätfrühjahr, nicht selten auch noch einmal im Herbst, erscheinen die farbenprächtigen Blüten in überreicher Fülle. Tagblüher, Blüten mehrere Tage haltend.
Blütenfarben: von weiß über gelb, orange, rosa und rot in vielen Tönungen, auch gestreift.

VERBREITUNG: Argentinien und Bolivien in Hochlagen bis über 3600 m ü.M.

Rebutia (syn. Aylostera) pseudodeminuta

PFLEGEHINWEISE: Anzucht problemlos durch Samen und Kindel. Oft erfolgt Selbstaussaat durch Aufplatzen der reifen Trockenfrüchte.
An das Substrat stellen sie keine besonderen Ansprüche, nur sauer muß es sein. Während des Wachstums lieben Rebutien gleichmäßige Feuchtigkeit (öfter sprühen, weil empfindlich gegen Lufttrokkenheit) und reichliche Ernährung bei luftigem, vollsonnigem Stand. Sehr starke Sonneneinwirkung kann zu braunvioletter Verfärbung der Epidermis führen. Das ist ziemlich unbedenklich, weil natürliche Körperfärbung an den Heimatstandorten. Je stärker der Einfluß von Licht und Luft, in Verbindung mit sehr kühler, absolut trockener Überwinterung, desto reicher der Blütenflor.

Rebutia violaciflora var. knuthiana

Rebutia karlusiana

Hart kultivierte Rebutien entwickeln eine kräftige Bedornung und sind widerstandsfähig gegen den gefürchteten Spinnmilbenbefall.

LIEBHABERWERT: Rebutien, einschließlich der dazugehörigen Untergattungen, stellen uns eine Vielzahl vorzüglicher Liebhaberpflanzen.
Auf kleinem Raum läßt sich eine artenreiche Sammlung anlegen.
Empfehlenswert auch für Zimmerfenster und Balkon.

RHIPSALIDOPSIS
(Osterkaktus)

Kleine, epiphytische Sträucher mit flachen, leicht krautigen Sprossen, die im Alter rund und borkig werden.
Die leicht gekerbten Ränder beziehungsweise Kanten sind in den Kerben mit feinbeborsteten, unscheinbaren Areolen besetzt. An den Sproßenden entsteht aus der Vereinigung mehrerer Areolen eine große, Borsten und Haare tragende Sammelareole.

Rhipsalidopsis rosea

Hier entspringen die meist zahlreichen Blüten wie auch die Sproßverzweigungen. Die prächtigen radiären Blüten sind bei *Rh. rosea* rosafarben und bei *Rh. gaertneri (syn. Epiphyllopsis gaertneri)* leuchtend scharlachrot.

VERBREITUNG: im südbrasilianischen Tropenwald.

Bei den in den Monaten März – April in Massen auf den Markt gelangenden Osterkakteen handelt es sich fast ausschließlich um Hybriden und Selektionen zwischen *Rh. gaertneri* und *Rh. rosea*. Sie wurden nach ihrem Züchter, R. GRÄSER (Nürnberg), *x Rhipsalidopsis graeseri* oder *x Rhipsaphyllopsis graeseri* benannt. Sie ist reichblühender in lebhafteren Farben.
x Rhipsaphyllopsis entstammt der früheren Gattungsbezeichnung eines Elternteils: *Epiphyllopsis*.

Rhipsalidopsis gaertneri

Rhipsalis mesembryanthemoides

Ritterocereus (= Lemaireocereus) pruinosus

PFLEGEHINWEISE: siehe Epiphyten.
Sehr wichtig ist saures (bei pH 5!), humöses Substrat. Gießen mit kalkfreiem, temperiertem Wasser.
Nach dem Knospenansatz müssen die Pflanzen in gleicher Stellung zum Lichteinfall verbleiben, da andernfalls die Knospen abgeworfen werden.
Die Zuchtsorten sind ziemlich unempfindliche, ausdauernde, gut auf eigenen Wurzeln zu haltende Pflanzen. Die reine Wildart *Rh. rosea* dagegen bereitet oft Schwierigkeiten. Pfropfung auf *Pereskia* ist daher anzuraten.
Die Blütenbildung ist abhängig von Temperatur und Tageslänge. Für *Rh. gaertneri* gilt: Ein befriedigender Blüheffekt wird durch eine 50tägige Kühlperiode bei etwa 10°C im Kurztag ausgelöst. Der maximale Blüheffekt wird mit 70–80 Kühltagen erreicht.
15°C im Langtag hemmen die Blütenbildung.
Bei 10°C erfolgt Blütenbildung auch unabhängig von der Tageslänge: es genügt schon eine schwache Belichtung von ungefähr 1000 Lux im 8-Stunden-Tag.
Für *x Rhipsalidopsis graeseri* bringt eine 60–70tägige Kühlperiode mit 10–12°C reichen Blütenansatz. Bei 20°C und mehr unterbleibt die Blütenbildung.

RHIPSALIS
(Binsenkaktus)

Epiphytische, reich verzweigte Sträucher mit hängendem, mitunter auch kletterndem Wuchs; meist auf Bäumen, seltener auf Felsen anzutreffen.
Stark ausgeprägtes, faseriges Wurzelsystem.
Vielgestaltige Triebe: blattartig flach, kantig oder rund, wobei auch innerhalb einer Art verschiedene Entwicklungen auftreten.
Die kleinen Blüten erscheinen meist einzeln aus den zahlreichen Areolen in den Farben Weiß, Rosa bis Purpurrot und gelblich. Ein besonderer Schmuck sind die lebhaft gefärbten Beerenfrüchte: weiß, gelb, rot bis fast schwarz.

VERBREITUNG: in den Tropen Süd- und Mittelamerikas heimisch.
Als einzige Kakteengattung sind *Rhipsalis* auch in Tropengebieten der Alten Welt verbreitet: West-, Süd-, Ostafrika, Madagaskar, Maskarenen, Sri Lanka.

PFLEGEHINWEISE: siehe Epiphyten.

LIEBHABERWERT: Einige der rund 60 beschriebenen Arten sind empfehlenswert für den Pflanzenfreund.
Mit *Rhipsalis* sehr nahe verwandt sind die Gattungen *Acanthorhipsalis, Erythrorhipsalis, Hatiora* und *Lepismium.* HUNT verweist sie alle in die Synonymie zu *Rhipsalis.*

RITTEROCEREUS

Heute zu *Lemaireocereus* gestellt.
9 Arten baumförmiger, zum Teil wachsig bereifter, dickstämmiger Cereen aus dem wärmeren Mexiko und den Westindischen Inseln. Nachtblüher. Wärmebedürftig.

ROOKSBYA

Monotypische Gattung mit *R. euphorbioides,* wurde zu *Neobuxbaumia* gestellt. Der Engländer HUNT ordnet beide Gattungsbezeichnungen bei *Cephalocereus* ein.
Meist unverzweigt wachsende, nachtblütige Säulenkakteen aus Mexiko. Wärmeliebende Art.

ROSEOCACTUS
(syn. zu Ariocarpus)

SCLEROCACTUS

Von HUNT zu *Thelocactus* gestellt.

Kugelige bis zylindrische Pflanzen, selten verzweigend, mit kräftiger, verflochtener Bedornung, den Körper fast einhüllend. Mitteldorn bei einigen Arten hakig.
Die Tagblüten sind trichterig mit schwach behaarter Röhre. Die Früchte öffnen sich bei der Reife an der Basis.
6 Arten wurden beschrieben.

VERBREITUNG: USA (südwestliche Wüstengebiete).

PFLEGEHINWEISE: Diese Bewohner felsiger Trockenhänge verlangen durchlässiges Mineralsubstrat, luftigen, vollsonnigen Stand, geringe Wassergaben und sehr kühle Überwinterung. *S. whipplei* gilt als bedingt winterhart.

LIEBHABERWERT: gering, weil sehr schwierig zu halten. Für Zimmer- und Gewächshauskultur ungeeignet. Das Pfropfen dieser Pflanzen ist ebenfalls wenig erfolgversprechend.

SELENICEREUS

Starkwüchsige Cereen, die mit ihren schlangenförmigen Trieben über Felsen und in Gehölzen klimmen, klettern beziehungsweise ranken.
Mittels ihrer haftenden Luftwurzeln gelangen sie bis in die Kronen mächtiger Urwaldbäume. Es sind prächtige Nachtblüher.
Hierher gehören die berühmte „Königin der Nacht" = *Selenicereus grandiflorus,* mit stark duftenden, und die „Prinzessin der Nacht" = *S. pteranthus,* mit duftlosen Blüten. Die Blumen beider Arten erreichen Längen bis etwa 30 cm.
Die größten Blüten dieser Gattung (bis 40 cm lang!) bringt *S. hamatus* hervor. Jede Blüte ist nur eine Nacht geöffnet. Gut ernährte und ausgewachsene Pflanzen entwickeln alljährlich viele Blumen, deren Entfaltung sich über mehrere Tage bis Wochen erstrecken kann.
Bekannt sind 24 Arten.

VERBREITUNG: Selenicereen sind weit verbreitet in den Tropengebieten von Südtexas über Ostmexiko, Mittelamerika, Westindien bis Argentininen.

PFLEGEHINWEISE/LIEBHABERWERT: siehe unter epiphytische Kakteen.

Selenicereus grandiflorus

SETICEREUS

Heute zu *Borzicactus* gestellt.
Die Arten *S. (= Borzicactus) humboldtii* und *S. (= Borzicactus) icosagonus* sind gruppenbildende, halbkriechende Ce-

Seticereus (= Borzicactus) icosagonus

Seticereus (= Borzicactus) icosagonus var. oehmeanus

reen, die wegen ihrer prächtigen, goldgelben bis rotbraunen Bedornung und der sie auszeichnenden Blühwilligkeit als Liebhaberpflanzen besonders zu empfehlen sind.
Die roten, zygomorphen, tagblütigen Blumen erscheinen aus einer schopfartig beborsteten Blühzone.

VERBREITUNG: Nordperu und Südecuador.

PFLEGEHINWEISE: verlangen durchlässigen Mineralboden, reichliche Ernährung, vollsonnigen Stand, nicht zu kühle Überwinterung.

SETIECHINOPSIS

Nahe verwandt mit *Arthrocereus*.
Monotypische Gattung: *S. mirabilis*, Zwergkakteen, meist einzeln, bis 15 cm hoch bei 2 cm Durchmesser. 11–12 niedrige Rippen.

Setiechinopsis mirabilis

Die dünnröhrigen, bis 12 cm langen nächtlichen Blüten erscheinen im Scheitel, sind weiß und stark duftend.

VERBREITUNG: Argentinien.

PFLEGEHINWEISE: Kultur in saurem, durchlässigem Substrat. Dankbar für häufiges, nebelartiges Besprühen. Überwinterung nicht zu kühl, bei 12°C. Für Zimmerpflege geeignet.

LIEBHABERWERT: *Setiechinopsis* sind empfehlenswerte Liebhaberpflanzen mit geringem Platzbedarf. Wurzelecht sind sie etwas heikel, daher kann Pfropfung vorteilhaft sind.

SOEHRENSIA

Den Lobivien nahestehende und als Riesenlobivien bezeichnete Pflanzen, mit kugeligem, im Alter auch dicksäuligem Wuchs, bis 50 cm Durchmesser und 2 m Höhe erreichend.
7 Arten wurden beschrieben.
Blüten ziemlich klein, kurzröhrig, trichterig, in den Farben Rot und Gelb.

VERBREITUNG: Nordwestargentinien, nur in Höhenlagen bis etwa 3000 m ü.M.

PFLEGEHINWEISE: Diese starkzehrenden Kakteen verlangen durchlässiges Mineralsubstrat, reichliche Wasser- und Nährsalzgaben während des Wachstums, vollsonnigen, luftigen Standort.

Dankbar für häufiges Nebeln und starke Temperaturschwankungen zwischen Tag und Nacht.
Überwinterung sehr kühl und trocken.

LIEBHABERWERT: Diese dekorativen Pflanzen sind nur Pflanzenfreunden mit ausreichenden Platzverhältnissen zu empfehlen.

SOLISIA

Heute unter *Mammillaria* geführt.
Nur 1 Art: *S. pectinata*. Zählt zu den Raritäten unter den Kakteen. Infolge skrupellosen Sammelns an den mexikanischen Heimatstandorten (Staaten Puebla, Oaxaca) weitgehendst ausgerottet.
Zwergkakteen, bis 8 cm lang, 6 cm Durchmesser, milchsaftführend.
Warzen zusammengedrückt, Areolen langgezogen, mit feiner, kammartig angeordneter, weißer Bedornung.
Blüten erscheinen unterhalb des Scheitels.

PFLEGEHINWEISE: Solisien verlangen vollsonnigen, warmen Standort, durchlässiges Mineralsubstrat, sehr geringe Wassergaben (Vorsicht! Niemals über die Pflanze gießen!) und absolut trockene, nicht zu kühle Überwinterung.
Wurzelecht gehaltene Pflanzen haben meist nur geringe Lebensdauer, Pfropfung ist anzuraten.
In der lichtarmen Jahreszeit ist ausreichende künstliche Zusatzbeleuchtung sehr nützlich.

LIEBHABERWERT: Solisien sind außerordentlich anspruchsvoll. Sie sollten nur von erfahrenen Pflanzenkultivateuren mit entsprechenden technischen Einrichtungen in Pflege genommen werden.

STENOCEREUS

Nach Buxbaum eine Sammelgattung, die *Hertrichocereus, Isolatocereus, Marginatocereus, Marshallocereus, Ritterocereus, Lemaireocereus* und einige *Pachycereus*-Arten einschließt.
Der englische Systematiker Hunt ist anderer Ansicht und stellt in seinem neuen Kakteensystem (1967) das Genus *Lemaireocereus* erneut auf und verweist in die Synonomie dazu: *Stenocereus, Machaerocereus, Isolatocereus, Hertrichocereus, Heliabravoa, Marshallocereus, Polaskia, Ritterocereus*. Wunderbar! Es handelt sich hierbei um strauch- und baumförmige Säulenkakteen eines weiten Verbreitungsgebietes, das sich von Arizona über Mexiko, Kuba, die Westindischen Inseln und Venezuela erstreckt.

PFLEGEHINWEISE: Alle Arten sind recht wärmebedürftig, deshalb nicht zu kühl überwintern.

LIEBHABERWERT: Es sind dekorative Pflanzen mit zum Teil auffallend schöner Bereifung (z. B. *Hertrichocereus beneckei*) oder bläulicher Epidermis *(Heliabravoa, Polaskia, Ritterocereus)*.

STETSONIA

Mit der einzigen Art *St. coryne.*

Baumförmige Säulenkakteen, 8 m Höhe erreichend, Stammdurchmesser etwa 40 cm.

Durch die bläulichgrüne Epidermis und starke, 3–6 cm lange Bedornung sehr dekorative Erscheinungen. Blüten nächtlich, weiß, etwa 15 cm lang.

VERBREITUNG: bildet zum Teil landschaftsprägende Bestände im nordwestlichen Argentinien, in Bolivien und Paraguay. Auf trockenen Berghängen und im laubwerfenden Trockenwald.

Stetsonia coryne

PFLEGEHINWEISE: Stetsonien wünschen nährstoffreiches, durchlässiges Mineralsubstrat, mäßige Wassergaben, sonnigen Standort, trockene, nicht zu kühle Überwinterung.

LIEBHABERWERT: empfehlenswerte Liebhaberpflanzen, die wurzelecht dauerhaft zu kultivieren sind, jedoch nicht unbändig wachsen.

STROMBOCACTUS

Monotypisch mit *St. disciformis.*

Kleine Pflanzen mit flachkugeligem Wuchs, 8–15 cm Durchmesser erreichend.

Die blaugrüne oder graue Epidermis ist täuschend der Farbe des Kalkschiefers am natürlichen Standort angepaßt.

Blüten etwa 3 cm lang bei 4 cm Durchmesser, weiß bis gelblich.

Strombocactus disciformis

VERBREITUNG: Zentralmexiko (Hidalgo, Queretaro) in steilen Felswänden.

PFLEGEHINWEISE: verlangen schotteriges Mineralsubstrat, mäßige Wassergaben während des Wachstums, hellen Standort.

LIEBHABERWERT: Strombocacteen sind begehrte Liebhaberpflanzen, weil hübsch aussehend, reichlich und regelmäßig blühend und wenig platzaufwendig.

In Kultur wachsen sie unter geringeren Lichtverhältnissen kurzzylindrisch in die Länge. Pfropfung ist unter Umständen empfehlenswert.

SUBMATUCANA

Heute zu *Matucana* gestellt.

Unterscheidet sich von *Matucana* durch eine behaarte, statt kahle Blütenröhre sowie durch breitere Rippen.

VERBREITUNG: Nordperu.

Matucana (syn. Submatucana) paucicostata

LIEBHABERWERT: interessante Liebhaberpflanzen.

SULCOREBUTIA

Kleine Kugelkakteen, häufig polsterbildend mit strichförmigen Areolen und zum Teil derber Bedornung.
Blüten *Rebutia*-ähnlich, in verschiedenen gelben, orangefarbenen, roten bis violetten Farbtönungen.

Sulcorebutia steinbachii

Sulcorebutia canigueralii

Rund 25 Arten wurden bisher beschrieben.

VERBREITUNG: Ostbolivien, bis auf 3000 m ü.M. vorkommend.

PFLEGEHINWEISE: wie Rebutien und Lobivien.

LIEBHABERWERT: Sulcorebutien sind ausnahmslos gute Liebhaberpflanzen: anspruchslos, platzsparend, hübsch aussehend und blühwillig. Leicht durch Samen und Kindel zu vermehren. Mancher Kakteenfreund befaßt sich ausschließlich mit dieser Gattung.

TEPHROCACTUS
(Untergattung zu Opuntia)

Interessante, niedrige, zu großen Polstern sich entwickelnde Kakteen aus den Hochanden in Peru, Chile, Bolivien und Argentinien, bis über 4000 m ü.M. vorkommend.
Dornen häufig papier- und pergamentartig.
Rund 80 Arten sind benannt.

PFLEGEHINWEISE: Tephrocacteen wünschen sonnigsten Standort, Luftbewegung, starke nächtliche Abkühlung, mineralisches, nährstoffreiches Substrat und gleichmäßige Feuchtigkeit während des Wachstums. Unter diesen Bedingungen gedeihen sie wurzelecht recht gut. Pfropfung bringt manchmal Vorteile.
In Kultur gelangen *T.* kaum zur Blüte.
Überwinterung sehr kühl und trocken.
Einige Arten, z. B. *T. darwinii,* sind frostbeständig.

THELOCACTUS

Gattung kugeliger bis gestreckter, nicht sehr groß werdender Pflanzen mit Rippenhöckern, starker, oft bunter Bedornung in weißen, gelben und roten Tönungen, auch 2- und 3farbig sowie großen, farbenprächtigen Blüten, die mehrere Tage halten.

Thelocactus bicolor

Thelocactus lophothele

Die glockigen bis breittrichterigen Blüten erscheinen aus scheitelnahen Areolen.

VERBREITUNG: USA (Texas) bis Nord- und Mittelmexiko.

PFLEGEHINWEISE: Die dichtbedornten Arten verlangen sonnigsten Standort. Alle „Thelos“ wünschen durchlässiges Mineralsubstrat, nur mäßige Wassergaben – auch während des Wachstums –, aber reichliche Ernährung und absolut trockene, kühle Überwinterung.

LIEBHABERWERT: Thelocacteen zählen zu den besten Liebhaberkakteen. Bei sachgemäßer Pflege kommen sie wurzelecht gut voran.

THRIXANTHOCEREUS

Von BUXBAUM zu *Espostoa* gestellt.
Meist einzeln wachsende Säulenkakteen mit feinhöckerigen Rippen und dichter borstenartiger Bedornung.
Pflanzen bilden ein oberflächliches, lang herablaufendes Cephalium, aus dem die übelriechenden, nächtlichen Blüten entspringen.
3 Arten wurden beschrieben.

VERBREITUNG: innerandine Trockentäler Nordperus.

PFLEGEHINWEISE: verlangen sonnigsten Standort, wenig Wasser, humushaltiges, durchlässiges Mineralsubstrat, Nährsalzgaben während des Wachstums, trockene, nicht zu kühle Überwinterung.

LIEBHABERWERT: Thrixanthocereen sind empfehlenswerte Liebhaberpflanzen. Pfropfung auf starke Säulencereen beschleunigt das Wachstum erheblich.

TOUMEYA

(einschl. der Untergattung Turbinicarpus)

Kugelförmige Zwergkakteen, zum Teil sprossend, mit großen Warzen, nur wenigen, weichen Dornen.
Blüten im Scheitel erscheinend, schmutzigweiß bis gelblich oder schwachrosa.

VERBREITUNG: USA (Süd-Utah, Arizona, New Mexico), Nordmexiko.

PFLEGEHINWEISE: lieben leicht alkalisches Substrat mit Gipszusatz, nur mäßige Wassergaben. Empfindlich gegen Nässe am Wurzelhals. Überwinterung bei 6–10°C, trocken.
Toumeya wird oft gepfropft, wächst bei sachgemäßer Behandlung auch wurzelecht, jedoch sehr langsam.

LIEBHABERWERT: empfehlenswerte Pflanzen für bescheidene Platzverhältnisse. Gut für Zimmerkultur.

TRICHOCEREUS

(einschl. Helianthocereus)

BACKEBERG unterteilte diese Kakteen in *Trichocereus* = Nachtblüher mit riesigen, bis 22 cm langen, zum Teil duftenden, weißlichen Trichterblüten und *Helianthocereus* = Tagblüher mit farbigen, bis 15 cm langen Trichterblüten. Diese Trennung wird heute nicht mehr anerkannt.
Trichocereen sind kräftige Säulenkakteen, meist aufrecht und baumförmig oder niedrig, strauchartig. Einige Arten auch niederliegend, zum Teil dichte Polster bildend.
Bedornung bezüglich der Intensität und Färbung sehr variabel.
Besonders kräftigbedornte Arten sind u. a.: *Trichocereus* (syn. Helianthocereus) *antezanae* mit 10 cm langen, und *Trichocereus* (syn. *Helianthocereus*) *pasacana*, mit 14 cm langen Dornen.

VERBREITUNG: Anden von Ecuador, Peru, Chile, Bolivien und Argentinien.

PFLEGEHINWEISE: starkzehrende Pflanzen. Verlangen saures Substrat, danken reichliche Ernährung und Wasserversorgung durch freudiges Wachstum. Am besten gedeihen sie im Gewächshaus frei ausgepflanzt. Zur Auslösung der Blühbereitschaft ist sehr kühle, trockene Überwinterung erforderlich.

LIEBHABERWERT: Trichocereen gehören zu den anspruchslosesten Kakteen. Diese Gattung stellt gute Pfropfunterlagen.
Der Betreuer einer größeren Kakteensammlung sollte stets einige pfropfbereite Exemplare zur Verfügung haben, damit im Bedarfsfall jederzeit eine Notpfropfung vorgenommen werden kann.

UEBELMANNIA

Diese Gattung kugeliger bis kurzzylindrischer Kakteen wurde erst im Jahr 1967 entdeckt.
Im Habitus ähneln sie den in Mexiko heimischen Astrophyten; gehören aber nicht in deren Verwandtschaft.
5 Arten wurden bisher beschrieben.

Toumeya (Turbinicarpus) polaskii

Trichocereus candicans

Uebelmannia pectinifera

VERBREITUNG: Nordbrasilien, in Minas Gerais. Wachsen auf Granit und Quarz, also sauren Substraten. Häufig in Gesellschaft mit bodenbewohnenden Bromelien und *Vellozia*.

PFLEGEHINWEISE: Uebelmannien sind wärmeliebende, anspruchsvolle Pflanzen. Dankbar für Bodenwärme und häufiges Nebeln. Überwinterung warm, nicht extrem trocken.

WEINGARTIA

(syn. zu Gymnocalycium)

Einzeln oder sprossende Kugelkakteen. Einige der 17 beschriebenen Arten entwickeln Halsrübenwurzeln.
Die Blüten sind kurzröhrig, beschuppt und kahl. Aus einer Areole können mehrere Blüten gleichzeitig erscheinen.
W. neocumingii ist die bekannteste Art. Sehr zahlreich erscheinen im Frühsommer die 2,5 cm großen, goldgelben bis rötlichgelben Blütchen.

VERBREITUNG: Ostbolivien und Nordargentinien.

PFLEGEHINWEISE: Weingartien lieben saures, humushaltiges Substrat, gleichmäßige Feuchtigkeit und gute Ernährung während der Wachstumszeit. Überwinterung kühl, ziemlich trocken.

WIGGINSIA

(syn. Malacocarpus = Notocactus)

WILCOXIA

Strauchartige Pflanzen mit dünnen, 0,6–2 cm Durchmesser und 20–200 cm Länge erreichenden Trieben, kurzer, borsten- oder haarartiger Bedornung, mächtigen Rübenwurzeln und ziemlich großen, seitlichen oder endständigen Blüten in Weiß, Rosa bis Rot.

VERBREITUNG: USA (Texas), Nord- und Zentralmexiko.

Weingartia (= Gymnocalycium) sucrensis

Wilcoxien wachsen bevorzugt zwischen lichten Dornsträuchern, wo sie Stütze und Sonnenschutz finden.

Wilcoxia (= Echinocereus) nerispina

PFLEGEHINWEISE/LIEBHABERWERT: empfehlenswerte Pflanzen für den aufmerksamen Pflanzenfreund.
Können nur bedingt durch Stecklinge, wohl aber durch Pfropfung vermehrt werden. Wurzelechte Sämlingspflanzen wachsen langsam. Überwinterung kühl und trocken, bei 10–12°C.
Mit dem Gießen im Frühjahr erst beginnen, wenn Blütenknospen weit entwickelt sind.

WINTEROCEREUS

(syn. Winteria und Hildewintera)

Siehe unter *Hildewintera*.

ZYGOCACTUS

(Weihnachtskaktus)

Diese Pflanzen hießen früher *Epiphyllum*. Epiphytische Sträucher mit gegliederten, meist blattähnlichen Flachsprossen. Die zygomorphen (= schiefsaumigen) Blüten erscheinen einzeln oder zu mehreren an den Triebspitzen.

Zygocactus truncatus ist ein Elternteil der heutigen Weihnachtskakteen. Die ersten Zuchtsorten sind hervorgegangen aus Kreuzungen mit *Schlumbergera bridgesii.*
Schlumbergera hat radiäre Blüten. Die Farbpalette der Hybriden reicht von weiß über rosa, rot bis violett.
Sie gelangen unter *Schlumbergera* wie auch unter *Zygocactus* auf den Markt. Es besteht ein erheblicher Namenswirrwarr.

VERBREITUNG: Die Heimat der Stammeltern unserer Weihnachtskakteen sind die Regenwälder der ostbrasilianischen Randgebirge um Rio de Janeiro, auf 900–1400 m ü.M.

PFLEGEHINWEISE: als Epiphyten verlangen sie saures, humöses Substrat, Wärme während des Wachstums und gleichmäßige Feuchtigkeit. Empfindlich gegen Staunässe wie auch gegen starkes Austrocknen des Wurzelballens. Nur temperiertes, kalkfreies Wasser verwenden!
Pfropfung auf *Pereskia, Selenicereus* oder *Hylocereus* ergibt interessante Kronenbäumchen.
Ausgereifte Sproßglieder, die von der Mutterpflanze abgedreht – nicht abgeschnitten – werden, bewurzeln leicht.
Weihnachtskakteen haben von März bis August die vegetative Wachstumsphase, während der sie regelmäßig gegossen und gedüngt werden. Ab September sind sie etwas trockener und luftiger zu halten, damit die Sproßglieder ausreifen.
Die Blütenbildung dieser Kurztagpflanzen erfolgt in Abhängigkeit von der Tageslänge sowie der Temperatur. Bei über 23°C erfolgt keine Knospenbildung, das vegetative Wachstum wird fortgesetzt. Bei 17–20°C werden Blütenknospen nur im Kurztag, bei 10–15°C im Lang- und Kurztag ausgebildet. Unter 10°C unterbleibt die Blühbereitschaft. Für die Blüteninduktion ist die Nachttemperatur entscheidend.
Während der Blütenentwicklung und Blütezeit sind die Pflanzen gleichmäßig feucht zu halten. Um das Abwerfen der Knospen zu vermeiden, dürfen die in Zimmerkultur gehaltenen Pflanzen wegen des einseitigen Lichteinfalls nicht verstellt werden.
Nach der Blüte haben Weihnachtskakteen eine Ruhezeit, in der sie bei 10–15°C etwas trockener gehalten werden.
Zu Beginn der neuen Wachstumsperiode, etwa ab Mitte März, wird in frisches Substrat umgepflanzt. Pflanzen verlangen Schutz vor sommerlicher Prallsonne. Ein geschützter, halbschattiger Platz im Freien ist von Mitte Mai bis September günstig.

Zygocactus x Schlumbergera Hybride

Greenovia aurea

DIE ANDEREN SUKKULENTEN von A bis Z

Aus der ungeheuren Vielfalt der anderen Sukkulenten wird im folgenden Abschnitt eine beschränkte Auswahl interessanter und kulturwürdiger Gattungen und Arten aus den unterschiedlichsten Familien vorgestellt. Die Aufstellung erfolgt in alphabetischer Reihenfolge der Familienzugehörigkeit.

Haworthia retusa

FAMILIE
AGAVACEAE
(Agavengewächse)

AGAVE

Mehr als 300 Arten wurden beschrieben. Sukkulente oder xerophile Pflanzen, zum Teil stammbildend, häufig ausläufertreibend.

Die mehr oder weniger fleischigen Blätter sind rosettig angeordnet. Langlebige Gewächse, deren Rosetten nach der Blüte beziehungsweise Frucht- und Samenreife absterben. Die Blütenstände erlangen je nach Art Höhen von 1,5–11 Meter.

Agave parviflora

Agave americana cv. Marginata

Agave filifera var. compacta

Zwischen den Zwergformen, deren Rosetten nur etwa 10 cm Durchmesser erreichen *(A. filifera* var. *compacta)* und den riesenhaften Arten mit 4,5 m Durchmesser *(A. franzosinii)* gibt es alle Übergänge. Viele zeichnen sich durch prächtige blaugraue Bereifung der Blätter, kräftige Randbedornung, mehrfarbige Blattzeichnung oder besonders ansprechende Wuchsformen aus.

VERBREITUNG: südliche USA, Mexiko bis nördliches Südamerika. Die bekannte *Agave americana,* einschließlich der gelb- oder weißgestreiften Varietäten ist in Südeuropa, den Mittelmeerländern, auf den Kanarischen Inseln, in Südafrika und Ostindien verwildert.

PFLEGEHINWEISE: Erde nahrhaft mit Lehmzusatz. Für gute Dränage in den Pflanzgefäßen ist zu sorgen, weil sehr empfindlich gegen Staunässe.

Während der sommerlichen Hauptwachstumszeit reichlich gießen und mit schwach konzentrierten Nährlösungen düngen.

Vermehrung einfach durch Samen, Kindel und Ausläufer. Größere Schnittflächen an abgetrennten Jungpflanzen müssen vor dem Einpflanzen gut abtrocknen. Einstäuben mit pulverisierter Holzkohle ist ratsam.

LIEBHABERWERT: Agaven sind auch bei uns beliebte Zierpflanzen, die, in Töpfen oder Kübeln gehalten, über Sommer am besten an einem sonnigen Garten- oder Terrassenplatz stehen.

Winterstand kühl, ziemlich trocken. Für Zimmer und Kleingewächshaus kommen nur die kleinbleibenden Arten in Betracht.

FAMILIE
APOCYNACEAE
(Hundsgiftgewächse)

ADENIUM

Stammsukkulenten mit knollenartig verdickter Stammbasis, auf der sich eine Krone unregelmäßig verzweigender dikker, dornenloser Äste aufbaut.

Pflanzen enthalten einen stark giftigen, milchigen Saft, der bei Verletzung reichlich hervortritt.

Die ledrigen, länglichen bis oval-runden, spiralig angeordneten Blätter werden während der winterlichen Ruhezeit abgeworfen.

Die trichterförmigen, 6–10 cm großen Blüten erscheinen meist zahlreich. Blütenfarben: Rosa bis Rot in verschiedenen Tönungen.

12 einander sehr ähnelnde Arten wurden beschrieben.

VERBREITUNG: Trockengebiete des tropischen Afrika, Insel Sokotra, südliches Arabien.

A. obesum, die bekannteste Art, wird in ihrer Heimat, dem Trockenbusch Kenias als ‚Desert Rose' (= Wüstenrose) bezeichnet.

Die bis 2 m hohen Sträucher entwickeln ihre Blüten bereits während der Trockenperiode und beleben somit weithin leuchtend das dürre, blattlose Landschaftsbild.

PFLEGEHINWEISE: wurzelecht gezogene Adenien verlangen ein durchlässiges humöses Substrat.

Standort warm und sonnig. Während des Sommers reichlich gießen, im Winter Trockenruhe einlegen. Blattfall in der Trockenheit ist normal.

Auf *Oleander* gepfropfte Adenien dürfen

im Winter nicht vollkommen austrocknen. Sie verlangen schwere, lehmhaltige Erde.

LIEBHABERWERT: Adenien zählen heute zu den bevorzugten Zimmerpflanzen. Neben den Wildarten erscheinen neuerdings verschiedene, durch Züchtung entstandene Hybriden auf dem Markt.
Die Zuchtsorten werden ausnahmslos durch Pfropfung auf *Oleander (Nerium oleander)* vermehrt. Das ergibt wüchsige, blühwillige Pflanzen.
Die Ausbildung kräftiger Stammknollen, eine typische natürliche Wuchseigenschaft der Gattung *Adenium,* unterbleibt bei ungeschlechtlich vermehrten Pflanzen.

Adenium obesum

Die reinen Arten lassen sich ziemlich problemlos durch Samen vermehren; nur ist Samen kaum erhältlich.
Eine weitere, für den Pflanzenfreund interessante und sichere Vermehrungsmethode ist das sogenannte Abmoosen.
Zu diesem Zweck werden gut entwickelte Zweige ungefähr 10 cm unterhalb der Triebspitze zu etwa 2/3 quer durchgeschnitten (mit sehr scharfem Messer, besser mit Rasierklinge), ein flaches Kieselsteinchen in den Spalt geklemmt, sodann die Partie um die Schnittfläche mit Sumpfmoos (Sphagnum) oder Fasertorf dick eingepackt.

Damit man diese Packung stets gleichmäßig feucht halten kann, wird diese mit Kunststoffolie umhüllt und zugebunden. Nach einigen Wochen oder auch Monaten werden Wurzeln sichtbar, so daß die Triebspitzen nun vollends von der Mutterpflanze getrennt und als selbständige Individuen weiterkultiviert werden können.
Stecklingsvermehrung in Sand/Torfgemisch ist ebenfalls möglich, sofern Bodenwärme vorhanden.
Einige Sorten genießen Züchterschutz; hier ist Vermehrung, auch Nachbau genannt, nicht statthaft.

PACHYPODIUM

Die 18 beschriebenen Arten dieser Gattung sind interessante Stammsukkulenten mit strauchartigem oder säulenförmigem Wuchs.
Die Vertreter der erstgenannten Gruppe entwickeln, ähnlich den Adenien, eine mächtige Sproßknolle. Blätter erscheinen auf den dornentragenden Seitenzweigen während der Vegetationsperiode alljährlich neu.
Die baumförmigen Arten bilden einen 6–10 m hohen sukkulenten Stamm, der erst bei Erlangung der Blühreife eine gabelig verzweigte Krone hervorbringt.
Die äußerst seltene und streng geschützte Art *P. namaquanum* (Süd- und Südwestafrika) verzweigt sich – außer bei Verletzungen – nie.
Manche Arten (z. B. *P. geayi, P. giganteum, P. namaquanum, P. rutenbergianum)* ähneln mit ihren dornenbewehrten Stämmen dem Habitus von Säulenkakteen.

VERBREITUNG: Trockengebiete des südlichen Angola, Südwestafrika (Großes Namaland), Südafrika (Kapprovinz: Kleines Namaland), Madagaskar.
Die als „Madagaskarpalmen" oder „Sterne der Steppe" bezeichneten baumförmigen Vertreter *(P. geayi, P. lamerei, P. rutenbergianum)* bewohnen niederschlagsarme Gebiete niederer Lagen, während die gelbblühenden, hochsukkulenten und klumpenbildenden Wuchsformen *(P. brevicaule, P. densiflorum, P. horombense, P. rosulatum)* auf den vegetationsarmen Hügeln des zentralen Hochlandes vorkommen.
Die letzteren sind seltene, sehr wertvolle Pflanzen für den erfahrenen Pflanzenfreund. Bekannt und beliebt ist die kleinbleibende, rotblühende Art *P. baroni* mit der Varietät *windsori.* Sie kommen auf Humusablagerungen in Felsspalten des nordmadagassischen Schrattenkalkgebirges vor.

PFLEGEHINWEISE: Pachypodien lassen sich nur durch Samen vermehren. Es sind wärme- und lichtbedürftige Gewächse, Lufttrockenheit ertragend. Vor allem *P.*

Pachypodium geayi

Pachypodium brevicaule

geayi und *P. lamerei* zählen heute zu den dankbarsten Zimmerpflanzen für helle, zentralbeheizte Räume. Unter der volkstümlichen Bezeichnung „Madagaskarpalmen" (obwohl sie keinerlei verwandtschaftliche Beziehungen zu den Palmengewächsen besitzen!) werden beide Arten in Massen auf den Markt gebracht.

Der natürliche Lebensrhythmus dieser aus der südlichen Hemisphäre stammenden Gewächse bedeutet Wachstum während unseres Winters und Ruhe während der mitteleuropäischen Sommermonate. Glücklicherweise passen sie sich weitgehendst unserem Klima- und Vegetationsablauf an, so daß man sie im Sommer reichlich gießen und mit Nährstoffen versorgen, im Winter aber ziemlich trokken halten kann.

Die Pflanzen können auch ganzjährig durch viel Wärme, Licht und gleichbleibende, mäßige Feuchtigkeit im Wachstum erhalten werden. Die Temperatur sollte 15°C nicht unterschreiten. Zeitweiliger Blattfall hat zu bedeuten, daß die Pflanze eine Wachstumspause einlegt und trocken zu halten ist.

In dem Maße, in dem die Pflanze in der Triebspitze neue Blätter ausbildet, wirft sie alte Blätter ab, so daß sich ein kahler, dornenbewehrter Stamm entwickelt.

Blüten bringen die beiden genannten Arten erst im Alter hervor, wenn die Wuchshöhe mehrere Meter beträgt. Sie sind weiß, etwa 7 cm groß.

Pachypodien verlangen in Kultur durchlässiges, humöses Substrat mit reichlichem Quarz- oder Granitanteil. *P. geayi* verträgt einen bei pH 7–7,5 liegenden Reaktionswert.

Die sogenannten Madagaskarpalmen werden leicht von Spinnmilben befallen. Das Schadbild zeigt Schwarzwerden und Verkrüppeln der jungen Blätter und Triebspitzen. Die Epidermis im oberen Sproßbereich wird grindig-rissig, es erfolgt Wachstumsstillstand. Nach erfolgreicher Bekämpfung dieser hartnäckigen Schädlinge ist mit einem Neuaustrieb der Pflanzen zu rechnen.

PLUMERIA

(Frangipani)

Benannt nach Charles PLUMIER (1646–1706), französischer Botaniker und Reisender.

Sträucher oder Bäume, bis 5 m Höhe erreichend, mit sukkulentem Stamm und fleischigen Ästen.

Blätter recht groß, bis 45 cm lang und 15 cm breit *(P. rubra* forma *acuminata).* Blüten groß, wohlriechend, in endständigen Trugdolden.

VERBREITUNG: tropisches Amerika.

PFLEGEHINWEISE: Plumerien zählen zu den schönstblühenden Tropenpflanzen; sie werden in allen wärmeren Ländern angebaut.

Bei uns gedeihen sie im warmen Gewächshaus wie auch am sonnigen Zimmerfenster bei einer Mindesttemperatur von 16–18°C.

Zur Blüte gelangen Plumerien nur nach einer längeren Trockenruhezeit, während der sie sämtliche Blätter verlieren müssen. Von November bis zum Erscheinen der Blütenknospen, etwa im Mai, unterbleibt daher das Gießen nahezu gänzlich. Während des Sommers wird reichlich gegossen und auch gedüngt.

Die Blütezeit erstreckt sich über mehrere Monate. Kultur in sandig-lehmiger Erde mit Humusanteil.

Vermehrung durch Stecklinge, deren Schnittfläche vor dem Stecken in Sand/Torfgemisch erst durch mehrwöchiges Liegenlassen vernarben sollte.

Plumeria rubra Hybride ‚Frangipani'

Plumeria rubra f. acuminata Hybride

FAMILIE *ASCLEPIADACEAE*

(Schwalbenwurzgewächse)

Die Stammsukkulenten in der vielgestaltigen und artenreichen Familie der Schwalbenwurz- oder Seidenpflanzengewächse verdienen besondere Beachtung. Es sind die in der Gruppe der Stapelieen zusammengefaßten Gattungen.

Die Mehrheit dieser Gewächse zeigt rasenförmigen Wuchs, indem an der Basis der Hauptsprosse Seitensprosse entstehen, die sich jeweils an der Unterseite verzweigen und so fortlaufend rundherum ausbreiten. Manche Arten können auf diese Weise quadratmetergroße Ausdehnungen erlangen.

Die Seitenäste bilden reichlich Wurzeln und sind somit nicht auf die Versorgung durch den Hauptsproß angewiesen. Im älteren Bereich sterben die Pflanzen ab, so daß sie sich an der Peripherie fortlaufend verjüngen.

Manche Arten kriechen flach auf dem Boden, andere erreichen Wuchshöhen bis etwa 25 cm. Nur wenige werden höher, z. B. *Caralluma penicillata,* die bis 1,2 m hoch wird.

Den geschilderten Wuchstypus besitzen folgende Gattungen:
Caralluma, Duvalia, Edithcolea, Echidnopsis, Huernia, Huerniopsis, Orbea (von *Stapelia* abgetrennt), *Orbeopsis* (von *Caralluma* abgetrennt), *Orbeanthus* (früher unter *Stultitia* geführt), *Pectinaria, Piaranthus, Stapelia, Stapelianthus, Stultitia.*

VERBREITUNG: je nach Art vom südlichen Afrika über Arabien bis Indien.

Eine Art *(Caralluma europaea)* kommt in Südspanien vor, *Stapelianthus* auf Madagaskar.

Die meisten stammsukkulenten Schwalbenwurzgewächse sind in den ausgedehnten Trockengebieten Süd- und Südwestafrikas heimisch.

PFLEGEHINWEISE: Vermehrung einfach durch Samen und abgetrennte Seitensprosse. Die Samen keimen sehr rasch. Bereits 1–2 Tage nach der Aussaat erscheinen unter optimalen Bedingungen die jungen Pflänzchen, die sogleich an Luftbewegung gewöhnt und in der Regel schon nach wenigen Wochen pikiert werden sollten. Vorsicht beim Gießen! Fäulnisgefahr.

Vorbeugend gegen den häufig auftretenden Vermehrungspilz ist das Saatgut zu beizen, das Aussaatsubstrat sowie die

Caralluma spec.

Orbea variegata var. (syn. Stapelia variegata var.)

Caralluma hesperidum

Huernia longituba

Orbea variegata (syn. Stapelia variegata)

Stapelia semota var. lutea

Stapelia leendertziae

Stapelia hirsuta

Saatgefäße zu desinfizieren. Die Aussaat und die Jungpflanzen sind regelmäßig wöchentlich mit Chinosollösung (0,5 g je l Wasser) zu gießen.
Im übrigen sollten die Jungpflanzen nicht überbraust, sondern besser von unten mit dem notwendigen Wasser versorgt werden.
Auch später erhalten die Stapelieen nur mäßige Wassergaben. Wachstumsfördernd wirkt nebelartiges Besprühen während der warmen Jahreszeit frühmorgens und abends.
Überwinterung bei 5–12°C und trocken, *Stapelianthus* bei mindestens 15°C!
Manche Pflanzenfreunde nehmen ihre Stapelien, Carallumen und ähnliche

in flachen Schalen oder Töpfchen kultiviert. Sie haben die Neigung, über die Topfränder hinauszuwachsen.
Die genannten Gattungen bevorzugen leichten Schutz vor sommerlicher Prallsonne, denn an ihren natürlichen Standorten wachsen sie im Gras, unter Sträuchern oder unter vorstehenden Steinen.
Stapelieen werden gelegentlich von Schild-, Woll- und Wurzelläusen und bestimmte Arten zudem von einer gefährlichen Pilzerkrankung, dem sogenannten „schwarzen Tod“, befallen.
Das Schadbild dieser Erkrankung zeigt schwarze Flecken mit raschem Vergilben der Sprosse. Das gesamte Pflanzengewebe wird erfaßt und kann den Verlust

Caralluma nebrownii var. pseudo-nebrownii

Huernia kirkii

Huernia pillansii

Huernia concinna

Pflanzen im Herbst aus der Erde, um sie freiliegend an einem kühlen und trockenen Ort aufzubewahren.
Die so überwinterten Pfleglinge werden im zeitigen Frühjahr in frisches Substrat eingepflanzt. Schon bald setzt unter günstigen Voraussetzungen Wurzelbildung und reges Wachstum ein.
Stapelieen dürfen während der Wintertrockenruhe bedenkenlos ein wenig schrumpfen.
Als Kultursubstrat dient durchlässige, sandig-humöse Erde, aber auch in reinem Lavagrus (Körnung 0–2 mm) erfolgt Wurzelbildung in hervorragender Weise.
Die Pflanzen werden wegen des in die Breite strebenden Wachstums am besten

wertvoller Pflanzenbestände binnen weniger Tage verursachen.
Das Auftreten wird durch Lichtmangel, kühle Temperaturen sowie durch hohe Luftfeuchtigkeit begünstigt, erfolgt also vorwiegend während der Wintermonate.
Die befallenen Pflanzenteile müssen, weil eine wirksame chemische Bekämpfung noch nicht möglich ist, verbrannt werden.
Sproßstücke einer befallenen Pflanze können, sofern sie im Innern noch keine schwarzen Stränge aufweisen, als Stecklinge dienen. Man läßt diese nach dem Schneiden einige Tage liegen, damit die saftreichen Schnittstellen an der Luft abtrocknen.
Stecklinge, die im Winter geschnitten wer-

Caralluma frerei (= Frerea indica)

Hoodia gordonii, am Standort in der Ceres Karru (Südafrika)

den müssen, bleiben völlig trocken bis zum Frühjahr liegen.
Jeder umsichtige Pflanzenfreund wird im Umgang mit den genannten Stapelieen erfolgreich sein und viel Freude haben. Diese Pflanzen zeichnen sich durch interessant geformte Blüten aus, die alljährlich regelmäßig in den Sommermonaten erscheinen.
Zur Gruppe der Stapelieen zählen auch die Gattungen *Decabelone* (syn. *Tavaresia*), *Hoodia* und *Trichocaulon.*
Sie zeigen strauchförmigen Wuchs und ähneln mit ihren aufrechten, dickfleischigen, häufig dornigen Sprossen bestimmten Säulenkakteen.
Hoodia und *Tavaresia* werden in der süd- beziehungsweise südwestafrikanischen Heimat weit über einen Meter hoch.
In Kultur sind sie äußerst heikel. Man pfropft sie – weil wurzelecht schwierig und kaum dauerhaft zu halten – auf die Speicherknollen von *Ceropegia woodii.* Sämlingspflanzen sollen bald gepfropft werden. Keine Stecklingsvermehrung.
Neben den genannten Stammsukkulenten der *Asclepiadaceae* haben einige andere Vertreter dieser Familie Bedeutung für die Pflanzenliebhaberei. Im Rahmen dieses Buches kann auch auf sie nur in allgemein erklärender Form eingegangen werden.

LIEBHABERWERT: Es sind interessante, in der Mehrheit leicht zu kultivierende Pflanzen; auch für Zimmerpflege zu empfehlen.

CEROPEGIA

(Leuchterblume)

Rund 160 *Ceropegia*-Arten sind bekannt, deren weiträumiges Verbreitungsareal viele tropische Gebiete von Südafrika über Arabien bis Ostindien und Westchina erfaßt. Interessante sukkulente Vertreter sind auf den Kanarischen Inseln und den benachbarten Komoren heimisch.
Ceropegia ist eine sehr vielgestaltige Pflanzengattung mit mehr oder weniger ausgeprägter Sukkulenz. Viele Arten entwickeln an ihren dünnen, niederliegenden oder aufrecht-windenden Trieben normale Blätter.

Ceropegia distincta ssp. haygarthii

Hoodia bainii mit Früchten

Brachystelma barberiae

Ceropegia woodii

Andere, hochsukkulente Arten haben die Blätter zu winzigen, in Wirteln angeordneten Schuppen reduziert.
Bei einigen ist die Erscheinung der Wurzelsukkulenz bemerkenswert. Hier entspringen aus unterirdischen Knöllchen dünne Sprosse, die nach jeder Vegetationsperiode absterben.

Ceropegia stapeliiformis

Das interessanteste Merkmal der Ceropegien sind die Blüten hinsichtlich ihres Aufbaus und ihrer Funktion. Die stark verlängerte Kronröhre ist häufig am Grund kesselartig erweitert. In ihm befindet sich der Geschlechtsapparat. Die 5 Kronzipfel bleiben oft an der Spitze zusamenhängend, es entstehen sogenannte „Fensterblüten".
Bei manchen Arten lösen sich die Zipfel im reiferen Stadium, Blütenfarbe und -duft erinnern – wie die der Stapelieen – an verwesendes Fleisch oder Kot. Die Bestäubung besorgen Aasfliegen.

Viele Ceropegien entwickeln Gleitfallenblüten: Die lange Kronröhre und in besonderem Maße der Einstieg zum erweiterten Kessel am Grund sind mit zahlreichen, abwärts gerichteten Haaren versehen.
Diese reusenartige Vorrichtung gestattet den Bestäubungsinsekten das Eindringen in das Blüteninnere, hält sie aber so lange gefangen, bis nach erfolgter Bestäubung die Härchen eintrocknen und somit der Weg nach draußen frei wird.

PFLEGEHINWEISE: Die Kultur der Ceropegien ist recht problemlos. Vermehrung erfolgt durch Samen, Stecklinge und gegebenenfalls durch Speicherknöllchen.

Trichocaulon clavatum (syn. T. dinteri), Standortaufnahme in Namibia.

Windende Arten (z. B. *C. haygarthii* und *C. sandersonii)* werden an Stäben, Drähten oder Spalieren hochgezogen.
Hängende Arten (z. B. *C. woodii* bilden hübsche Ampelpflanzen. *C. woodii* dient als Pfropfunterlage für *Decabelone, Hoodia* und *Trichocaulon.*
Die Erde sollte mittelschwer und nahrhaft sein: sandig-humös mit Lehmzusatz. Im Sommer wünschen Ceropegien reichliche Wassergaben, gute Ernährung und luftigen Stand. Überwinterung bei 10 bis 12°C und geringen Wassergaben.

FOCKEA

Seltene Stammsukkulenten mit knollenartigem Hauptsproß, in eine mächtige Rübenwurzel übergehend.
Triebe zahlreich, häufig dünn und windend, mehrere Meter Länge erreichend. Pflanzen sind zweihäusig. 6 Arten wurden beschrieben.

Fockea crispa (syn. Fockea capensis)

VERBREITUNG: Sukkulentensteppen Angolas, Namibias und Südafrikas.

PFLEGEHINWEISE: Fockeen verlangen sonnig-warmen Stand bei mäßigen Wassergaben während des Sommers und absoluter Wintertrockenruhe. Erde lehmig-schotterig; Vermehrung durch Aussaat.

Hoya bella

HOYA

Kletternde, hängende oder kriechende Sträucher, häufig an den Zweigen wurzelnd.
Blätter fleischig oder ledrig, glänzend, immergrün ausdauernd.
Die wohlriechenden, stark nektarhaltigen Blüten erscheinen in achselständigen Trugdolden.
Nicht alle *Hoya* Arten sind sukkulent.

VERBREITUNG: China, Ostindien, Malayischer Archipel, Australien.

PFLEGEHINWEISE: im Sommer gleichmäßig feucht halten, Staunässe vermeiden! Starkwüchsige Arten reichlich ernähren. Überwinterung bei 10–18°C, Wassergaben verringern. Erde – ein Gemisch aus Laub-, Heideerde, Torf, reichlich Lehm und Sand hat sich bewährt.

LIEBHABERWERT: dankbare, recht anspruchslose Kletter- oder Ampelpflanzen für Zimmer und Gewächshaus.

Hoya carnosa

FAMILIE *BROMELIACEAE*

(Bromeliengewächse)

Die Mehrzahl der rund 1600 Arten umfassenden Familie der *Bromeliaceae* besitzt eine epiphytische Lebensweise in den Tropen und Subtropen Amerikas.
Daneben gibt es eine Reihe bodenbewohnender (= terrestrisch wachsender) Vertreter, die im Waldhumus, auf Felsen oder steinigen Böden leben.
Einige Gattungen zeigen sukkulenten Charakter. Sie teilen die Lebensräume von Kakteen und anderen Sukkulenten in den Trockengebieten Mexikos und Südamerikas.

PFLEGEHINWEISE: Die Pflanzen werden wie Kakteen oder Agaven gepflegt. Sie verlangen lehmig-schotteriges Substrat, hellen, luftigen Standort und kühle, trockene Überwinterung.

LIEBHABERWERT: Die kleinbleibenden Arten sind gut für Zimmerkultur geeignet.

ABROMEITIELLA

Niedrige Stauden, die aus zahlreichen kleinen Rosetten dichte, flache Polster bilden.
Die grünlichen, unscheinbaren Blüten erscheinen seitenständig. 3 Arten.

VERBREITUNG: Argentinien, Bolivien.

LIEBHABERWERT: empfehlenswerte Pflanzen für das helle Sukkulentenhaus, auch für Zimmerkultur geeignet. Vermehrung leicht durch Samen oder Teilung.

DYCKIA

Xerophyten aus dem mittleren und südlichen Amerika. Meist niedrige Stauden.

Dyckia hebdingii

Dichte Rosetten mit starren Blättern, am Rande kräftige Stacheln tragend.
Blütenstände zum Teil über 1 Meter hoch, Einzelblüten klein.

LIEBHABERWERT: anspruchslose Pflanzen.

HECHTIA

Bromelien mit sehr dicken, starren Blättern, die kräftige Randstacheln tragen und unter- oder auch beiderseits mit Schuppen besetzt sind.
Rund 30 Arten in den trockenen Steppen der südlichen USA und Mexikos. Begleitpflanzen zahlreicher Kakteen.

Hechtia stenopetala

PUYA

Rosettig wachsende, oft stammbildende Pflanzen, nicht selten mehrere Meter Höhe erreichend.
Blätter starr, stark gezähnt. Blütenstände bis 10 m hoch *(P. raymondii)*. Etwa 80 Arten wurden beschrieben.

VERBREITUNG: die steinigen Hänge der Kordilleren Südamerikas, einige bis 4000m ü.M. vorkommend.

FAMILIE
COMMELINACEAE
(Commelinengewächse)

Unter den zahlreichen Zimmerpflanzen, die uns diese Familie beschert, gibt es einen sukkulenten Vertreter aus Nordperu.

TRADESCANTIA NAVICULARIS

Wie der Artname sagt, besitzt die Pflanze kahnartige Blätter. Diese sind dachförmig übereinander angeordnet.
Die zahlreichen, kurzgegliederten Sprosse bilden dichte Rasen.
Blüten klein, violettrosa, in Trugdolden.

LIEBHABERWERT: anspruchslose Pflanzen für Zimmer und Gewächshaus; leicht durch Stecklinge zu vermehren. Als Ampelpflanze verwendbar.

FAMILIE
COMPOSITAE (ASTERACEAE)
(Körbchen- oder Köpfchenblüter)

Die überaus vielgestaltige, über die ganze Erde verbreitete Familie der Körbchenblüter weist auch eine Reihe sukkulenter Vertreter auf.
Die in Süd- und Südwestafrika mit annähernd 30 Arten vertretene Gattung

Senecio medley-woodii

Senecio kleinia, Standort

Senecio rowleyanus

Senecio sempervivus

Senecio haworthii
(syn. Kleinia tomentosa)

Othonna wie auch die rund 100 der insgesamt etwa 1300 Arten umfassenden Gattung *Senecio* (einschl. *Kleinia* und *Notonia*) zeigen Stamm- oder Blattsukkulenz.

VERBREITUNG: Die sukkulenten *Senecio*-Arten sind auf den Kanarischen Inseln, im nördlichen und südlichen Afrika, auf Madagaskar, Vorderindien und in Mexiko beheimatet.
Ihre Wuchsformen weisen eine beachtliche Vielfalt auf: Es sind kriechende, rasenbildende Stauden oder niedrige, bis mehrere Meter hohe Sträucher mit fleischigen Sprossen.
Blätter flach oder stielrund, mitunter von dichtem Filz *(S. haworthii)* umgeben.
Blütenköpfe endständig, einzeln oder in Trugdolden.

PFLEGEHINWEISE: durchweg anspruchslose Pflanzen für das helle Gewächshaus oder Zimmerfenster.
Vermehrung einfach durch Stecklinge in sandigem Substrat. Während der Vegetationsperiode reichlich gießen und düngen. Überwinterung bei 10–12°C.
Die Arten der Kanarischen Inseln (z. B. *S. kleinia*) haben ihre Hauptwachstumszeit im Herbst und zeitigen Frühjahr. Im Sommer werfen sie ihre Blätter ab.

FAMILIE *CRASSULACEAE*

(Dickblattgewächse)

Sukkulente Kräuter, Halbsträucher oder Sträucher in etwa 20 Gattungen mit rund 1300 Arten.
Überwiegend Blattsukkulenten, aber auch Stammsukkulenten und solche mit beiden Merkmalen (z. B. *Tylecodon*) sind vertreten.

VERBREITUNG: verbreitet in gemäßigten und warmen Gebieten der Alten und der Neuen Welt.

LIEBHABERWERT: Die Dickblattgewächse sind für die Pflanzenliebhaberei von hervorragender Bedeutung, enthalten sie doch eine Vielzahl dekorativer Blatt- und Blütenpflanzen für das Zimmer, Gewächshaus und Freiland (Steingarten, Troggarten, Dachgarten).

Crassula columnaris

ADROMISCHUS

Adromischus poellnitzianus; die Luftwurzeln an den Stämmchen sind das Besondere dieser Art

Adromischus maculatus

Kleine Stauden oder niedrige Sträucher, deren Stämmchen oft dicht mit kurzlebigen Luftwurzeln behaftet sind.
Die flachen, runden oder keulenförmigen Blätter sind meist wechselständig angeordnet.
Die kleinen, weißlichen bis rötlichen Blüten erscheinen in Trauben oder Ähren während des Sommers.

VERBREITUNG: Süd- und Südwestafrika.

PFLEGEHINWEISE: *Adromischus*-Arten sind anspruchslos; auch für Zimmerkultur zu empfehlen. Geringer Platzbedarf.
Vermehrung durch Samen, Blatt- und Kopfstecklinge. Im Sommer regelmäßig gießen. Im Winter kaum Wasser geben bei 10–15°C.

Adromischus maculatus

AEONIUM

Sukkulente Stauden, Halbsträucher oder Sträucher mit mehr oder weniger verlängertem, meist verzweigendem Stamm. Blätter in Rosetten, mitunter dicht dachziegelartig *(A. tabuliforme)* angeordnet. Die großen, endständigen, gabelästigen Blütenstände bestehen aus zahlreichen Einzelblüten in den Farben Gelb, Weiß, Rosa oder Rot. Die blütentragenden Äste mancher Arten sterben nach der Samenreife ab. *A. tabuliforme* ist nur zweijährig. Mehr als 40 Arten, viele Hybriden und Varietäten sind bekannt.

VERBREITUNG: Kanarische und Kapverdische Inseln, Madeira, Nordafrika, Mittelmeergebiet.

PFLEGEHINWEISE: Aeonien sind in der Kultur anspruchslos, zum Teil auch für Zimmerpflege geeignet.
Hauptwachstumszeit vieler Arten im Herbst. Während der hochsommerlichen Wachstumsruhe schließen manche ihre Blattrosetten zum Zweck des Verdunstungsschutzes halbkugelförmig.

Aeonium tabuliforme

Aeonium arboreum var. atropurpureum

Aeonium manrequorum

Kultur in sandig-humöser Erde.
Vermehrung durch Aussaat (am besten im August–September) und Kopfstecklinge.
A. tabuliforme auch durch Blattstecklinge.
Im Sommer stehen die Pflanzen am besten im Freien. Überwinterung kühl, bei 6–10°C und nur geringen Wassergaben.

COTYLEDON

In der Gattung *Cotyledon* wurden langjährig annähernd 50 Arten sukkulenter Sträucher und Halbsträucher vereinigt, bis im Jahr 1978 der Botaniker TÖLKEN aufgrund wesentlicher Unterschiedsmerkmale das Genus *Tylecodon* aufstellte und abtrennte. Diese Abtrennung hat die Gattung *Cotyledon* stark reduziert.
Zu *Cotyledon* zählen heute die meist stärker verzweigten Sträucher mit gegenständigen, steifen und wachsartigen Blättern, immer bleibend.
Blütenansatz deutlich, mit klarem Wechsel zwischen Blättern und Blüten.
Die glockenförmigen Blüten hängen in Rot, Gelb und Orange.
Nektardrüsen zusammengewachsen mit Samenanlagen, Staubgefäßen und Stempel, das Ganze tassenförmig.
Die Verbreitung fast ausschließlich in Südafrika.
Die Arten der neuen Gattung *Tylecodon* unterscheiden sich unter anderem von *Cotyledon* durch ihre spiralig angeordneten, weichen, nicht wachsartigen Blätter, die abfallen.
Die Blüten sind aufrecht und ausgebreitet, der Kelch oft mit Haaren besetzt.

Cotyledon orbiculata var. higginsiae

Cotyledon undulata

PFLEGEHINWEISE: *Cotyledon* sind dankbare, ziemlich anspruchslose Pflanzen; auch für helle Zimmerfenster geeignet. Anzucht leicht aus Samen und Kopfstecklingen. Blattstecklinge wachsen seltener.
Kultur in sandig-humöser Erde. Überwinterung hell, bei 12°C und geringen Wassergaben.

CRASSULA

Artenreiche Gattung in vielen Wuchsformen. Meist sukkulente Stauden von rasenartigem Wuchs, häufig mit knolligem Wurzelstock oder Halbsträucher mit saftspeichernden Zweigen und Blättern oder auch zwergenhafte Mimikrypflanzen.
Blätter sehr unterschiedlich gestaltet, gegenständig angeordnet, kahl, behaart oder schuppig.
Die kleinen Blütchen erscheinen zahlreich in Trugdolden in Weiß, Rosa, Rot, seltener Gelb oder grünlich.

VERBREITUNG: 216 sukkulente Arten mit zahlreichen Abarten im südlichen, einige im tropischen Afrika, andere weiträumig über diese Areale hinaus verbreitet.
In der Gattung *Crassula* gibt es außerdem Sumpf- und Wasserpflanzen, nichtsukkulente Stauden und einjährige Arten.

PFLEGEHINWEISE: Die sukkulenten *Crassula* sind in der Mehrheit anspruchslose Gewächse; auch für Zimmerkultur geeignet.
Besonders aufmerksame Betreuung verlangen die hochsukkulenten Mimikry-Arten aus den extremen Trockengebieten Süd- und Südwestafrikas.
Kultur in sandig-lehmig-humöser Erde. Die meisten Arten passen sich unserem

Crassula tecta

Crassula pyramidalis x C. falcata ‚Buddha's Temple'

Crassula portulacacea

Crassula corymbulosa

Crassula rupestris

Crassula alstonii

mitteleuropäischen Vegetationsrhythmus an.
Andere wachsen vorwiegend im Herbst; sie müssen dann ausreichend mit Wasser, Licht und Wärme versorgt werden.
Allgemein sollen die Pflanzen kühl – bei etwa 10°C – und nur geringen Wassergaben möglichst hell überwintern.

Crassula tecta

Crassula cornuta

Vermehrung einfach durch Samen, Kopf- und Blattstecklinge. Der Samen ist staubfein. Beste Aussaatzeit sind die Monate August–September.
Stecklinge sollten nach dem Schneiden erst einige Tage liegenbleiben, damit die Schnittflächen trocknen.
Blattstecklinge werden gewöhnlich vorsichtig von der Mutterpflanze abgebrochen. Vorsicht beim Gießen! Nicht in dichte, feintriebige Polster oder in Blattrosetten gießen! Fäulnisgefahr beziehungsweise Gefahr von Verbrennungen bei gleichzeitiger starker Sonneneinstrahlung.

DUDLEYA

Den Echeverien nahestehende Gattung. Sukkulente Sträucher, häufig mit kurzem Stämmchen.
Blätter meist in Rosetten, spiralig gestellt, flach oder stielrund, oft mit mehligem Wachsüberzug. Blütenstengel mit pfeilförmigen Brakteen. Die glockigen Blüten in Trauben, in Weiß, Gelb, Orange oder Rot.
84 Arten, einige Abarten und natürliche Hybriden.

VERBREITUNG: Arizona, Kalifornien, Mexiko.

PFLEGEHINWEISE: in hohem Maße lichtbedürftige Pflanzen. Kultur wie *Echeveria,* allerdings etwas wärmebedürftiger.
Die stark bereiften Arten eignen sich nicht für Aufstellung im Freien. Der Regen würde die empfindliche Wachsschicht zerstören.
Vorsicht auch beim Gießen! Blätter nicht mit Wasser benetzen.

ECHEVERIA

Vielverzweigte, rasenbildende Stauden oder Halbsträucher mit kurzem Stamm.
Die verschieden gestalteten sukkulenten Blätter meist in spiraligen Rosetten, in der Regel mit kurzem Spitzchen, kahl oder behaart, häufig wachsig bereift.
Die glocken- oder krugförmigen Blüten in den Farben Weiß, Gelb, Orange, Rot, oft auch zweifarbig, erscheinen in Trauben, Rispen oder Trugdolden.
Rund 100 Arten und viele Varietäten sind bekannt.
Durch Züchtung entstanden zahlreiche schöne Hybriden und Gattungsbastarde, z. B. *x Pachyveria (= Pachyphytum x Echeveria).*

VERBREITUNG: Mexiko, Mittelamerika, nordwestliches Südamerika, eine Art in Texas.

Echeveria lutea

Echeveria agavoides

Echeveria elegans

Echeveria laui

PFLEGEHINWEISE: Echeverien sind leicht zu pflegende Pflanzen, die hellen, luftigen Standort verlangen.
Der erwünschte kompakte Rosettenwuchs sowie die Ausbildung intensiver Blattfärbungen erfolgen nur unter Einwirkung hoher Lichtintensitäten. In der lichtarmen Jahreszeit verblassen die Farben naturgemäß.
Gegossen wird von Frühjahr bis Herbst regelmäßig. Düngung nur mit phosphor- und kalibetonten Handelsdüngern. Falsche Düngung und zu reichliche Wassergaben bewirken unerwünschte Mastigkeit.
Sommeraufenthalt im Freien ist für die meisten Arten empfehlenswert. Überwinterung kühl, bei 6–10°C, trocken und hell.
Vermehrung der reinen Arten durch Samen, Seitenrosetten, Kopf- und häufig auch Blattstecklinge. Vermehrung der Hybriden nur auf ungeschlechtlichem Wege.

Echeveria hybr. ‚Perle von Nürnberg'

GRAPTOPETALUM

Nahe verwandt mit *Echeveria* wie auch mit *Pachyphytum*. Nur wenige Arten.

VERBREITUNG: Mexiko.

PFLEGEHINWEISE: siehe unter *Echeveria*.

Echeveria carnicolor

Graptopetalum filiferum

GREENOVIA

Niedrige, ausläufertreibende Sträucher, deren Blätter in kugeligen oder becherartigen Rosetten angeordnet sind. Während der heißen Jahreszeit bilden sie zum Zwecke des Verdunstungsschutzes festgefügte Kugel- oder Zwiebelformen. Hauptwachstumszeit im Herbst. Nach der Blüte sterben die Rosetten allmählich ab. Greenovien ähneln den Aeonien in Gestalt und Lebensweise. 4 Arten.

VERBREITUNG: Bergregionen der Kanarischen Inseln.

Greenovia aurea, am natürlichen Standort

Greenovia aurea; Blütenstand

PFLEGEHINWEISE: anspruchslose Pflanzen, auch für Zimmerkultur geeignet.
Im Sommer sagt ihnen ein luftiger, sonniger Platz im Freien am besten zu.
Während des Wachstums reichlich gießen. Überwinterung kühl, bei 8–12°C, und ziemlich trocken.
Greenovien bevorzugen sandig-humöses Substrat, sehr gut ist Lavagrus.
Vermehrung leicht durch Samen und Blattstecklinge.

KALANCHOE

Sukkulente Stauden, Halbsträucher, Sträucher oder kleine Bäume, ein- und zweijährige Kräuter, einige lianenartig (z. B. *K. beauverdii)*, einige Arten auch epiphytisch wachsend (z. B. *K. uniflora)*.
Zwischen den nur etwa 10 cm Höhe erreichenden Zwergformen *(K. eriophylla)* und den bis 4 Meter hohen Bäumen mit verholzenden Stämmen *(K. beharensis)* bestehen alle Übergänge.
Zahlreiche Arten bilden an ihren Blättern oder Blütenständen Brutpflänzchen, die sich bereits an der Mutterpflanze bewurzeln, abfallen und als selbständige Individuen weiterwachsen. So entsteht unter älteren Pflanzen nicht selten ein dichter Rasen der auf vegetative Weise vermehrten Kalanchoes.

Kalanchoe daigremontiana (syn. Bryophyllum daigrem.)

Kalanchoe pumila

Kalanchoe fedtschenkoi

Kalanchoe beharensis

Brutknospen tragende Arten wurden früher unter der Bezeichnung *Bryophyllum* (= Brutblatt) als eigene Gattung geführt; heute zählen sie als eine unter mehreren Sektionen zu Kalanchoe.

VERBREITUNG: von Südafrika über das tropische Afrika bis in das südliche Arabien sowie die Insel Sokotra.
Von Madagaskar stammen die für Sukkulentenfreunde interessantesten Arten. Andere sind in Ostindien, auf den Malayischen Halbinseln, Java, Formosa und im tropischen Amerika verbreitet.

PFLEGEHINWEISE: Die vielgestaltige Gattung *Kalanchoe* enthält in großer Zahl wertvolle Blatt- und Blütenpflanzen für die Massenanzuchten des Erwerbsgartenbaues wie auch für die Bereicherung öffentlicher und privater Pflanzensammlungen.
K. blossfeldiana ist heute in vielen Zuchtformen eine bedeutende Handelspflanze. *Kalanchoe* sind Kurztagpflanzen. Die Auslösung der Blühbereitschaft erfolgt während unserer lichtarmen Jahreszeit, wenn die kritische Tageslänge weniger als 12 Stunden beträgt. Im Winter bis zum zeitigen Frühjahr gelangen die Pflanzen dann zur Blüte.
Dieser Erkenntnis folgend wird im Erwerbsgartenbau die Blütezeit von *K. blossfeldiana* durch eine mehrwöchige Kurztagbehandlung im Sommer verfrüht,

Kalanchoe rauhii

Kalanchoe beharensis

Kalanchoe tomentosa

Kalanchoe tomentosa

Kalanchoe orgyalis

Kalanchoe blossfeldiana

PACHYPHYTUM

Kleine, sukkulente Stauden oder Halbsträucher, wenig verzweigend.
Blätter dick, flach, eiförmig bis stielrund und mit graugrüner, weißer oder amethystfarbener Bereifung.
Die 5teiligen, glockigen Blüten erscheinen in gegabelter Wickeltraube. Blütenfarbe: weiß bis rötlich. 9 bekannte Arten in Mexiko.

LIEBHABERWERT: schöne, anspruchslose Sukkulenten für Gewächshaus und Zimmer. Pflege wie bei den nahestehenden Echeverien.

oder durch Langtagbehandlung im Winter verzögert, so daß man ganzjährig blühende Pflanzen auf den Markt bringen kann.
Die Vermehrung aller *Kalanchoe*-Arten erfolgt vorrangig durch Samen (1g Samen von *K. blossfeldiana* enthält rund 48000 Korn!).
Vegetative Vermehrung einfach durch

Kalanchoe rhombopilosa

Kalanchoe figuereidoi

Kopf- und Blattstecklinge, gegebenenfalls durch Brutpflänzchen.
Kultur in sandig-humösem Substrat. Die Nährstoffversorgung buntblättriger Arten (z. B. *K. figureidoi*) darf nur geringe Stickstoffanteile enthalten. Zu hohe Stickstoffgaben vermindern oder unterbinden die Ausbildung der prächtigen Blattzeichnungen. Selbstverständlich ist auch ein heller und luftiger Standort entscheidend.
Kalanchoe erhalten während des Winters nur wenig Wasser. Die Überwinterungstemperatur liegt bei 10–15°C und höher. Empfehlenswerte Pflanzen für das sonnige Zimmerfenster.

Pachyphytum oviferum

Pachyphytum bracteosum

SEDUM

Ein- bis zweijährige Pflanzen, Stauden, Halbsträucher oder Sträucher in vielen Wuchsformen.
Stengel meist fleischig, ausdauernd oder alljährlich absterbend, aufrecht, gabelig verzweigend, niederliegend oder kriechend und Wurzeln treibend.
Blätter meist wechselständig, mitunter quirlig oder gegenständig, flach bis zylindrisch, fleischig, häufig schön grau oder rötlich.
Die sternförmigen Blüten in auffallenden Trugdolden oder Wickeltrauben, meist weiß oder gelb, selten rötlich, violett oder blau.
Die Gattung wurde in 22 Sektionen aufgegliedert.

VERBREITUNG: Mit rund 500 Arten ist die Gattung *Sedum* vorwiegend auf der nördlichen Halbkugel – im Mittelmeerraum, auf dem eurasischen Festland, China, Japan sowie Mexiko – heimisch. Einige stammen aus Zentralafrika, Madagskar und Südamerika.

Sedum rubrotinctum var. roseum; Blattfärbung bei vollsonnigem Stand

Sedum nussbaumerianum

PFLEGEHINWEISE: Die winterharten Arten sind beliebte Steingartenpflanzen. Die mexikanischen Arten stellen schöne, leicht zu pflegende Zimmer- und Gewächshauspflanzen dar. Einige eignen sich gut zur Bepflanzung von Ampeln. Vollsonniger Sommeraufenthalt im Freien empfehlenswert. Überwinterung nicht über 10°C, hell und trocken.
Pflanzen sollen während der lichtarmen Jahreszeit nicht wachsen.
Die prächtige Blattfärbung mancher Arten und Zuchtformen wird nur unter der Einwirkung hoher Lichtintensitäten ausgebildet.
Vermehrung leicht durch Samen, Kopf- und Blattstecklinge.

SEMPERVIVUM

(Hauswurz, Donnerwurz)

Niedrige, rasen- oder polsterbildende sukkulente Stauden, reichlich ausläufertreibend oder sich teilend.
Blätter spiralig angeordnet, dichte Rosetten bildend, dickfleischig, grün, rötlich oder bläulich.
Blüten in endständiger Trugdolde, weiß, gelb, rosa oder purpurn, sternförmig, im Sommer.
Rosetten nach der Blüte absterbend. In Trockenzeiten kapseln sich die Blattrosetten fast kugelförmig ein.
Die meisten Arten sind winterhart.

Sempervivum (Hauswurz) ist winterhart. Dieses Polster hat sich auf dem Lavatuff aus einer einzigen Rosette entwickelt

VERBREITUNG: 25 Arten, zahlreiche Unterarten und Naturhybriden in den Gebirgen Süd- und Mitteleuropas, dem Kaukasus bis Nordrußland.

PFLEGEHINWEISE: Kultur in durchlässigem, stickstoffarmem Substrat. Vermehrung leicht durch Teilung oder einzelne Rosetten.

LIEBHABERWERT: *Sempervivum* – Natur- und Zuchtformen – sind hübsche und beliebte Pflanzen für Steingärten, Trockenmauern, Troggärten und flache Schalen; teilweise auch für helle Zimmer geeignet.

TACITUS

Mit der einzigen Art *T. bellus* monotypische Gattung aus Nordmexiko. *Graptopetalum* nahestehend und neuerdings dorthin gestellt. Pflanze wurde erst im Jahr 1972 durch A. B. LAU/Mexiko entdeckt.
Tacitus bildet mit zahlreichen Blättern eine dichte, stammlose Rosette, zahlreich sprossend. Blüten prächtig, hellkarminrot.

PFLEGEHINWEISE: Vermehrung leicht durch Samen, Seitenrosetten und Blattstecklinge. Wüchsige, anspruchslose und reichblühende Pflanzen. Kultur wie *Echeveria*.

Graptopetalum bellum (syn. Tacitus bellus)

Graptopetalum bellum (syn. Tacitus bellus)

LIEBHABERWERT: Diese auffallende Erscheinung hat bereits wenige Jahre nach der Entdeckung in zahlreichen Liebhabersammlungen Eingang gefunden. Einige Spezialgärtnereien ziehen sie heute in größeren Mengen heran, so daß das Sortiment handelsüblicher Sukkulenten eine beachtliche Bereicherung erfährt.

TYLECODON

Neue Gattung, von TÖLKEN im Jahr 1978 publiziert.
Das Genus enthält 23 von *Cotyledon* abgetrennte Arten (Erklärung siehe dort!), 4 neue Arten und 1 Unterart.
Zu *Tylecodon* gehören folgende bemerkenswerte Stammsukkulenten:
T. buchholzianus (= *Cotyledon buchholziana*). Niedriger, reichverzweigter Strauch mit rötlichen, bald abfallenden Schuppenblättern.

VERBREITUNG: Südafrika.

LIEBHABERWERT: eine Rarität für Spezialsammlungen.

T. paniculatus (= *Cotyledon paniculata*). In der süd- und südwestafrikanischen Heimat als „Botterboom“ oder Butterbaum bezeichnet.
Bildet bis 2 Meter hohe, kräftige, nicht

Tylecodon paniculata (syn. Cotyledon p.)

verholzende Stämme, wenig verzweigend, mit sukkulenten, höckerigen Ästen. Rinde papierartig, gelblich bis bräunlich. Blätter fleischig, wechselständig, zahlreich an den Sproßspitzen, in der Trockenruhe abfallend.

Tylecodon reticulata (syn. Cotyledon r.)

PFLEGEHINWEISE: In Kultur behalten die Pflanzen ihren heimatlichen Vegetationszyklus bei, daher Trockenruhezeit im Sommer, Wachstum im Herbst. Überwinterung hell, bei mäßigen Wassergaben, nicht unter 15°C.

LIEBHABERWERT: begehrte Liebhaberart, auch für Zimmerpflege geeignet.

T. reticulatus (= *Cotyledon reticulata*). Stammsukkulenten, die mit ihrem dikken, kurzstämmigen Hauptsproß und den sich verästelnden, fleischigen Seitentrieben im Alter eine 30–40 cm hohe Halbkugel bilden.
Die bis 8 cm langen Blütenschäfte bleiben dornig-verholzend erhalten und verleihen den Pflanzen ein bizarres Aussehen. Diese Art ist stark giftig!

VERBREITUNG: Südwestafrika/Namibia.

PFLEGEHINWEISE: Kultur wie *T. paniculata*.

FAMILIE *CUCURBITACEAE*

(Kürbisgewächse)

Die vielgestaltige Familie der Kürbisgewächse enthält eine Reihe blatt- und stammsukkulenter Vertreter.
Die Stammsukkulenten zeichnen sich teilweise durch mächtige Sproßknollen aus, aus denen während der Wachstumsperiode zahlreiche lianenartige Äste hervorgehen. Diese sind mit Greifranken versehen, mittels derer sie im Geäst umgebender Gehölze emporklettern. Die zweihäusigen Blüten sind klein und unscheinbar.
Folgende Arten zeigen unter anderem diesen Wuchstypus:
Gerrardanthus macrorhizus aus den Trockengebieten Kenias und Nordtansanias; *Ibervillea sonorae* aus Mexiko; *Kedrostis africana* und *Momordica rostrata* aus Ostafrika.

PFLEGEHINWEISE: Alle diese Pflanzen erhalten während der Wachstumsperiode, die in unseren Sommer fällt, reichlich Wasser. Im Winter halten sie Trockenruhe, so daß die Äste und Blätter abgeworfen werden.
Völlig andere Wuchsformen zeigen die Vertreter der Gattung *Sejrigia* aus den Trockenwäldern Madagaskars. So bildet *S. humbertii* vierkantige, dicht weißwollig umhüllte Sprosse mit einfachen Greifranken.

Gerrardanthus macrorhizus

Xerosicyos danguyi

Seyrigia humbertii

Die Sukkulenz ist wesentlich in den kartoffelähnlichen Wurzelknollen angelegt.

PFLEGEHINWEISE: Kultur im warmen, hellen Sukkulentenhaus.
Unter den blattsukkulenten Kürbisgewächsen verdient die madagassische Gattung *Xerosicyos* Beachtung. 5 Arten sind bekannt. Am ehesten in europäischen Pflanzensammlungen anzutreffen ist *X. danguyi*.
Der Wuchs ist lianenartig; die verholzenden, gabelig verzweigenden Triebe erreichen 5 m Länge.
Die rundlichen oder verkehrt-eiförmigen Blätter sind kahl, grün oder grauwachsig bereift und erscheinen in dichter, wechselständiger Anordnung.
Blüten klein, unscheinbar, büschelweise in den Blattachseln, gelblich-grün, eingeschlechtlich.

PFLEGEHINWEISE: Kultur im warmen Sukkulentenhaus, an Spalieren oder freistehend. Vermehrung leicht durch Stecklinge.

LIEBHABERWERT: recht dekorative und anspruchslose Pflanze für Zimmer und Gewächshaus.

Familie
DIDIEREACEAE

Die *Didierea*-Gewächse wurden in 4 Gattungen, *Alluaudia, Alluaudiopsis, Decaryia, Didierea,* mit insgesamt 11 Arten gegliedert.
Es sind dornige Sträucher und Bäume aus den Trockenwäldern West- und Südwestmadagaskars.
Während der Vegetationsperiode bilden die meisten Arten zahlreiche kleine Blättchen aus, die in der Trockenruhezeit gänzlich abgeworfen werden. Einige Vertreter ähneln habituell den strauchförmigen Euphorbien der *Milii*-Gruppe *(Alluaudia procera, A. comosa)* oder der *Tirucalli*-Gruppe *(Alluaudia dumosa);* andere erinnern mit ihren kräftigen Dornenstämmen an Säulenkakteen *(Didierea ascendens, D. madagascariensis, D. trolii).*
Die kleinen, recht unscheinbaren, eingeschlechtlichen Blüten erscheinen sehr zahlreich an alten, ausgewachsenen Pflanzen. Kulturpflanzen gelangen nur selten oder nie zur Blüte.

Alluaudia comosa

PFLEGEHINWEISE: Anzucht aus Samen. *Alluaudia* problemlos auch durch Stecklinge, *Didierea* bedingt durch Stecklinge.
Didierea madagascariensis, eine seltene und besonders dekorative Art, kann durch Pfropfung der langwarzigen Areolen auf *Alluaudia procera* vermehrt werden (nach DINKLAGE, Botanischer Garten Heidelberg).

Didierea trollii

Alle Arten bevorzugen sandig-humöses Substrat, Wärme und mäßige Wassergaben während der Wachstumsperiode. Bei beginnendem Blattfall sind die Wassergaben einzuschränken und während der mehrmonatigen Trockenruhe fast gänzlich einzustellen.
Die empfindlichen Arten verlangen eine besonders aufmerksame Betreuung, insbesondere bezüglich der Wassergaben. Diese Gewächse der südlichen Hemisphäre behalten teilweise ihren heimatlichen Vegetationsrhythmus bei, indem sie nach einer sommerlichen Ruhezeit während unseres mitteleuropäischen Herbstes mit dem Neuaustrieb beginnen.

LIEBHABERWERT: *D.* sind interessante, empfehlenswerte Liebhabergewächse. Sie bringen mit ihren bizarren Wuchsformen Abwechslung in jede Sukkulentensammlung und eignen sich besonders gut für sonnig-warme Standorte im Zimmer und Gewächshaus.

Familie
EUPHORBIACEAE
(Wolfsmilchgewächse)

Die Familie der Wolfsmilchgewächse enthält zahlreiche Stammsukkulenten in den Gattungen *Euphorbia, Jatropha, Monadenium* und *Pedilanthus.*

EUPHORBIA

Die mehr als 2000 Arten umfassende Gattung *Euphorbia* weist einige hundert sukkulente Vertreter auf, die zum Teil

Euphorbia ammak

Euphorbia obesa

Euphorbia bupleurifolia, 'Hasenohreuphorbie'

Euphorbia avasmontana am natürlichen Standort in Südwestafrika

habituell den säulen-, kugel- oder polsterförmigen Kakteen ähneln. Es bestehen jedoch keine verwandtschaftlichen Beziehungen, und ihre Heimatgebiete liegen getrennt in der Alten oder in der Neuen Welt.

Die sukkulenten Euphorbien sind altweltlicher Herkunft: Ihre Verbreitung erstreckt sich vom südlichen Afrika über die trokkeneren Gebiete des gesamten Kontinents bis nach Arabien und von hier weiter bis Indien.

Kleinere Verbreitungsareale bilden Madagaskar, Sokotra und die Kanarischen Inseln. Nur wenige sind in Amerika heimisch.

Die Kakteen dagegen stammen aus den Trockengebieten der Neuen Welt, es sind Amerikas ureigenste Pflanzen.

Euphorbien führen in allen ihren Organen einen weißen, an der Luft gerinnenden Saft (Latex). Jede, selbst geringfüge Verletzung der Pflanze verursacht starkes „Bluten".

Mit wenigen Ausnahmen ist der Milchsaft giftig. Gerät der Saft auf empfindliche Hautpartien, wie Handrücken oder Unterarm, erzeugt er Entzündungen.

Sehr gefährlich und schmerzerregend wirkt der Saft, selbst in geringsten Spuren, in offenen Wunden, Nase, Mund und Augen.

Daher ist im Umgang mit den Wolfsmilchgewächsen größte Vorsicht geboten.

Einige ungiftige Wolfsmilcharten enthalten einen süßen Saft. Sie dienen in Südafrika als Viehfutter *(E. esculenta, E. hamata).*

Wesentliche Unterscheidungsmerkmale zwischen den Euphorbien und den Kakteen bestehen in der Art der Bedornung, im Blütenbau sowie in den Frucht- und Samenanlagen.

Die Blütenstände (Cyathien) der Euphorbien sind entweder zwittrig oder eingeschlechtlich. Die eingeschlechtlichen oder zweihäusigen Arten bestehen aus männlichen und weiblichen Pflanzen.

Samengewinnung ist nur möglich durch mehrere Exemplare einer Art, die untereinander bestäubt werden.

Euphorbia canariensis auf Gran Canaria

Euphorbia horrida

Euphorbia cooperi

Euphorbia polygona

Die Wuchsformen der Euphorbien sind außerordentlich mannigfaltig. Neben den hochsukkulenten Kugel-, Säulen- und Polsterformen gibt es strauch- und baumartige Vertreter. Viele entwickeln während der Wachstumsperiode echte Laubblätter die mit Einsetzen längerer Trockenzeiten bald abgeworfen werden.

Euphorbia suzannae

Euphorbia heptagona

Bemerkenswert ist die Wuchsform des „Medusenhauptes“ *(E. caput-medusae)*, bei der aus dem überwiegend im Boden verborgenen Stamm zahlreiche, dem Boden aufliegende, schlangenartige Triebe entspringen.

PFLEGEHINWEISE/LIEBHABERWERT:
Die Gattung *Euphorbia* enthält mit ihrer ungeheuren Formenvielfalt und den unterschiedlichen Wuchseigenschaften eine große Anzahl kulturwürdiger Arten. Sie verdienen die vermehrte Aufmerksamkeit der Pflanzenliebhaber.
Es sind ideale Gewächse für warme Räume. Manche halten es zudem noch recht gut bei geringeren Lichtintensitäten aus, das heißt, sie benötigen keinen vollsonnigen Standort.
Euphorbien bevorzugen – im Gegensatz zu den meisten Kakteen – warme Überwinterung bei über 15°C. Die Temperatur sollte 12°C nicht unterschreiten.
Die Hauptwachstumszeit liegt im Sommer und Herbst. Während des Wachstums sind die Pflanzen reichlich mit Wasser zu versorgen. Die stark zehrenden Säuleneuphorbien wie auch die blatttragenden Sträucher *(E. milii)* benötigen höhere Wasser- und auch Nährstoffgaben als die kleineren, hochsukkulenten Vertreter.
Während der Ruhezeit sind die Pflanzen ziemlich trocken zu halten. Kultur in sandig-humösem Substrat mit Lehmzusatz.

Euphorbia caput-medusae

Vermehrung durch Samen, Stecklinge und bedingt auch durch Pfropfung auf Säulenformen. *E. resinifera, E. mammillaris, E. abyssinica* und andere sind gute Unterlagen.
Stecklinge von Säuleneuphorbien werden am besten durch Abtrennen eines Seitenarmes an der Basis gewonnen.

Euphorbia grandicornis

Euphorbia millii var. hislopii

Andernfalls wählt man zum Durchschneiden die dünnste Stelle eines Triebes.
Der bekannte Christusdorn (*E. milii*) läßt sich durch 6–10 cm lange Triebspitzen und auch durch entsprechend lange Teilstücke, sofern diese noch nicht zu alt und verhärtet sind, vermehren.
Euphorbienstecklinge taucht man zwecks Unterbindung des starken „Blutens" sofort nach dem Schneiden in lauwarmes Wasser oder bestreut die Schnittflächen mit trockenem, sauberem Sand oder mit pulverisierter Holzkohle. Auch größere Wunden an der Mutterpflanze werden so behandelt.
An der Schnittfläche der Stecklinge gerinnender Milchsaft behindert die Wurzelbildung.
Stecklinge aus Seitenästen der „Medusenhaupt-Euphorbien" entwickeln niemals einen stämmigen Hauptsproß, sondern behalten ihre ursprüngliche schlangenartige Wuchsform.
Alle kugelförmigen Arten lassen sich nur durch Samen vermehren.

JATROPHA

Die Gattung *Jatropha* enthält eine ganze Reihe sukkulenter Vertreter, von denen jedoch nur wenige als Kulturpflanzen Beachtungen finden.
Jatropha besitzt im Gegensatz zu anderen *Euphorbia*-Gewächsen vollständige, in Kelch und Blumenkrone gegliederte Blüten. Sie sind eingeschlechtlich und erscheinen gemeinsam in reich verzweigten Blütenständen. Die Endblüten sind weiblich, die Seitenblüten männlich.

VERBREITUNG: Die Gattung ist in Afrika wie auch in Mittel- und Südamerika beheimatet.

PFLEGEHINWEISE: Kultur in sandig-lehmiger Erde. Während des Wachstums mäßig gießen, im Winter völlige Trockenruhe gewähren.
Blätter werden vollkommen abgeworfen. *Jatropha* sind wärmebedürftige Pflanzen, die Temperatur sollte im Winter 15°C nicht unterschreiten.

LIEBHABERWERT: Für den Sukkulentenfreund interessant sind vor allem *J. berlandieri* aus Südmexiko bis Guatemala und *J. podagrica* aus Panama.
Beide Arten sind dekorative Pflanzen mit einer kräftigen sukkulenten Stammknolle, aus der sich während jeder Wachstumsperiode erneut ein Schopf Laubblätter sowie leuchtend karminrote beziehungsweise scharlachrote Blüten entwickeln.

MONADENIUM

Enthält viele stammsukkulente Wolfsmilchgewächse.
Die 47 bekannten Arten weisen eine bemerkenswerte Vielgestaltigkeit in den Wuchsformen auf: baumförmig, strauchartig oder hochsukkulent mit meist zylindrischem Hauptsproß und Ästen, die mit kantigen Warzen bedeckt sind.
Andere legen ihre Sukkulenz unterirdisch in dicken Rüben oder Knollen an, während die häufig vergänglichen Triebe und Blätter nichtsukkulent sind.

VERBREITUNG: überwiegend Ostafrika (Mozambique bis Somalia), einige in

Jatropha berlandieri

Westafrika, jedoch nicht in Südafrika, dem klassischen Land der Sukkulenten.

PFLEGEHINWEISE: Kultur wie *Euphorbia*, während des Winters möglichst noch etwas wärmer.

LIEBHABERWERT: Unter den Monadenien gibt es eine ganze Reihe für Gewächshaus- und Zimmerkultur geeigneter Arten, die stärkere Beachtung verdienen.

Monadenium coccineum

PEDILANTHUS

Sukkulente Sträucher, milchsaftführend; die deutlich gegliederten, meist runden Triebe mehr oder weniger verzweigend. Blüten auffallend gestaltet, einem Vogelkopf oder einem hohen Schnürschuh ähnelnd, rot.
Der aus dem Griechischen stammende Name *Pedilanthus* bedeutet „Schuhblüte".

PFLEGEHINWEISE: *Pedilanthus*-Arten werden bei kühlem Stand und hoher Luftfeuchtigkeit leicht von Mehltau befallen.

LIEBHABERWERT: Für den Sukkulentenfreund interessant ist *P. macrocarpus* aus Mexiko. Geeignet für Gewächshaus und Zimmer. Kultur wie *Euphorbia.*
Diese Art besitzt eine sehr tiefgehende Hauptwurzel, deshalb nur tiefe Töpfe verwenden.

FAMILIE ***FOUQUIERIACEAE***

(Fouquieria = Ocotillestrauch)

Schwach sukkulente Sträucher mit verdicktem Stammgrund und locker gestellten, in die Höhe strebenden, stark bedornten Ästen. Die kleinen, kurzlebigen Blättchen erscheinen sehr zahlreich nach ergiebigen Regenfällen.
Die prächtigen, leuchtend roten Blütenstände bringt die Pflanze im blattlosen Zustand hervor.
F. splendens kommt stellenweise in landschaftsprägenden Massenbeständen vor (Ocotille-Wells in Südkalifornien). Zur Blütezeit präsentieren sie sich in quadratkilometergroßen roten Farbenmeeren.

VERBREITUNG: Die wenigen *Fouquieria*-Arten treten in den Trockengebieten Mexikos auf; von der Nordgrenze des Staates Oaxaca nordwärts, auch auf Baja California, bis Arizona und Südkalifornien in den USA.

PFLEGEHINWEISE/LIEBHABERWERT: *F.* verlangen vollsonnige, luftige Standorte, Mineralsubstrat mit nur geringem Humusanteil, reichliche Ernährung und Wassergaben während des Wachstums. Hauptwachstumszeiten: Frühjahr und Herbst. Überwinterung trocken, bei 10–12°C. Vermehrung durch Samen und Kopfstecklinge.
F. eignen sich für sonnige Zimmerfenster und das helle Gewächshaus.

IDRIA

Die monotypische Gattung *Idria* kommt mit der einzigen Art *I. columnaris,* syn. *Fouquieria columnaris,* im westlichen Mittelteil der Halbinsel Baja California (Niederkalifornien) vor. Sie prägt dort zusammen mit *Pachycereus pringlei, Lophocereus schottii,* verschiedenen Ferocacteen, Yuccas und den Elefantenpflanzen, *Pachycormus* (Fam. *Anacardiaceae*), das Vegetationsbild.
Des Teufels Steingarten nennen die Einheimischen diese phantastische Landschaft in der Catavina-Mesa, südlich von El Rosario, auf Baja California.

Fouquieria splendens

Lophocereus und Idria

Idria columnaris

In den Felsspalten und Verwitterungsansammlungen des granitischen Gesteins entwickelt sich eine bemerkenswert vielfältige Flora. Ebenso reichhaltig ist die Fauna, wenn auch die vollkommene Stille in der flimmernden Mittagshitze den Eindruck der Leblosigkeit erweckt.

Idria entwickelt bis 18 m hohe Einzelsäulen. Dem schwammigen, nach oben sich verjüngenden Hauptsproß entspringen in spiraligen Anordnungen zahlreiche rutenförmige Seitenäste, die im Alter abgeworfen werden.

Die kurzlebigen, kleinen Blättchen erscheinen nur nach ergiebigen Regenfällen an den Seitenästchen. Hauptwachstumszeit im zeitigen Frühjahr.

PFLEGEHINWEISE/LIEBHABERWERT: *Idria* sind seltene Pflanzen für das helle, warme Gewächshaus und das sonnige Zimmerfenster. In Kultur wachsen sie sehr langsam. Sie verlangen mineralisch-schotteriges, lehmhaltiges Substrat. Der langen Pfahlwurzel wegen in tiefe Töpfe pflanzen! Trockenruhezeit im Winter bei 12–15°C. Vermehrung durch Samen.

Pelargonium carnosum

Pelargonium oblongatum

Pelargonium tetragonum

Pelargonium fulgidum

FAMILIE ***GERANIACEAE***

(Storchschnabelgewächse)

PELARGONIUM

Die Gattung *Pelargonium* ist mit rund 25 sukkulenten Arten in den weiten Trokkengebieten Süd- und Südwestafrikas heimisch.

Es sind Sträucher mit verdickten, gabelig verzweigenden Stämmchen, nicht selten von einem Wachspanzer oder Korkmantel umgeben.

Manche Arten bilden eine dicke, im Boden sitzende Stammknolle aus, so daß die Pflanze nur während der Wachstumsperiode durch die Entwicklung von Blättern und Blüten in Erscheinung tritt.

Alle sukkulenten Pelargonien werfen ihre Blätter während der Trockenruhezeit ab.

Pelargonium ceratophyllum

Die meist kleinen, interessant geformten Blüten erscheinen in Dolden in Rot, Rosa, Weiß oder Gelb, häufig gefleckt oder gestreift.

PFLEGEHINWEISE: Kultur in kräftiger, sandiger Erde. Hauptwachstumszeit der meisten Arten im Herbst; Trockenruhe im Frühjahr und Sommer.

Während des Wachstums, im Herbst und Winter, mäßig gießen und für reichliche Belichtung sorgen.

Vermehrung durch Samen, teilweise auch durch Stecklinge.

LIEBHABERWERT: Es sind wertvolle Liebhaberpflanzen für das helle Gewächshaus oder Zimmer.

SARCOCAULON

Sparrige Zwergsträucher, deren überwiegend dornige sukkulente Stämmchen und Äste von einem dicken, harz- und wachshaltigen Korkmantel umgeben sind.
Weil die Pflanzen aufgrund dieser Eigenschaft sogar im lebenden Zustand wie Kerzen brennen, nennt man sie im südlichen Afrika „candle bush“ oder „bushman's candle“ – das bedeutet Kerzenstrauch oder Buschmannskerze.
Die Sarcocaulen sind außerordentlich hitze- und trockenheitsbeständig. Sie kommen jahrelang ohne Wasser aus.

Sarcocaulon l'hertieri

Wenn in den extremen Trockengebieten ihrer süd- und südwestafrikanischen Heimat ergiebiger Regen gefallen ist, bilden sie kurzlebige Blätter und leuchtende Blüten aus. Blütenfarbe: weiß, gelb, rosa in unterschiedlichen Tönungen.

PFLEGEHINWEISE: Kultur in sandiger Erde bei nur sehr geringen Wassergaben während der kurzen Wachstumsperiode, die meist im Herbst und Winter liegt.
Die Pflanzen zeigen ihre Wuchsbereitschaft durch das Entstehen frischer Blättchen an. Mitunter ruhen sie jahrelang.
Als Winterwachser verlangen Sarcocaulen erhöhte Aufmerksamkeit in der Betreuung. Ausreichende Beleuchtung und Wärme sind unerläßlich.

Sarcocaulon burmannii

LIEBHABERWERT: Sarcocaulen sind interessante und wertvolle Pflanzen für das helle Sukkulentenhaus oder Zimmerfenster.

FAMILIE **LILIACEAE**

(Liliengewächse)

Die umfangreiche Familie der Liliengewächse enthält neben zahlreichen Zwiebelpflanzen eine ganze Reihe blattsukkulenter Vertreter.
Für den Sukkulentenfreund von besonderem Interesse sind *Aloe, Gasteria, Haworthia* und die den Haworthien nahestehenden Gattungen *Astroloba* und *Poellnitzia* sowie einige Gattungsbastarde wie *x Gastrolea* und *x Gasterhaworthia.*

ALOE

Mit einigen hundert Arten die umfangreichste Gattung unter den sukkulenten Liliaceen.
Das natürliche Vorkommen erstreckt sich vom südlichsten Zipfel Afrikas über den ganzen Kontinent bis nach Arabien. Rund 50 Arten sind auf Madagaskar heimisch.
Eingeschleppt und verwildert gedeihen Aloes in vielen wärmeren Gebieten der

Aloe ramosissima

Aloe bellatula

Aloe pachygaster

Aloe marlothii

Erde. Die Pflanzen neigen stark zur Hybridisierung.

Viele *Aloe*-Arten erinnern bei oberflächlicher Betrachtung habituell an Agaven. (Siehe hierzu die Ausführungen unter *Agave*.)

Aloes begegnen uns in verschiedenen Wuchsformen. Am häufigsten erscheint die stammlose bis kurzstämmige Rosettenform sehr unterschiedlicher Ausmaße. So erreicht die Einzelrosette der stark sprossenden *A. haworthioides* nur 3–5 cm Durchmesser, *A. wickensii* dagegen rund 2 m!

Andere Arten wachsen strauch- oder gar

Aloe variegata, Standort

Aloe parvula

baumartig. *A. pillansii* wird 10 m hoch bei einem Stammdurchmesser von 1–2 m an der Basis.

Einige *Aloe*-Arten entwickeln dünne, beinahe kletternde Sprosse *(A. ciliaris)*, die viele Meter lang werden können.

Die Blätter sind meist rosettig, seltener zweizeilig oder zerstreut angeordnet.

Die einzelnen oder verzweigten Blütenstände erscheinen aus den Blattachseln, bei manchen Arten mehrere Meter Länge erreichend. Sie tragen zahlreiche, mitunter einige hundert Einzelblüten, die von Bienen und Nektarvögeln besucht werden. Es überwiegen gelbe und leuchtendrote Farbtöne, weiß ist seltener anzutreffen.

PFLEGEHINWEISE: Aloes stellen im allgemeinen an die Pflege keine besonderen Ansprüche und entwickeln sich unter günstigen Bedingungen innerhalb weniger Jahre zur vollen Größe.

Viele werden leider sehr bald zu groß, so daß nur eine begrenzte Artenauswahl für den gewöhnlichen Pflanzenfreund in Frage kommt.

Aloe squarrosa (syn. A. concinna)

Die kleinbleibenden Vertreter gelten als vorzügliche Zimmergewächse. Größere und robuste Pflanzen können von Mitte Mai bis September Aufstellung im Freien finden.

In voller Sonne verfärben sich die Blätter mitunter rötlich.

Während des Wachstums kann reichlich gegossen und regelmäßig gedüngt werden. Für gute Dränage ist zu sorgen, denn Staunässe führt zu Wurzelschäden. Im Winter erhalten die Pflanzen bei etwa 12 °C kaum Wasser.

Viele Arten bringen während unserer lichtarmen Wintermonate ihre prächtigen

Aloe haworthioides

Blütenstände hervor, können diese jedoch nur bei guter Belichtung und höheren Temperaturen voll entwickeln.
Als Kultursubstrat dient durchlässige, humushaltige Erde. In 1–2jährigen Abständen sollte umgetopft werden.
Vermehrung einfach durch Samen, gegebenenfalls durch Ausläufer sowie durch Kopf- und Blattstecklinge.
Kopfstecklinge von baum- und strauchförmigen Arten benötigen mitunter länger als ein Jahr zur Wurzelbildung.
Empfehlenswerte, kleinbleibende Arten: *A. albiflora, A. bakeri, A. bellatula, A. boiteaui, A. concinna, A. haworthioides, A. jucunda, A. secundiflora, A. variegata.*

ASTROLOBA

Der Gattung *Haworthia* nahestehend, zeigt den Wuchstypus einer stammartig verlängerten Rosette wie beispielsweise *H. viscosa,* unterscheidet sich jedoch in den Blütenmerkmalen.
Die Blüten von *Astroloba* sind radiär, die von *Haworthia* 2-lippig-zygomorph gestaltet.

VERBREITUNG: südöstliches Kapland.

PFLEGEHINWEISE: Vermehrung und Kultur wie *Haworthia.*

GASTERIA

Kleine, stammlose oder kurzstämmige Stauden. Blätter länglich, häufig zungenförmig, ganzrandig, fleischig, dunkelgrün mit weißen Flecken oder Warzen.
Die röhrenförmigen, an der Basis bauchig erweiterten Blüten erscheinen in lockeren Rispen oder Trauben, meist hängend, rot mit grünlicher Spitze.

VERBREITUNG: südöstliches Kapland bis Südwestafrika.

PFLEGEHINWEISE: Kultur in durchlässiger, humöser Erde. Im Winter wenig gießen bei kühlem Stand, 10–12°C; aber auch höhere Temperaturen sagen ihnen zu.
Vermehrung durch Samen, Seitensprosse und Blattstecklinge.

Gasteria verrucosa, ‚Rehzunge'.

Bekannteste Art ist *G. verrucosa,* die wegen ihrer zungenförmigen, stark weiß bewarzten Blätter als „Rehzunge" bezeichnet wird.

LIEBHABERWERT: Gasterien zählen zu den anspruchslosesten Zimmerpflanzen. Sie bevorzugen während des Sommers Halbschatten; in voller Sonne verfärben sich die Blätter rötlich. Blüten werden beinahe zu jeder Jahreszeit ausgebildet.

HAWORTHIA

Artenreichste Gattung kleinbleibender Stauden unter den sukkulenten Liliengewächsen. In der Mehrzahl als stammlose, rasenbildende Rosettenpflanzen oder mit verlängertem Sproß mit dachziegelartig in mehreren Reihen, selten zweizeilig angeordneten Blättern.
Diese sind mehr oder weniger fleischig, mit weißen Warzen besetzt oder mehr oder weniger durchschimmernd, häufig mit bewimperten Rändern oder borstiger Spitze.

Haworthia reinwardtii var. chalwinii

Haworthia truncata var. crassa

Haworthia fasciata

Haworthia maughanii

Die kleinen, weißen oder grünlichweißen Blütchen erscheinen in lockeren, langen Trauben.

VERBREITUNG: Süd- und Südwestafrika. Dort wachsen sie gewöhnlich im lichten Schatten von Gräsern, Sträuchern oder vorstehenden Felsen. In voller Sonne verfärben sich die Pflanzen rötlich.
Einige Arten: *H. maughanii* und *H. truncata* schrumpfen bei extremer Trockenheit in den Boden zurück.

LIEBHABERWERT: Die beiden genannten Arten stellen begehrte Kostbarkeiten für den Sukkulentenfreund dar.
Allgemein sind Haworthien anspruchslose, sehr empfehlenswerte Zimmerpflanzen.
Vermehrung und Kultur wie Gasterien. Blattstecklinge werden vorsichtig an der Basis herausgebrochen, nicht geschnitten.

POELLNITZIA

Nahe verwandt mit *Astroloba*.
Nur eine Art: *P. rubriflora,* früher *Apicra rubriflora,* mit der Varietät *jacobseniana*.
Wuchskräftiger als *Astroloba*. Die 2,5 cm langen, dunkelorangeroten Blüten erscheinen an etwa 50 cm langen Stengeln. Sie ähneln den Blüten von *Gasteria* und *Aloe*.

Poellnitzia rubriflora

PFLEGEHINWEISE: Vermehrung und Kultur wie *Haworthia*.

FAMILIE ***MESEMBRYANTHEMACEAE (= AIZOACEAE = FICOIDAE)***

(Mittagsblumengewächse)

Die zuerst entdeckten Gattungen und Arten dieser umfangreichen Pflanzenfamilie öffneten ihre Blüten nur während der Mittagszeit, weshalb man ihnen den Namen „Mittagsblumengewächse“ verlieh.
Heute sind eine ganze Anzahl „Mesems“ – so heißen diese Pflanzen in der Sprache der Sukkulentenfreunde – bekannt, auf die diese Regel nicht zutrifft; viele sind sogar nachtblütig.
Die Familie der *Mesembryanthemaceae* zählt über 2000 Arten in rund 150 Gattun-

Lithops erniana

gen; darüber hinaus folgen noch immer Neubeschreibungen.
Andererseits wird eine angestrebte gründliche Überarbeitung dieser Familie eine Zusammenfassung oder Einziehung mancher Arten und Gattungen ergeben.
Die Heimat der Mesembryanthemaceen sind die überwiegend frostfreien Trockengebiete des südlichen Afrika mit jährlichen Niederschlagsmengen unter 200 mm. Gebietsweise bleiben Regenfälle nicht selten jahrelang aus.
Nur wenige krautige, in erster Linie einjährige Arten haben ihre Verbreitung bis nach Nordafrika, an die Küstenländer des Mittelmeerraumes, einige Atlantische Inseln, in die Wüsten Afrikas, Palästinas und Vorderasiens ausgedehnt.
Carpobrotus und *Mesembryanthemum crystallinum* sind in den Küstenregionen Kaliforniens, Perus, Chiles sowie in Süd- und Westaustralien vertreten. In diesen regenarmen Gebieten liefern über lange Zeiträume ausschließlich Nachttau und Nebel die lebenserhaltende Feuchtigkeit.
In der artenreichen Familie der Mittagsblumengewächse treten die unterschiedlichsten Wuchsformen auf.
So gibt es zahlreiche strauchige Arten mit verholzenden Trieben, 1–2 m Höhe erreichend; andere sind krautig, mit aufrechtem oder niederliegendem Wuchs, viele gehören zu den Einjahrsgewächsen

Lithops aucampiae

Lithops turbiniformis

Lithops marmorata

(Ephemeren), die nur nach ergiebigen Regenfällen für wenige Wochen oder Monate ein kurzes Dasein führen.

Die eigentümlichsten Erscheinungen stellen die hochsukkulenten Vertreter dar, deren Habitus stark von anderen Pflanzen abweicht.

Es sind kleine, kompakte Pflänzchen mit stark reduzierten Vegetationsorganen, häufig nur aus zwei miteinander verwachsenen dicken Blättern oder Körperchen bestehend.

Viele Arten verzweigen sich zu mehr oder weniger großen Klumpen beziehungsweise vielköpfigen Rasen.

Bemerkenswert ist die Erscheinung der Mimese; hier die Nachahmung des umgebenden Bodens oder Gesteins.

Die Gattung *Lithops* erhielt aufgrund des steinähnlichen Aussehens den treffenden Namen: Lebende Steine – Lith = Stein, opsis = Aussehen. (Siehe hierzu die Ausführungen in dem Kapitel „Mimikry".)

Typisch für viele „Mesems" ist, daß sie nur kleine Areale besiedeln. Nicht selten beschränkt sich das Vorkommen einer Art auf einen bestimmten Hügel oder Bergrücken.

Bevorzugte Wuchsorte zahlreicher Sukkulenten bilden die Quarzfelder, die unregelmäßig und in unterschiedlicher Ausdehnung in die südafrikanische Landschaft eingestreut sind. Neben den hochsukkulenten Mesembryanthemaceen präsentieren sich hier – mehr oder weniger auffällig – verschiedene zwergige *Crassula-, Anacampseros-, Haworthia-, Pelargonium-, Sarcocaulon-, Trichocaulon-, Stapelia*-Arten, *Aloe variegata* und andere Kostbarkeiten.

Die strauchigen Mesems erscheinen in der Karru in landschaftsprägender Häufigkeit. Sie stellen hier etwa 90% des gesamten Pflanzenbestandes, so daß dieses Gebiet als Mesemstrauchsteppe bezeichnet wird. Während der monatelangen Trockenzeit verleihen die verdörrten, graubraunen Sträucher der Landschaft eine eigenartige Melancholie. Nach einem ergiebigen Regen jedoch wandelt sich das Bild sprichwörtlich über Nacht: explosionsartig setzt ein allgemeines Wachstum ein, und schon nach wenigen

Dinteranthus wilmotianus

Tagen präsentiert sich das Land in oftmals unübersehbaren Ausdehnungen als ein farbenprächtiger Blütenteppich.

Die Blüten aller Mittagsblumen zeichnen sich durch leuchtende Farben und seidigen Glanz aus. Dabei übertrifft die Blütengröße nicht selten mehrfach den Pflanzendurchmesser hochsukkulenter Zwergformen (z. B. *Lithops*).

Hochinteressant sind die Früchte der Mesems. Die Fruchtkapseln verholzen bei der Reife und bleiben bis zum Beginn der nächsten Regenperiode geschlossen. Erst dann öffnen sie sich mittels einer

Fruchtkapseln von Glottiphyllum, Quellvorrichtung

Conophytum calculus

Conophytum spec.

Quellvorrichtung, um die Samen freizugeben, die dann binnen weniger Tage keimen.
Die Samen benötigen zur Erlangung der besten Keimfähigkeit eine 3–6monatige Zeit der Nachreife.
Die geöffneten Fruchtkapseln stellen wunderbare Ornamente dar, die den Goldschmieden in Südafrika als Vorlagen für ihre Handwerkskunst dienen.
PFLEGEHINWEISE/LIEBHABERWERT: Das bevorzugte Interesse der Pflanzenfreunde gilt den hochsukkulenten Zwergformen. Unter diesen gibt es wahre Kostbarkeiten, weil selten und heikel in der Kultur. Sie gehören nur in die Obhut erfahrener Sukkulentenliebhaber, die über Räumlichkeiten mit technischen Zusatzeinrichtungen (künstliche Belichtung) verfügen sollten.
Daneben steht ein großes Sortiment recht anspruchsloser Arten, die mit den Bedingungen eines sonnigen Zimmerfensters auskommen.
Krautige Arten sowie kleinere Strauchformen erfreuen mit kräftigem Wuchs und herrlichen Blüten nur an sehr sonnigen, luftigen Standorten. Sie eignen sich für Balkon, Terrasse oder Garten.
Freies Auspflanzen ist nicht zu empfehlen, weil sie sonst infolge zu reichlicher Wasser- und Nährstoffversorgung stark ins Kraut wachsen, aber kaum blühen. Sie sollten in den Töpfen, die bis zum Rand in das Erdreich einzusenken sind, verbleiben.
Manche gelten als gute Ampelpflanzen. Im Winter hält man die Strauchformen kühl, jedoch frostfrei und nicht völlig trokken.
Vollsonnige und luftige Standorte verlangen alle Mittagsblumengewächse. In feucht-warmen, schattierten Gewächshäusern oder geschlossenen Pflanzenvitrinen verlieren diese licht- und windgewohnten Pflanzen bald das natürliche Aussehen und werden anfällig gegen Krankheits- und Schädlingsbefall.

Conophytum pearsonii var. pearsonii

Conophytum leopardium

Conophytum, verschiedene Arten

Auch hochsukkulente Arten danken den Aufenthalt in der Sommerfrische, nur sollten sie Schutz vor Dauerregen erhalten. Gegen Vogel- und Mäusefraß schützt engmaschiges, auf einen Lattenrahmen gespanntes Drahtgeflecht.
Leichten Sonnenschutz während der hochsommerlichen Mittagszeit lieben *Conophytum*- und *Lithops*-Arten.

DAS GIESSEN: Die Bedürfnisse der Pflanzen sind insbesondere hinsichtlich der wechselnden Wachstums- und Ruhezeiten sehr verschiedenartig.
Die Mesems teilen sich in Sommer- und Winterwachser, ihrem heimatlichen Klimazyklus entsprechend. Einige passen sich dem mitteleuropäischen Vegetationsrhythmus an, viele andere aber nicht. Erfahrungsgemäß stellen sich die Vertreter folgender Gattungen nicht um: *Conophytum, Dactylopsis, Frithia, Gibbaeum* und *Ophthalmophyllum.*
Sie wachsen von Oktober–Februar/März, müssen daher im Winter mäßig feucht und temperiert (nicht unter 15–12°C) gehalten werden. In der übrigen Zeit bekommen sie fast kein Wasser, so daß sie sich – zumindest teilweise – einkapseln.
Alle anderen Mesembryanthemaceen haben ihre Wachstumsperiode von Mai–September.
Das Gießen muß mit gebührender Umsicht erfolgen. Hier das rechte Maß zur rechten Zeit zu finden, ist dem Sukkulentenfreund aufgetragen. Schnell ist des Guten zuviel getan, so daß die Pflanzen eine unerwünschte Mastigkeit entwikkeln. Sehr nachhaltig reagieren in dieser Weise *Glottiphyllum*-Arten.
Häufiges nebelartiges Sprühen frühmorgens und abends ist vorteilhaft.

PFLANZENSUBSTRATE/NÄHRSTOFFVERSORGUNG: Den Gegebenheiten ihrer natürlichen Standorte entsprechend verlangen die Mittagsblumengewächse zu arttypischer Entwicklung stickstoff- und humusarme beziehungsweise humusfreie Mineralsubstrate.
Eine lehmig-sandige Erde, der etwa 1/4 Torf oder gut verrottete Buchenlaub- oder Heideerde zugesetzt wird, sagt allen Arten zu.
Bei den hochsukkulenten Formen kann auf Humus gänzlich verzichtet werden. Stickstoffhaltige und humöse Substrate verursachen unerwünschte Mastigkeit, Blühfaulheit und Krankheitsanfälligkeit.
Die notwendige Nährstoffversorgung der Pflanzen kann auf einfache und zweckmäßige Weise durch wiederholte Nährsalzgaben (phosphor- und kalibetont!) während der Wachstumsperiode reguliert werden.

DIE VERMEHRUNG: Die Vermehrung aller Mesems erfolgt in erster Linie durch Samen. Stecklingsvermehrung ist außerdem bei krautigen und strauchigen Arten üblich.
Die hochsukkulenten Formen wie *Conophytum, Gibbaeum, Lithops* und ähnliche können gleichfalls durch Stecklinge vermehrt werden.
Hierzu trennt man mit einem scharfen Messer vorsichtig einzelne Körperchen von der Mutterpflanze und bringt diese in reinem Quarzsand zur Bewurzelung.
Vor dem Stecken müssen die Schnittstellen durch ein- bis mehrtägiges Liegenlassen an der Luft antrocknen.
Ausgesät wird vom Frühjahr bis Spätsommer. Bei gleichmäßiger Feuchtigkeit und hoher Wärme (25–35°C) keimen viele Arten schon 2–3 Tage nach der Aussaat.
Die Sämlinge sind sofort nach dem Auflaufen an Frischluft zu gewöhnen. Gegossen wird zweckmäßigerweise von unten durch Anstauen. Es empfiehlt sich, die Töpfe oder Schalen zunächst zu etwa 1/3 mit feuchtigkeitshaltendem Sumpfmoos oder mit dem für die Floristik entwickelten „Moosy" anzufüllen.
Diese Einlage garantiert die für den Keimungsvorgang notwendige, gleichmäßige Feuchtigkeit ohne die Gefahr von Staunässe.
Darüber kommt das eigentliche Aussaatsubstrat, bestehend aus sandiger Laub- oder Heideerde. Ein rein mineralisches Substrat wie Bimskies oder ein Gemisch aus Bimskies, Quarzsand, Lavagrus, Granitgrus ist empfehlenswert.

DAS PIKIEREN: Die Sämlinge schnellwüchsiger Arten werden schon nach wenigen Wochen pikiert, während die langsamwachsenden, hochsukkulenten Formen besser für längere Zeit, vielleicht sogar bis zum nächsten Frühjahr in den Aussaatgefäßen verbleiben. Sie gedeihen besser in dichter Gesellschaft.

KRANKHEITEN/SCHÄDLINGE: Wurzelläuse sind die häufigsten tierischen Schädlinge, an allen Mesembryanthemaceen vorkommend. Sie vermehren sich, weil sie die Trockenheit lieben, insbesondere während der Ruheperiode der Pflanzen massenhaft.
Das Auftreten der nahestehenden Wollläuse ist häufig an polster- oder klumpenbildenden Arten von *Faucaria, Titanopsis, Nananthus, Pleiospilos* und ähnlichen zu beobachten. In den Blattachseln und an der Stammbasis führen die Schädlinge ein ungestörtes Dasein.
Die gleichen Pflanzenarten werden mit Vorliebe von Spinnmilben heimgesucht, die sich bei trocken-warmer Witterung oder entsprechender Zimmerluft ebenfalls massenhaft vermehren. Die Befallstellen zeigen eine graubraune, durch rege Saugtätigkeit zerstörte Epidermis. Die sehr lebhaften Tierchen sowie deren Gespinste sind durch eine Lupe gut zu erkennen.
Alle genannten Schädlinge können die Pflanzen ernsthaft schädigen, schwächen und zum Absterben bringen.
Die Bekämpfung erfolgt mit geeigneten Mitteln, wie an anderer Stelle dieses Buches beschrieben.
Pilzerkrankungen sind seltener festzustellen. Nässe, Lichtmangel und zu niedrige Temperaturen verursachen Naßfäule, die meist in den Wintermonaten auftritt.

Aus der großen Vielfalt der Mittagsblumengewächse kann im Rahmen dieses Buches nur eine beschränkte Auswahl interessanter Vertreter vorgestellt werden:

ALOINOPSIS

Der Gattung *Nananthus* nahestehende Gattung sukkulenter Zwergsträucher mit dicker Rübenwurzel.
Die beil- oder länglich eiförmigen Blätter sitzen, zu kleinen Rosetten vereinigt, an kleinen Ästchen, Rasen oder Polster bildend.
Die gelben oder rosafarbenen Blüten sitzend oder kurz gestielt.

PFLEGEHINWEISE: Kultur in tiefen Töpfen. Gur für Zimmerkultur.

APATESIA

Einjährige Kräuter, vom Grunde aus verzweigend, etwa 15 cm Höhe erreichend. Blüten langgestielt, in verschiedenen Gelbtönen, 3–5 cm Durchmesser.

Apatesia pillansii

PFLEGEHINWEISE: reichblühende Sommerblumen für sonnige Gartenplätze. Aussaat im zeitigen Frühjahr im Gewächshaus. Auspflanzen im Mai.

Argyroderma pearsonii

ARGYRODERMA

Der Name stammt aus dem Griechischen und bedeutet Silberhaut (argyros = Silber, derma = Haut).
Argyroderma sind stammlose, hochsukkulente Stauden, meist rasenförmig verzweigt oder auch eintriebig.
Blätter, 2–4 an jedem Trieb, kreuzgegenständig, dick, kurz, eiförmig, gespreizt oder lang, halbwalzenförmig, rückseits gewölbt, an der Basis oft bis zur Hälfte verwachsen.
Blätter fest, einfarbig mit silbriggrauer oder graugrüner Epidermis.
Blüten einzeln erscheinend, je nach Art 2–6 cm im Durchmesser, überwiegend in roten und gelben Farbtönen, seltener weiß.
Beschrieben wurden rund 40, häufig schwierig zu unterscheidende Arten.

VERBREITUNG: Quarzfelder des Namaqualandes in Südafrika

PFLEGEHINWEISE/LIEBHABERWERT: begehrte Liebhaberpflanze für den erfahrenen Sukkulentenfreund.
Kultur im hellen Sukkulentenhaus in lehmig-sandiger Erde. Während des sommerlichen Wachstums nur mäßig gießen Im Winter trocken halten, nicht unter 15°C. Gut auch für das sonnige Zimmerfenster.
Vermehrung aus Samen.

Argyroderma delaeti

ASTRIDIA

Ausdauernde Sträucher, 20–30 cm hoch werdend.
Blätter mondsichelförmig, dreikantig, fein samtig behaart. Äste im Jugendstadium zweikantig, Blüten einzeln oder zu mehreren, endständig, weiß, rot oder violettrosa.

VERBREITUNG: Süd- und Südwestafrika.

Astridia herrei

PFLEGEHINWEISE/LIEBHABERWERT: hübsche Pflanzen für Gewächshaus und sonniges Zimmerfenster. Wachstumszeit im Winter, Mindesttemperatur 15°C. Während der sommerlichen Ruheperiode nicht völlig trocken halten.
Vermehrung aus Samen und Stecklingen.

BERGERANTHUS

Stammlose, hochsukkulente Stauden mit fleischigen Wurzeln.
Blätter an der Basis miteinander verwachsend, in dicht gedrängter Rosette, rasenartig verzweigend.
Die langgestielten Blüten erscheinen im Juni–August, nachmittags sich öffnend.

VERBREITUNG: Kapland.

Bergeranthus multiceps

PFLEGEHINWEISE/LIEBHABERWERT: anspruchslose Pflanzen, regelmäßig blühend.
Wachstumsperiode im Sommer. Im Winter ziemlich trocken halten, bei 8–12°C.

CARPOBROTUS

Sukkulente Halbsträucher mit langen, zweikantigen Ästen, reichlich verzweigend, niederliegend.
Blätter fleischig, dreikantig, säbelförmig gebogen, an der Basis verwachsen.

Carpobrotus edulis

Blüten gestielt, einzeln erscheinend, sehr groß, bis 12 cm im Durchmesser. Blütezeit: April–November.

VERBREITUNG: Südafrika, Australien, Chile und Kalifornien; in Küstenregionen. An der Riviera verwildert.

LIEBHABERWERT: Diese starkwüchsigen Pflanzen eignen sich für sonnigste Gartenplätze, wo sie binnen weniger Monate große Flächen überwuchern.
Vermehrung durch Samen und Stecklinge.
Überwinterung hell, kühl, ziemlich trokken.

CHEIRIDOPSIS

(cheir = Hand, opsis = Aussehen)

Hochsukkulente Stauden oder kleine Halbsträucher, rasenförmig verzweigend. Jeder Trieb entwickelt 1–3 Paare gegenständiger Blätter; diese häufig sehr verschieden in Form und Größe. Blätter in der Ruhezeit oft scheidenartig vertrocknend, die jüngsten Blattpaare einhüllend. Blüten lang gestielt, einzeln, je nach Art 3–7 cm im Durchmesser in rötlichen, rosa, gelben und weißlichen Farbtönen. Blütezeit im Sommer.

VERBREITUNG: Süd- und Südwestafrika; vorzugsweise in Namaqualand. Rund 90 Arten.

Cheiridopsis

PFLEGEHINWEISE/LIEBHABERWERT: interessante, kulturwürdige Pflanzen für sonnige Standorte im Gewächshaus oder Zimmerfenster.
Wachstum im Frühjahr und Sommer; während dieser Zeit mäßig gießen. Überwinterung trocken, bei 10–15°C.
Anzucht aus Samen; Stecklinge bewurzeln schlecht.

CONOPHYTUM

Rund 300 Arten umfaßt diese Gattung hochsukkulenter Zwergpflanzen, deren systematische Gliederung in zahlreiche Untergattungen, Reihen und Unterreihen ein komplizierter Vorgang ist.
Die unterschiedlichen Körperformen, Blütezeiten und Blütenfarben sowie die geographische Verbreitung dienten als Grundlage für die jahrelangen wissenschaftlichen Arbeiten namhafter Botaniker.
Conophyten sind ausdauernde, vielköpfige Pflänzchen von rasenförmigem Wuchs.
Körperchen kugelig, kegelig, herzförmig, eiförmig oder annähernd zylindrisch, aus zwei miteinander verwachsenen Blättern bestehend. Oberseiten der Körperchen stark gewölbt, flach oder versenkt mit kleinem Spalt, oder eingekerbt bis zweilappig (bilob). Blüten aus dem Spalt, einzeln in den Farben Violett, Rosa, Gelb oder Weiß. Blütezeit: August–Oktober.
Aus jedem Körperchen oder Blattpaar entwickelt sich alljährlich ein neues. Bei diesem Vorgang entzieht das junge Körperchen dem alten die Substanz, bis zum Schluß nur eine papierartig vertrocknende Haut übrigbleibt, die den Nachwuchs umhüllt, um ihn während der Trockenruhezeit vor den sengenden Sonnenstrahlen zu schützen.
Sobald Regen fällt, wird die Umhüllung gesprengt, und das neue Blattpaar gelangt bald zur vollen Größe.
Die Vegetationsperiode der meisten *Conophytum*-Arten beginnt im Juni/Juli, bei einigen schon Mitte Mai, bei anderen auch erst später.
Stets wird der Wachstumsbeginn durch das Sprengen der papierartigen Haut sowie durch das Hervorbrechen der Blüten angezeigt.
Kulturpflanzen erhalten ab diesem Zeitpunkt regelmäßig Wasser. Sobald die Pflanzen das Wachstum einstellen und zu schrumpfen beginnen, werden die Wassergaben allmählich eingeschränkt. Ab April/Mai unterbleibt das Gießen gänzlich.
Die Conophyten erfordern wegen der unterschiedlichen Wachstumszeiten eine besonders aufmerksame Behandlungsweise.

Conophytum spec.

Conophytum cupreatum

Conophytum wettsteinii

Conophytum minutum

Conophytum spec.

PFLEGEHINWEISE: Allgemein wünschen Conophyten etwas mehr Feuchtigkeit als die *Lithops,* denn sie wachsen in Süd- und Südwestafrika bevorzugt in feuchtigkeitsführenden Felsspalten und Nebelwüsten. Nur wenige Arten kommen an extrem trockenen Standorten vor.
In Kultur vertragen diese Pflanzen bei luftigem Stand durchaus volle Sonne. Andernfalls sollten sie leichten Schutz vor sommerlicher Prallsonne erhalten.
Überwinterung hell, bei etwa 15°C. Erde: lehmig-sandig mit geringem Humusanteil.
Vermehrung aus Samen und Stecklingen ohne Schwierigkeiten.

LIEBHABERWERT: Conophyten zählen neben den *Lithops* zu den begehrtesten Mittagsblumengewächsen.
Manche Sukkulentenfreunde beschäftigen sich ausschließlich mit diesen dankbaren, regelmäßig blühenden Zwergpflanzen, von denen man auf kleinem Raum eine ansehnliche Sammlung halten kann.
Gut für Zimmerfenster, Balkon, Gewächshaus und Frühbeetkasten.

DOROTHEANTHUS

Einjährige Kräuter, die man im Frühjahr im Gewächshaus oder Frühbeetkasten vorkultiviert, um sie nach Mitte Mai an sonnigen Gartenplätzen auszupflanzen.

Dorotheanthus bellidiformis

Dorotheanthus bellidiformis

Am bekanntesten und beliebtesten ist *D. bellidiformis* aus Kapland. Von Juni bis August bringt diese Art viele Blüten in herrlichen Farben hervor. Es entstehen prächtige Pflanzenteppiche in den Farben Weiß, Rosa, Rot, Orange; Blüten oft 2farbig.

PFLEGEHINWEISE: Die Pflanzen bevorzugen leichtere, stickstoffarme Böden und sollten nicht zu reichlich gewässert werden.

DROSANTHEMUM

Artenreiche Gattung sukkulenter Sträucher mit aufrechten oder niederliegenden, dünnen Ästen.
Blätter kreuzgegenständig, klein, dreikantig bis stielrund, dicht mit glitzernden Papillen versehen.
Die endständigen Blüten erscheinen einzeln oder zu mehreren aus seitlichen Kurztrieben; ab Mittag sich öffnend in den Farben Weiß, Gelb und Rot, im Sommer.

PFLEGEHINWEISE/LIEBHABERWERT: leicht zu kultivierende Pflanzen. Vermehrung aus Samen und Stecklingen. Im Sommer stehen sie am besten im Freien. Überwinterung kühl, hell, fast völlig trokken.
Wintertriebe sind meist wertlos, sie sollten im Frühjahr abgeschnitten werden.

EBERLANZIA

Ausdauernde Pflanzen mit aufrechten, starren Ästen und holzigen Wurzeln.
Blätter bläulich oder graugrün mit kleinem Spitzchen, fein punktiert.
Blüten erscheinen in verzweigten Ständen, Blütenäste teilweise zu Dornen umgebildet.

Eberlanzia divaricata; Standortaufnahme in Südafrika

LIEBHABERWERT: dankbare, leicht aus Samen und Stecklingen zu vermehrende Pflanzen, die regelmäßig und reichlich im Frühsommer blühen.
Im Sommer am besten im Freien, im Winter kühl, hell und trocken.

FAUCARIA
(Tigerrachen)

Hochsukkulente, niedrige, sich rasenförmig ausbreitende Pflanzen aus dem östlichen Kapgebiet. Rund 30 Arten sind bekannt.
Blätter an der Basis rundlich, zur Mitte hin dreieckig, rhombisch oder spatelig-lanzettlich, Ränder und Oberseite häufig mit Zähnchen versehen, diese oft lang begrannt.
Blattränder, Kiel und Zähnchen knorpelig.
Die großen, meist gelben Blüten öffnen sich mittags; August–November.

Faucaria, ‚Tigerrachen'

PFLEGEHINWEISE/LIEBHABERWERT: anspruchslose, gutwüchsige und reichblühende Pflanzen für sehr helle Standorte, auch für Zimmerfenster geeignet.
Vermehrung durch Samen und Stecklinge.
Wachstumszeit im Sommer. Überwinterung bei 10–14°C, hell, trocken.
Kultur in sandiger Erde.

FENESTRARIA

(Fensterblatt; fenestra = Fenster)

Hochsukkulente Pflanzen mit rasenförmigem Wuchs.
Blätter oben keulig verdickt, aufrechtstehend, am Ende gewölbt, kreisrund. Die Blätter sind an den Enden durchscheinend – hier reicht das chloroplastenfreie Wasserspeichergewebe bis an die Epidermis – und haben Kalkoxalatkristalle eingelagert. Durch diese „Fenster" dringt das Sonnenlicht in die Blätter und dient auf diesem Wege der Assimilation.
In den trocken-heißen Verbreitungsgebieten Süd- und Südwestafrikas wächst *Fenestraria* so tief im Boden verborgen, daß nur die gefensterten Blattenden hervorschauen.
Die Gattung *Fenestraria* wurde viele Jahre in 2 Arten geführt:
F. aurantiaca mit goldgelben Blüten und
F. ropalophylla mit weißen Blüten.
Neuerdings sind beide zu einer Art vereinigt:

Fenestraria aurantiaca f. ropalophylla

Fenestraria aurantiaca f. aurantiaca

F. aurantiaca in den Formen *aurantiaca* und *ropalophylla.*

PFLEGEHINWEISE/LIEBHABERWERT: Fenestrarien zählen zu den besonders begehrten Liebhabergewächsen.
Sie verlangen vollsonnigen Standort, denn nur so zeigen sie gedrungenen Wuchs mit 2–3 cm langen Blättern. Bei Lichtmangel entstehen unansehnliche, flatterige Gebilde mit dünnen, bis 10 cm langen Blättern.
Wegen der deutlich geringeren Lichtintensitäten der mitteleuropäischen Breitengrade, trotz sonnigstem Stand, wachsen Fenestrarien bei uns stets oberirdisch.

Vor zu tiefem Einpflanzen muß wegen Fäulnisgefahr gewarnt werden. Sie sollten, weil sie es schlecht vertragen, nur selten, unter bestmöglicher Schonung der Wurzeln umgepflanzt werden.
Mit Wasser ist stets, auch während der Wachstumsperiode von März–September, sparsam umzugehen.
In der übrigen Zeit stehen die Pflanzen völlig trocken bei Temperaturen nicht unter 14°C.
Die Kulturerde soll sandig-lehmig sein.
Vermehrung aus Samen und durch Stecklinge.

FRITHIA

Hochsukkulente, stammlose Pflanze. Blätter keulenförmig, etwa 2 cm lang, aufrechtstehend, zu 6–9 rosettig gestellt, mit fensterartig durchscheinenden Enden.
Blüten einzeln, karminrot mit weißer Mitte.

VERBREITUNG: Transvaal, bei Pretoria, in Quarzfeldern.
Frithia mit der einzigen Art *pulchra* ähnelt *Fenestraria.* Kultur wie diese, nur fällt die Vegetationsperiode in die Wintermonate. Diese Art ist also im Winter vorsichtig zu gießen, im Sommer jedoch trocken zu halten.

LIEBHABERWERT: *Frithia* ist – nicht zuletzt wegen der Winterblütigkeit – eine äußerst geschätzte Liebhaberpflanze.

Frithia pulchra

GIBBAEUM

Artenreiche, in verschiedene Sektionen gegliederte hochsukkulente Gattung aus Süd- und Südwestafrika.
Ausdauernd, stammlos oder mit kleinen niederliegenden Stämmchen, rasenförmig verzweigend.
Körper aus eiförmig, verkehrt-eiförmig oder kugeligen Blattpaaren, die gekerbt oder in Loben zerteilt sind.
Blüten gestielt, weiß oder lilarot; im Spätherbst oder zeitigen Frühjahr, zu Beginn einer Wachstumsperiode erscheinend.

PFLEGEHINWEISE/LIEBHABERWERT: begehrte Liebhaberpflanzen für Gewächshaus und helle Zimmerfenster. Die meisten Arten wachsen im Winter. Sie benötigen daher mindestens 15°C, reichlich Licht (künstliche Zusatzbeleuchtung ist empfehlenswert!) und mäßige Feuchtigkeit.
Während der Ruhezeit völlig trocken halten.
Anzucht einfach aus Samen und Stecklingen.

GLOTTIPHYLLUM
(Zungenblatt)

Hochsukkulente, ausdauernde Pflanzen mit gabelig verzweigten, dicken Stämmchen.
Blätter mehr oder weniger 2zeilig oder kreuzgegenständig angeordnet, meist dicht stehend, weichfleischig, sehr safthaltig.
Blüten einzeln, seitenständig, sehr groß, glänzend, meist gelb, selten weiß; August–Januar, je nach Art.

VERBREITUNG: Kapland.

PFLEGEHINWEISE: Glottiphyllen sind leicht zu kultivierende Pflanzen, für sehr sonnige Standorte.
Im Sommer am besten im Freien an regengeschützter Stelle. Sie Verlangen schwere, lehmige Erde. Hauptwachstumszeit April bis Juli.
Kultur in flachen Töpfen; nicht auspflanzen, weil sie dann leicht zu mastig werden.

Glottiphyllum fragrans

Glottiphyllum arrectum

Auch dürfen diese stark wasserspeichernden Pflanzen nur wenig Wasser bekommen.
Recht selten werden Glottiphyllen so kultiviert, daß sie ihr natürliches, kompaktes Aussehen entwickeln.

HEREROA

Kleine ausdauernde Pflanzen, Rasen oder niedrige Sträucher bildend.
Blätter an der Basis rundlich, zum Ende hin verbreitert, zusammengedrückt.
Blüten einzeln oder zu mehreren, gestielt, gelb, im Verblühen mit rosa Anflug, selten weiß.

Hereroa tuquelliac

VERBREITUNG: Kapland.

PFLEGEHINWEISE: empfehlenswerte Pflanzen, auch für sonnige Zimmerfenster gut.
Hauptwachstums- und Blütenzeit im Sommer. Überwinterung hell, bei 12–15°C.
Anzucht einfach aus Samen, oft schon im 2. Jahre blühend.
Stecklingsvermehrung ist ebenfalls möglich.

LAMPRANTHUS

(Lampros = glänzend, anthos = Blüte)

Diese über 200 Arten umfassende Gattung erhielt den Namen wegen der prächtigen, seidig glänzenden Blüten – einer Eigenschaft, die auf alle Mittagsblumengewächse zutrifft. Blütenfarben: weiß, rosa, rot, gelb oder orange.

VERBREITUNG: Kapland.

PFLEGEHINWEISE: *Lampranthus* gelten als schönste und reichblühendste Strauchmesems.
Sie verlangen vollsonnige, luftige Standorte; der günstigste Sommeraufenthalt ist daher im Freien.
Überwinterung kühl, nicht völlig trocken.
Kultur in kräftigem, lehmigem Substrat.
Vermehrung aus Samen im Frühjahr oder durch Stecklinge im August.

Lampranthus amoenus

LITHOPS

(Lith = Stein, opsis = Aussehen)

Aufgrund ihrer kieselsteinähnlichen Gestalt heißen diese hochsukkulenten, ausdauernden Zwergpflanzen „Lebende Steine".
In Südwestafrika nennt man sie auch „Hottentottenpopos".
Die Triebe der *Lithops* bestehen aus zwei miteinander verwachsenen kegel- oder zylinderförmigen, fleischigen Blättern.
Die Pflanzen wachsen einzeln oder in mehrköpfigen Klumpen.
Auf der Endfläche der Blätter oder Körperchen entsteht ein deutlicher Querspalt, der diese in zwei flache oder gewölbte „Loben" trennt. In jeder Vegetationsperiode wird jeweils nur ein neues Blattpaar gebildet, das quer aus dem vorhandenen Spalt hervorbricht.
Die Blüten erscheinen aus dem Spalt, meist einzeln, häufig den Pflanzendurchmesser überragend in den Farben Weiß und Gelb, nachmittags sich öffnend. Blütezeit von Juli–November, zum Ende einer Wachstumszeit.

Die Heimat der *Lithops* sind extrem trockene Gebiete Süd- und Südwestafrikas. Sie wachsen dort in Gesteinsspalten, im Geröll oder tief im Boden verborgen.
Während der vielmonatigen Trockenperiode schrumpfen sie gänzlich in den Boden. In der Färbung sind sie ihrer Umgebung angepaßt. So kommen in braunem Gestein oder Boden überwiegend bräunliche, in grauer Umgebung dagegen graue Arten vor (Mimikry).
Die meisten *Lithops*-Arten tragen auf der Endfläche eine mehr oder weniger stark ausgeprägte, netzartige oder gefleckte „Fensterung".
Bei der Fensterung reicht das Wasserspeichergewebe an die Oberhaut, so daß das Sonnenlicht in die Pflanzenkörper eindringen und zu den tieferliegenden Assimilationsgeweben gelangen kann.
Die Merkmale der Fensterung dienen neben der Körper- und Blütenfarbe wesentlich zur Bestimmung der rund 80 Arten.
Lithops während der Trockenruhezeit am natürlichen Standort zu finden ist Glücks-

Lithops bella

Lithops ruschiorum var. lineata

Lithops marmorata

sache, zur Zeit ihrer Blüte dagegen leuchten sie weithin sichtbar.
Die natürlichen Vorkommen dieser Pflanzen sind oft nur auf kleine Areale beschränkt. Durch Pflanzensammler und Tierfraß wurden die Bestände stark reduziert. Für Nagetiere, Vögel, Säugetiere, hier vor allem Paviane und Ziegen, bedeuten die *Lithops* saftige Leckerbissen.

PFLEGEHINWEISE/LIEBHABERWERT: Die Kultur dieser beliebten Pflanzen bereitet kaum Schwierigkeiten, sofern man die Lebensgewohnheiten beachtet und Voraussetzungen für gesundes Gedeihen bietet.

Lithops ruschiorum

Die Wachstumszeit der meisten Arten liegt in unserem Sommer. Von April–September wird daher regelmäßig gegossen. Danach werden die Wassergaben stark eingeschränkt und bald völlig eingestellt.
Vorteilhaft ist die indirekte Wasserversorgung, indem in Tontöpfen kultivierte Pflanzen bis zum oberen Topfrand in wasserhaltendes Substrat (Torf/Sandgemisch) eingesenkt werden, das dann gut feucht zu halten ist.
Überwinterung erfolgt völlig trocken bei etwa 15°C, nachts auch niedriger.
Lithops verlangen vollsonnige, luftige Standorte. Ein Sommeraufenthalt im Freien, den tageszeitlichen Temperaturschwankungen ausgesetzt, sagt ihnen am besten zu. Die Einwirkung des Nachttaus wäre besonders nützlich.
Vor heftigen Gewitter- und Dauerregen sowie vor Vögeln und Mäusen sind die Pflanzen zu schützen.
Das Kultursubstrat muß durchlässig und humusarm sein. Bewährt hat sich ein Gemisch aus etwa 2/3 Quarzsand, etwa 1/3 mürbem Lehm und – wenn überhaupt – einem geringen Humuszusatz.
Die Nährstoffversorgung sollte stickstoffarm sein.
Leider wird diese Regel im Interesse schnellen Wachstums häufig nicht beachtet. Das Ergebnis sind mastige, unförmige, nicht selten aufgeplatzte, krankheitsanfällige Pflanzen mit nur geringer Lebenserwartung. Gewöhnlich gehen stark verweichlichte Exemplare spätestens im nächsten Winter zugrunde.
Die Anzucht erfolgt aus Samen, selten durch Stecklinge. Schon 2–3 Jahre nach der Aussaat sind *Lithops* blühfähig.

OPHTHALMOPHYLLUM
(ophthalmos = Auge, phyllos = Blatt)

Hochsukkulente Zwergpflanzen, den *Lithops* ähnelnd.
Körper sehr weichfleischig, Oberfläche glatt, rötlich oder rotbraun bis purpurrot, mitunter auch fein papillös behaart. Blattspitzen häufig glasig durchscheinend.
Blüten in den Farben Weiß, Rosa oder Lilarot, im September–Oktober, den Beginn der neuen Wachstumsperiode anzeigend.

VERBREITUNG: Süd- und Südwestafrika.

PFLEGEHINWEISE/LIEBHABERWERT: wertvolle Pflanzen für den erfahrenen Sukkulentenfreund.
Verlangen sonnigsten Standort.
Kultur in sandig-lehmigem Substrat. Nur während der Wachstumsperiode vorsichtig gießen (von September–Dezember). Zu reichliche Wassergaben können ein Aufplatzen der Körperchen verursachen. Während der vielmonatigen Trockenruhezeit kapseln sich die Pflänzchen vollkommen ein.
Temperatur sollte auch im Winter mindestens 15°C betragen.

Ophthalmophyllum praesectum

PLEIOSPILOS
(Lebender Granit)

Hochsukkulente, ausdauernde, rasenbildende Zwergstauden.
Jeder Trieb entwickelt 1–2, seltener 3 oder 4 Paare gekreuzt-gegenständiger, am Grunde verwachsener, unterseits stark gewölbter Blätter.
In ihrer Gestalt sowie der graugrünen oder dunkelgrünen Körperfärbung sind die Pflanzen Gesteinsbrocken sehr ähnlich.
Die sehr großen Blüten erscheinen nach der Wachstumsperiode, von August–Oktober. Annähernd 40 Arten sind bekannt.

VERBREITUNG: Kapland.

PFLEGEHINWEISE/LIEBHABERWERT: *Pleiospilos* sind begehrte Liebhaberpflanzen für das helle Gewächshaus und das sonnige Zimmerfenster.
Hauptwachstumszeit von Mai–Juli. Während des Wachstums regelmäßig gießen, während der übrigen Zeit absolut trocken halten.
Kultur in nährstoffarmem, sandig-lehmigem Substrat.
Die meisten Arten bilden eine tiefgehende Pfahlwurzel, deshalb in tiefere Töpfe pflanzen.
Anzucht leicht aus Samen und durch Stecklinge.

RUSCHIA

Zwergige bis größere Sträucher mit aufrechten, meist einseitig verzweigenden, niederliegenden Ästen.
Blätter mit langer Scheide den Stengel umfassend, häufig nur kurz verwachsen, die freien Blattspreiten 3kantig, oft klein und halbkugelig, meist mit einem Stachelspitzchen.
Blattreste oder eingetrocknete Scheiden verbleiben nicht selten an den Zweigen.
Blüten in den Farben Rosa, Rot, Violett oder Weiß, einzeln oder zu mehreren.
Blütezeit im Sommer, einige Arten sind Nachtblüher.
Ruschia ist mit rund 350 Arten die artenreichste Gattung unter den Mittagsblumengewächsen.

VERBREITUNG: Kapland.

PFLEGEHINWEISE: Die höheren Strauchformen stehen im Sommer am besten im Freien, die kleineren Arten sollten ständig unter Glas oder am Zimmerfenster kultiviert werden.
Einen vollsonnigen, luftigen Standort verlangen sie alle.
Überwinterung hell, bei 10–12°C, nicht völlig trocken.
Vermehrung aus Samen und durch Stecklinge.

LIEBHABERWERT: Einige Arten sind für die Pflanzenliebhaberei von Bedeutung.

SCHWANTESIA

Hochsukkulente, stammlose, rasenbildende Pflanzen.
Jeder der zahlreichen Triebe besteht aus Rosetten mit 2–4 kreuzgegenständigen Blattpaaren.
Blätter fest, nach oben verbreitert mit spitzem oder gezähntem Ende.
Die großen, hellgelben Blüten erscheinen im September/Oktober.

VERBREITUNG: Süd- und Südwestafrika.

PFLEGEHINWEISE/LIEBHABERWERT: Schwantesien sind empfehlenswerte, kleine Pflanzen für das Gewächshaus und sonnige Zimmerfenster.
Wachstumszeit von April–Oktober.
Überwinterung trocken, nicht unter 15°C.
Vermehrung aus Samen oder durch Teilung älterer Pflanzen

STOMATIUM

Zwergige, rasenbildende, im Alter kurzstämmige, hochsukkulente Pflanzen.
Blätter gedrängt kreuzgegenständig angeordnet, an der Basis verwachsen, dickfleischig, kurz dreieckig oder spatelförmig bis gestreckt.
Ränder mit kurzen Zähnchen versehen.
Epidermis weich, höckerig, durchscheinend warzig.
Blüten 2–4 cm groß, bis auf eine weißblühende Art in gelben Tönungen, im Sommer. Nachtblüher. Rund 40 Arten.

VERBREITUNG: Kapland.

PFLEGEHINWEISE/LIEBHABERWERT: anspruchslose Pflanzen für Gewächshaus und Zimmer.
Verlangen sonnigen, luftigen Standort.
Während der sommerlichen Wachstumsperiode regelmäßig gießen; im Winter trocken halten bei 12–15°C.
Anzucht einfach aus Samen und aus Stecklingen.

TITANOPSIS

Hochsukkulente, stammlose, dichte Rasen oder Klumpen bildende Pflanzen.
Jeder Trieb besteht aus einer Rosette von 6 oder mehr dicht kreuzgegenständig angeordneter, warziger Blätter.
Blattspitzen dreieckig verbreitert.
Pflanzen haben eine bläulich-grüne, bei starker Sonneneinstrahlung auch rötliche oder gelblich-weiße Oberhaut.
T. calcarea ähnelt in Gestalt und Farbe gänzlich dem Kalkgestein, in dem es vorkommt. Eine vollendete Mimese!
Blüten der *Titanopsis* sind mittelgroß, gelb bis orange, im August erscheinend.

VERBREITUNG: 6 Arten in Kapland und Südwestafrika.

PFLEGEHINWEISE/LIEBHABERWERT: *Titanopsis* sind empfehlenswerte Pflanzen für den umsichtigen Pflanzenfreund. Nur unter Glas zu halten.

Titanopsis calcarea

Während der sommerlichen Wachstumsperiode ist sehr vorsichtig zu gießen. Gelangt Wasser in die kompakten Blattrosetten, so führt dies zu baldiger Fäulnis. Indirekte Bewässerung ist anzuraten.
Überwinterung bei 15°C, nicht zu trocken. Kultur in sandiger Erde mit einem Zusatz von altem Bauschutt oder Kalkmergel.
Vermehrung aus Samen und durch Teilung älterer Pflanzen.

TRICHODIADEMA

Niedrige Sträucher mit langen, schlanken, verbogenen Zweigen oder kurzästig, dann rasenförmiger Wuchs.
Wurzeln verholzend oder fleischig bis rübenartig.
Die kleinen, im Querschnitt rundlichen Blätter sind dicht mit glitzernden Papillen besetzt und tragen an der Spitze einen Schopf strahlend abstehender Borsten. Diese Borsten dienen wahrscheinlich der Feuchtigkeitsaufnahme aus der Luft und aus dem Nachttau.
Die kleinen bis mittelgroßen Blüten erscheinen von Februar bis Dezember in den Farben Rot oder Weiß.

VERBREITUNG: rund 30 Arten in Kapland heimisch.

PFLEGEHINWEISE/LIEBHABERWERT: Trichodiademen sind anspruchslose, gut wüchsige und blühwillige Pflanzen für vollsonnige, luftige Standorte im Gewächshaus, im Sommer am besten im Freien.
Die kleinbleibenden Arten (z. B. *T. densum*) auch gut für das Zimmerfenster geeignet.
Pflanzen wachsen fast ganzjährig, nur im Dezember–Januar eine kurze Ruhezeit einlegend.
Im Sommer reichlich, im Herbst und Winter wenig Wasser geben.
Überwinterung hell, bei 8–10°C.
Anzucht aus Samen oder Stecklingen leicht.

FAMILIE ***OXALIDACEAE***
(Sauerkleegewächse)

Unter den 300–400 Sauerkleearten zeigen einige südamerikanische Vertreter aus Chile, Peru und Bolivien Merkmale der Blatt- beziehungsweise Stammsukkulenz.
Oxalis carnosa, O. paposana, O. sepalosa und *O. succulenta* sind gelegentlich in Sukkulentensammlungen anzutreffen.
Es sind kleinbleibende, 10–40 cm hohe Sträucher mit 3teiligen, langgestielten Blättern und gelben Blüten.
Bemerkenswert ist die stark ausgeprägte Sukkulenz der Blattstiele bei *O. succulenta,* sofern diese Pflanzen nicht zu reichlich mit Wasser und Nährstoffen versorgt werden.

LIEBHABERWERT: Die genannten Arten sind leicht zu kultivierende Pflanzen für das helle Gewächshaus und Zimmerfenster.
Sie erhalten im Sommer mäßige, im Winter geringe Wassergaben.

FAMILIE ***PIPERACEAE***
(Pfeffergewächse)

Die Familie der Pfeffergewächse enthält in der Gattung *Peperomia* viele Arten mit mehr oder weniger sukkulentem Charakter.
Es sind überwiegend Bewohner tropischer Urwälder, wo sie aufgrund ihrer epiphytischen Lebensweise geringe Wasserreserven in den Blättern anlegen.
Sie haben für die Sukkulentenliebhaberei wenig Bedeutung.
Interessanter sind dagegen die aus den Trockenwäldern Perus stammenden *P. columella, P. dolabriformis* und *P. nivalis.* Sie bilden aus großzelligem Wassergewebe, das bis zur Epidermis der Blattoberseite reicht, sogenannte „Fensterblätter" aus.

Trichodiadema densum

Oxalis succulenta

Peperomia columella

Durch die Fenster gelangt das Sonnenlicht zu den tieferliegenden Assimilationsgeweben.
Ähnliches ist bei einigen *Haworthia-* und *Senecio-*Arten, bei *Fenestraria, Frithia, Lithops* und *Ophtalmophyllum* zu finden.

PFLEGEHINWEISE: Die letztgenannten Peperomien verlangen hellen, luftigen Standort, sandig-humöse Erde, mäßige Wassergaben im Sommer und ziemlich trockene Überwinterung; nicht unter 14°C.
Vermehrung meist aus Stecklingen.

FAMILIE ***PORTULACACEAE***

(Portulakgewächse)

Unter den rund 500 Arten dieser Pflanzenfamilie erscheint eine ganze Reihe sukkulenter Vertreter in den Gattungen *Anacampseros, Ceraria, Portulaca, Portulacaria* und *Talinum.*

ANACAMPSEROS

Die etwa 60 Arten dieser Gattung enthalten Stamm- und Blattsukkulenten. Sie sind in 4 Sektionen unterteilt.

VERBREITUNG: Trockengebiete Süd- und Südwestafrikas.
Die Sektion *Avonia* stellt mit den sogenannten „weißen Arten" die interessantesten Vertreter.
Es sind niedrige Stauden mit sukkulentem, leicht verholzendem Stamm und fleischigen Wurzeln.
Triebe wurstartig oder kantig, kleine Blättchen in spiraliger Anordnung tragend. Diese werden von größeren, pergamentartigen, häutigen Nebenblättern umhüllt, so daß die Pflanzen weiß und chlorophyllfrei erscheinen.
Blüten klein, endständig, weiß, häufig kleistogam.
Zu dieser Sektion gehören unter anderem die wertvollen Arten:
A. albissima, A. alstonii, A. bremecampii, A. dinteri, A. herreana, A. meyeri, A. papyracea, A. recurvata.

Anacampseros alstonii

Anacampseros albissima

Anacampseros filamentosa

PFLEGEHINWEISE: In der Kultur sind diese Pflanzen recht anspruchsvoll. Sie verlangen vollsonnigen Stand, geringe Wassergaben im Sommer, Trockenruhe im Winter. Nicht mit Wasser übergießen, Fäulnisgefahr! Anzucht aus Samen.

Die blattsukkulenten, grünblättrigen Arten der Sektion *Telephiastrum* sind leicht zu pflegende, niedrige Stauden.
Wurzeln häufig knollig verdickt.
Blätter eiförmig bis spitz, sehr fleischig. Aus den Blattachseln treiben Borstenhaare, häufig die Blätter überziehend. Diese dienen wahrscheinlich der Feuchtigkeitsaufnahme aus der Luft.
Blüten zu 2–4 in endständigen Wickeln, weißlich oder rot, im Sommer.
Blüten nur wenige Stunden geöffnet oder geschlossen bleibend, dennoch keimfähigen Samen erzeugend (kleistogam). Diese Sektion stellt die meisten Arten. Die Sektionen *Tuberosae* und *Rosulatae* sind jeweils mit nur 1 Art vertreten: *A. australiana* und *A. dielsiana.*

PFLEGEHINWEISE: Kultur in sandig-lehmiger Erde an hellem Standort. Im Sommer mäßig, im Winter kaum gießen. Vermehrung aus Samen und durch Stecklinge. Gut für Zimmerkultur.

PORTULACA

Niedrige sukkulente Stauden oder Einjahrspflanzen aus Südamerika, Südafrika und Australien.

Portulaca grandiflora

Von Bedeutung ist *P. grandiflora,* eine einjährige Art aus Brasilien, die als reich- und buntblühende Sommerblume für Steingärten große Beliebtheit erfährt.
Die anfangs recht unscheinbaren Pflanzen entwickeln an sonnigem Standort bald prächtige Farbenteppiche aus weißen, gelben, violetten oder roten, einfachen und gefüllten Blüten.

PFLEGEHINWEISE: Aussaat und Vorkultur im Frühjahr unter Glas. Auspflanzen ins Freie ab Mitte Mai.

PORTULACARIA AFRA

Sukkulenter Strauch aus den Trockenwäldern in Transvaal bis südwestliches Kapland.
Stämmchen graubraun berindet mit knotig gegliederten, fleischigen Ästen.
Blätter verkehrt-eirund, gegenständig, kahl. Blüte zartrosa, klein, in Kultur selten erscheinend.

PFLEGEHINWEISE/LIEBHABERWERT: anspruchslose Pflanzen. Bevorzugen sandig-humöses Substrat.
Anzucht leicht aus Stecklingen.
Geeignet für Gewächshaus und Zimmer.
Schöner als die grüne Stammform ist die gelbblühende Abart *P. afra* var. *foliis variegatis.*

FAMILIE *VITACEAE*

(Weinrebengewächse)

Die sukkulenten Vitaceen gehören der Gattung *Cissus* und der Untergattung *Cyphostemma* an
Im Unterschied zu den *Vitis*-Arten entwickeln sie 4- anstatt 5-zählige Blüten und rankenlose Blütenstände.
Die Untergattung *Cyphostemma* ist gänzlich rankenlos.
Cissus cactiformis aus den Savannen Ostafrikas und *Cissus quadrangularis* aus dem tropischen Afrika sind kletternde sukkulente Pflanzen mit 4kantigen, fleischigen Stämmen, hinfälligen Blättern und Greifranken. Beerenfrüchte schwarz.

PFLEGEHINWEISE: Kultur im Gewächshaus oder Zimmer in sandig-lehmiger Erde.
Im Sommer reichlich, im Winter mäßig gießen.
Nicht unter 15°C.
Vermehrung leicht aus Stecklingen.

Cissus quadrangularis

CYPHOSTEMMA

Interessante und wertvolle Sukkulenten mit mächtigen Stämmen.
C. juttae entwickelt in der Heimat, in Südwestafrika, 2–3 m hohe, an der Basis 1 m dicke, sich nach oben verjüngende, graugrün berindete Stämme.
Die Rinde platzt infolge des Dickenwachstums auf und blättert in papierartigen Fetzen ab.
Während der kurzen Regenzeit erscheinen große, wachsig bereifte Blätter, die in der Trockenzeit völlig abgeworfen werden.
Beerenfrüchte rot, ungenießbar wegen des hohen Gerbsäuregehaltes.
Der Pflanzensaft ist giftig; er diente den Eingeborenen als Pfeilgift.
C. bainesii, Südwestafrika, bildet kugel- oder flaschenförmige Stämme, 60 cm hoch, 25 cm dick.
C. crameriana, Südwestafrika, ist hellgelb berindet mit gleichmäßig dichtem, geradem Stamm und kurzen, sprossig abstehenden Ästen.

PFLEGEHINWEISE/LIEBHABERWERT: Die genannten Arten sind in Sukkulentensammlungen anzutreffen.
Kultur im hellen, warmen Sukkulentenhaus, in kräftiger, lehmig-sandiger Erde; am besten frei ausgepflanzt.
Wachstumsperiode im Sommer, dann reichlich gießen. Trockenruhe im Winter.
Anzucht aus Samen, der langsam keimt.
Stecklinge aus Seitenästen sind möglich.

Cyphostemma crameriana

Anhang

Hinweis auf Liebhaber-gesellschaften

Die *Deutsche Kakteengesellschaft* – DKG – zählt gegenwärtig in der Bundesrepublik und West-Berlin mehr als 8000 Mitglieder.

Mitglied der DKG können Einzelpersonen und Körperschaften werden. Angestrebt wird der Zusammenschluß der Einzelmitglieder in Ortsgruppen.

Es bestehen rund 80 Ortsgruppen, die in regelmäßigen Abständen Vereinsabende, Exkursionen und ähnliches veranstalten.

In den Satzungen über den Zweck der DKG heißt es:

1. Die DKG will die Kenntnis und Pflege der Kakteen und anderen sukkulenten Gewächse in wissenschaftlicher und volksbildender Hinsicht fördern. Sie verfolgt gemeinnützige Zwecke der Gemeinnützigkeitverordnung.
2. Den Zielen der DKG dienen unter anderem:

   a) das Organ der Gesellschaft „Kakteen und andere Sukkulenten";

   b) die Durchführung von Arbeiten zur Erforschung der Kakteen und anderen Sukkulenten, Untersuchung der Wildarten und Zuchtsorten;

   c) die Förderung der Zucht und Pflege der Kakteen und anderen Sukkulenten;

   d) die Kontaktpflege und der Austausch der wissenschaftlichen Untersuchungsergebnisse mit den Fachkreisen und Gesellschaften im In- und Ausland;

   e) die Schaffung und Unterhaltung verschiedener Einrichtungen, z. B. Diathek, Bibliothek, Samenfonds, Pflanzennachweis, Ringbriefgemeinschaft, Auskunftsstelle und andere Einrichtungen.

Sitz der Deutschen Kakteengesellschaft ist:
Moorkamp 22, 3008 Garbsen 5.

Die illustrierte Zeitschrift *Kakteen und andere Sukkulenten* ist das monatlich erscheinende Organ der *Deutschen Kakteengesellschaft*, der *Gesellschaft österreichischer Kakteenfreunde* und der *Schweizerischen Kakteengesellschaft*.

Der Bezug ist im Jahresbeitrag enthalten.

Bezugsquellen-nachweis

Gewächshäuser, Frühbeetkästen

Firma
K. und R. Fischer oHG
Kleingewächshäuser
Homburger Str. 141

D 6368 Bad Vilbel

Firma Bartscher
noroflor-Gewächshäuser
Postfach 4577

D 4787 Geseke

Firma
Messerschmidt KG
Gewächshausbau
Autenbachstraße 22

D 7220 Göppingen-Jebenhausen

Firma Schlachter
Auweg 37

D 8870 Günzburg

Firma
Kuno Krieger
Kleingewächshäuser
Gahlenfeldstraße 5

D 5804 Herdecke/Ruhr

Beratung und Lieferung in der Schweiz:
W. Feustle

CH 8370 Sirnach TG

Firma Voss
Gewächshäuser, Frühbeete
Postfach 4130
Nieder-Olmer-Str. 10c

D 6500 Mainz

in der Schweiz:
Postfach 507

CH 8580 Armiswil

in Österreich:
Franz-Lehar-Weg 12

A 8071 Berndorf

Firma Engel
Gewächshäuser und Frühbeete

D 8069 Rohrbach

Firma
Wilhelm Terlinden GmbH
Gewächshausbau

D 4232 Xanten 1/Birten

Pflanzen / Samen

Firma Piltz
Kakteen-Kakteensamen
Monschauer Landstraße 162

D 5160 Düren-Birgel

Firma
G. Köhres
Bahnstraße 101

D 6106 Erzhausen/Darmstadt

(Kakteen und andere Sukkulenten Samen/Pflanzen)

Firma Gosch
Kakteengärtnerei
Eiderkamp 36

D 2302 Flintbek

Firma Vermasern
Kakteen, Sukkulenten,
Tillandsien
Waterkuhlstraße 12

D 4180 Goch 2 (Pfalzdorf)

Firma
Karlheinz Uhlig
Kakteen und Samenversand
Lilienstraße 5

D 7053 Kernen i. R. (Rommelshausen)

Firma
Kakteen Welter
An der Sesselbahn-Talstation

D 5400 Koblenz-Ehrenbreitstein

Firma
H. Kriechel
Kakteen, Gartencenter

D 5440 Mayen

Firma
Kakteen Centrum Oberhausen
Inh. Heinz Vermaseren
Flockenfeld 101

D 4200 Oberhausen-Astaden

Firma
Dieter Andreae
Kakteenkulturen
Heringer Weg

D 6111 Otzberg-Lengfeld

Kakteengärtnerei
„Klein Mexiko"
Heckkathen 2

D 2067 Reinfeld/Holst.

Firma
Mareike von Finkenstein
Kakteen, Orchideen
Abrookstraße 36

D 4803 Steinhagen-Brockhagen

Firma Nordmann
Kakteenzucht
Landwehrstraße 124

D 4712 Werne

Sukkulentenkulturen
Bürschgartenstraße 14

D 6200 Wiesbaden-Sonnenberg

in der Schweiz:
Firma
Albert Iwert
Kakteenkulturen

CH 6010 Kriens/Lu

Firma su-ka-flor ag
Kakteen und andere Sukkulenten

CH 5614 Sarmenstorf

in den Niederlanden:
Firma
van Donkelaar
Sukkulentengarten

NL Werkendem

Hovens cactuskwekerij
Markt 10

NL 5973 Lottum

Technisches Gerät und andere Bedarfsartikel

Firma
Manfred Meyer
Eckenheimer Landstraße 334

D 6000 Frankfurt/M. 50

Verkauf und Auslieferung Schweiz:
Max Meier
Riedhaldenbuck 8

CH 8427 Freienstein ZH

(Orchideen-Kulturbedarf, Kakteenzubehör, Fachbücher, Samen und Gartenbaubedarfsartikel, Groß- und Einzelhandel)

Firma
Sieghart Schaurig
Daimlerstraße 12

D 6452 Hainburg 1

(Kakteen-Zubehör-Versand)

Herrn
Dipl.-Ing. H. Zebisch
Chem.-technisches Laboratorium

D 8399 Neuhaus/Inn

(Vollnährsalz nach Prof. Franz Buxbaum für Kakteen und andere Sukkulenten)

Firma
H. Christe
Fuggerstraße 1

D 7000 Stuttgart 80

(Geräte zur Gießwasseraufbereitung)

Erklärung der Fachausdrücke

A

Akklimatisation
Anpassung, Gewöhnung eines Organismus an veränderte Lebensbedingungen, ohne Veränderung der genetischen (vererblichen) Struktur.

Areolen
stachel- oder borstentragende Haarkissen an zahlreichen Kakteen. Endpunkte der im Kakteenkörper verlaufenden Seitensprosse.

aride Gebiete
Wüstengebiete mit einer durchschnittlichen Jahresniederschlagsmenge unter 200 mm.

Axillenwolle
Haarbildung zwischen den Warzen vieler Kakteen. In den Axillen, das sind die Seitensproßabzweigungspunkte, erscheinen gewöhnlich die Blüten.

Azidität
Bodenreaktion – kann sauer, neutral oder alkalisch sein.

B

Basalt
Eruptivgestein der Tertiärzeit; verwittert zu fruchtbarer Erde.

Binäre Nomenklatur
doppelte Namensgebung, bestehend aus Gattungs- und Artnamen.

Biotop
Standort, Wuchsort, Lebensraum eines Organismus. Umfaßt die Standortbedingungen des Bodens und des Mikroklimas (Kleinklima), die auch durch die benachbarten Organismen beeinflußt werden.

Biozonöse
Lebensgemeinschaft an einem Wuchsort.

Bodenkapillaren
Haarröhrchen des Bodens – dienen der Bewegung des Bodenwassers aus der Tiefe in den Wurzelbereich der Pflanzen und an die Bodenoberfläche.

bulbig, von Bulbe
oberirdisch ausgebildete Sproßknolle zahlreicher epiphytischer Orchideen. Dient der Speicherung von Wasser und Reservestoffen.

C

Caudex
Speicherorgan einer Pflanze, das aus einer knollenartig verdickten Stammbasis oder rübenartig verdickten Wurzeln besteht.

Cephalium
besonders starke Haar- oder Borstenbildung (schopfartig) in der Blühzone bestimmter Kakteenarten.

Cristata
Kammform oder Hahnenkamm. Wachstumsabänderung, bei der der normalerweise punktförmig wachsende Vegetationsscheitel sich band- oder fächerförmig verbreitet. Wird als Fasciation bezeichnet.

Chlorophyll
Blattgrün.

Chlorose
Bleichsucht, Gelbsucht. Krankhafte Erscheinung an der Pflanze, bei der die Ausbildung des Blattgrüns gehemmt ist.

Cyathium
Blütenstand der Euphorbien, bestehend aus vielen eingeschlechtlichen Blüten. Die Blüten können zwittrig sein oder in diözischer Verteilung vorkommen.

D

diffuses Licht
gestreutes Licht.

dikotyl
zweikeimblättrig.

diözisch
getrenntgeschlechtliche Verteilung der Blüten, d. h., daß die eine Pflanze nur männliche, die andere der gleichen Art nur weibliche Blüten entwickelt.

Dorn
dornförmige Umwandlung eines Grundorgans. Man unterscheidet Blatt-, Sproß- und Wurzeldornen.

E

endemisch, Endemit
Bezeichnung für eine Art, deren Verbreitung auf ein natürlich begrenztes Gebiet (z. B. Insel, Gebirge) beschränkt ist.

Epidermis
Oberhaut aus einem meist einschichtigen Verband lebender Dauerzellen, der die ganze Pflanze nach außen abschirmt.

Epiphyten
Aufsitzer, Überpflanzen. Pflanzen, die auf anderen Pflanzen – meist Bäumen – wurzeln ohne zu schmarotzen. Zur Sicherung ihres Wasser- und Nährstoffhaushaltes verfügen sie über besondere Einrichtungen. Epiphyten gedeihen zuweilen auch auf Felsen.

F

fertil
fruchtbar.

Form
niedrigste systematische Stufe innerhalb einer Art. Abkürzung = f.

Fruchtknoten
aus Fruchtblättern gebildeter geschlossener Hohlraum im Blütengrund, in dem die Samenanlagen liegen.

Fungizide
Pilzgifte. Stoffe, die der Abtötung von Schadpilzen dienen.

G

generative Vermehrung
Vermehrung durch Samen: geschlechtlich.

Glochidien
Angelborsten. Winzige, einzellige Haare der Opuntien mit gefährlichen Widerhaken.

Griffel
Blütenorgan – bezeichnet das Verbindungsstück zwischen Narbe und Fruchtknoten.

großblumige Zellen
Zellen mit großem Durchmesser.

H

Habitus
äußere Gestalt.

Halobiome
salzhaltige Bodenflächen arider Gebiete.

Halophyten
Salzpflanzen. Bewohner kochsalzreicher Böden an Meeresküsten, in Steppen und Wüsten.

Humuserden
Erden, bei denen der Anteil verrotteter organischer Substanz überwiegt.

Hybride
Mischling, Bastard. Nachwuchs aus Kreuzungen zwischen Individuen verschiedener Sippen.

hygroskopisch
wasseranziehend.

I

Insektizide
Insektengifte. Nach Wirkungsweise werden unterschieden: Fraß-, Berührungs- (Kontakt-) und Atemgifte.

K

Kallus
oberflächlicher Wundkork, der sich nach Verwundung eines pflanzlichen Gewebes aus dem angrenzenden Parenchym bildet; dient der mechanischen und physiologischen Abschirmung.

Kambium
eine meist ringförmig angeordnete Zone teilungsfähiger Zellen des Bildungsgewebes (Meristem), die deutlich gegen das Nachbargewebe abgegrenzt ist. Kambium bewirkt unter anderem das Sproßdickenwachstum.

Kleistogamie
Fähigkeit einer im Knospenstadium verharrenden Blüte, keimfähigen Samen zu erzeugen.

Konvergenz
Gestaltähnlichkeit im Aufbau eines Grundorgans oder des Gesamtorganismus unter systematisch nicht verwandten Pflanzen; z. B. Stammsukkulenten.

Kutikula
der Epidermis aufliegender Mantel aus Kutinen, der die Pflanze, mit Ausnahme der Wurzelhaarzone, lückenlos umschließt. Diese – Fettsäuren enthaltende – Schicht ist wasserabweisend, dient als Verdunstungsschutz, absorbiert das UV-Licht und stellt einen wirksamen Strahlenschutz dar.

L

lateral
seitlich.

Latex
milchartiger Saft tropischer Pflanzen; häufig giftig, z. B. bei vielen Wolfsmilchgewächsen.

Leitbündel
ein System langgestreckter Pflanzenzellen, das dem Transport von Wasser und Nährstoffen dient.

Lumen
Maßeinheit für sichtbare Lichtintensität und für die Lichtmenge, die auf ein Objekt trifft. Lm/W = Gesamtlichtstrom zu elektrischer Leistung.

Lux
Einheit der Beleuchtungsstärke.

M

Mikroklima
Klima in kleinen und kleinsten Lebensräumen.

Mikropyllie
Kleinblättrigkeit.

Mimikry
Erscheinung, daß eine Pflanze oder ein Tier sich in Gestalt und Färbung der Umgebung anpaßt.

monokotyl
einkeimblättrig, z. B. Agavaceae, Liliaceae.

monotypisch
mit nur einem untergeordneten Vertreter, z. B. Familie mit nur einer Gattung oder Gattung mit nur einer Art.

monözisch
einhäusige Geschlechtsverteilung, das heißt, männliche und weibliche Blüten sitzen auf ein und derselben Pflanze.

Morphologie
Lehre von der äußeren Gestalt der Pflanze.

Morphose
nicht erbliche Abwandlung der Grundorgane; hervorgerufen durch Veränderung der Umweltfaktoren.

Mutation
Erscheinung einer sprunghaften Veränderung der Erbanlagen ohne erkennbare Ursache oder experimentelle Einflußnahme.

N

Narbe
Endpunkt des Griffels einer weiblichen Blüte, auf dem sich der Bestäubungspollen absetzt.

nichtparasitäre Krankheitserscheinung
hervorgerufen durch Ernährungsstörungen, falsche Temperaturwerte oder andere ungünstige Umweltfaktoren.

Nomenklatur
Namengebung.

nomen nudum
abgekürzt n. n., bezeichnet einen Namen, der nicht botanisch gültig beschrieben ist.

P

parasitäre Pflanzenkrankheit
eine von außen beeinflußte Störung durch Befall von Bakterien, Pilzen, Viren, Älchen oder Milben. Führt zu abnormen Lebensfunktionen mit Verunstaltungen.

Parenchym
Grundgewebe.

Petalen
die inneren Blütenblätter einer Blüte, auch als Kron- oder Blumenblätter bezeichnet.

Photoperiodismus, Kohlensäureassimilation
Erzeugung organischer Aufbaustoffe (z. B. Kohlenhydrate) aus dem Kohlendioxid der Luft unter dem Einfluß der Sonnenenergie (Licht und Wärme).

Phototropismus
Lichtwendigkeit der Blätter und Blüten bei einseitig stärker belichteten Pflanzen.

Pikieren
Vereinzeln junger Sämlinge aus dem Saatgefäß auf größere Standweite.

Pollen
Blütenstaub.

Pufferung
Fähigkeit eines Bodens oder einer Erde, einer Reaktionsveränderung zu widerstehen.

S

Selbstbestäubung, Selbstfertilität
Pflanze bildet bei Bestäubung mit dem eigenen Pollen keimfähigen Samen aus.

Selbststerilität
Zur Samenbildung ist Fremdbestäubung erforderlich.

semiarides Gebiet
halbtrockenes Gebiet mit durchschnittlich mehr als 200 mm Jahresniederschlag.

Sepalen
die äußeren Blütenblätter, Kelchblätter.

Sklerophyllie
Saftarmut in den Blättern; Hartlaubgewächse.

Stachel
dornähnliches Anhangsgebilde der Sproßachse bzw. des Blattes. An der Entstehung des Stachels sind Gewebe der Epidermis beteiligt.

Stomata
meist bohnenförmig gespaltene, chloroplastenhaltige Schließzellen mit Nebenzellen, die dem Gasaustausch (Sauerstoff, Kohlensäure, Wasserdampf) zwischen der Außenatmosphäre und dem inneren Gewebe dienen. Durchschnittlich 200 Stomata je 1 mm^2 Blattfläche. Die Porenfläche nimmt gewöhnlich nur 1–2 % der Blattfläche ein.

Synonym
gleichbedeutender Name, Nebenname. Sind zwei oder mehrere Namen für eine systematische Einheit (Familie, Gattung, Art) bekannt, so ist einer korrekt, der andere inkorrekt oder ein Synonym.

Systematik, Taxonomie
Beschreibung, Benennung und Einordnung einer Pflanze in das Pflanzensystem.

T

terrestrisch
auf dem Festlande, also nicht im Wasser oder auf Bäumen wachsend.

Transpiration
Verdunstung des in den Leitbündeln geleiteten Wassers durch die Spaltöffnungen des Blattes bzw. des Sprosses.

Tuberkulastikum
Chemotherapeutikum, das wegen seiner bakteriostatischen Wirkung auf Tuberkelbakterien in der Behandlung der Tuberkulose Verwendung findet.

V

Vakuole
Zellsaftraum.

Varietät
systematische Rangstufe unterhalb der Artbezeichnung. Abart mit geringfügigen Abänderungen des Arttypus; Abkürzung = var.

Vegetationsperiode
Wachstumszeit.

Vegetationspunkt oder -scheitel
Triebspitze einer Pflanze.

Vegetative Vermehrung
ungeschlechtliche Vermehrung.

Vermehrungspilz
Schadpilz, der junge Pflanzenanzucht befällt und schnell zu deren Vernichtung führt.

X

Xerophyten (xeros = trocken)
Pflanzen, die durch ihren morphologisch-anatomischen Aufbau den Bedingungen ihres Standortes (geringe Niederschläge, hohe Lufttrockenheit und starke Sonnenbestrahlung) angepaßt sind. Die typischen Xerophyten entwickeln im Gegensatz zu den Sukkulenten kein Wasserspeichergewebe.

Z

zygomorphe Blüten
schiefsaumige Blüten, bei denen die Blütenröhre gekrümmt und die Blütenblätter mehr oder weniger zurückgebogen sind. Sie lassen sich in zwei spiegelbildliche Hälften teilen.

Register

Die fett gedruckten Zahlen verweisen auf eine Abbildung bzw. eine Zeichnung.

A

B

L

M

Q

R

S

T

U

V

W

X

Y

Z

Literaturverzeichnis

Backeberg, C.:
Das Kakteenlexikon
F. Fischer Verlag, Stuttgart 1977

BarKuizen, B. P.:
Succulents of Southern Africa
Purnell, Cape Town –
Johannesburg 1978

Barthlott, W.:
Kakteen
Belser Verlag, Stuttgart 1977

Bramwell, D. u. Z.:
Wild Flowers of the Canary
Islands 1974

Brinkmann K.-H.:
Die Gattung Sulcorebutia
Verlag Steinhardt KG,
Titisee-Neustadt 1976

Bornman C.:
Welwitschia
C. Struik Publishers, Cape Town 1978

Court, D.:
Succulent Flora of Southern Africa
A. A. Balkema, Rotterdam 1981

Cullmann, W.:
Kakteen
Verlag Ulmer, Stuttgart 1975

Encke/Buchheim/Seybold:
Zander Handwörterbuch
der Pflanzennamen
Verlag Ulmer, Stuttgart 1979

Grunert, Viedt, Kaufmann:
Kakteen und andere schöne
Sukkulenten
VEB Landwirtschaftsverlag,
Berlin 1977

Herbel, D.:
Alles über Kakteen
und andere Sukkulenten
Südwest Verlag, München 1978

Hoffmann, W.:
Kakteen
Falken-Verlag, Niedernhausen 1975

Hoppe, H.:
Drogenkunde
Cram, de Gruyter n. Co.,
Hamburg 1958

Jacobsen, H.:
Das Sukkulentenlexikon
Gustav Fischer Verlag, Jena 1954

Köhlein, F.:
Freiland-Sukkulenten
Verlag Ulmer, Stuttgart 1977

Lamb, E. u. B.:
Kakteen und andere Sukkulenten
in Heim und Wildnis
Neumann/Neudamm Verlag,
Melsungen 1977

Maatsch, R.:
Pareys Gartenbaulexikon
Verlag P. Parey,
Berlin · Hamburg 1956

Rauh, W.:
Die großartige Welt der Sukkulenten
Verlag P. Parey,
Berlin · Hamburg 1967

Rauh, W.:
Kakteen an ihren Standorten
Verlag P. Parey,
Berlin · Hamburg 1979

Rausch, W.:
Lobivia, in drei Bänden
Rudolf Herzig, Wien 1975

Ritter, F.:
Kakteen in Südamerika,
4 Bände 1979–1981
F. Ritter Selbstverlag, Spangenberg

Rowley, G.:
Kosmos-Enzyklopädie der
Sukkulenten und Kakteen
Kosmos Verlag, Stuttgart 1979

Rünger, W.:
Licht und Temperatur
im Zierpflanzenbau
Verlag P. Parey,
Berlin · Hamburg 1976

Schoser, G.:
Frühbeet und Kleingewächshaus
Falken-Verlag, Niedernhausen 1978

Walter, H.:
Vegetationszonen und Klima
Verlag Ulmer, Stuttgart 1977

W. Weber Johnson:
Die Wildnisse der Welt –
Niederkalifornien
Time-Life Bücher

Bildnachweis

Folgende Fotografen, Firmen und Organisationen stellten freundlicherweise Fotografien bzw. Vorlagen für dieses Buch zur Verfügung.
Die Abbildungen der jeweiligen Bildautoren sind kenntlich gemacht durch die Seitenzahl sowie die Angabe der Position des Bildes:
(L) = links, (R) = rechts;
(U) = unten, (O) = oben;
(UL) = unten links,
(UR) = unten rechts;
(OL) = oben links,
(OR) = oben rechts;
(M) = Mitte, (ML) = Mitte links,
(MR) = Mitte rechts;
(MO) = Mitte oben,
(MU) = Mitte unten;

Günter Andersohn: 2, 8, 12 (O), 13, 15, 17 (R), 18 (U), 19 (UL), 20, 22 (OL, OR, MR), 24 (L), 25 (R), 27, 29 (O), 30/31, 33-36, 39-41, 43, 49-53, 63/64, 65 (U), 66/67, 68 (U), 69 (O, UL), 70-74, 83 (MU), 87 (MU, UR), 88 (U), 123, 130 (R), 144, 153/154, 156 (O), 169-173, 179, 194 (L), 198 (M, OR), 199, 201 (OL, MU), 204 (ML, OR, UR), 205 (UL, UR), 207 (UR), 209 (UR), 210 (L), 211 (UL, MU), 212 (UL), 213 (UL), 214 (L), 217 (UL), 218 (L, R), 221 (M), 222 (OR), 223 (UR), 224 (O, UL, UR), 225 (MO, OR, ML, UL), 226, 228 (OL, MO), 230 (M), 231 (L), 232 (OR, UR), 233 (OR), 234, 236 (ML, UL, UR), 237 (MR, UR), 241 (M), 242, 244 (OR), 245/246, 248 (UR), 249 (L), 250 (U), 255 (R), 256, 257 (MR, UR), 258, 259 (L), 260 (M), 261 (UL, UR), 263 (MO, OR), 264 (M, OR), 265 (UR), 266 (OL, M), 268 (MO), 269 (OR, UR), 270 (OL, MR), 271 (U), 272 (OR, UR), 273 (MU, OR), 275 (OR, MR, UR, MU), 276 (MO, OR, UL, UR), 277 (UR), 280 (L, O, UR), 281 (OL, UL), 282 (R), 284 (OR), 285 (O, UL), 287/288, 289 (UR), 290 (UL, R), 291 (M), 292 (OR, U), 293 (UL), 294 (MO, UL, UR), 297 (M, U), 298;

Lothar Breuer: 55;

Aja Coester: 205 (OR);

Gartenbau-Berufsgenossenschaft (Kassel): 180;

Erich Haugg: 61, 149, 165, 249 (M), 250 (R);

Edmund Kirschnek: 46-48, 129, 130 (L), 132, 137, 209 (O), 235 (R), 237 (M);

Hans Liechty: 80 (O), 82 (UL), 83 (O, UL), 195, 197 (UL, MO, UR), 200, 201 (UL, OR), 204 (MO), 205 (MO), 206 (O), 207 (OR), 208 (L), 209 (UL), 214 (R), 217 (UR), 218 (M), 220 (OL, MO), 221 (R), 222 (U), 223 (UL), 224 (MR), 225 (OL, MR, UR), 227 (O, UR), 229 (R), 231 (R), 232 (OL, MU), 236 (OL), 238 (UL, MO), 241 (OL, UL), 247 (M), 249 (R);

Eberhard Morell: 1, 6, 11, 12 (U), 19 (UR), 25 (L), 68 (O), 77/78, 79 (O, UL), 80 (U), 81, 82 (O), 85/86, 89, 91, 111, 120, 124, 142, 145, 155, 159, 182, 186/187, 193, 194 (R), 197 (MU), 198 (UL), 203 (U), 206 (U), 207 (M), 208 (R), 209 (MU), 213 (OR), 215/216, 219 (L), 220 (OR, MR, ML, U), 222 (OL), 225 (M), 227 (UL), 229 (L, M), 230 (O), 231 (M), 233 (OL), 235 (L), 238 (UR), 240 (R), 241 (R), 243, 244 (OL, MO), 247 (L), 248 (OL, UL), 252, 254 (UL), 255 (L), 259 (UR), 260 (R), 261 (OR), 262 (MU, UR), 263 (MU), 264 (UL), 265 (OR), 266 (UR), 267 (U), 268 (MU, UL), 269 (OL, MO, MU), 270 (M), 272 (UL, M), 273 (UL), 274 (UL, M), 275 (OL, MO), 276 (OL), 277 (OR), 279, 281 (UR), 283 (M), 284 (UR), 292 (MO), 296 (UR);

Werner Motschenbach: 156 (U);

Bruno Müller: 75;

OSRAM GmbH (München): 94/95;

Pflanzenschutzamt (Frankfurt): 183;

Wolfgang Polka: 16, 17 (L), 18 (O), 19 (O), 22 (UR), 23, 24 (R), 69 (UR), 79 (UR), 82 (UR), 83 (UR), 87 (O, UL), 109, 135, 139, 196, 198 (OL), 202, 211 (UR), 212 (OL, ML, UR), 217 (O), 219 (R), 224 (ML), 232 (UL), 235 (M), 240 (L), 248 (OR), 254 (OL), 257 (MO, OR), 259 (MU), 262 (MO, OR, MR), 263 (UR), 265 (OL, UL, M), 267 (O), 268 (OL), 269 (UL), 270 (MO, UR), 274 (UR), 277 (OL), 280 (MR), 281 (MO, OR), 282 (M), 283 (OL), 284 (L), 290 (MO), 293 (UR), 294 (OL), 296 (UL, M);

Franz Polz: 65 (O), 257 (L, M, MU), 259 (OR), 260 (L), 261 (OL), 264 (MO), 265 (MR), 266 (UL), 269 (MR), 271 (O), 285 (MR, UR), 289 (UL, OR, MR), 291 (UR), 295, 297 (O);

Dr. Werner Röhre: 29 (U), 88 (O), 221 (L), 223 (O), 233 (U), 237 (L);

Ulrike Schmidt: 228 (OR);

Willi Stoppelbein: 184 (R), 203 (O), 238 (OR), 247 (R);

Rainer Wahl: 60, 148.